精雕细琢

3ds Max+VRay 全风格家装效果图表现

◎陈志民 黄华 等编著

机械工业出版社

不同的家装风格演绎出不同的家园风情，蕴含着千姿百态的生活乐趣。本书是一本专业介绍 3ds Max 和 VRay 室内家装效果图表现技法的教程，全书通过 12 个设计案例，全面讲解了不同类型、不同风格家装效果图的表现方法和技巧。

全书共 13 章，第 1 章介绍了物理世界中的光影以及不同时间段灯光氛围的营造；第 2～13 章通过客厅、卧室、餐厅、书房、卫生间、会客厅、别墅等 12 个不同类型、不同风格的室内家装案例，全面剖析了室内家装效果图的制作步骤、VRay 渲染技巧和 Photoshop 后期的处理方法。

通过学习不同场景的材质设置技巧、布光思路和创建流程，读者可以全面提升家装效果图的表现能力与水平，轻松制作出超写实风格的三维作品。

本书配有一张多媒体 DVD 教学光盘，内容包括全部的案例模型、贴图等源文件，以及书中所有案例的视频教学录像，可供读者在学习过程中参考。

本书内容丰富、案例精彩、技术实用，适用于有一定软件操作基础及从事室内装饰设计的人员和电脑图形爱好者阅读。

图书在版编目（CIP）数据

精雕细琢：3ds Max+VRay 全风格家装效果图表现/陈志民等编著.—2 版.—北京：机械工业出版社，2016.12
ISBN 978-7-111-55321-2

Ⅰ. ①精… Ⅱ. ①陈… Ⅲ. ①室内装饰设计—计算机辅助设计—三维动画软件
Ⅳ. ①TU238-39

中国版本图书馆 CIP 数据核字(2016)第 266853 号

机械工业出版社（北京市百万庄大街 22 号　邮政编码 100037）
责任编辑：曲彩云　　责任校对：陈　越　　责任印制：李　昂
北京中兴印刷有限公司印刷
2017 年 1 月第 2 版第 1 次印刷
184mm×260mm ・21.75 印张・530 千字
0001－3000 册
标准书号：ISBN 978-7-111-55321-2
　　　　　ISBN 978-7-89386-110-9（光盘）
定价：59.00 元（含 1DVD）

凡购本书，如有缺页、倒页、脱页，由本社发行部调换
电话服务　　网络服务
服务咨询热线：010-88361066　机工官网：www.cmpbook.com
读者购书热线：010-68326294　机工官博：weibo.com/cmp1952
　　　　　　　010-88379203　金 书 网：www.golden-book.com
编辑热线：010-88379782　教育服务网：www.cmpedu.com

前言 PREFACE

【关于 VRay】

效果图的质量对设计师和客户来说尤为重要，它不仅真实地反映了设计师的设计理念，更是对客户最为直观的展现。而令人欣喜的是，大量全局照明高级渲染器的出现，为效果图的表现提供了捷径，使设计师能够从繁琐的布光过程中解脱出来，工作效率获得极大的提升。追求效果真实和照片级品质，已经成为当代设计师的不二选择。

VRay 渲染器是 Chaos Group 公司开发的一款渲染插件，其凭借优良的渲染品质和惊人的渲染速度，现已经成为近年来设计师们较常使用的渲染工具。很多高难度的材质、灯光效果，在 VRay 渲染器中都可以轻易实现。

【本书结构】

全书共 13 章，第 1 章介绍了物理世界中的光影以及不同时间段营造的灯光氛围；第 2 ~ 13 章通过 12 个不同类型、不同风格的室内家装案例的讲解，全面剖析了室内家装效果图的制作步骤、VRay 渲染技巧和 Photoshop 后期的处理方法，包含了客厅、卧室、餐厅、书房、卫生间、会客厅、别墅等不同空间的设计效果。

在不同类型的空间中采用不一样的表现气氛，其目的是让读者学会不同空间、不同氛围的表现技法，并通过学习不同场景的材质设置技巧、布光思路和创建流程，全面提升家装效果图的表现能力与水平，轻松制作出照片级别的三维作品。

本书内容丰富，结构清晰，为了方便读者自学，特别提供了本书中所有案例的视频教学录像。读者通过盘书结合的方式进行学习，可以成倍地提高学习效率。

【学习心得】

依据编者个人的学习经验，VRay 是一个较为简单的软件，这也是为什么越来越多的三维设计人员喜爱此软件的原因。其学习重点是对不同渲染任务的布光与材质思路的掌握。

编者按照个人的理念，将效果图流派分为表现派和写实派。其中，表现派以效果图强烈的色彩对比和图像锐利度为主要核心；而写实派则着重追求一种真实的美感，以自然存在的光影世界为基础再加以美化，形成自然和人为的结合达成的美学。

当然要提升效果图的制作水平，首先要学会欣赏，培养审美观念，然后就是学会临摹，多做测试，多做练习，深入了解每个渲染参数的内在含义，并达到为我所用的目的。

【本书作者】

本书由陈志民、黄华主要编写，参加编写的还有江凡、张洁、马梅桂、戴京京、骆天、胡丹、陈运炳、申玉秀、李红萍、李红艺、李红术、陈云香、陈文香、陈军云、彭斌全、林小群、刘清平、钟睦、刘里锋、朱海涛、廖博、喻文明、易盛、陈晶、张绍华、黄柯、何凯、陈文轶、杨少波、杨芳、刘有良、刘珊、赵祖欣、齐慧明等。

由于编者水平有限，书中错误、疏漏之处在所难免。在感谢您选择本书的同时，也希望您能够把对本书的意见和建议告诉我们。

编者邮箱：lushanbook@gmail.com

读者 QQ 群：327209040。

编者

目录 CONTENTS

第6章 阳光简欧餐厅 ········ 146

第7章 阴天现代厨房 ········ 169

第 13 章 时尚别墅空间…… 309

第1章 光的世界

本章重点：

- 光的阐述
- 光的组成要素
- 光环境的定义

语言、眼神、表情、肢体是人与人沟通交流的必要媒介，而室内外设计中的光效果的展现是建筑与人沟通的重要元素，如图 1-1 所示。光不仅可以突出室内外装饰的形态，同时还可以体现出设计者想要表达的内心世界。在设计过程中，通过光的表达可以展现出人们的喜、怒、哀、乐等不同的情绪活动，并借以引导人们对空间设计的认识和认知。

图 1-1　光的世界

1.1 光的阐述

我们的生活离不开光，有了光，白天才能感觉到阳光的明媚，晚上才会体会到灯光的温馨，有了光，我们才能看到世界的色彩斑斓，如图 1-2 所示。

光不仅呈现形体和色彩，而且不同光照的角度、强弱也会引发人们不同的情感反应，所以光与艺术造型活动有着密切的联系。

图 1-2　光的空间和色彩

1.2 光的组成要素

光在场景照明中主要起到两个重要的作用，即照亮场景对象和决定场景的气氛。照亮场景很简单，只要让光源发出适度的光线照射到对象就可以实现；而要控制好场景的气氛，就要合理把控光源的位置、强弱、颜色、衰减、阴影五大元素。

位置是五大元素中的重要开关，如果光源的位置不正确，照射不到所需的对象，那么后面的四项根本不可能实现。而阴影是五项中最为困难最精髓的部分，阴影如果漂亮，那么整体画面的构图、色调、表现力等都会趋近完美。

1.2.1 位置

光源位置不仅标示出光源所在的位置，也代表光源的投射角度。不同的照射位置和照射角度会带给人不一样的感觉，如图 1-3 所示，所以光源位置是第一个要决定的要素。

图 1-3 不同位置的灯光感觉

而光源的照射方向大致可以分为顶光、正面光、侧面光、逆光。下面分别对不同位置的灯光进行介绍。

1. 顶光

顶光的光源主要位于照射对象的上方，照亮主体的顶部，如图 1-4 所示。

图 1-4 顶光

顶光并不常见，虽然它出现在多云的天气里，或者在阳光明媚的正午，还有一些室内和其他的一些情况，比如舞台灯光，但是柔和的顶光对展示形状也是有效的方法。在硬光下，顶光能投射引人注目的阴影，隐藏在这阴影底下的大部分形状会给人一种神秘的气氛，如图 1-5 所示。

图 1-5　顶光的照射效果

2. 正面光

正面光是指光源在观察者的后面，也就是说光线发射跟视角的方向一致，如图 1-6 所示。

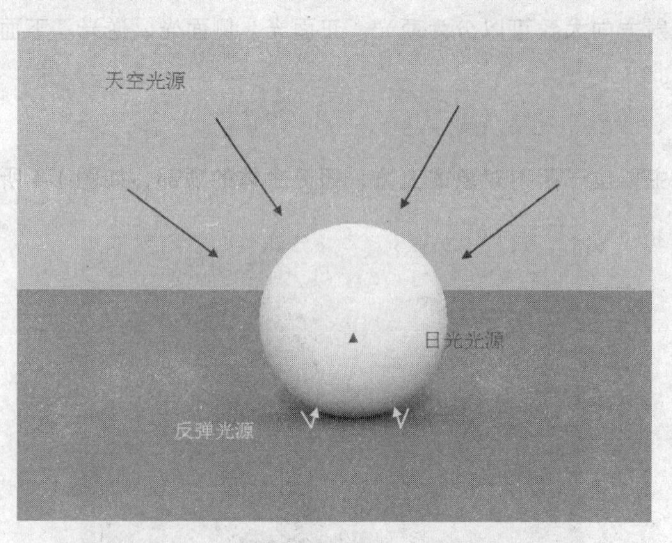

图 1-6　正面光

光源照亮主体的正面，主要用于表现主体正面的特征。但由于正面的光照，会使得主体正面平均受光，容易出现光线平淡、缺乏立体感的情形发生，如图 1-7 所示。

图 1-7 正面光的照射效果

3. 侧面光

侧面光的光源位于照射对象的左前侧或右后侧，也就是说是跟照射对象成一定角度的光源，如图 1-8 所示。

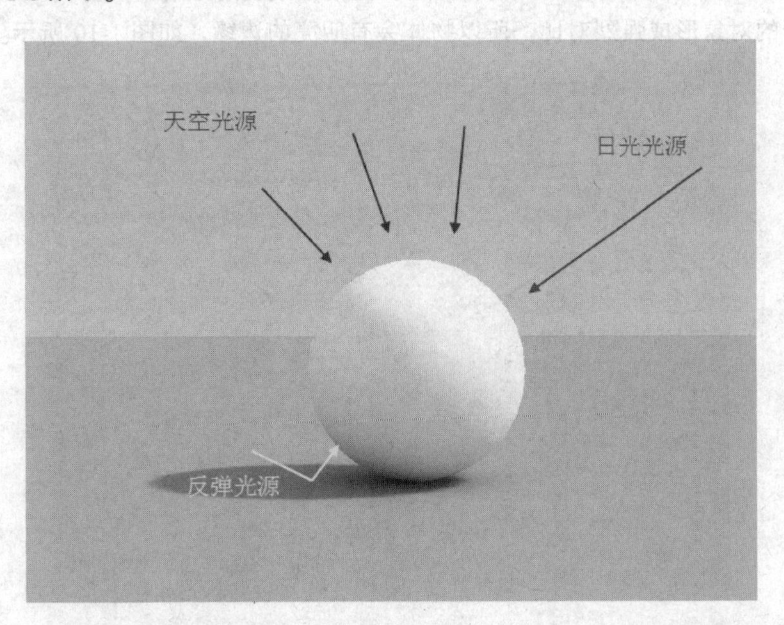

图 1-8 侧面光

光源照亮主体的侧面，成 30~60° 的角度，不仅可以表现出主体的表面特征，也能充分地表现出主体的立体感和局部细节，如图 1-9 所示。

图 1-9　侧面光照射效果

4. 逆光

逆光的光源位于照射对象的正前方，也就是说光线发射跟视角的方向相反。因为是亮的背景与暗的对象形成强烈对比，所以物体会有明亮的边缘，如图 1-10 所示。

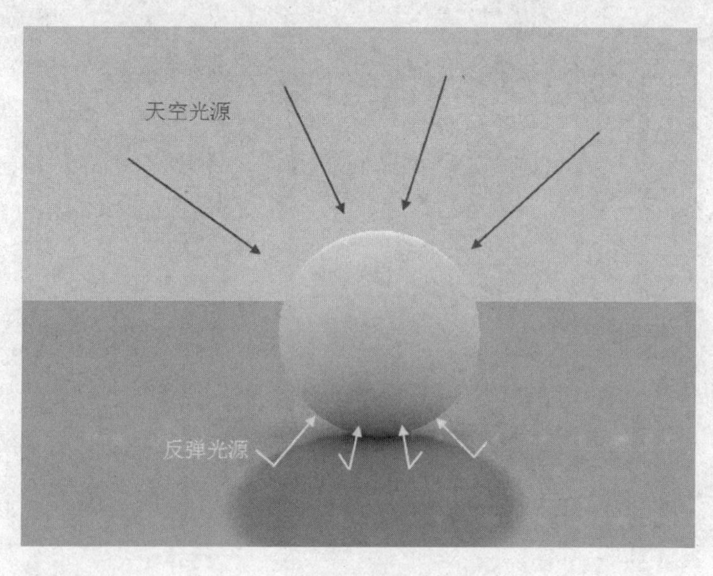

图 1-10　逆光

逆光虽然无法表现出主体的细节，但却有利于表现主体优美的轮廓线，给对象带来色彩绚丽的光影效果，如图 1-11 所示。

图 1-11　逆光的照射效果

1.2.2 强度

强度指的是光源的亮度，用于决定光源照射的光线强弱。光源亮度过强会造成局部曝光、明暗对比强烈，如图 1-12 所示；光源亮度不够则会造成画图光线不足、颜色没有深浅层次，如图 1-13 所示。光源强度一般有三种单位来为我们界定灯光的强弱，分别是 cd（坎迪拉）、lm（流明）、lx (lux)（勒克斯）。

cd（坎迪拉）：测量灯光的最大发光强度，通常是沿着目标方向进行测量。100W 的通用灯泡约有 139 cd 的光通量。

lm（流明）：测量整个灯光（光通量）的输出功率。100W 的通用灯泡约有 1750 lm 的光通量。

lx(lux)（勒克斯）：测量由灯光引起的照度，该灯光以一定距离照射在曲面上，并面向光源的方向。勒克斯是国际场景单位，$1lx=1lm/m^2$。

图 1-12　光源曝光

图 1-13　光线不足

1.2.3 颜色

颜色用于决定场景中灯光的气氛。不同的色系会带给人不一样的感觉，如橘红色的暖色系会让人有温暖、温馨的感觉，蓝绿色的冷色系让人有严肃、阴森的感觉，如图 1-14 所示。

图 1-14　不同颜色灯光的气氛

光的颜色在照明领域中用色温来表示，即色颜温度。它指的是光波在不同的能量下，人类眼睛所感受的颜色变化。一般人眼可见的颜色大约就是光谱中的颜色。光谱是由红、橙、黄、绿、青、蓝、紫等颜色所组成，如图 1-15 所示。光谱红的一端光色称作暖色或低色温，光谱蓝的一端称作冷色或高色温。常用的光源色温表如图 1-16 所示。

图 1-15　色彩光谱

常用光源色温表

光 源	色 温（K）
晴朗的蓝天	10000~20000
发蓝的云天	8000~10000
云天	7000
透过薄云的阳光（中午）	6500
夏季阳光（上午10时至下午3时）	5400~5600
早晨或下午的阳光	4000~5000
日出、日落	2000~3000
电子闪光灯	5500
热靴闪光灯	5500
摄影强光泡	3400
石英碘钨灯	3300
摄影钨丝灯	3200
150瓦家用灯泡	2800
烛光	1930

图 1-16　常用光源色温表

1.2.4 衰减

衰减是指随着光线每次反弹物体造成能量的损失，强度会逐渐的衰弱，直到强度为零。真实世界中，光线随着距离的增加而逐渐衰减，即离灯光越远受到的光照度就会越弱，如图 1-17 所示。

图 1-17　光线衰减

1.2.5 阴影

阴影是因为光的直线传播导致的，即由于光线直进的特性，遇到不透光物体而形成的一个暗区。它是整张图面中最细致的部分，适当而优美的阴影，可以让图面具有美感且更具构图张力。然而它与光相辅相成，光的位置强度不对，那么产生的阴影就不对，所以要有漂亮的阴影，就要有适合的照明，如图 1-18 所示。

图 1-18　阴影

1.3 光环境的定义

光环境是室内外设计的重要组成部分，其对设计的理念、环境、色彩都有着非常重要的影响。在我们生活的世界中，光环境可以分为两种，一种是自然光环境，一种是人工光环境。其中，自然光效果则是由太阳形成的光环境，主要应用于白天室内的采光；而人工光环境主要是指由电力产生的光照效果，其作用主要是以光投射的效果来满足心理和视觉的需求。在设计中，光环境是以突出空间、色彩、家具、视线等方面来进行布置调节的，意在营造艺术空间和精神享受。

1.3.1 自然光源

场景中的对象主要会被三种光源所照亮，分别是日光光源、天空光源和反弹光源。而这三种光源交互作用后，就会产生我们真实世界的自然光源光照效果，如图 1-19 所示。

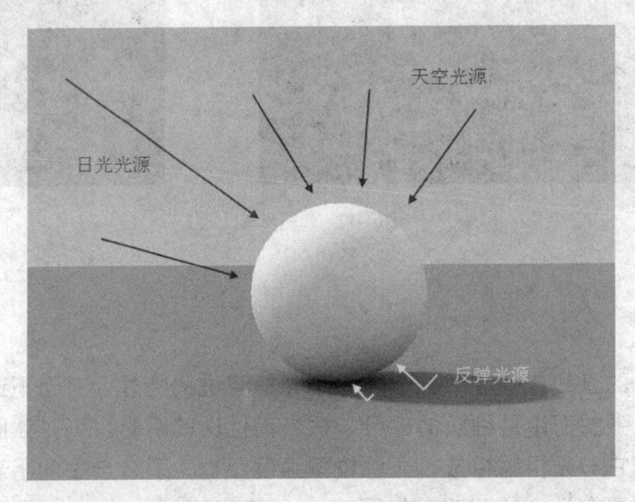

图 1-19　自然光源光照的形成

如果只有日光光源而没有天光光源的话，被照射的对象将产生比较硬或比较黑的阴影，表面颜色也没有天空光源的蓝色，但反弹光源的绿色却依然存在，如图 1-20 所示。

如果只有天空光源而没有日光光源的话，被照射的对象将产生比较软或比较淡的阴影，表面颜色也没有日光光源的白色过渡，只会有天空泛蓝的颜色而已，如图 1-21 所示。

图 1-20　只有日光照明效果

图 1-21　只有天光照明效果

根据前面章节的介绍可以发现，自然光源的产生其实就是日光光源、天空光源和反弹光源这三种光源的交互作用，并且产生出清晨、正午、黄昏等丰富而美丽的自然景色，下面将逐一探讨不同时刻和天气的光影关系。

1. 清晨

清晨天空泛蓝，虽然还没有日光直射，但天边已经呈现出红色，然而天空光源仍然是整个光线的主导，使得天空整体色调偏冷，颜色层次比较弱，如图 1-22 所示。

图 1-22 清晨阳光照射效果

这时候的太阳处于地平线以下，阳光的色彩变成红色，甚至带点橙黄色，而阴影也拖得比较长，暗部的阴影呈现出蓝色的冷调，如图 1-23 所示。

图 1-23 清晨阳光

2. 正午

当太阳的照射角度与地平线垂直时，这个时刻就是正午。这时的太阳光照最强，色彩对比大，阴影比较黑，物体的饱和度比较低，如图 1-24 所示。

3. 下午

下午是 14:30 ~ 15:30 的时间，一般我们称为下午时刻。这时阳光的亮度会渐渐变弱、颜色会慢慢变得暖和一点，主体的颜色色彩饱和度也会随着增强，天光所产生的软阴影也会随之增加细节，如图 1-25 所示。大体来说，下午的阳光会感觉比较舒适与温暖，而颜色、阴影等各方面细节都要胜过中午时刻。

图 1-24　正午阳光

图 1-25　下午阳光效果

这个时刻的阳光呈暖色，而阴影区则为冷色调，色彩的变化相对来说是比较丰富，如图 1-26 所示。

图 1-26　下午阳光

4. 黄昏

黄昏的出现常常带给人以惊喜，随之出现的美丽景象更是让人流连忘返。当太阳落山时，天空中的主要光源就是天光，而天光的光线比较柔和，它给我们带来了一个柔和的阴影和一个比较低的对比度，同时色彩也变得更加丰富，如图 1-27 所示。

图 1-27　黄昏精彩瞬间

当太阳位于地平线时，所有的云彩都染上阳光的余晖，为我们呈现出十分美丽的景象，如图 1-28 所示。

图 1-28　黄昏时刻

5. 夜晚

这时太阳已经在地球的另一端，地平线上已经失去了它的身影，可是天空依然会微微泛光，它的光源主要是被大气散射的阳光、月光和遥远的星光等。所以要注意的是天空并不是黑色的，它会带点深蓝色或者深紫色，如图 1-29 所示。

在天光的作用下，主体颜色也会偏冷调，但由于照明设备的关系，可以替主体营造出非常特别的视觉效果，如图 1-30 所示。

图 1-29　夜晚天光效果

图 1-30　晚上与主体营造的效果

6. 阴天

当阳光需要穿透不同厚度的云层，产生不同的光线变化时，这时阴天就出现了。它完全取决于云层的厚度和高度。当云层较厚时，因为大部分的阳光都被遮蔽，所以整体天空呈现比较灰暗的效果，如图 1-31 所示；当云层较稀疏时，有部分的阳光可以穿透云层，天空可能会偏蓝或是出现阳光光束，如图 1-32 所示。

图 1-31　云层较厚时的光照效果

图 1-32　云层较稀疏时的光照效果

这时整个天空只有一个光源，就是被云层阻挡散射的光，所以产生的光线与阴影都比较柔和，对比度较低，色彩饱和度也不高，如图 1-33 所示。

图 1-33　阴天效果

1.3.2 人工光源

在没有太阳光直接照射的情况下，得不到充分的光照，这时就需要人工光源来帮助照明。在弥补照明的不足以外，人工光源也是人们有目的地去设计创造的。例如，家装中客厅、卧室等通常使用暖色调，这样是为了营造温馨、温暖的感觉，而办公场所的照明则是为了满足人们更好的工作。

1. 点灯

点光源是理想化为质点的、向四面八方发出光线的光源，即从一个点向周围空间均匀发光，如烛光、白炽灯、卤素灯等，如图 1-34 所示。

图 1-34　点光源的发散

图 1-35 所示为点光源的照射效果，我们可以看到，点光源本身形态万千、色彩丰富，产生的光影也比较柔和。

图 1-35　点光源的照射效果

2. 射灯

射灯是典型的无主灯、无一定规则的现代流派照明，能营造室内照明气氛，若将一排小射灯组合起来，则光线能变幻奇妙的图案，如图 1-36 所示。由于小射灯可自由变换角度，故组合照明的效果也千变万化。射灯光线柔和，雍容华贵，其也可局部采光，烘托气氛，如图 1-37 所示。

图 1-36　射灯排列照射效果

图 1-37　灯光气氛烘托

射灯可安置在吊顶四周、家具上部、墙内、墙裙或踢脚线里。光线直接照射在需要强调的家什器物上，可突出主观审美作用，达到重点突出、环境独特、层次丰富、气氛浓郁、缤纷多彩的艺术效果，如图 1-38 所示。

图 1-38　射灯灯光气氛

3. 灯带

灯带是指在特别设计的灯槽中放置的灯管或是 LED 等照明设备。当由外侧观察时，不会直接看见里面的灯具，只会看见由灯槽散发出来的渐层光，形状也很不固定，可以是直线的也可以是曲线的，如图 1-39 所示。

图 1-39　灯带照明

一般灯带都不会用来当作主要照明，但因为非常具有视觉效果，故在辅助照明上经常使用，如图 1-40 所示。其颜色也因为用途不同，由常见的白光到各种抢眼的颜色都有，如图 1-41 所示。

图 1-40　灯带照明效果

图 1-41　不同颜色的灯带照明

4. 混合光

在阴天、黄昏和夜晚的时候，由于自然光照无法满足我们的照明，这时就需要人工光源来辅助照明。这种自然光和人造光的混合，常常会带来很好的气氛，如图 1-42 所示。

室内的暖色光和室外天光的冷色调在色彩上形成鲜明而和谐的对比，从而在视觉上给人们带来美的感受，如图 1-43 所示。

图 1-42　混合光的应用

图 1-43　冷暖色对比

第2章 柔光现代客厅

本章重点：

- 项目分析
- 设置测试渲染参数
- 创建摄影机并检查模型
- 设置场景主要材质
- 灯光设置
- 创建光子图
- 最终输出渲染
- 色彩通道图
- Photoshop 后期处理

本章将通过一个现代时尚客厅讲解室内家装效果图表现的流程和方法。在本例中主要用到的有石材、木纹、布艺、不锈钢等常用材质，本章的学习重点是如何制作出一张柔美自然的效果图。图 2-1 所示为客厅最终效果图。

图 2-1　客厅最终效果图

2.1 项目分析

本场景的原创是由某著名设计师设计的，笔者为了临摹该场景，对画面内容做了一点修改。在进行效果图表现之前，需要对项目本身的特点和表现思路进行详细的思考和分析，这项工作对于效果图设计师来说尤为重要。

如图 2-1 所示，本例是一个现代简约的客厅，其风格强调突破传统，重视功能和空间形式，造型简洁，没有多余的装饰。整个客厅空间构成以直线条造型为主，着重体现空间给人的自然、舒适的感觉。背景墙使用了云状大理石石材和自然系木纹，黑色石材的地板砖和白色透视窗帘使得客厅的格调清新前卫、品味高雅。首先收集一些和本案例有共性的图片（如图 2-2 和图 2-3 所示）作为参考，这会给设计师提供概念上的指导。

图 2-2　参考效果 1

图 2-3　参考效果 2

2.2 设置测试渲染参数

在拿到模型的时候，笔者最先做的一步就是设置渲染测试参数，为后来对模型的检查、材质的设置、灯光布置做好前期的准备。

Steps 01 打开本书配套光盘中的“柔光现代客厅白模.max”，按“F10”键打开 Render Setup（渲染设置）对话框，选择其中的 Common（通用）选项卡，然后进入 Assign Renderer（指定渲染器）卷展栏，再在弹出的 Choose Renderer（选择渲染器）对话框中选择渲染器为 V-Ray Adv 2.40.03，再单击“OK”按钮完成渲染器的调用，如图 2-4 所示。

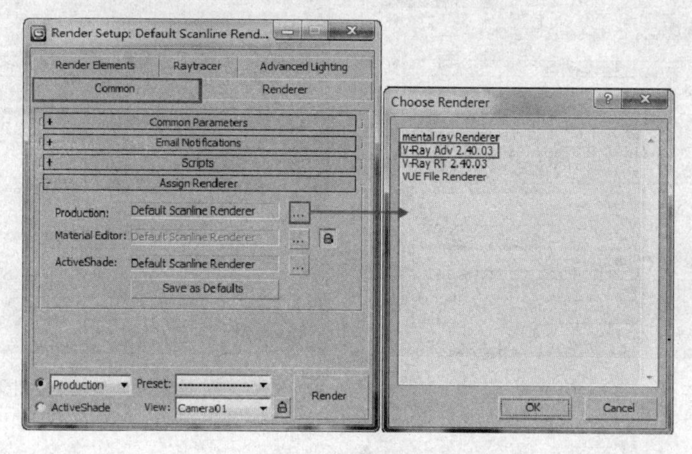

图 2-4　调用渲染器

Steps 02 在 V-Ray 选项卡中展开 V-Ray: :Global switches（全局开关）卷展栏，取消 Hidden lights（隐藏灯光）和 Glossy effects（光泽模糊）选项，如图 2-5 所示。

Steps 03 切换至 VRay : :Image sampler(Antialiasing)（V-Ray 图像采样（抗锯齿））卷展栏，设置类型为 Fixed（固定），取消勾选 Antialiasing filter（抗锯齿过滤器）选项，如图 2-6 所示。

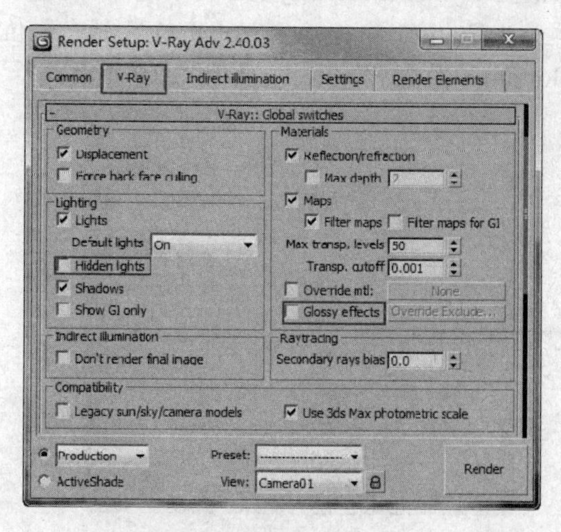

图 2-5　设置全局开关参数

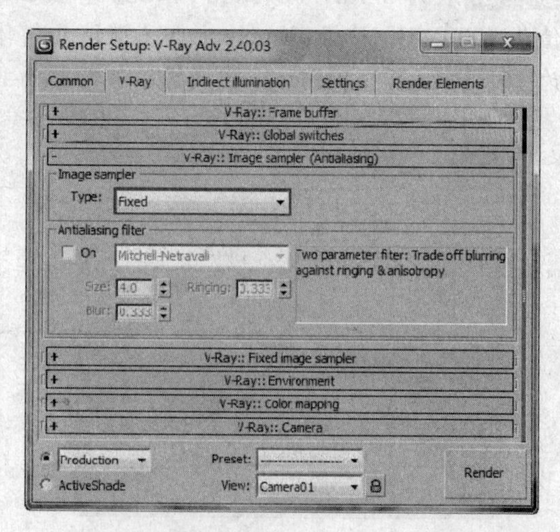

图 2-6　设置图像采样参数

提示：Hidden lights（隐藏灯光）选项为默认灯光开关。勾选表示开启默认灯光设置，取消勾选表示关闭默认灯光。

Steps 04 在 Indirect illumination（GI）（间接照明）选项卡中展开 V-Ray: :Indrect Illumination GI（V-Ray 间接照明（全局光））卷展栏，勾选 On（启用），设置 Secondary bouneces（二次反弹）为 Light cache（灯光缓存）方式，如图 2-7 所示。

Steps 05 展开 V-Ray: :Irradiance map（发光贴图）卷展栏，设置 Current preset（当前预置）为 Very low（非常低），调节 HSph.subdivs（半球细分）的参数为 20，勾选 Show calc phase（显示计算相位）和 Show direct light（显示直接照明）两个选项，如图 2-8 所示。

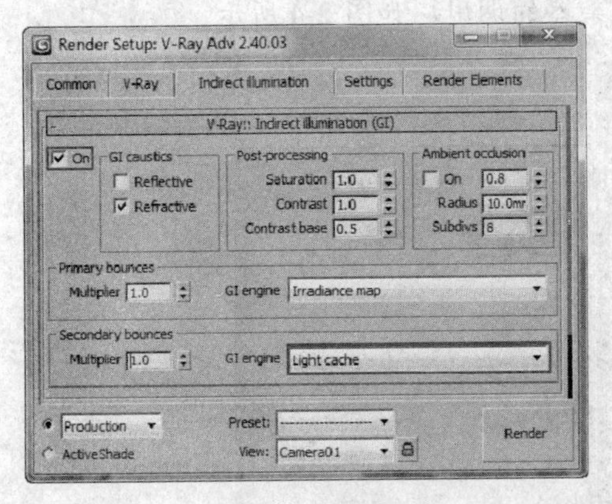

图 2-7　开启间接光照

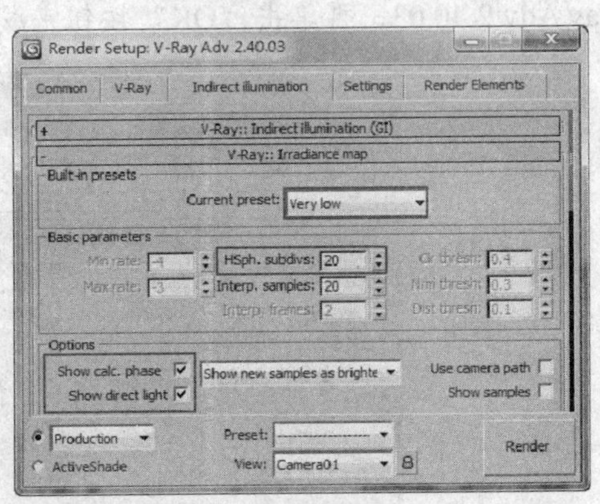

图 2-8　设置发光贴图参数

提示：预设测试渲染参数是根据自己的经验和计算机本身的硬件配置得到的一个相对较低的渲染设置，并不是固定参数，读者可以根据自己的情况进行设定。

Steps 06 展开 V-Ray: : Light cache（灯光缓存）卷展栏，设置 Subdivs（细分值）为 200，勾选 Show. calc phase（显示计算状态）复选框，如图 2-9 所示。

Steps 07 展开 V-Ray: : System（系统）卷展栏，设置 Dynamic memory limit（动态内存极限）值为 2000MB，Default geometry（默认几何体）为 Static（静态），X/Y（X 与 Y 轴向）值为 16，Region sequence（区域排序）为 Top-Bottom（上至下）选项，如图 2-10 所示。

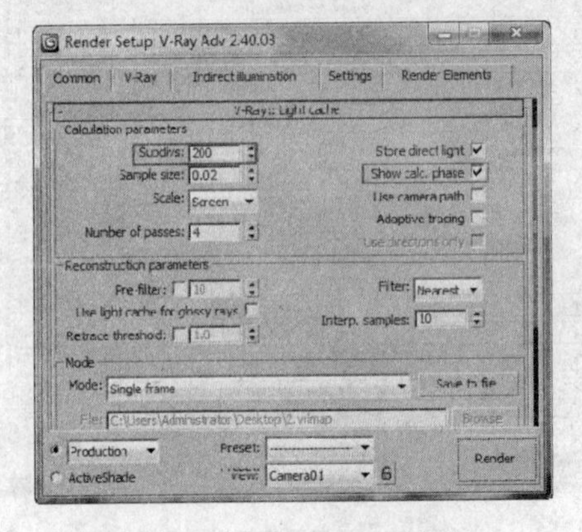

图 2-9　设置灯光缓存的参数

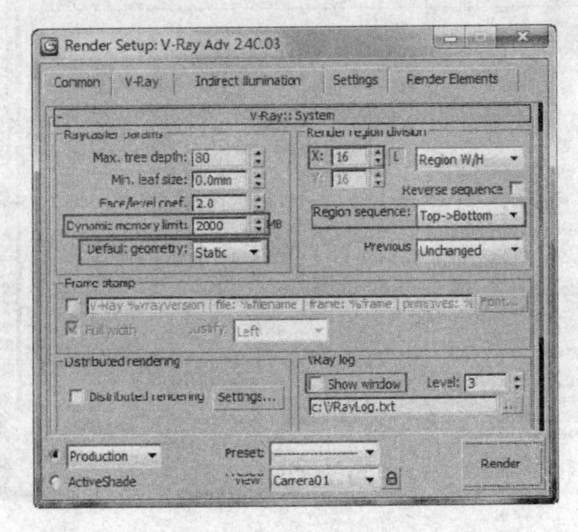

图 2-10　设置系统卷展栏参数

其他参数保持默认设置即可。这里的设置主要是为了更快的渲染出场景，以便检查场景中的模型、材质和灯光是否有问题，所以用的都是低参数。

2.3 创建摄影机并检查模型

2.3.1 创建摄影机

测试参数设置好后，接下来创建摄影机，确定构图。

Steps 01 按“T”键切换至 Top（顶视图），在 Create（创建）选项卡中的 Cameras（摄影机）面板中选择 Standard（标准），单击 Target（目标）按钮，在场景中创建一个目标摄影机，如图 2-11 所示。

Steps 02 按“F”键切换至 Front（前视图），右击移动按钮，利用 Move Transform Type-In（移动变换输入）精确调整好摄影机的高度，如图 2-12 所示。

图 2-11　创建摄影机

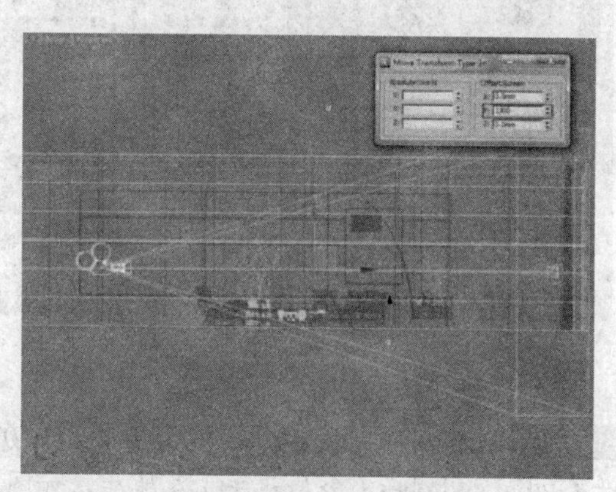

图 2-12　调整摄影机高度

Steps 03 在 Modify（修改）面板中对摄影机的参数进行修改，如图 2-13 所示。

这样，目标摄影机就放置好了。切换到摄影机视图，效果如图 2-14 所示。

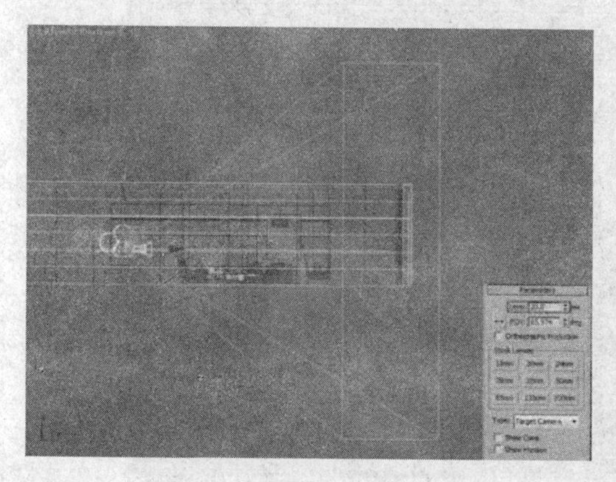

图 2-13　调整摄影机参数

图 2-14　摄影机视图

2.3.2 检查模型

在放置好摄影机后，就可以粗略渲染一个小样，来检查模型是否有问题。

Steps 01 按键盘上的“M”键打开材质编辑器，然后选择一个空白材质球，单击 Standard 按钮，如图 2-15 所示将材质切换为“V-RayMtl”材质。在 V-RayMtl 材质参数面板中单击 Diffuse（漫反射）的颜色色块，如图 2-16 所示调整好参数值，完成用于检查模型的素白材质的制作。

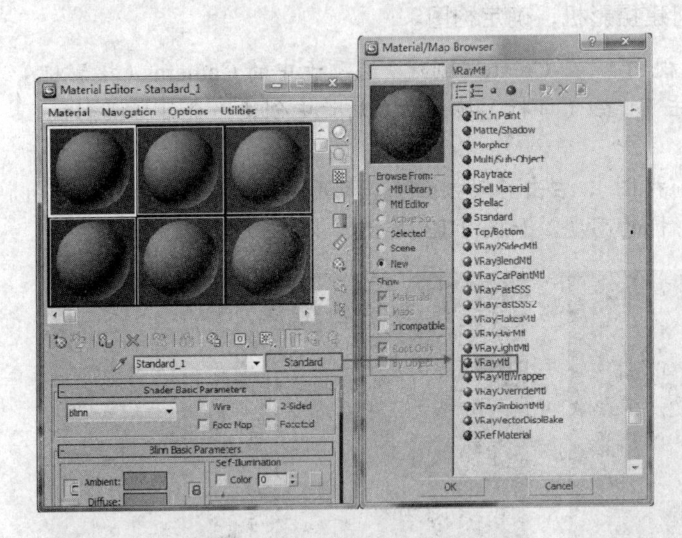

图 2-15 切换材质类型

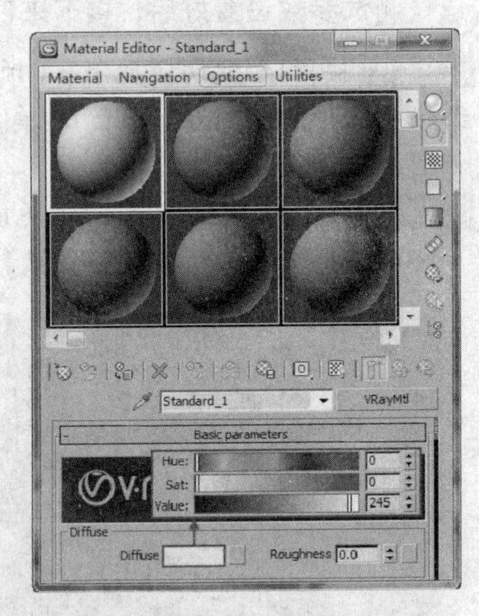

图 2-16 设置漫反射颜色

Steps 02 材质制作完成后，按键盘上的“F10”键打开 Render Setup（渲染设置）面板并展开 Global switches（全局开关）卷展栏，如图 2-17 所示将材质拖曳关联复制到 Override mtl（全局替代材质）通道上。

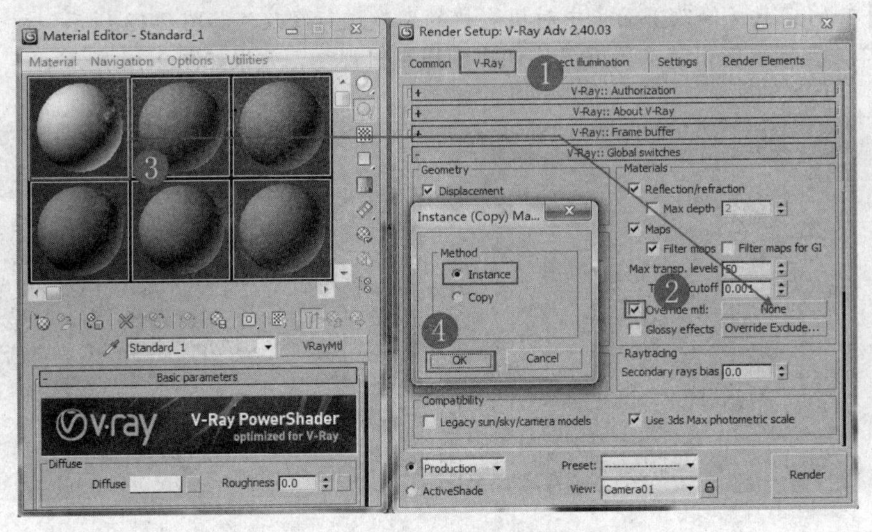

图 2-17 设置全局替代材质

Steps 03 在 V-Ray: : Environment(V-Ray 环境)卷展栏中设置 GI Enviroment(skylight) override（全局照明环境（天光）覆盖）选项组的 Multiplier（倍增值）为 1，如图 2-18 所示。

Steps 04 再切换至 Common（公用）选项卡，对 Output Size（输出尺寸）进行设置，如图 2-19 所示。

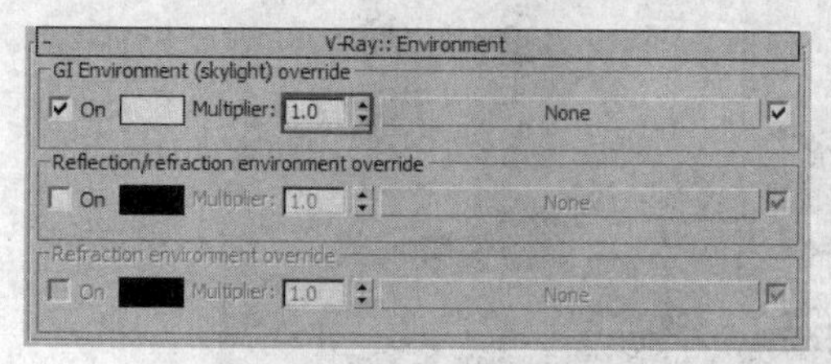

图 2-18　设置 V-Ray 环境

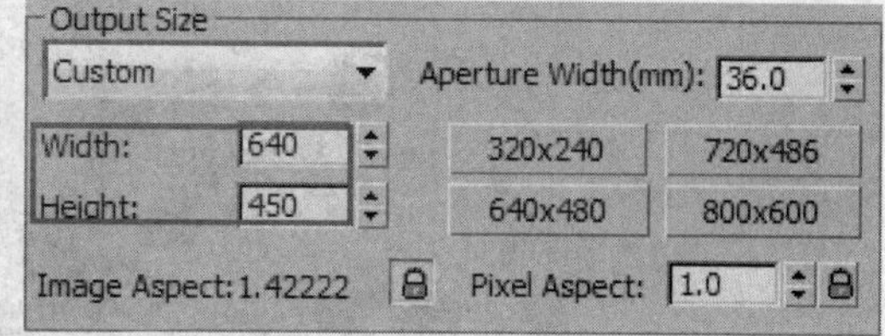

图 2-19　设置输出参数

这样，场景的基本材质以及渲染参数就设置完成了，接下来单击渲染按钮，进行渲染，如图 2-20 所示。

图 2-20　场景测试渲染结果

提 示：检查模型主要有两个目的：第一确定模型表面没有破面的情况发生，这样可以保证之后材质以及灯光效果的调整能顺利进行；第二查看模型之间的摆放有无重叠交错部位，避免失真。

2.4 设置场景主要材质

在真实的物理世界中，材质是物体对象表现出的物理属性，它包含了基本色彩、光线反弹、光线吸收、透光能力以及表面光滑度等，所以在设置材质的时候读者应该对现实存在的对象进行观察、熟悉。

本场景材质完成效果与材质制作顺序如图 2-21 所示，可以看出，本案例主要对石材、木纹以及布料材质进行了集中表现。接下来学习这些材质详细的制作方法。

图 2-21　场景材质制作顺序

2.4.1 地砖材质

本实例中的地砖具有一定的纹理，由远及近产生了衰减的效果，具有反射比较清晰、高光较小的效果。

Steps 01 按键盘上的“M”键打开材质编辑器，然后选择一个空白材质球，单击 Standard 按钮将材质切换为“VRayMtl”材质类型，如图 2-22 所示

Steps 02 单击 Diffuse（漫反射）右侧的（贴图通道）按钮 ，在弹出的 Material/Map Browser（材质/贴图浏览器）中选择 Bitmap（位图）贴图，为它添加一张贴图，如图 2-23 所示。

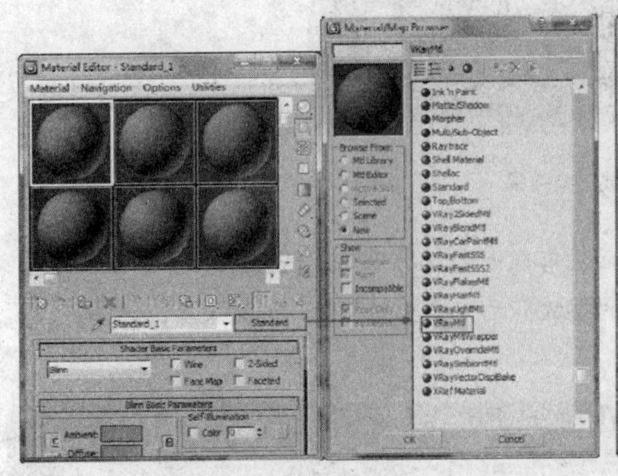

图 2-22　切换材质类型

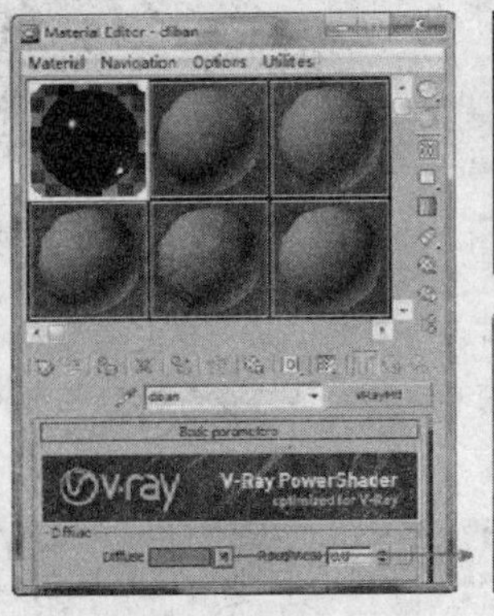

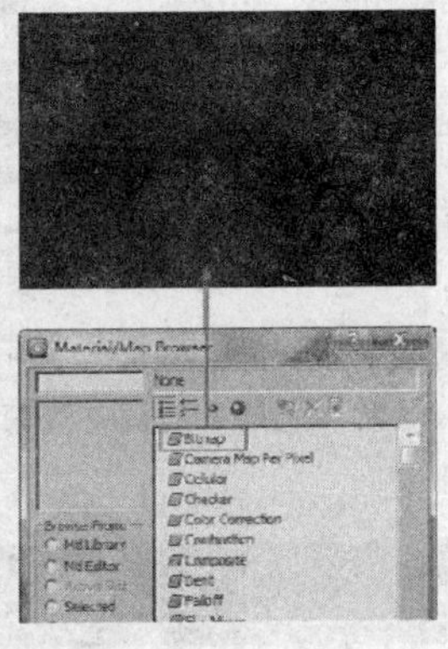

图 2-23　添加位图贴图

Steps 03 在 Reflection（反射）选项组中单击 Reflect（反射）的颜色色块，调整颜色来控制反射的强度，分别设置 Hilight glossiness（高光光泽度）值为 0.82，Refl.glossiness（反射光泽度）值为 0.86，勾选 Fresnel reflections（菲涅尔反射）复选框，设置 Max depth（最大深度）值为 8，如图 2-24 所示。

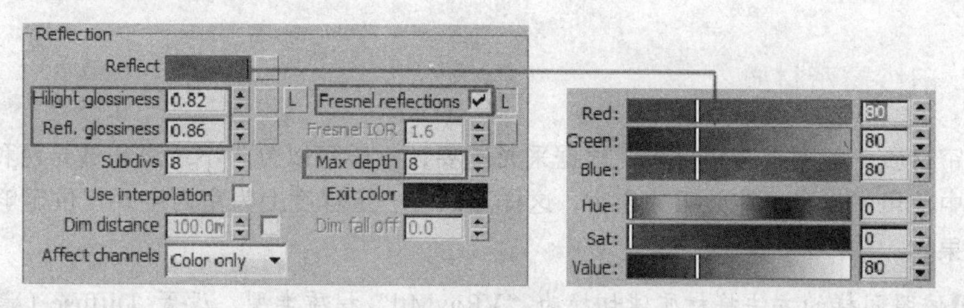

图 2-24 设置反射选项组参数

Steps 04 展开 Maps（贴图）卷展栏，在 Diffuse（漫反射）贴图通道里调整 Output 曲线，在 Bump（凹凸）通道里添加一张贴图控制砖缝的凹凸效果，如图 2-25 所示。

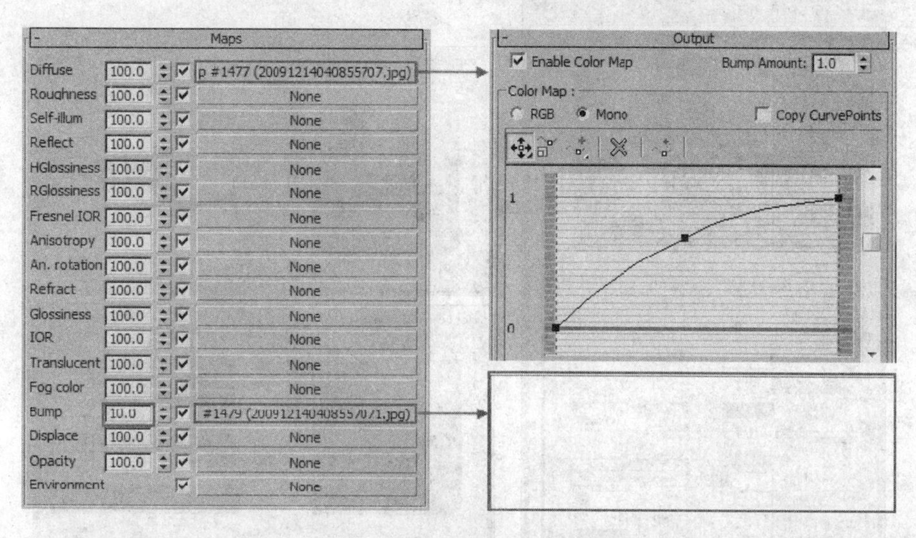

图 2-25 调整贴图卷展栏

提 示：使用贴图中的输出曲线可以很好地控制材质的明暗及对比度。

Steps 05 单击材质编辑器中的按钮，将创建完成的黑色地砖材质指定给相应的模型，如图 2-26 所示。

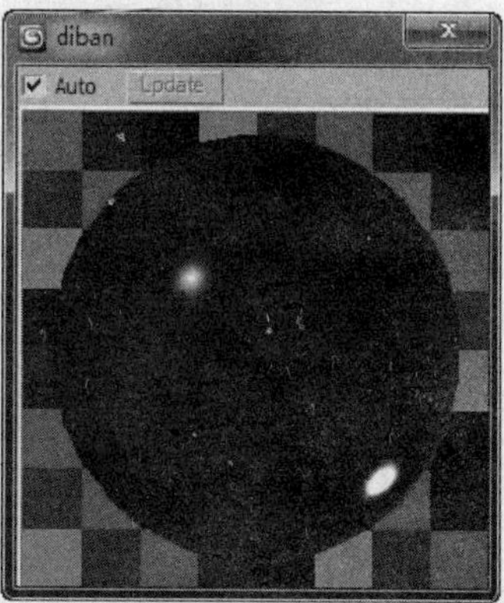

图 2-26 赋予对象材质

2.4.2 白纱窗帘材质

窗帘材质一般都是布料材质，根据采光需要，一般可以分为不透光和透光两种形式。本案例中使用的是半透明效果的窗帘，这样可以在一定程度上为室内空间提供足够的自然光照效果。

Steps 01 依照同样的方法将材质球切换为“VRayMtl”材质类型，设置 Diffuse（漫反射）颜色的 Value（明度）值为 245，Reflect（反射）的颜色值为 0，Refl.glossiness（反射光泽度）值为 0.35，勾选 Fresnel reflections（菲涅尔反射）复选框，如图 2-27 所示。

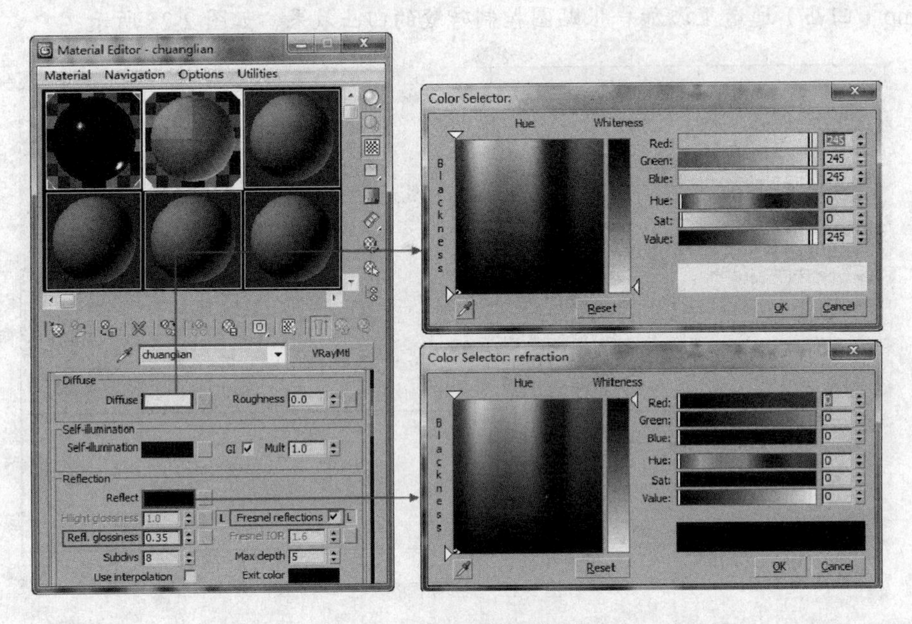

图 2-27　设置漫反射和反射参数

Steps 02 在 Refraction（折射）选项组中，设置 Refraction（折射）的 Value（明度）的值为 120，IOR 的值为 1.1，勾选 Affect shadows（影响阴影）复选框，如图 2-28 所示。

Steps 03 单击材质编辑器中的按钮，赋予窗帘材质，如图 2-29 所示。

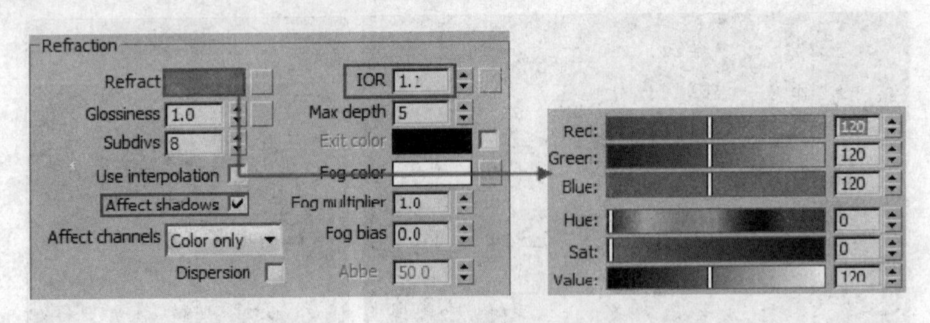

图 2-28　设置折射参数

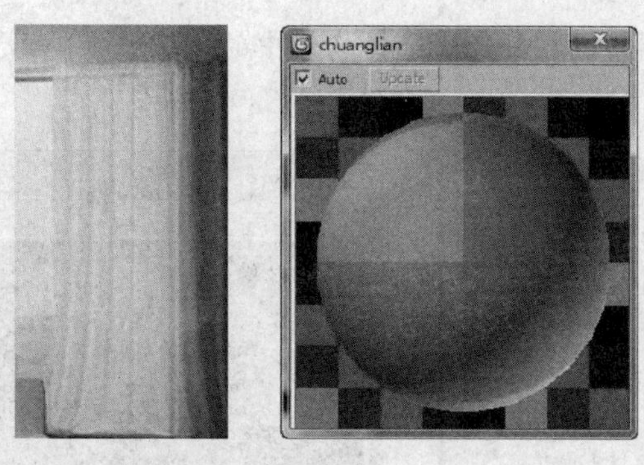

图 2-29　窗帘材质效果

2.4.3 玻璃材质

玻璃材质表现是否成功主要决定于玻璃的通透感、反射、折射几个重要的参数。下面我们通过 V-Ray 材质来进行模拟。

Steps 01 将材质球切换为“VRayMtl”材质类型，设置 Diffuse（漫反射）颜色的 Value（明度）值为 255，Reflect（反射）的颜色值为 255，Refl.glossiness（反射光泽度）值为 0.88，勾选 Fresnel reflections（菲涅尔反射）复选框，如图 2-30 所示。

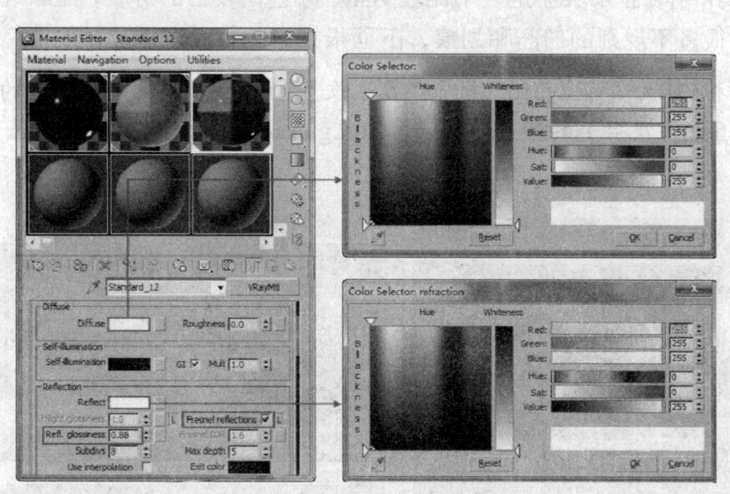

图 2-30　设置漫反射和反射参数

Steps 02 在 Refraction（折射）选项组中，设置 Refract（折射）的 Value（明度）的值为 255，IOR 的值为 1.1，勾选 Affect shadow（影响阴影）复选框，如图 2-31 所示。

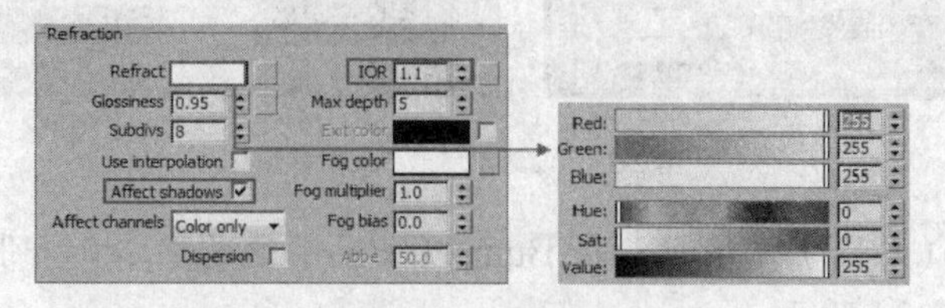

图 2-31　设置折射组参数

Steps 03 单击材质编辑器中的按钮，选择场景中的玻璃对象，赋予材质.如图 2-32 所示为玻璃材质效果。

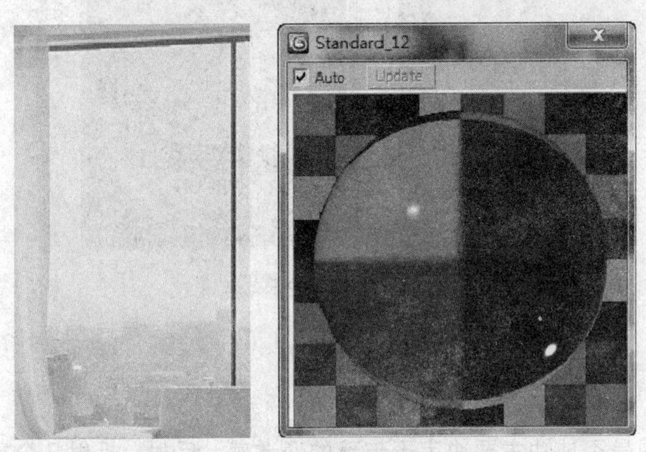

图 2-32　玻璃材质效果

2.4.4 乳胶漆材质

在物理世界中,乳胶漆表面是一个比较平整、颜色比较白的材质，而靠近仔细观察时会发现，上面有很多不规则的凹凸和划痕，下面根据它的特点来调节材质。

Steps 01 切换材质球为“VRayMtl”材质类型，设置 Diffuse（漫反射）颜色的 Value（明度）值为 245，Reflect（反射）的颜色值为 5，Refl.glossiness（反射光泽度）值为 0.35，如图 2-33 所示。

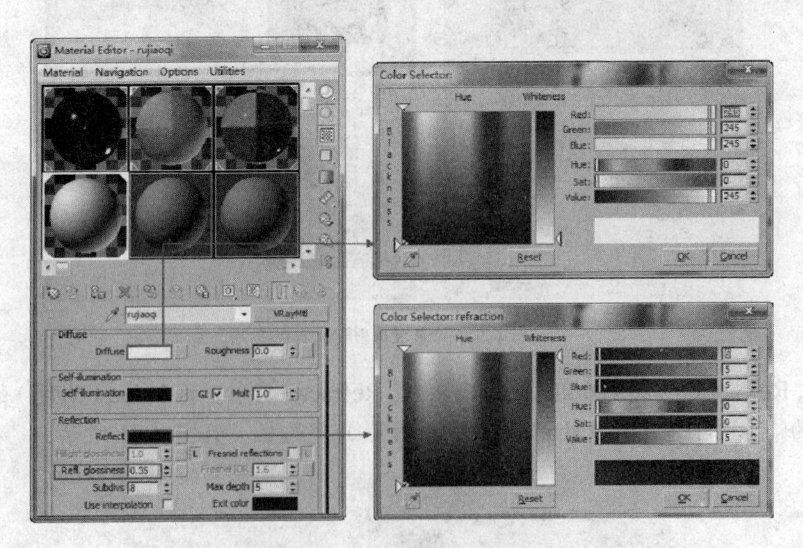

图 2-33　设置漫反射和反射参数

Steps 02 展开 Maps（贴图）卷展栏，在 Bump（凹凸）通道里添加一张贴图用来模拟墙面的凹凸不平，如图 2-34 所示。

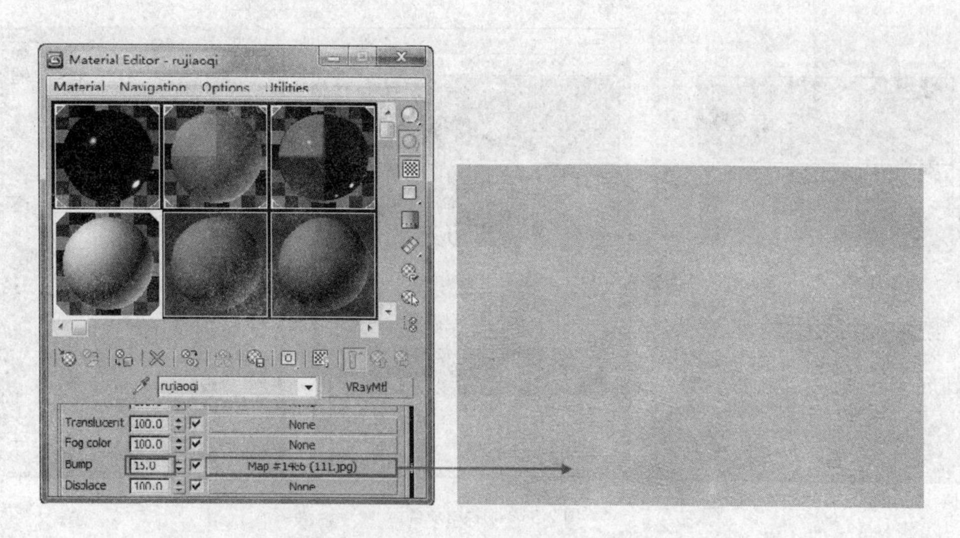

图 2-34　添加凹凸贴图

Steps 03 选择场景中的顶棚对象，单击按钮，赋予其材质，如图 2-35 所示。

图 2-35　乳胶漆效果

2.4.5 木纹材质

本场景实例运用的木纹表面具有比较柔和的高光和反射现象、木质纹理比较清晰的特征。下面根据其特征来进行调节。

Steps 01 按“M”键打开材质编辑器，选择一个空白材质球，单击 Standard 按钮将材质切换为“VRayMtlwrapper（VRay 材质包裹器）”材质类型，设置 Receive GI（接收全局光照）值为 2。

Steps 02 单击 Base material（基本材质）右侧通道，在弹出的 Material/Map Browser（材质/贴图浏览器）中选择 VRayMtl 材质球类型，如图 2-36 所示。

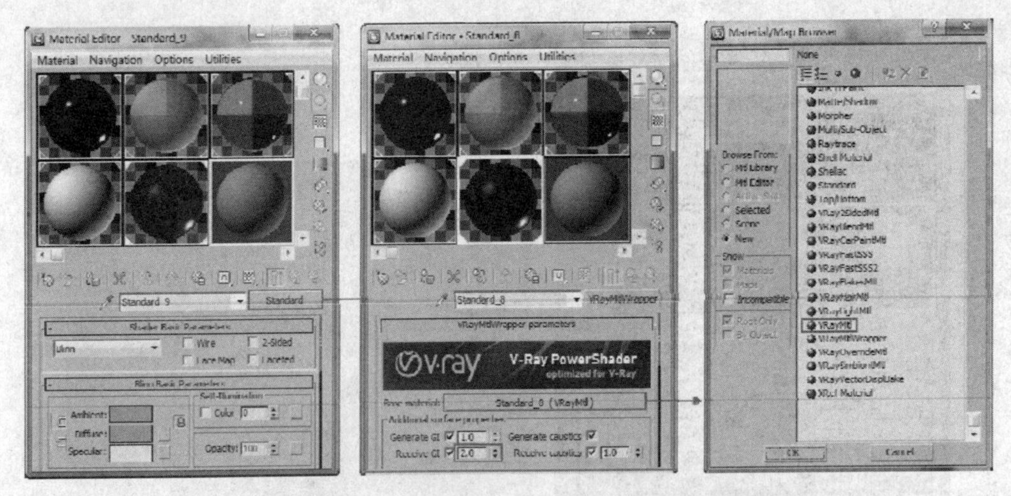

图 2-36　切换材质类型

提 示：Generate GI（接收全局光照）和 Receive GI（接收全局光照）为笔者在经过渲染后才调整出来的参数，初次使用时保持参数为默认即可。Generate GI（接收全局光照）参数值可以调整材质赋予对象对全局光的影响程度，随着参数值的增大可以产生照明效果，但其自身亮度不会产生大的改变；Receive GI（接收全局光照）的参数值可以调整材质赋予对象自身的亮度，数值越大模型对象越亮，但其对周围的环境不会产生明显的照明效果。

Steps 03 单击 Diffuse（漫反射）右侧的（贴图通道）按钮，在弹出的 Material/Map Browser（材质/贴图浏览器）中选择 Bitmap（位图）贴图，为它添加一张贴图。

Steps 04 在 Reflection（反射）选项组中设置 Reflect（反射）的颜色值为 120，Hilight glossiness（高光光泽度）值为 0.72，Refl.glossiness（反射光泽度）值为 0.75，勾选 Fresnel reflections（菲涅尔反射）复选框，如图 2-37 所示。

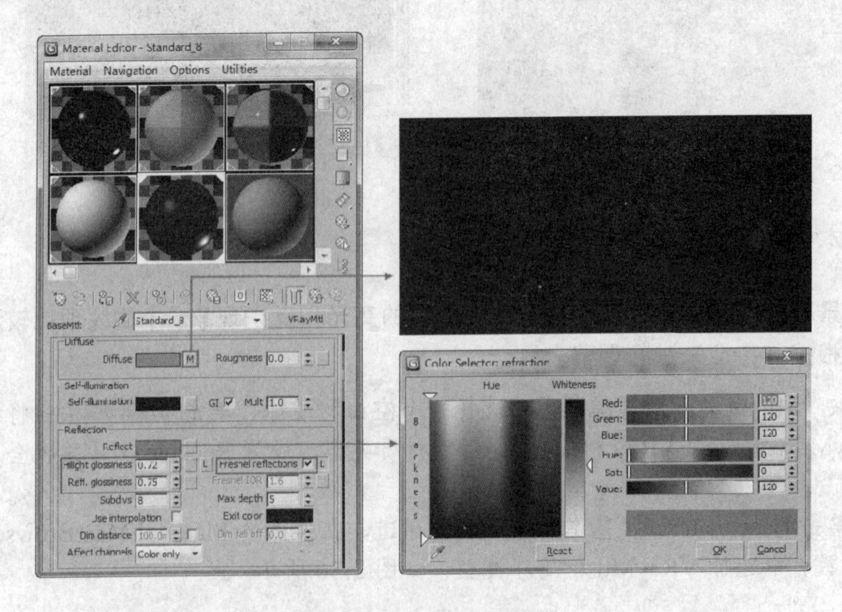

图 2-37　设置基础材质参数

Steps 05 展开 Maps（贴图）卷展栏，在 Bump（凹凸）通道里添加一张贴图用来模拟墙面的凹凸不平感觉，如图 2-38 所示。

Maps			
Diffuse	100.0	☑	Map #1481 (_60.jpg)
Roughness	100.0	☑	None
Self-illum	100.0	☑	None
Reflect	100.0	☑	None
HGlossiness	100.0	☑	None
RGlossiness	100.0	☑	None
Fresnel IOR	100.0	☑	None
Anisotropy	100.0	☑	None
An. rotation	100.0	☑	None
Refract	100.0	☑	None
Glossiness	100.0	☑	None
IOR	100.0	☑	None
Translucent	100.0	☑	None
Fog color	100.0	☑	None
Bump	30.0	☑	Map #1482 (_60.jpg)

图 2-38　添加凹凸贴图

Steps 06 调节好木纹材质以后，单击按钮，赋予给场景中墙面对象。如图 2-39 所示为木纹材质效果。

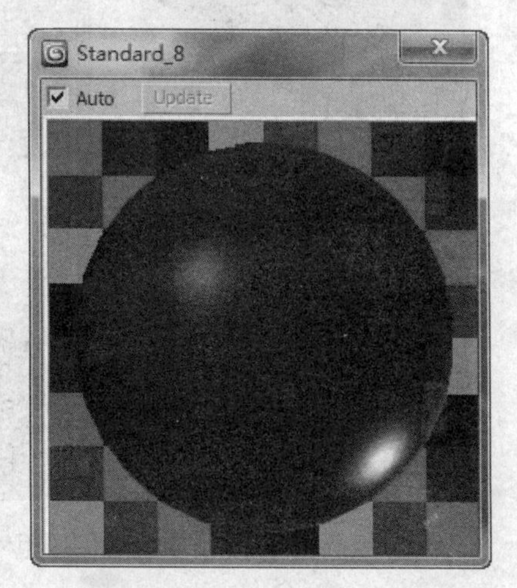

图 2-39　木纹材质效果

2.4.6 大理石材质

本案例中的大理石材质相对光滑，材质反射较弱，具有云状纹理的效果。

Steps 01 切换材质球为“VRayMtl”材质类型，单击 Diffuse（漫反射）右侧的（贴图通道）按钮，为它添加一张 Bitmap（位图）贴图。

Steps 02 设置 Reflect（反射）的颜色的 Value（明度）值为 160，Hilight glossiness（高光光泽度）值为 0.82，Refl.glossiness（反射光泽度）值为 0.86，勾选 Fresnel reflections（菲涅尔反射）复选框，如图 2-40 所示。

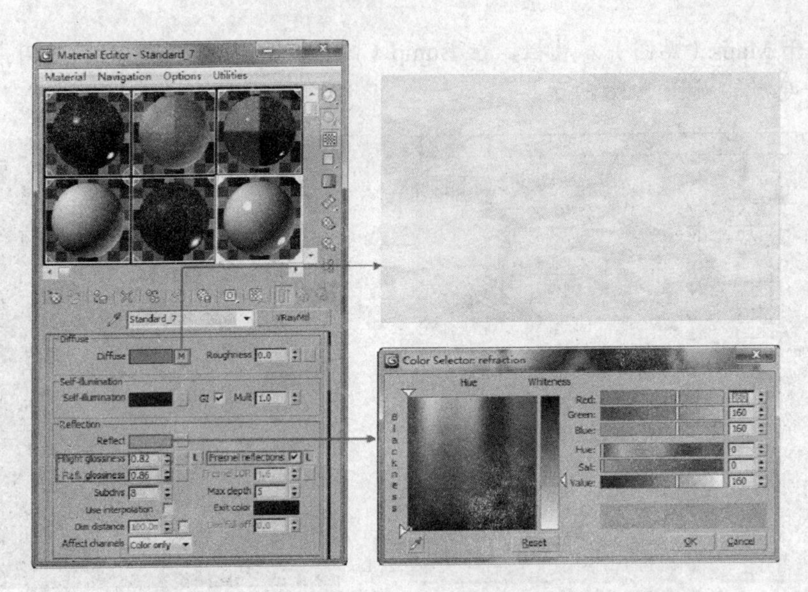

图 2-40 设置大理石基础材质参数

Steps 03 调节好材质后，赋予场景中墙面对象，效果如图 2-41 所示。

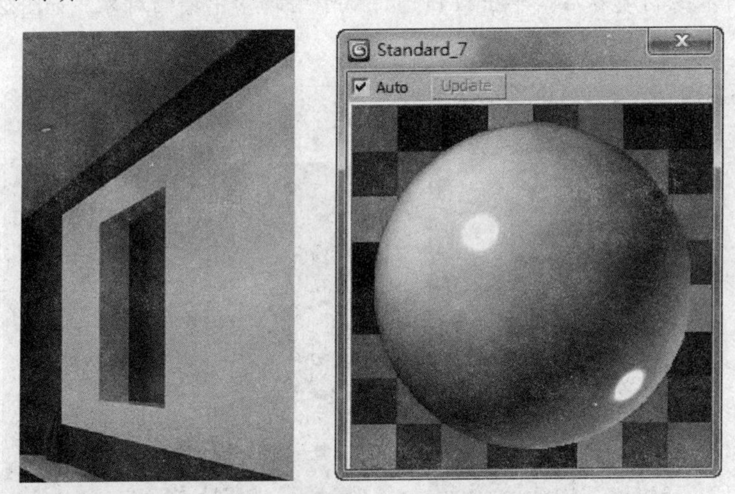

图 2-41 大理石材质效果

2.4.7 布艺沙发材质

一般布料具有表面比较粗糙、基本没有反射效果、表面有一层白茸茸的感觉等特征。下面我们根据这几个特征来进行调节。

Steps 01 在材质编辑器中选择一个空白材质球，将材质切换为“VRayMtl”材质类型，单击 Diffuse（漫反射）右侧的 （贴图通道）按钮，在弹出的 Material/Map Browser（材质/贴图浏览器）中选择 Falloff（衰减）贴图。

Steps 02 设置衰减方式为 Fresnel，在 Front:Side（正前:侧边）的贴图通道中添加一张 Bitmap（位图）贴图，如图 2-42 所示。

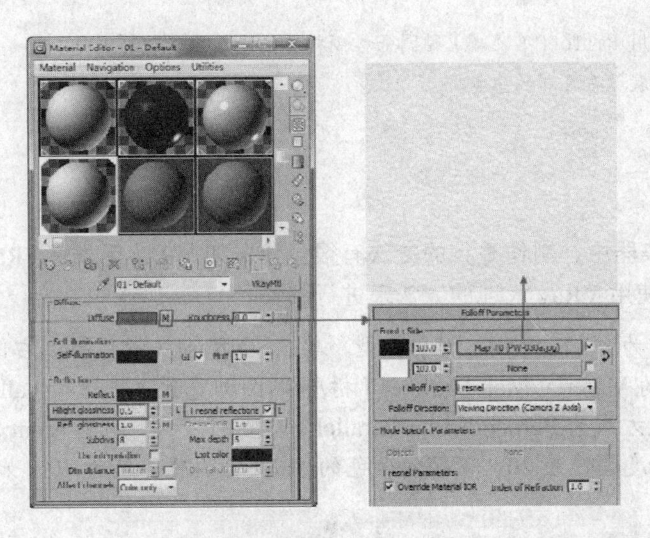

图 2-42　添加衰减贴图

Steps 03 展开 Maps（贴图）卷展栏，在 Reflect（反射）、RGlossiness（反射模糊）和 Bump（凹凸）通道里分别添加一张贴图，用贴图来控制它们的强度，如图 2-43 所示。

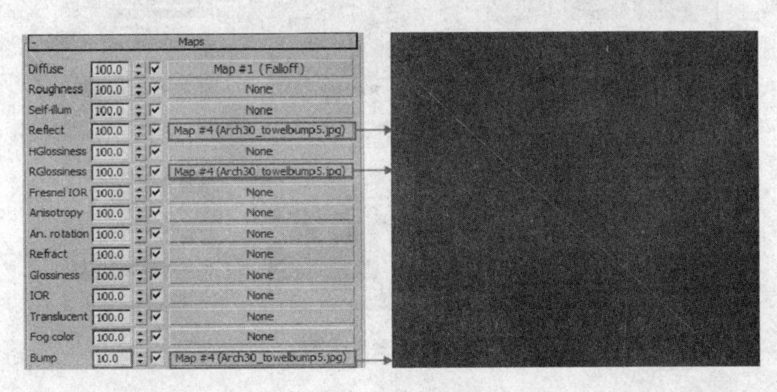

图 2-43　添加贴图

Steps 04 单击材质编辑器中的按钮，选择场景中的玻璃对象，赋予材质。如图 2-44 所示为布艺沙发材质效果。

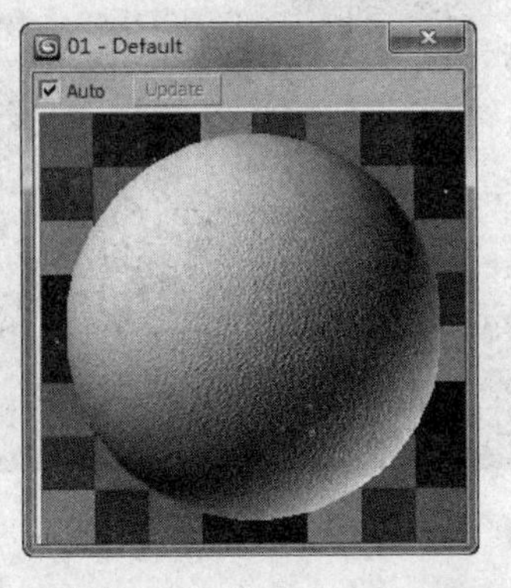

图 2-44　布艺沙发材质效果

提 示：本例中使用 Falloff（衰减）贴图来控制材质的漫反射，这样也是利用了 Fresnel 由远及近不断衰减的特性来表现毛茸茸的感觉。

2.4.8 地毯材质

在 VRay 渲染器中，制作地毯的方法有很多种，如 VRay 毛发、VRay 置换、VRay 代理等。本场景中使用 VRay 代理的方法来进行制作。

Steps 01 切换材质为“VRayMtl”材质类型，单击 Diffuse（漫反射）右侧的（贴图通道）按钮，在弹出的 Material/Map Browser（材质/贴图浏览器）中选择 Falloff（衰减）贴图。

Steps 02 设置衰减方式为 Perpendicular/Parallel（垂直/平行），调整 Front:Side（正前:侧边）颜色的 Value（明度）值为 20，下面的颜色的 Value（明度）值为 40，如图 2-45 所示。

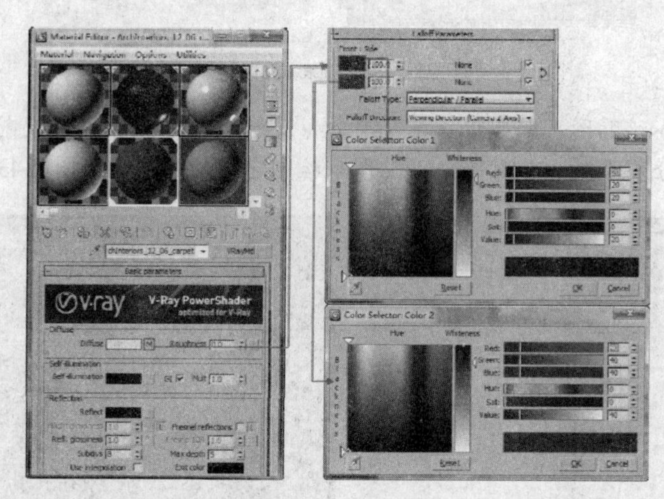

图 2-45　设置衰减参数

Steps 03 调节好地毯材质以后，单击按钮，赋予给场景中的地毯对象。如图 2-46 所示为地毯材质效果。

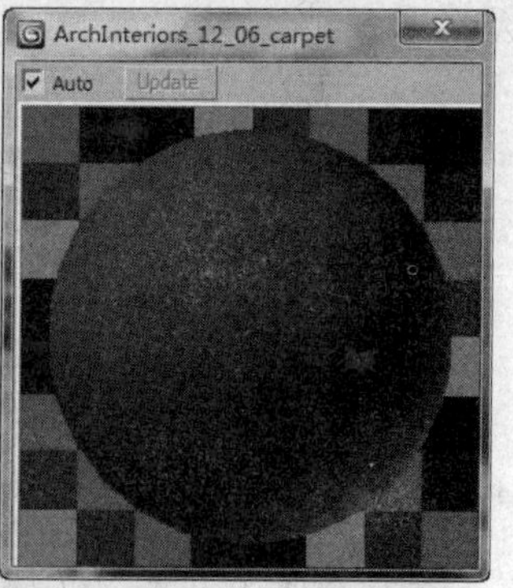

图 2-46　地毯材质效果

提 示：本例中使用的是 VRay 代理制作的地毯模型，所以场景对象只需要赋予调节好的材质即可。

2.4.9 不锈钢材质

不锈钢材质在本实例中虽然不是主要的材质，当其是设计行业中特别常用的物体。按其表面的光滑度来分，可以分为镜面不锈钢和磨砂不锈钢。本场景中使用的镜面不锈钢具有反射强、高光范围小的特点。

Steps 01 切换材质球为“VRayMtl”材质类型，设置 Diffuse（漫反射）颜色的 Value（明度）值为 30。

Steps 02 在 Reflection（反射）选项组中，设置 Reflect（反射）颜色的 Value（明度）值为 190，Hilight glossiness（高光光泽度）值为 0.88，Refl.glossiness（反射光泽度）值为 0.89，如图 2-47 所示。

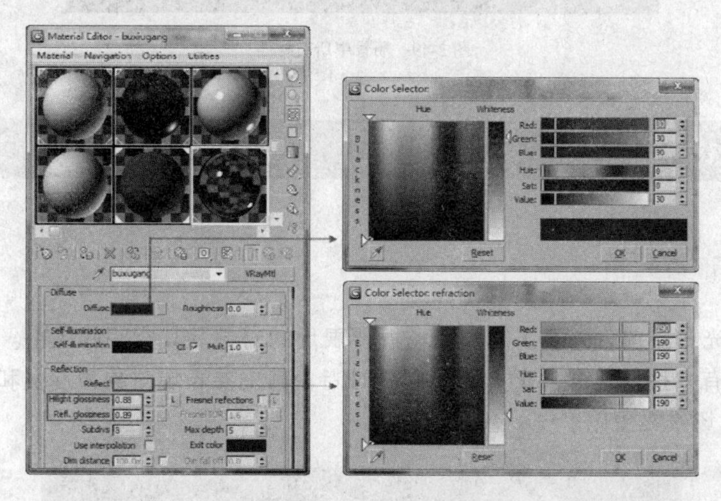

图 2-47　设置不锈钢参数

Steps 03 选择场景中的不锈钢对象，赋予其材质，如图 2-48 所示为不锈钢材质效果。

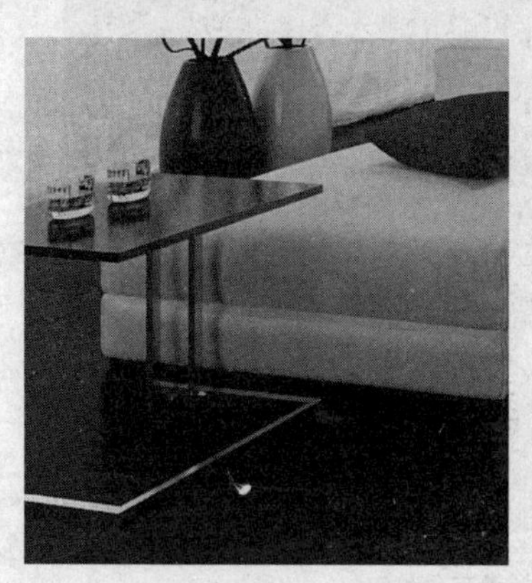

图 2-48　不锈钢材质效果

这样，场景中的主体材质就设置完成了，其他没讲到的材质，请读者参考配套光盘中的文件，并结合现实世界中的物体对象产生的效果进行学习和揣摩。图 2-49 所示为本例所有材质。

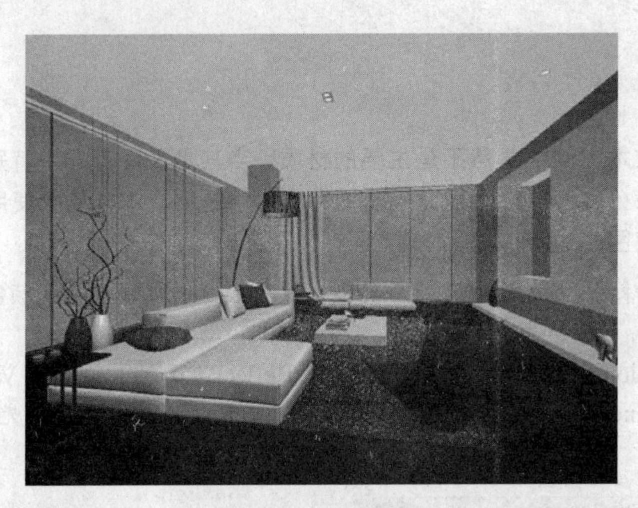

图 2-49　场景中所有材质

2.5 灯光设置

2.5.1 灯光布置分析

在进行灯光布置前，先要了解整个场景要表现的对象及其空间和风格。本场景是一个现代客厅，具有大型落地窗，家具造型简单时尚，其主要表现对象为沙发和落地窗区域。图 2-50 所示为场景布置图。

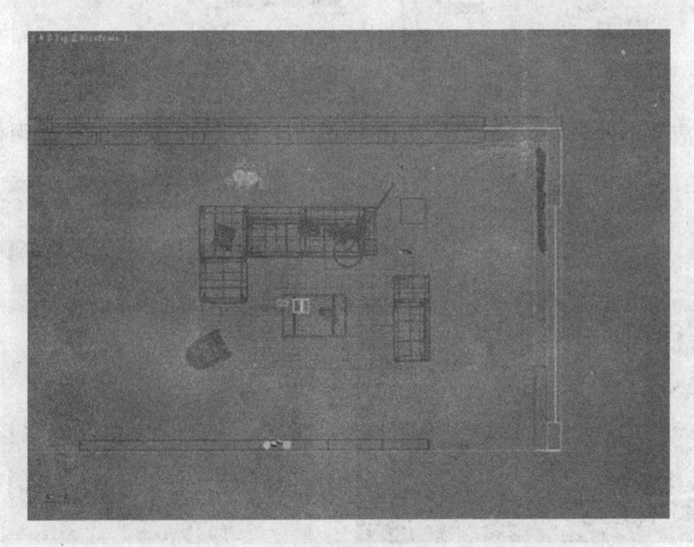

图 2-50　场景布置图

根据上面的分析，我们可以确定，该场景以白天自然光照射比较充足的时候表现为佳。该场景以室内光源对沙发区域进行次要照明，用辅助光对背景墙面进行照明，最后依据场景的效果在适当地方再增加些光源进行辅助照明。接下来将对场景中的灯光进行设置。

2.5.2 设置背景

首先对室外的背景进行设置，这样可以让场景与外部看起来更协调。

Steps 01 按"M"键打开材质编辑器，选择一个空白材质球，单击 Standard 按钮将材质切换为 VRayLightMtl（VRay 灯光材质）材质类型。单击 Color（颜色）右侧的贴图通道，添加一张位图贴图来控制背景光，如图 2-51 所示。

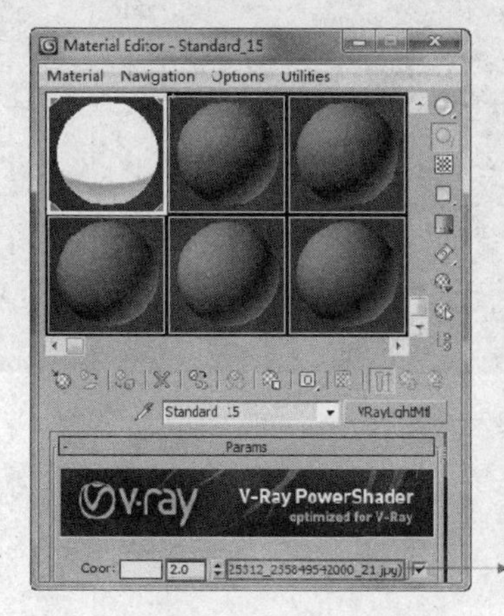

图 2-51　设置 VRay 灯光材质

Steps 02 将设置好的背景材质赋予场景中的对象，切换到摄影机视图，在 Modify（修改）命令面板中为它添加 UVWmap（UVW 贴图）修改器，调整好外景的位置，如图 2-52 所示。

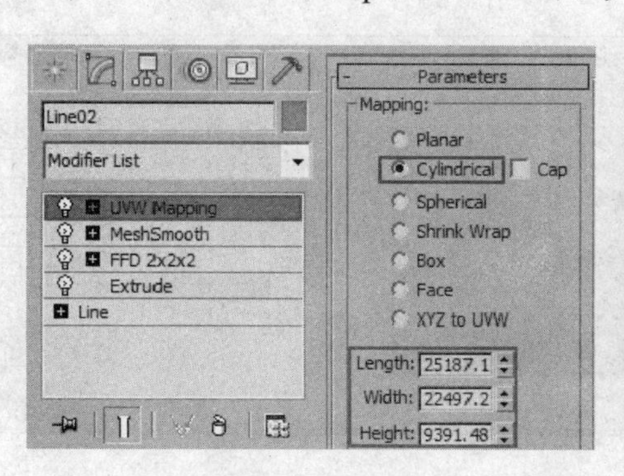

图 2-52　调整背景

2.5.3 设置自然光

场景中几个大型的落地窗是光线透过窗户照亮场景的重要部分，所以设置好自然光对本案例来说尤为重要。

1. 创建天光

Steps 01 在灯光创建面板中选择 VRay 类型，单击 VRayLight 按钮，将灯光类型设置为

Dome（穹顶），在顶视图中任意位置处创建一盏 Dome（穹顶）类型的 VRayLight，如图 2-53 所示。

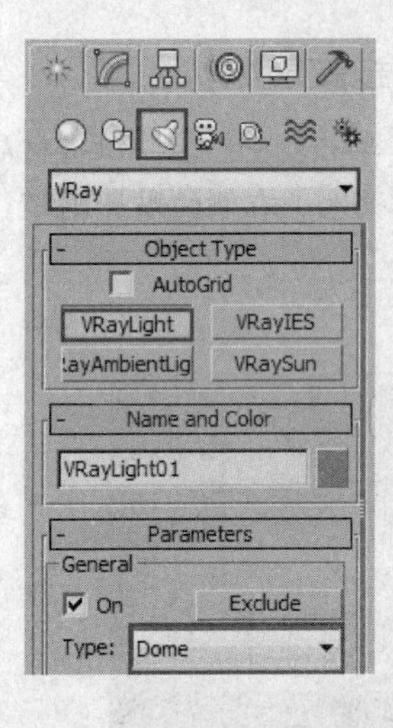

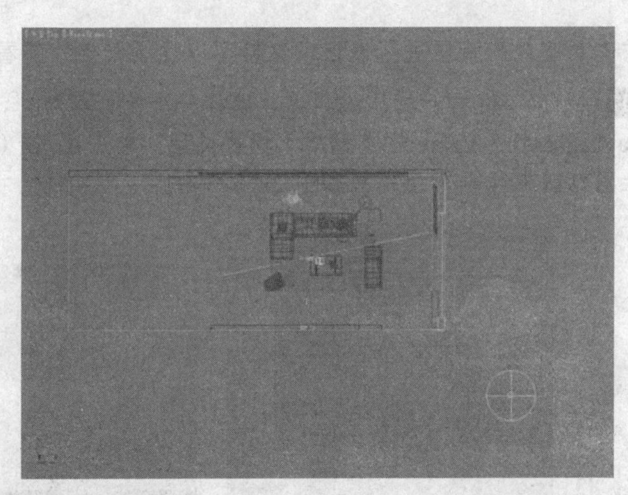

图 2-53　创建天光

提 示：在 3ds max+VRay 中，VRay Dome Light（VRay 半球光）可以创建于任何位置，其发射的光线均不会受影响。

Steps 02 保持灯光为选择状态，在 Modify（修改）命令面板中对 VRay 半球光的参数进行调整，如图 2-54 所示。

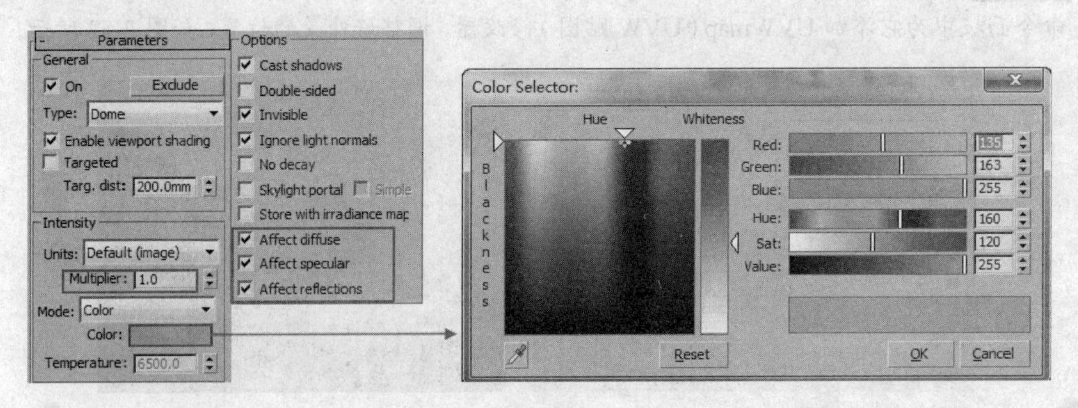

图 2-54　设置 VRay 半球光参数

2. 加强窗户天光效果

Steps 01 在 VRay 灯光创建面板中单击 VRayLight 按钮，将灯光类型设置为 Plane（平面）类型，然后在各视图窗户位置处创建面光源，如图 2-55 所示。

Steps 02 在 Modify（修改）命令面板中对 VRay 平面光的参数进行调整，如图 2-56 所示。

提 示：创建好一盏平面光后，其他灯光以关联复制的方法进行复制，这样在对灯光参数进行调节的时候其他灯光参数将跟随变化，可以加快效果图的制作速度。

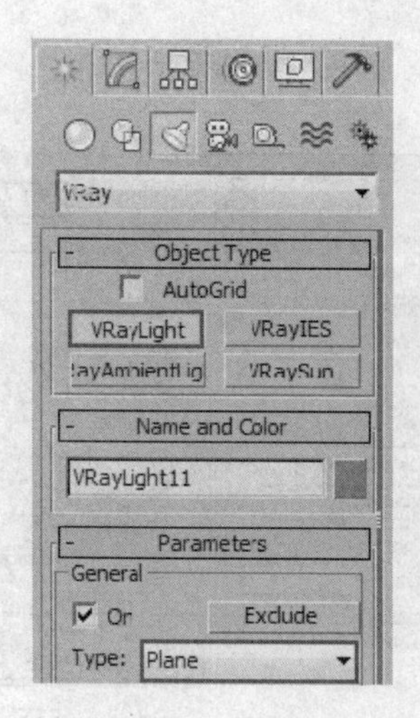

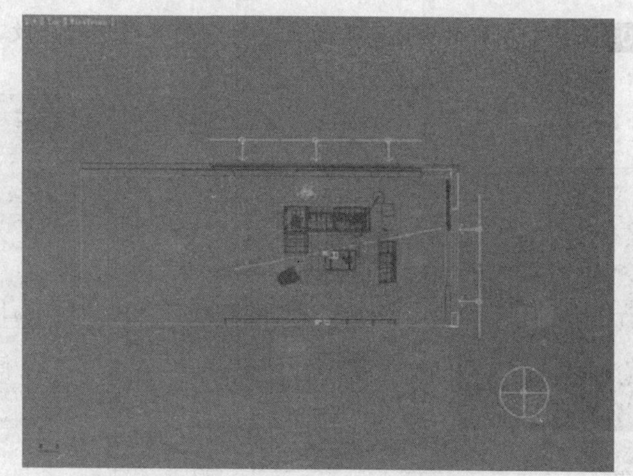

图 2-55　创建 VRay 平面光

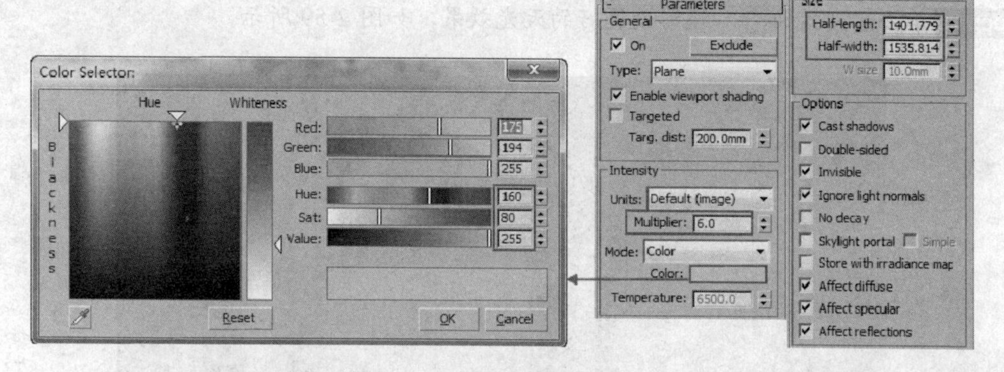

图 2-56　设置 VRay 平面光参数

Steps 03 为了使窗口的灯光效果变得更加丰富，选择创建好的 VRay 平面光，以复制的方式进行复制，如图 2-57 所示。

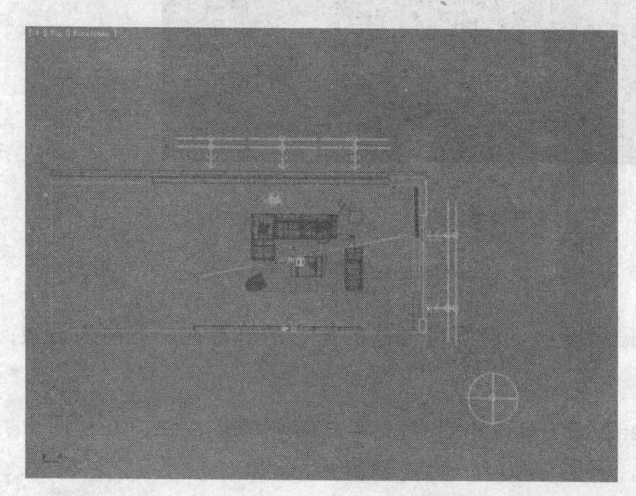

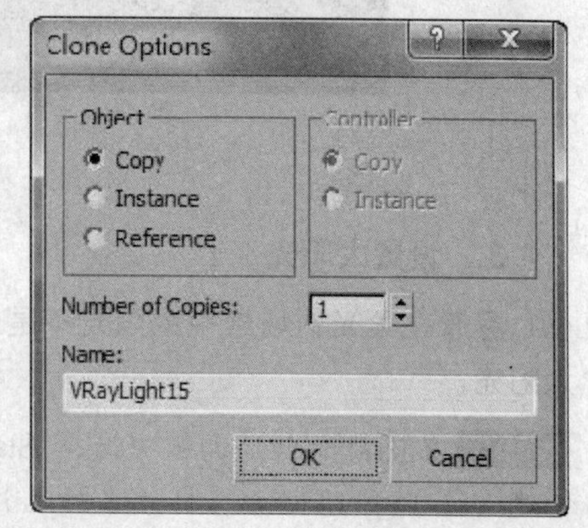

图 2-57　复制 VRay 平面光

Steps 04 选择复制好的 VRay 平面光，对它的参数进行修改，如图 2-58 所示。

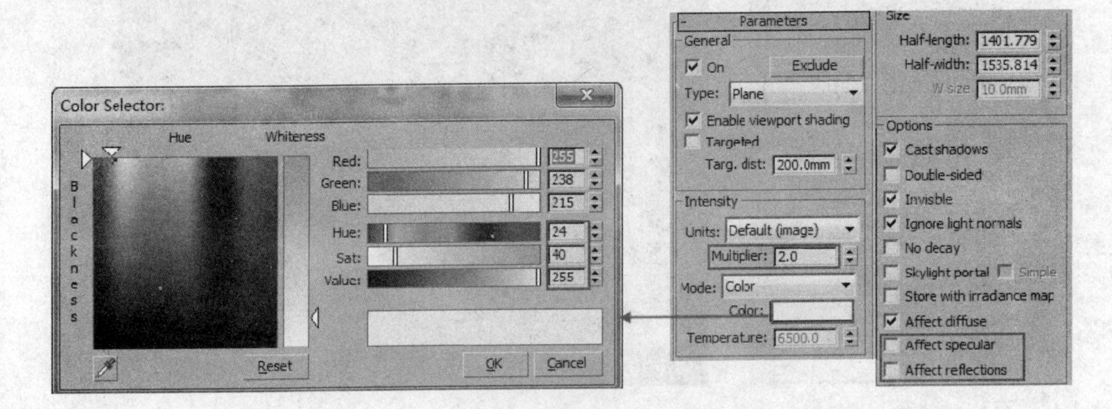

图 2-58　设置灯光参数

Steps 05 单击渲染按钮，观察设置好的天光效果，如图 2-59 所示。

图 2-59　天光效果

3. 设置太阳光

尽管在柔光的场景中太阳光不是最重要的，但不可否认的是它的确存在。下面来设置太阳光。

Steps 01 在灯光创建面板中选择 Standard（标准）类型，单击 Target Direct 按钮，在视图中创建一盏 Target Direct（目标平行光），如图 2-60 所示。

Steps 02 选择创建好的太阳光，在修改命令面板中对它的参数进行调整，如图 2-61 所示。

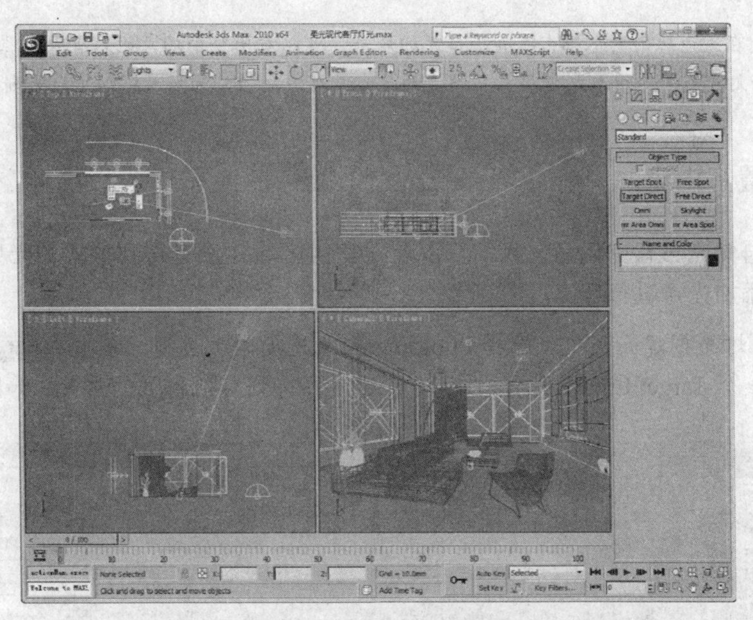

图 2-60　设置太阳光

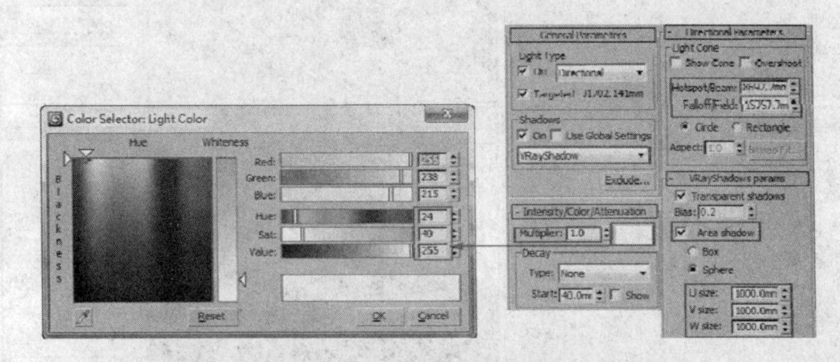

图 2-61　设置太阳光参数

Steps 03 按“C”键切换至摄影机视图，单击渲染按钮，观察添加太阳光后的效果，如图 2-62 所示。

图 2-62　添加太阳光后的效果

提示：这是在天光照射的基础上添加了日光的效果，可以看出整个场景比只有天光照射的时候更亮了，这是因为灯光有一个叠加的作用，而设置的日光具有方向性，为场景增加了灯光渐变的效果。

2.5.4 布置室内光源

室外的自然光布置完以后，我们可以看见室内区域并没有得到很好的光照，这时就需要对场景中添加光源进行照亮。

Steps 01 在灯光创建面板中，选择 Photometric（光度学）类型，单击 Target Light 按钮，在视图中创建一个 Target Light（目标灯光），然后复制得到其他位置的灯光，如图 2-63 所示。

图 2-63　布置室内光源

Steps 02 选择一个 Target Light（目标灯光），对它的参数进行调整，如图 2-64 所示。

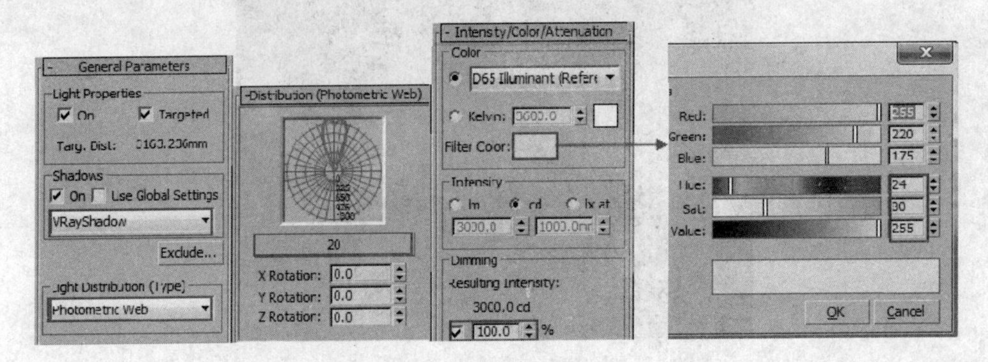

图 2-64　设置目标灯光参数

Steps 03 按“C”键切换至摄影机视图，单击渲染按钮，观察添加室内光的效果，如图2-65所示。

图 2-65　添加室内光源后的效果

2.5.5 局部补光

可以看到，在设置了室内光源后，场景中的灯光效果变得很好了。一般情况下，得到这样的效果就可以渲染最终图像，不过这里为了更加丰富场景的效果，又为场景添加了部分局部补光。

Steps 01 利用场景中的灯光，使用复制功能在如图2-66所示的位置布置灯光。

Steps 02 在落地灯位置处创建一盏VRay球灯来模拟灯光它的效果，如图2-67所示。

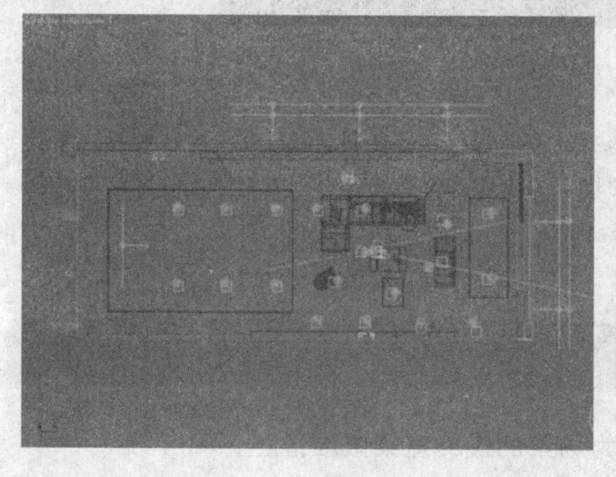

图 2-66　布置补光

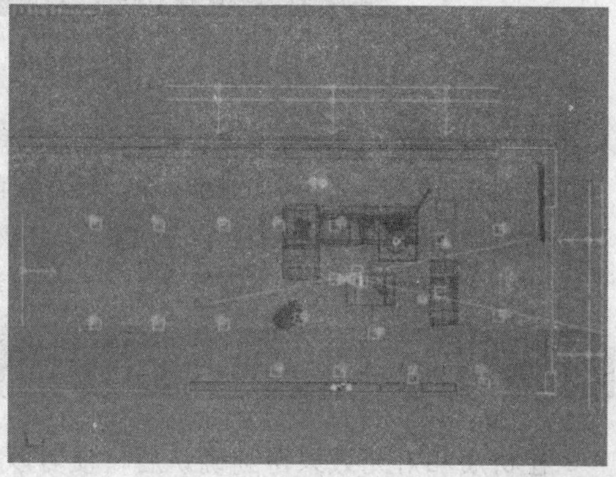

图 2-67　布置落地灯

Steps 03 选择创建的VRay球灯，在修改命令面板中对它的参数进行调整，如图2-68所示。

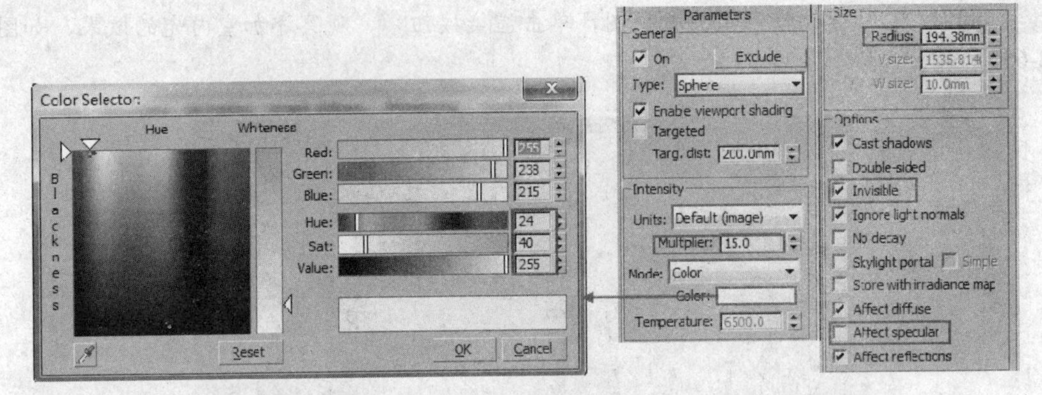

图 2-68　调整 VRay 球灯参数

Steps 04 在添加完补光后，再次单击渲染按钮，观察场景的整个灯光效果，如图 2-69 所示。

图 2-69　灯光效果

提 示：本例中的灯光设置是笔者经过反复调节和测试才得到的，读者在学习过程中也应对不同参数值进行调节，观察不同的参数值的效果，等熟练掌握不同程度的灯光属性后，只要一次就可以将场景中所有的灯光布置完成，这样可以为渲染节省不少时间

2.6 创建光子图

在材质和灯光效果得到确认后，便可以为场景的最终渲染做准备。

2.6.1 提高细分值

Steps 01 首先进行材质细分的调整。将材质细分设置相对高一些可以避免光斑、噪波等现象的产生，因此可以对主要材质 Reflection（反射）选项组中的 Subdivs（细分）值进行增大，一般设置为 20~24 即可，如图 2-70 所示。

Steps 02 同样，将场景内所有 VRay 灯光类型中 Sampling 选项组中的 Subdivs（细分）的值以及其他灯光类型中的 VRayShadows params 选项组中的 Subdivs（细分）的值设置为 24，如图 2-71 所示。

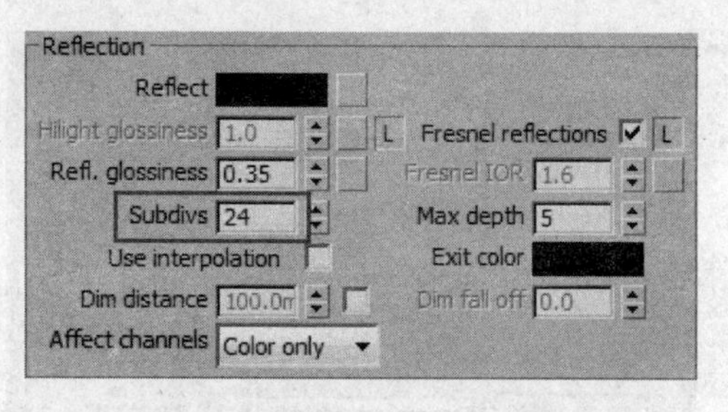

图 2-70　提高材质细分

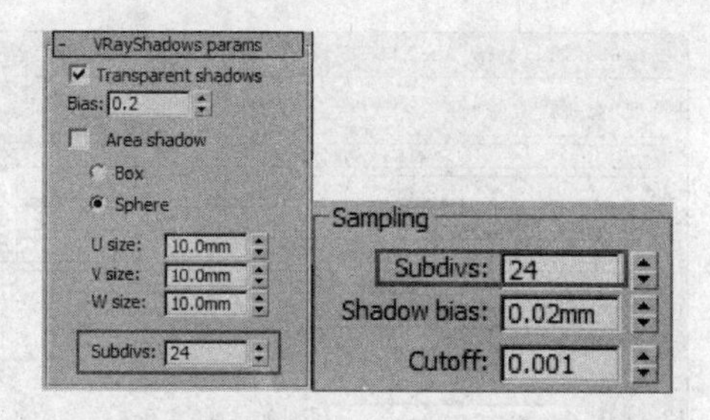

图 2-71　提高灯光细分

2.6.2 调整渲染参数

下面来调节光子图的渲染参数。

Steps 01 按 “F10” 键打开 “渲染面板”，在 Common（公用）选项卡中设置 Output Size（输出尺寸）的参数，如图 2-72 所示。

Steps 02 在 V-Ray 选项卡中展开 V-Ray: :Global switches（全局开关）卷展栏，勾选 Hidden lights（隐藏灯光）、Glossy effects（光泽模糊）以及 Don`t render final image（不渲染最终图像）几个选项，如　图 2-73 所示。

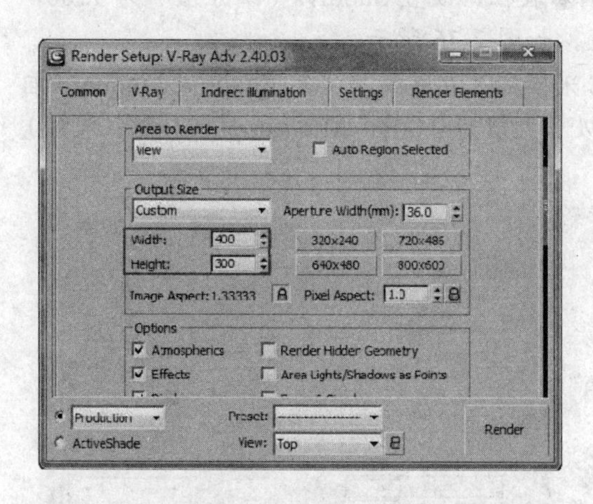

图 2-72　设置输出尺寸

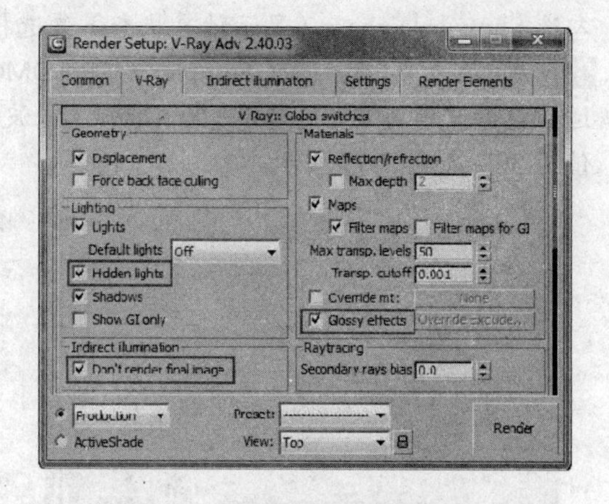

图 2-73　设置全局开关卷展栏中参数

提 示：一般要求不小于成图尺寸的四分之一，例如成图准备渲染成 1600 × 1200，光子图尺寸设置为 400 × 300 比较合适。

Steps 03 切换至 VRay: :Image sampler（Antialiasing）（VRay 图像采样（抗锯齿））卷展栏，设置类型为 Adaptive DMC（自适应 DMC）采样器，勾选 Antialiasing filter（抗锯齿过滤器）

选项，并设置为 Mitchell-Netravali，如图 2-74 所示。

Steps 04 展开 V-Ray: :Irradiance map（发光贴图）卷展栏，设置 Current preset（当前预置）为 Medium（中等），调节 HSph.subdivs（半球细分）的参数为 60，勾选 Show calc.phase（显示计算相位）和 Show direct light（显示直接照明）两个选项，再勾选 On render end（渲染结束后）选项组中的所有选项，如图 2-75 所示。

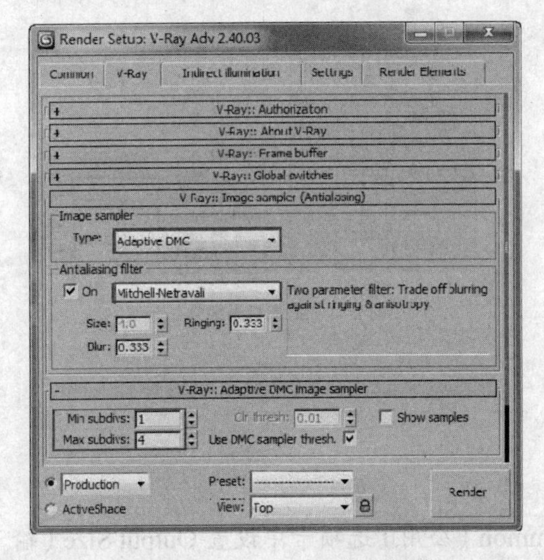

图 2-74　设置 VRay 图像采样参数

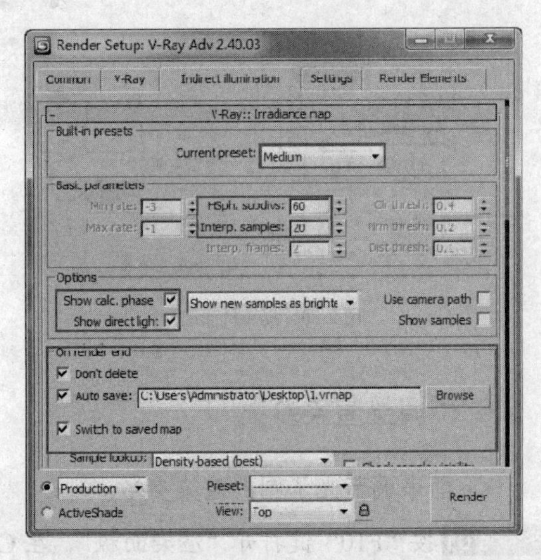

图 2-75　设置发光贴图参数

提示： 单击 On render end（渲染结束后）选项组中的 Browse 按钮可以设置光子保存的路径。

Steps 05 展开 V-Ray: :Light cache（灯光缓存）卷展栏，设置 Subdivs（细分值）为 1200，勾选 Show calc.phase（显示计算状态）复选框，如图 2-76 所示。

Steps 06 展开 V-Ray: :DMC Sampler（V-RayDMC 采样器）卷展栏，设置 Adaptive amount（自适应数量）值为 0.75，Noise threshold（噪波极限）值为 0.001，Min samples（最小采样）值为 30，如图 2-77 所示。

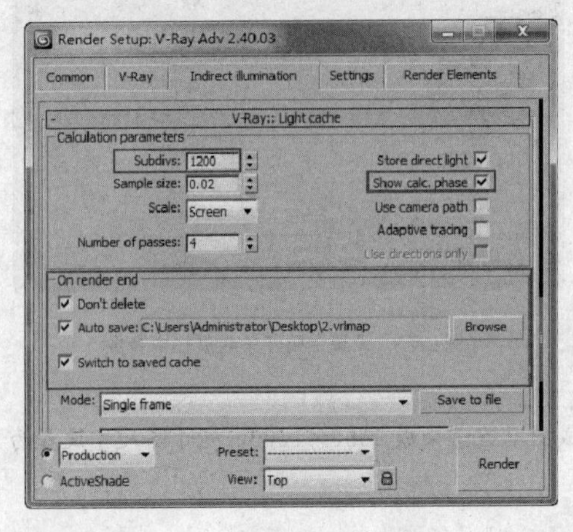

图 2-76　设置灯光缓存参数

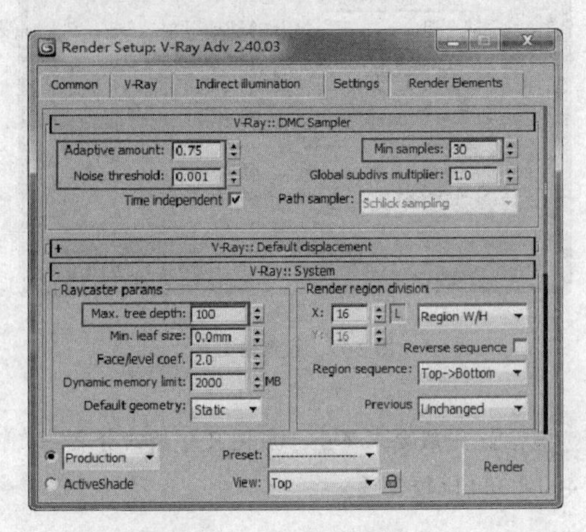

图 2-77　设置系统卷展栏参数

Steps 07 光子图渲染参数调整完成后，返回摄影机视图进行光子图渲染，渲染完成后打开

“发光贴图”与“灯光缓存”卷展栏参数，查看是否成功保存并已经调用了计算完成的光子图，如图 2-78 所示。

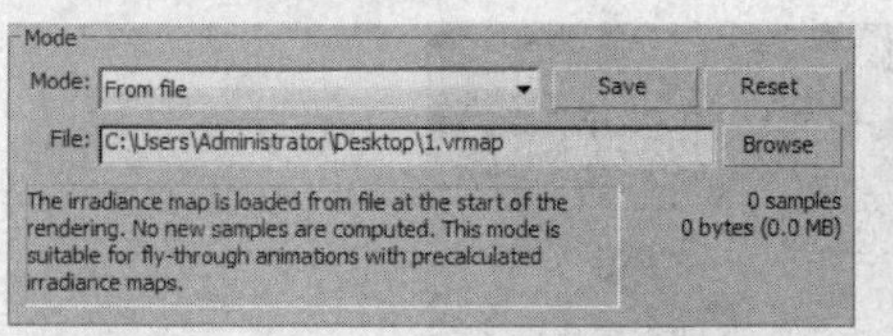

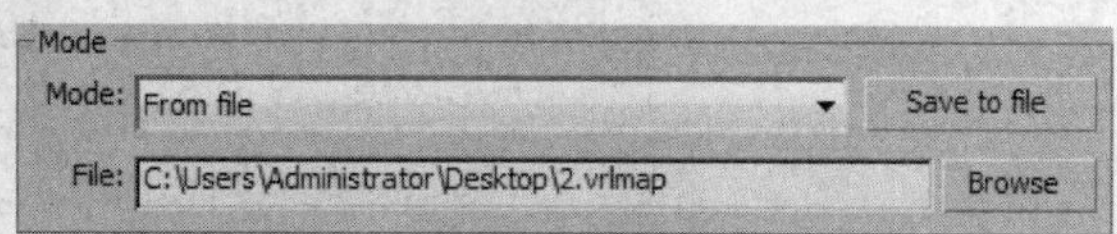

图 2-78 “发光贴图”和“灯光缓存”光子图的调用

提示：一般情况下 Windows7 操作系统对应用程序为最大支持内存为 3.25G，如果场景中模型比较多，就会占用非常大的内存，所以当 VRay 渲染时，内存超过最大使用量以后，3ds max 就会自动退出，这时就需要改变 Windows 最大内存支持，步骤如下：①开始-所有程序-附件-运行-CMD 回车，在 DOS 提示符下输入 BCDEDIT /SET PAE ForceEnable 回车；②再输入 bcdedit/set IncreaseUserVa 3072 回车；③重启系统。

不过要想在Windows7下面使用这条命令操作，需要在C:\WINDOWS\system32目录下面找到cmd.exe文件，然后单击右键“以管理员身份运行”打开，然后输入命令行。

2.7 最终输出渲染

光子图渲染完成后，下面将对整个场景做最终输出渲染。

Steps 01 按“F10”键打开“渲染设置”对话框，在 Common（公用）选项卡中设置 Output Size（输出尺寸）的参数为 1600 × 1200，如图 2-79 所示。

Steps 02 展开 V-Ray: :Global switches（全局开关）卷展栏，取消 Don`t render final image（不渲染最终图像）的勾选，如 图 2-80 所示。

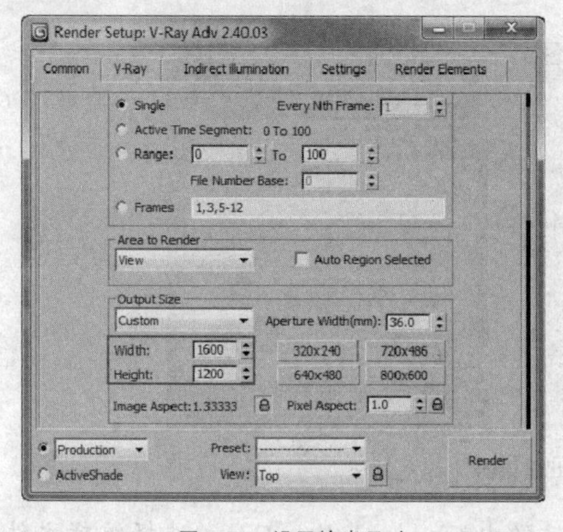

图 2-79 设置输出尺寸

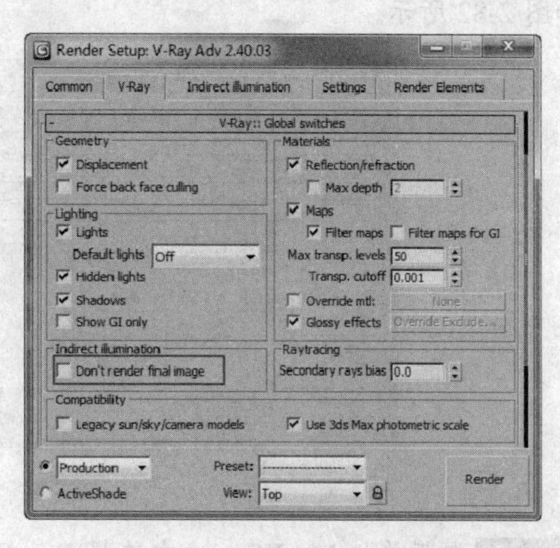

图 2-80 取消不渲染图像复选框

提示：在渲染光子图时，笔者习惯将所有参数都设置好，这样在最终输出渲染时只设置几个步骤就可以对场景进行最终渲染。

其他的参数保持渲染光子图阶段设置即可，接下来便可以直接渲染成图。经过几个小时的渲染，最终效果如图 2-81 所示。

图 2-81　最终渲染效果

2.8 色彩通道图

渲染色彩通道图主要是为了我们在 Photoshop 软件中更好地选择所需要的区域。其制作方法多种多样，在相关的书籍或者资料上都有介绍，作为专业人士应必须掌握，它在后期的使用中非常快捷和方便。这里介绍最为常用的方法，即使用插件来制作色彩通道。

Steps 01 选择场景中所有的灯光并删除。

Steps 02 在“渲染设置”对话框中设置渲染器为 Default Scanline Renderer（默认渲染器），如图 2-82 所示。

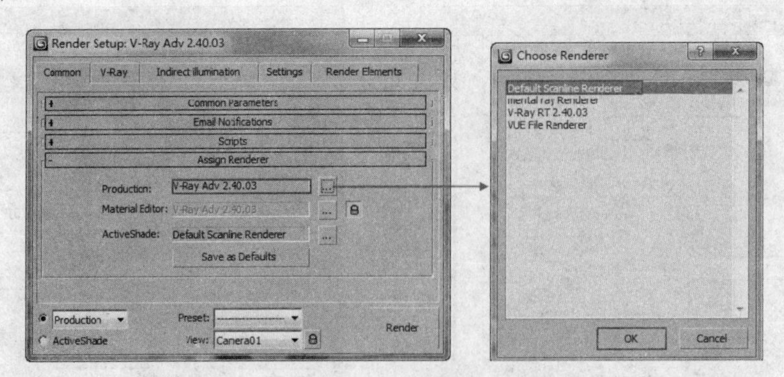

图 2-82　设置输出渲染器

Steps 03 在菜单栏 MAXScript 中选择 Run Script，弹出 Choose Editor File（选择编辑文件）对话框，这时运行光盘提供的“材质通道.mse”文件，就可以将场景的对象转化为纯色材质对象，如图 2-83 所示。

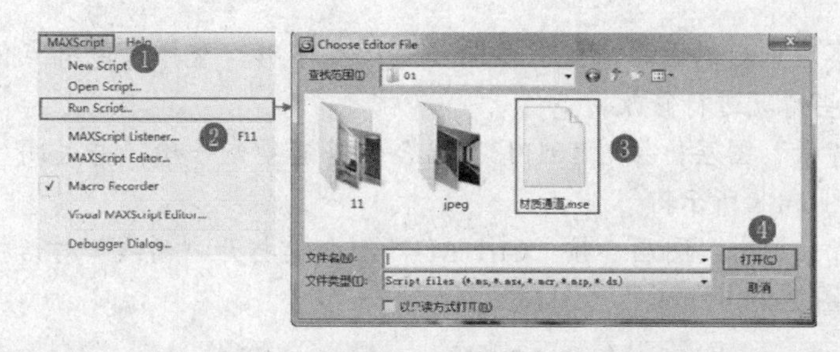

图 2-83　运行插件

Steps 04 在弹出的对话框中单击“确定”按钮，完成材质的转换，如图 2-84 所示。

Steps 05 最后保持在摄影机视图，单击“渲染”按钮，渲染色彩通道，如图 2-85 所示。

图 2-84　转化色彩通道

图 2-85　色彩通道图

2.9 Photoshop 后期处理

渲染完毕以后，接着就需要对图像进行后期的处理，并对效果图做最后的调整。

Steps 01 使用 Photoshop 打开渲染后的色彩通道图和最终渲染图（如图 2-86 所示）。并将两张图像合并在一个窗口中，如图 2-87 所示。

图 2-86　打开图像文件

图 2-87　合并图像

Steps 02 仔细观察渲染后的图，感觉有些暗，对比度不够，整体颜色有点偏冷，窗户处缺乏泛光，需对这些情况进行修改。

Steps 03 选择“背景”图层，按“Ctrl+J” 组合键将其复制一份，并关闭“色彩通道”所在的图层 1，如图 2-88 所示。

Steps 04 选择“背景副本”图层，按“Ctrl+M” 组合键打开“曲线”对话框，调整它的亮度和对比度，如图 2-89 所示。

图 2-88 复制图层

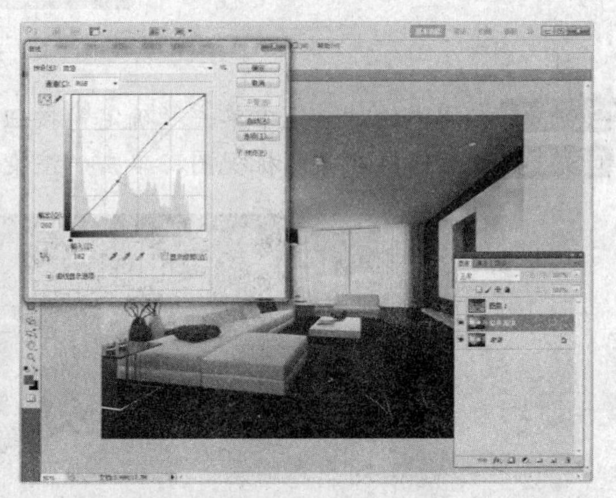

图 2-89 调整图像亮度和对比度

Steps 05 按“Ctrl+U”组合键打开“色相/饱和度”对话框，调整图像的饱和度，如图 2-90 所示。

Steps 06 按“Ctrl+B”组合键打开“色彩平衡”对话框，调整图像的暖色调，如图 2-91 所示。

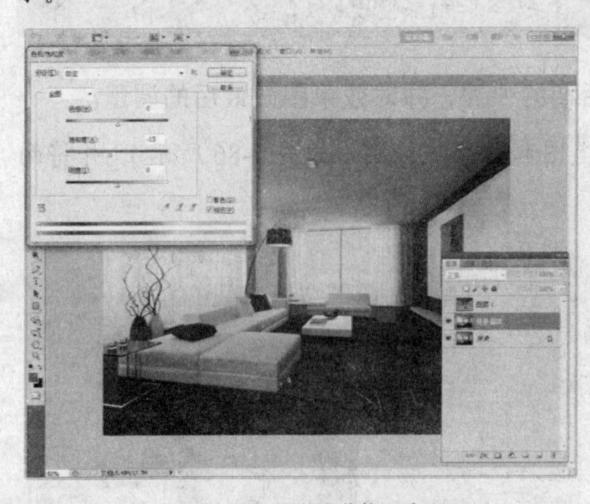

图 2-90 调整图像饱和度

图 2-91 调整图像的暖色调

Steps 07 接着对局部进行调整，在“图层 1”中用“魔棒”工具选择地面区域，然后将图层选择切换至“背景副本”图层，按“Ctrl+J”组合键复制到新的图层，按“Ctrl+M”组合键打开“曲线”对话框，提高地面的亮度，如图 2-92 所示。

Steps 08 返回到“图层 1”，用“魔棒”工具选择沙发区域，再切换回“背景副本”图层中，按“Ctrl+J”组合键复制到新的图层，按“Ctrl+U”组合键打开“色相/饱和度”对话框，降低它的饱和度，如图 2-93 所示。

图 2-92　提高地面亮度

图 2-93　调节沙发饱和度

Steps 09 依照同样的方法，选择图像中的背景木纹墙部分，按“Ctrl+J”组合键复制到新的图层，再按“Ctrl+M”组合键打开“曲线”对话框，提高它的亮度，如图 2-94 所示。

Steps 10 同理，选择图像中的黑色沙发部分，按“Ctrl+J”组合键复制到新的图层，按“Ctrl+U”组合键打开“色相/饱和度”对话框，降低它的饱和度，如图 2-95 所示。

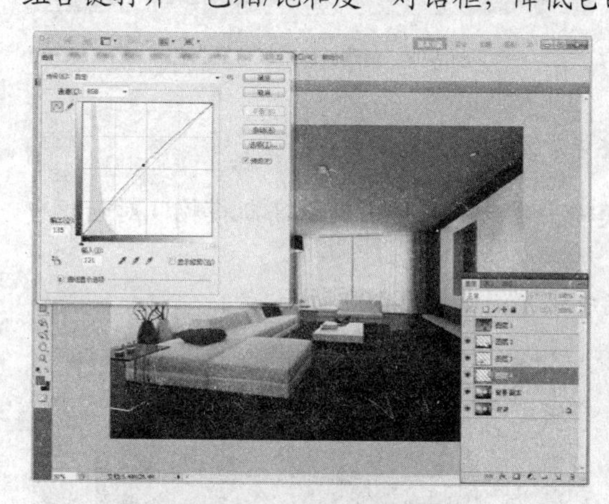
图 2-94　提高木纹背景墙亮度

图 2-95　调整黑色沙发饱和度

Steps 11 接下来需要给场景的户外换一个更合适的外景图片。在 Photoshop 中打开光盘提供的“背景”图像文件，并合并到一个窗口中，如图 2-96 所示。

图 2-96　添加背景图像

Steps 12 在色彩通道的“图层 1”中选择窗户区域，再返回到新合并的背景图像图层中，单击“添加图层蒙版”按钮，为它添加一个区域图层蒙版，如图 2-97 所示。

Steps 13 下面来处理窗户处的泛光。在色彩通道所在的图层中选择窗帘和窗户区域，按“Ctrl+Shift+N”组合键复制一个新的图层，使用“油漆桶”工具将它填充为白色调，如图 2-98 所示。

图 2-97　调整背景图像

图 2-98　创建新的图层填充白色

提示：单击按钮，取消两个图像的关联，对调整背景图像位置十分方便。

Steps 14 执行“滤镜”→“模糊”→“高斯模糊”命令，在弹出的“高斯模糊”对话框中设置半径值为 100，如图 2-99 所示。

Steps 15 设置“图层 7”的不透明度为 20，完成泛光，如图 2-100 所示。

图 2-99　执行高斯模糊命令

图 2-100　设置不透明度

Steps 16 最后按“Ctrl+Alt+Shift+E”组合键合并所有图层到其他图层最上方，按“Ctrl+S”组合键保存 PSD 文件（如图 2-101 所示），并导出一张 JPEG 格式图像，完成 Photoshop 的后期处理。

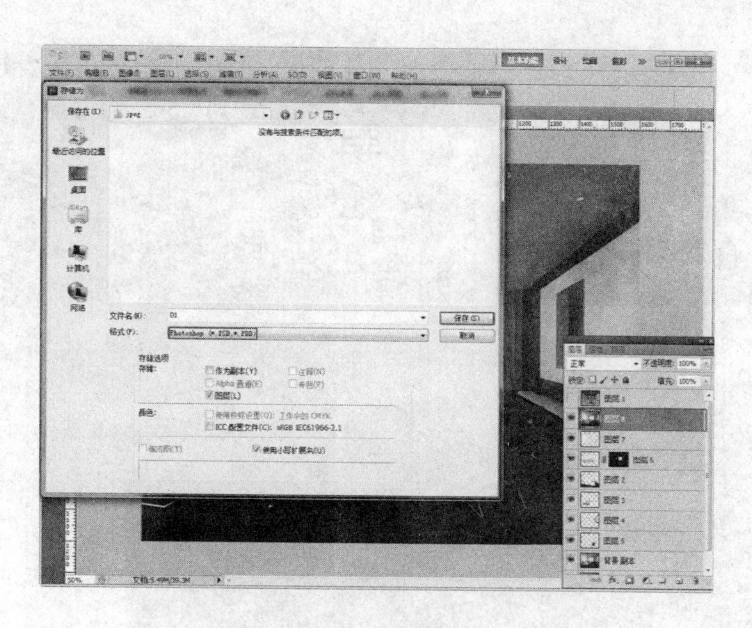

图 2-101　保存文件

到这里本场景的制作就结束了，最终效果如图 2-102 所示。广大读者也可以参照笔者的经验和制作方法，总结出自己适合的方式，

图 2-102　最终效果

第3章 阳光休闲空间

本章重点：

- 项目分析
- 设置测试渲染参数
- 创建摄影机并检查模型
- 设置场景主要材质
- 灯光设置
- 最终输出渲染
- Photoshop 后期处理

随着现代生活的快节奏，越来越多的人面对压力。面对种种压力，设计师在这方面做出了合理的解决方案，那就是在空间中融入休闲，使人们无论是在家、在上班的路上，还是在购物，都能在休闲空间中得到一种精神压力的释放。休闲空间可以说足不出户就可以换来自主、随意、放松、感受新潮的目的和需求。图 3-1 所示为最终效果图。

图 3-1 最终效果

3.1 项目分析

本例是一个休闲风格的空间，其整体设计比较简约，色彩运用相对丰富，灯光方面力求营造一种柔和的日光效果，场景两侧都有大型落地窗，采光比较充分，所以采用自然光进行主要照明，再加以简单的室内补充照明来完善场景的灯光效果。

下面收集一些和本例有共性的图片作为参考，如图 3-2 和图 3-3 所示，会给设计师提供概念上的指导。

图 3-2 参考效果 1

图 3-3 参考效果 2

3.2 设置测试渲染参数

按照第 2 章的方法设置好渲染测试参数。

Steps 01 打开本书配套光盘中的“阳光休闲空间白模.max”，按“F10”键打开 Render Setup（渲染设置）对话框，选择其中的 Common（通用）选项卡，然后进入 Assign Renderer（指定渲染器）卷展栏，再在弹出的 Choose Renderer（选择渲染器）对话框中选择渲染器为 V-Ray Adv 2.40.03，再单击“OK”按钮完成渲染器的调用，如图 3-4 所示。

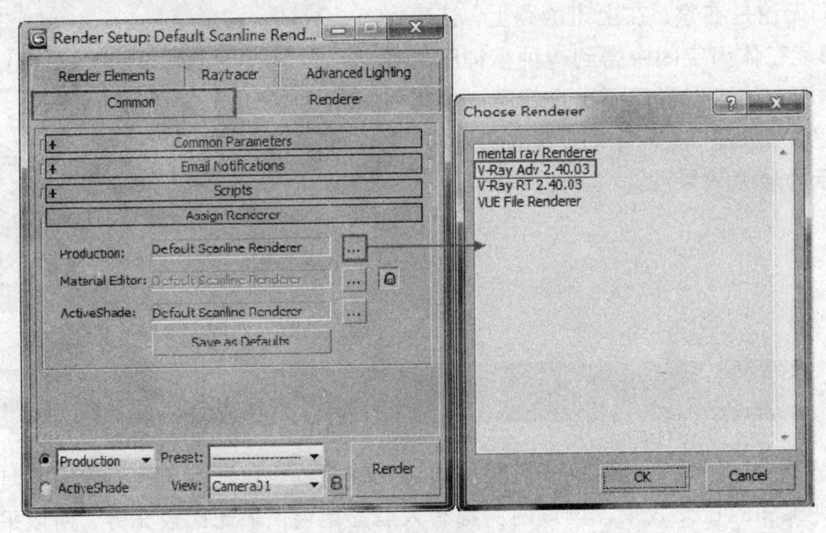

图 3-4　调用渲染器

Steps 02 在 V-Ray 选项卡中展开 V-Ray: :Global switches（全局开关）卷展栏，取消 Hidden lights（隐藏灯光）复选框的勾选，如图 3-5 所示。

Steps 03 切换至 V-Ray::Image sampler（Antialiasing）（V-Ray 图像采样（抗锯齿））卷展栏，设置“类型”为 Fixed（固定），取消勾选 Antialiasing filter（抗锯齿过滤器）选项，如图 3-6 所示。

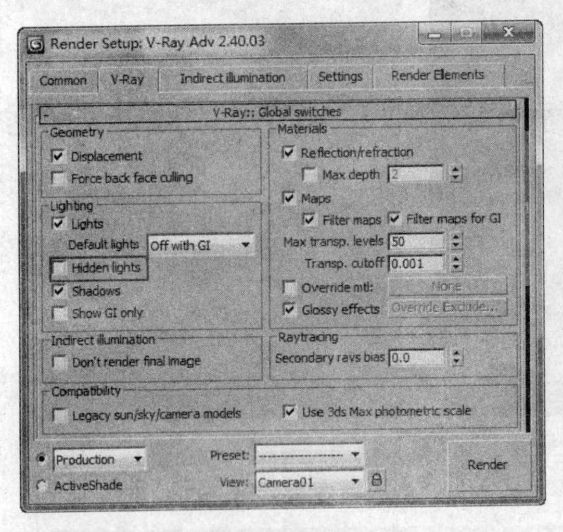

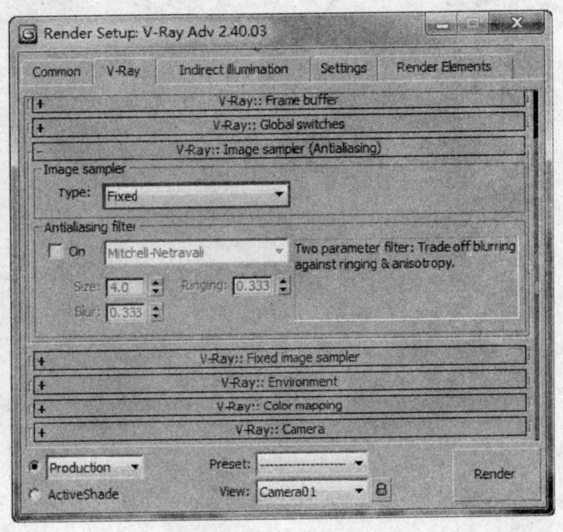

图 3-5　设置全局开关参数

图 3-6　设置图像采样参数

Steps 04 在 Indirect illumination（间接照明）选项卡中展开 V-Ray: :Indirect illumination（GI）（V-Ray 间接照明（全局光））卷展栏，勾选 On（启用），设置 Secondary bouneces（二次

反弹）为 Light cache（灯光缓存）方式，如图 3-7 所示。

Steps 05 展开 V-Ray: :Irradiance map（发光贴图）卷展栏，设置 Current preset（当前预置）为 Very low（非常低），调节 HSph.subdivs（半球细分）的参数为 20，勾选 Show calc.phase（显示计算相位）和 Show direct light（显示直接照明）两个选项，如图 3-8 所示。

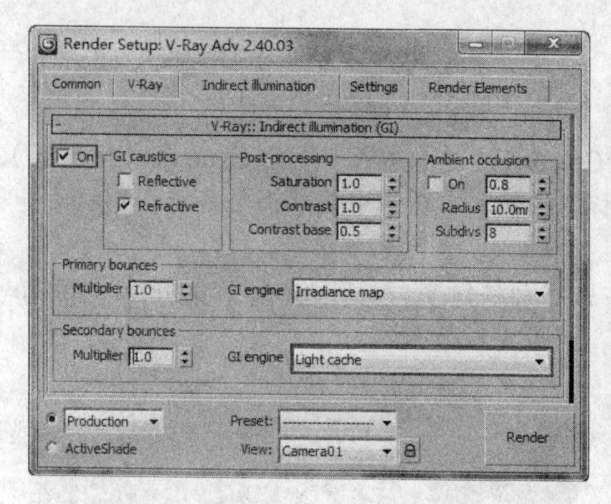

图 3-7　开启间接光照

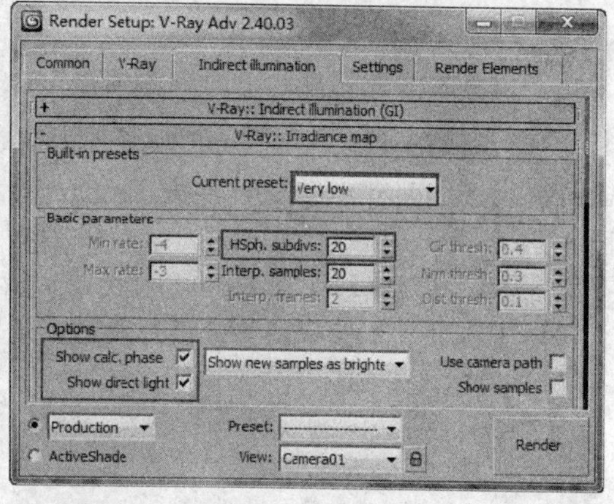

图 3-8　设置发光贴图参数

提 示：预设测试渲染参数是根据自己的经验和计算机本身的硬件配置得到的一个相对较低的渲染设置，并不是固定参数，读者可以根据自己的情况进行设定。

Steps 06 展开 V-Ray: :Light cache（灯光缓存）卷展栏，设置 Subdivs（细分值）为 200，勾选 Show calc.phase（显示计算状态）复选框，如图 3-9 所示。

Steps 07 展开 V-Ray: :System（系统）卷展栏，设置 Dynamic memory limit（动态内存极限）值为 2000MB，Default geometry（默认几何体）为 Static（静态），X/Y（X 与 Y 轴向）值为 16，Region Sequence（区域排序）为 Top-bottom（上至下）选项，如图 3-10 所示。

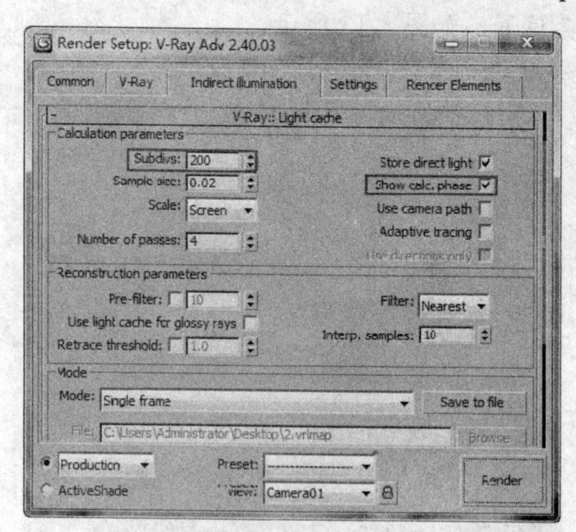

图 3-9 设置灯光缓存的参数

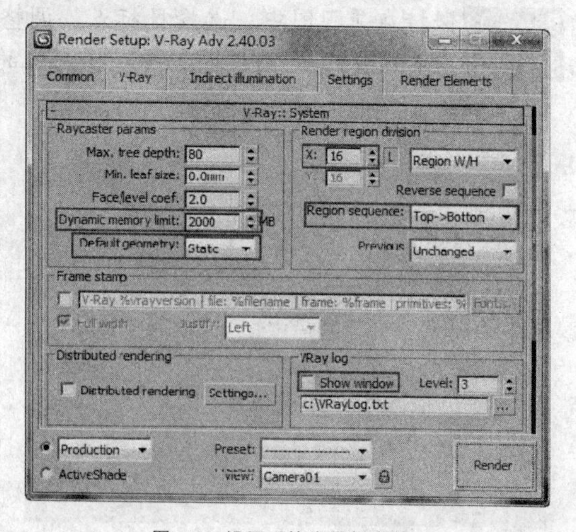

图 3-10 设置系统卷展栏参数

其他参数保持默认设置即可。这里的设置主要是为了更快地渲染出场景，以便检查场景中的模型、材质和灯光是否有问题，所以用的都是低参数。

3.3 创建摄影机并检查模型

3.3.1 创建摄影机

测试参数设置好后，下面来创建摄影机，确定构图。

Steps 01 按“T”键切换至 Top（顶视图），在 Create（创建）选项卡中的 Cameras（摄影机）面板选择 Standard（标准），单击 Target（目标）按钮，在场景中创建一个目标摄影机，如图 3-11 所示。

Steps 02 按“F”键切换至 Front（前视图），右击移动按钮，利用 Move Transform Type-In（移动变换输入）精确调整好摄影机的高度，如图 3-12 所示。

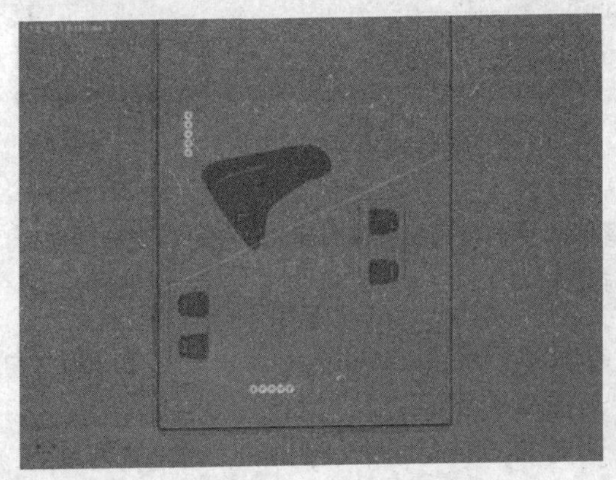

图 3-11　创建摄影机

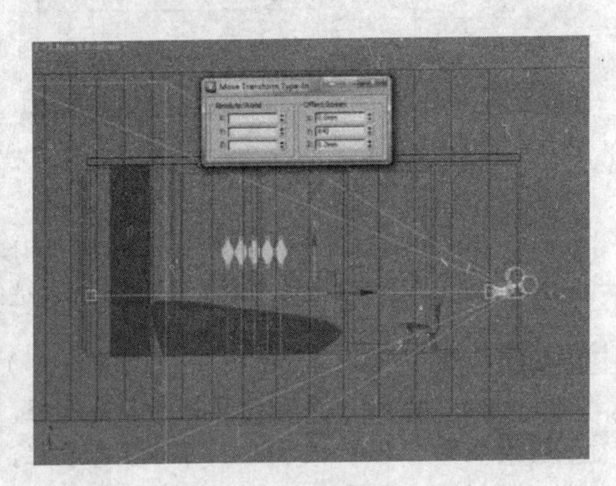

图 3-12　调整摄影机高度

Steps 03 保持在前视图中，选择目标点，调整其位置，如图 3-13 所示。

Steps 04 在 Modify（修改）面板中对摄影机的参数进行修改，如图 3-14 所示。

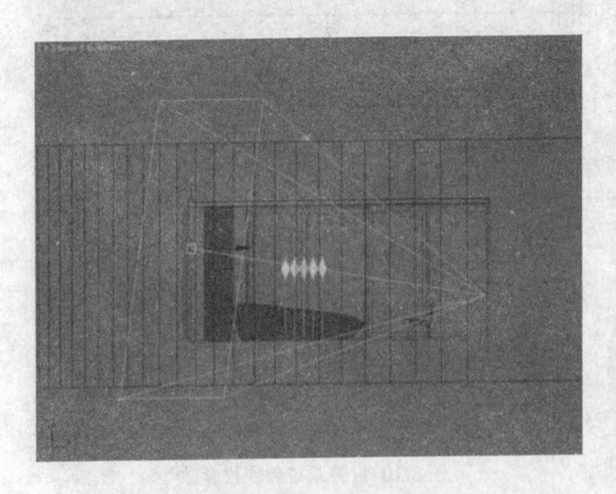

图 3-13　调整摄影机目标点

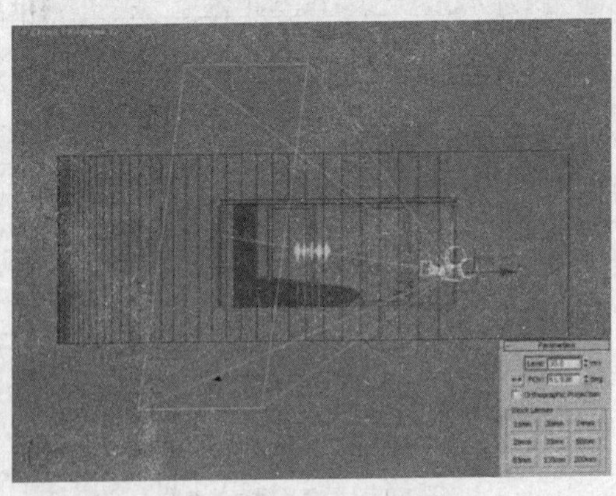

图 3-14　修改摄影机参数

Steps 05 选择目标摄影机，单击鼠标右键，在弹出的列表中选择 Apply Camera Correction Modifier（应用摄影机校正），修正摄影机的角度偏差，如图 3-15 所示。

这样，目标摄影机就放置好了。切换到摄影机视图，效果如图 3-16 所示。

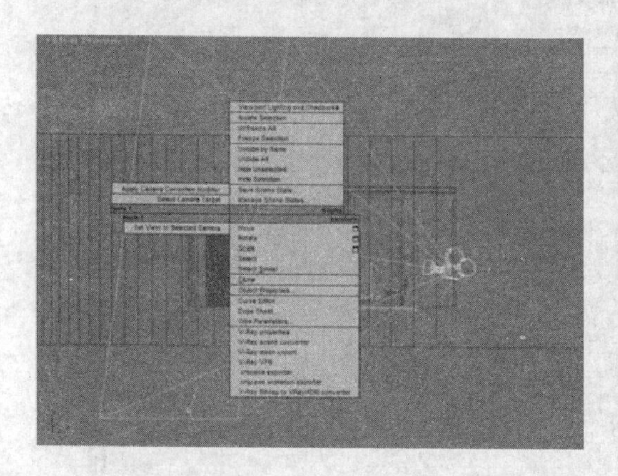

图 3-15 修正摄影机的角度偏差

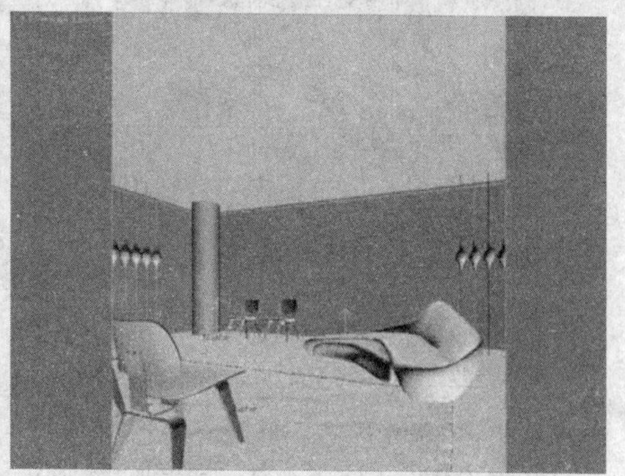

图 3-16 摄影机视图的效果

3.3.2 检查模型

在放置好摄影机后，可以粗略渲染一个小样，来检查模型是否有问题。

Steps 01 按键盘上的“M”键打开材质编辑器，然后选择一个空白材质球，单击 Standard 按钮，如图 3-17 所示将材质切换为“VRayMtl”材质，如图 3-18 所示。在 VRayMtl 材质参数面板中单击 Diffuse（漫反射）的颜色色块，按图 3-18 所示调整好参数值，完成用于检查模型的素白材质的制作。

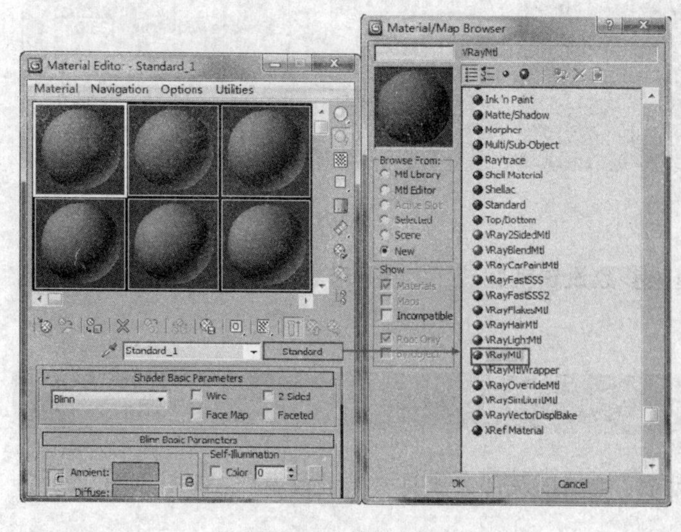

图 3-17 切换材质类型

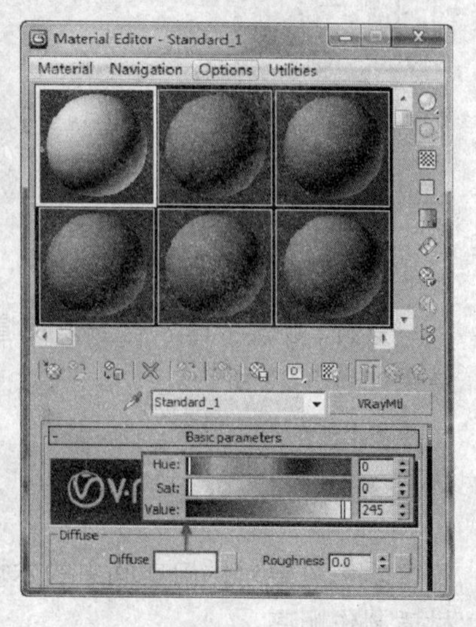

图 3-18 设置漫反射颜色

Steps 02 材质制作完成后，按 “F10” 键打开 Render Setup（渲染设置）面板并展开 V-Ray: :Global switches（全局开关）卷展栏，如图 3-19 所示将材质拖曳关联复制到 Override mtl（全局替代材质）通道上。

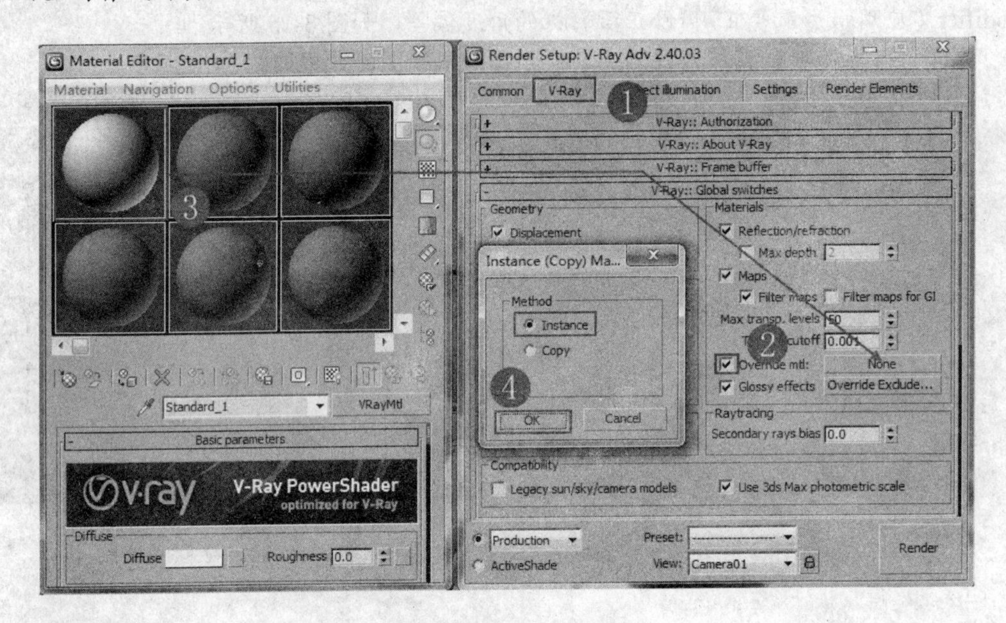

图 3-19　设置全局替代材质

Steps 03 在 V-Ray::Environment(V-Ray 环境)卷展栏中设置 GI Enviroment(skylight) override（全局照明环境（天光）覆盖）选项组的 Multplier（倍增值）为 1，如图 3-20 所示。

Steps 04 再切换至 Common（公用）选项卡，对 Output Size（输出尺寸）进行设置，如图 3-21 所示。

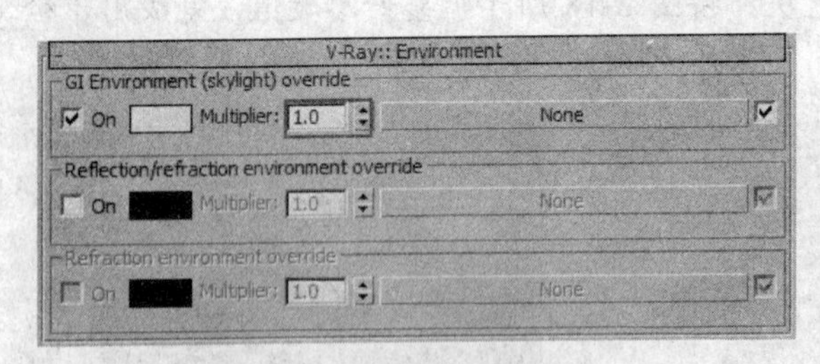

图 3-20 设置 V-Ray 环境

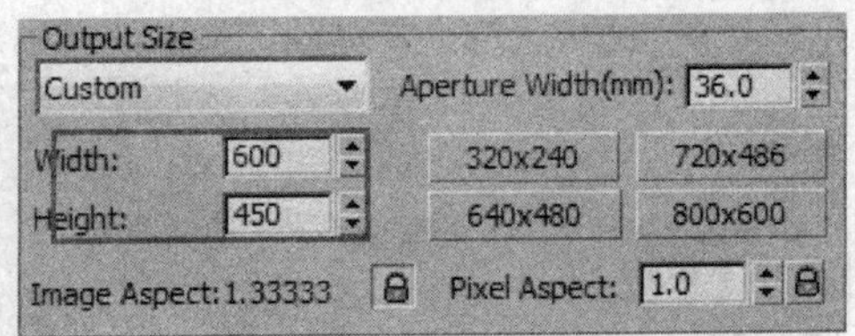

图 3-21 设置输出参数

这样，场景的基本材质以及渲染参数设置就完成了，接下来单击渲染按钮进行渲染，结果如图 3-22 所示。

3.4 设置场景主要材质

本例主要对休闲空间中的木地板、地毯以及部分家具材质进行表现，如图 3-23 所示为材质制作顺序。

图 3-22　场景测试渲染结果

图 3-23　材质制作顺序

3.4.1 白色饰面板

本例中的白色饰面板材质相对光滑，材质反射较强，高光较小。

Steps 01 切换材质球为“VRayMtl”材质类型，设置 Diffuse（漫反射）颜色 Value（明度）值为 245，如图 3-24 所示。

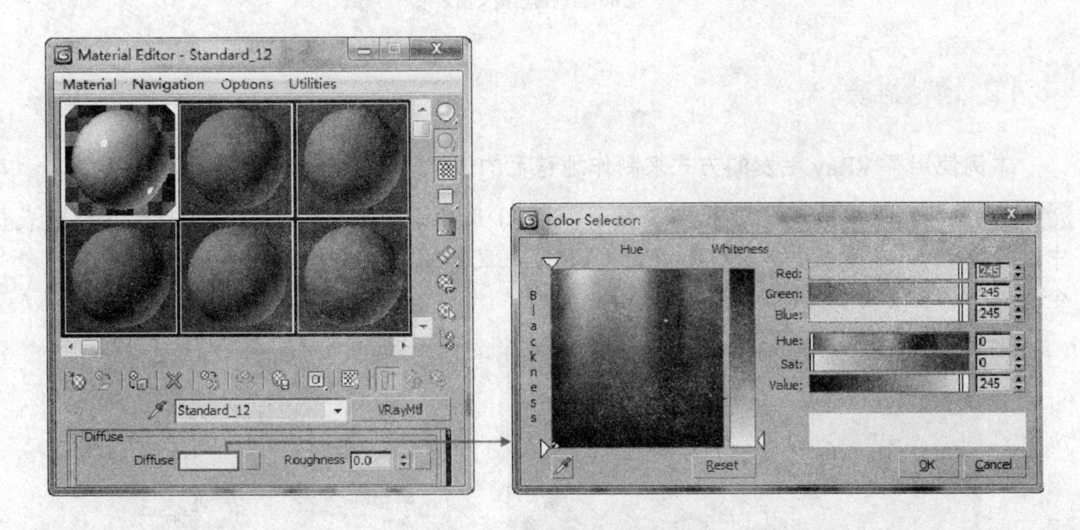

图 3-24　设置漫反射颜色

Steps 02 设置 Reflect（反射）的颜色的 Value（明度）值为 160，调节 Hilight glossiness（高光光泽度）值为 0.88，Refl.glossiness（反射光泽度）值为 0.89，勾选 Fresnel reflections（菲涅尔反射）复选框，如图 3-25 所示。

Steps 03 调节好材质后，赋予场景中白色饰面板对象，效果如图 3-26 所示。

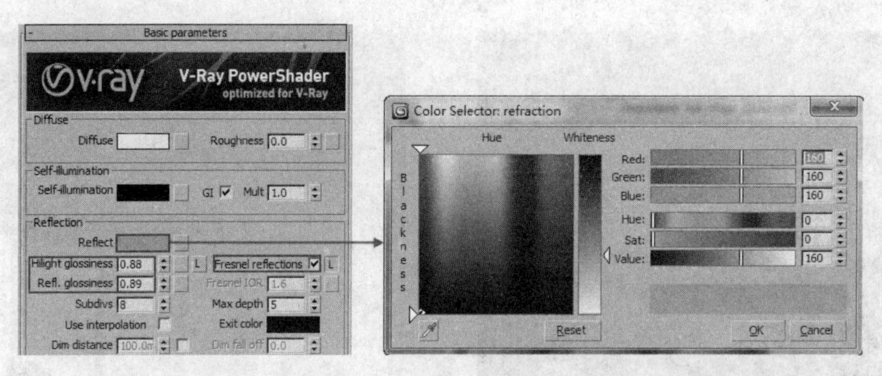

图 3-25　设置反射组参数

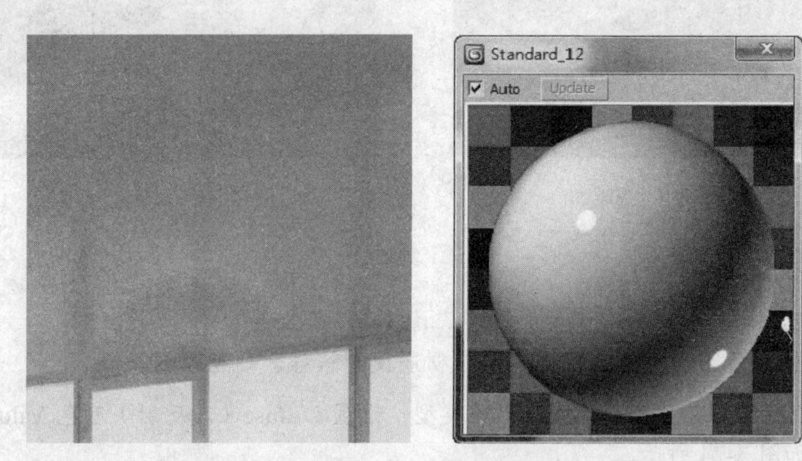

图 3-26　白色饰面板材质效果

3.4.2 地毯材质

本例使用了 VRay 毛发的方式来制作地毯毛的效果。下面来讲解地毯制作的步骤。

Steps 01 选择场景中地毯对象，在 Create（创建）选项卡的 Geometry（几何体）下拉列表中选择 VRay，在面板中单击 VRayFur（VRay 毛发）按钮，添加 VRay 毛发，并在修改命令面板中调整它的参数，如图 3-27 所示。

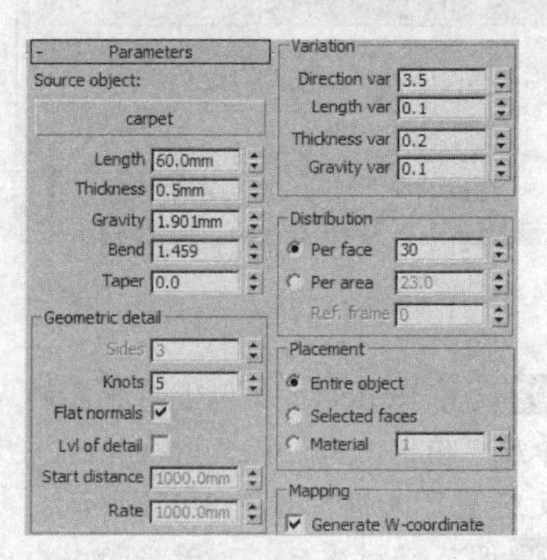

图 3-27　添加 VRay 毛发

Steps 02 按“M”键打开材质编辑器，选择一个空白材质球，将材质切换为“VRayMtl”材质类型，单击 Diffuse（漫反射）右侧的（贴图通道）按钮，为它添加一张 Falloff（衰减）贴图，如图 3-28 所示。

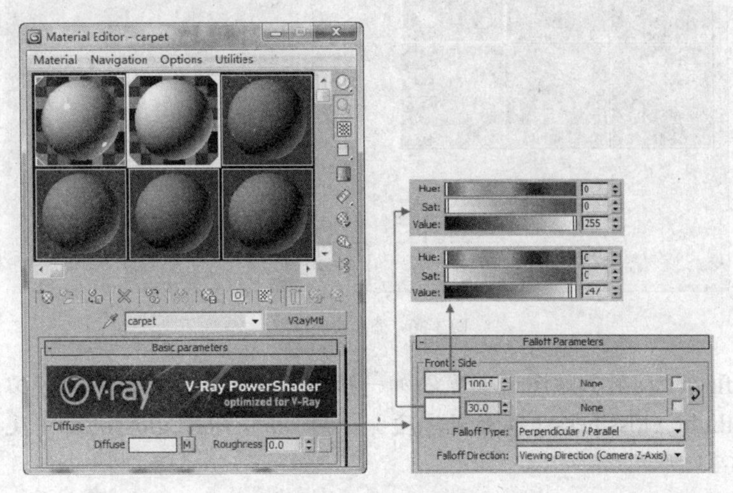

图 3-28　设置漫反射参数

Steps 03 选择场景中 VRay 毛发和地毯对象，单击按钮赋予材质，如图 3-29 所示。

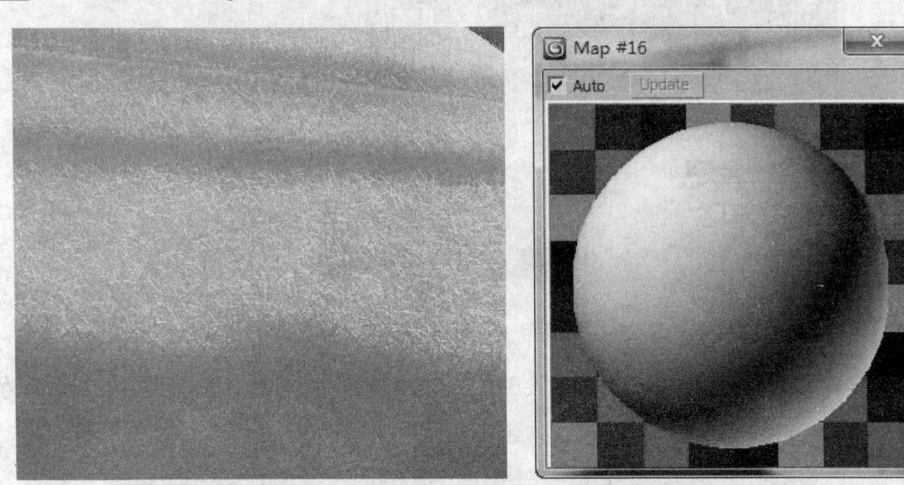

图 3-29　地毯材质效果

3.4.3 木地板材质

这里要表现的木地板是一种表面相对光滑、带有反射衰减的材质效果，其参数设置如下。

Steps 01 在材质编辑器选择一个空白材质球，将材质切换为“VRayMtl”材质类型，单击 Diffuse（漫反射）右侧的（贴图通道）按钮，为它添加一张 Bitmap（位图）贴图，如图 3-30 所示。

图 3-30　添加位图贴图

Steps 02 在 Reflect（反射）贴图通道里添加一张 Falloff（衰减）贴图来模拟木地板的反射效果，设置 Hilight glossiness（高光光泽度）值为 0.65，Refl.glossiness（反射光泽度）值为 0.7，如图 3-31 所示。

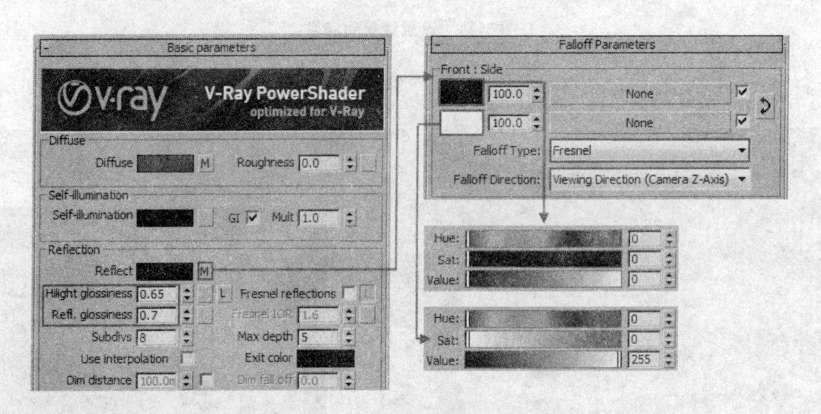

图 3-31　设置反射组参数

Steps 03 调节好木地板材质以后，单击按钮，赋予场景中地面对象。图 3-32 所示为木地板材质效果。

图 3-32　木地板材质效果

3.4.4 沙发材质

本例表现的沙发材质表面相对比较粗糙、基本没有反射效果。具体参数设置如下。

Steps 01 切换材质球为“VRayMtl”材质类型，单击 Diffuse（漫反射）右侧的（贴图通道）按钮，添加一张 Falloff（衰减）贴图，如图 3-33 所示。

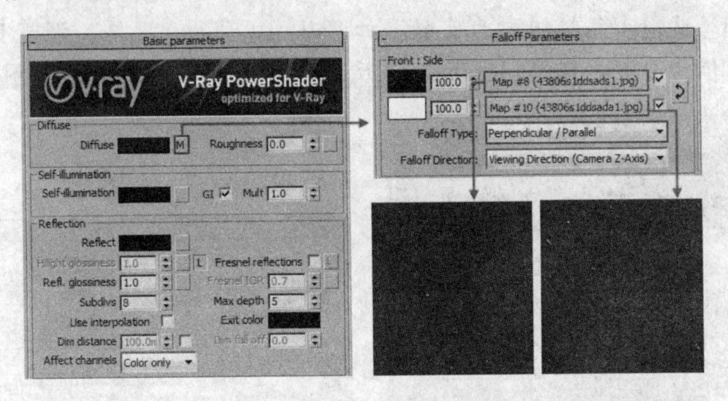

图 3-33 设置 Falloff（衰减）贴图

Steps 02 在 Reflection（反射）选项组中设置 Reflect（反射）的颜色值为 50，Hilight glossiness（高光光泽度）值为 0.45，勾选 Fresnel reflections（菲涅尔反射）复选框，设置 Fresnel IOR 值为 0.7，如图 3-34 所示。

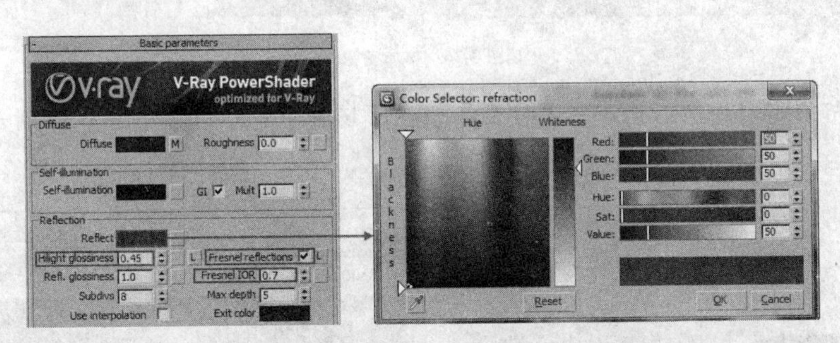

图 3-34 调节反射组参数

Steps 03 将调节好的沙发材质赋予场景中的对象。图 3-35 所示为沙发材质效果。

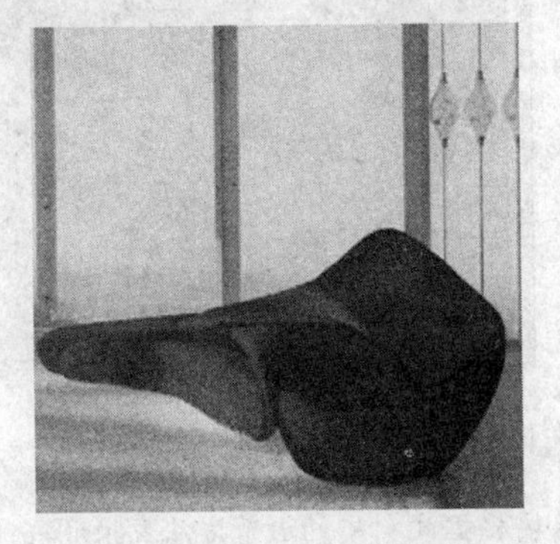

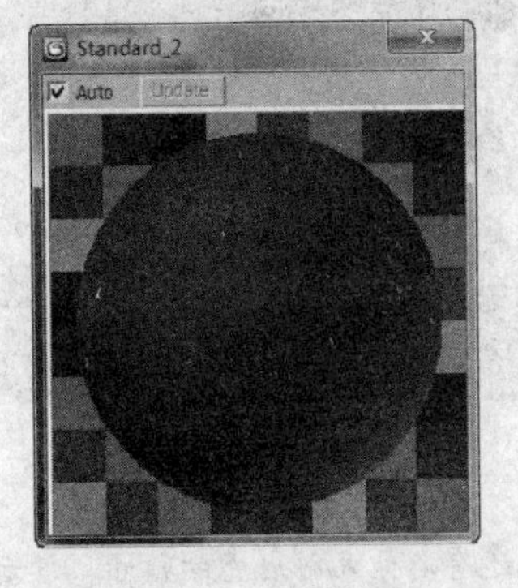

图 3-35 沙发材质效果

3.4.5 塑料椅子材质

塑料材质根据表面质感可分为亮面硬塑料及哑光软塑料材质。本例中使用的亮面塑料材质表面相对光滑，且具有一定的反射效果及高光较小的特点。

Steps 01 切换材质球为“VRayMtl”材质类型，单击 Diffuse（漫反射）颜色色块，调整它的值，在 Reflect（反射）参数组中为反射添加 Falloff（衰减）贴图，调节 Hilight glossiness（高光光泽度）值为 0.75，Refl.glossiness（反射光泽度）值为 0.82，如图 3-36 所示。

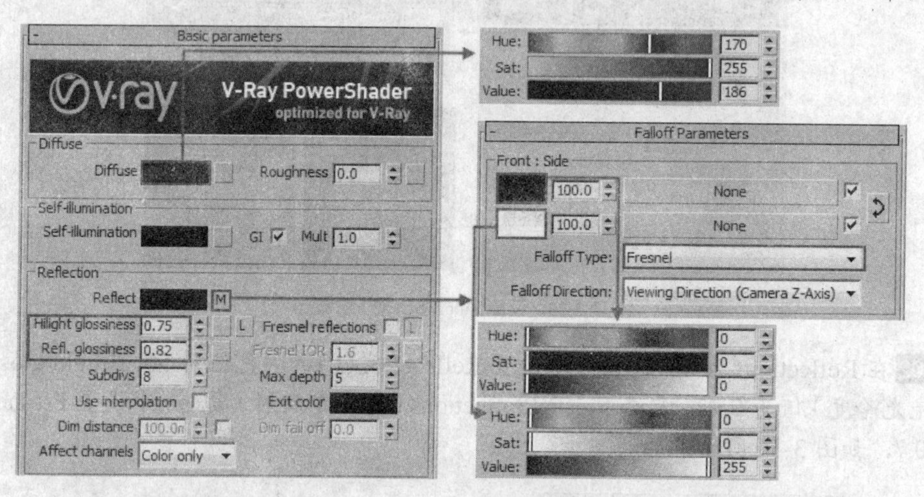

图 3-36 材质参数

Steps 02 调节好塑料材质以后，单击按钮，赋予场景中椅子对象。图 3-37 所示为塑料椅子效果。

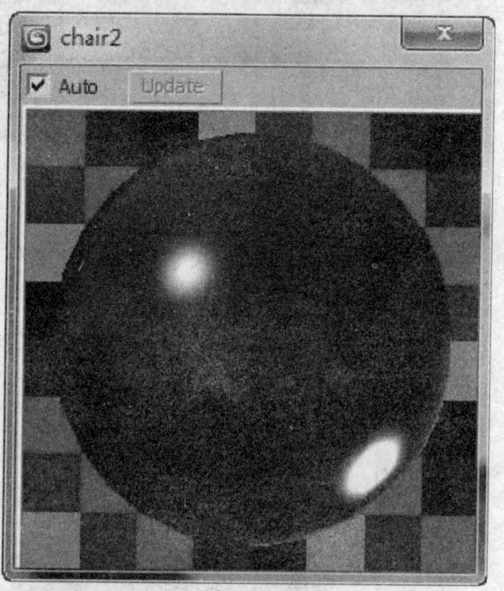

图 3-37 塑料椅子效果

提示：场景中还有其他几种颜色的椅子，读者只要根据此材质的调节方法变换颜色即可。

3.5 灯光设置

3.5.1 灯光布置分析

一般来说，场景具有很好的采光和通风的时候，可以利用窗口的自然光来渲染，本场景西侧和南侧都具有大型落地窗，家具造型简洁明朗，其整个场景的重点在于将材质的对比表现出来。图 3-38 所示为场景布置图。

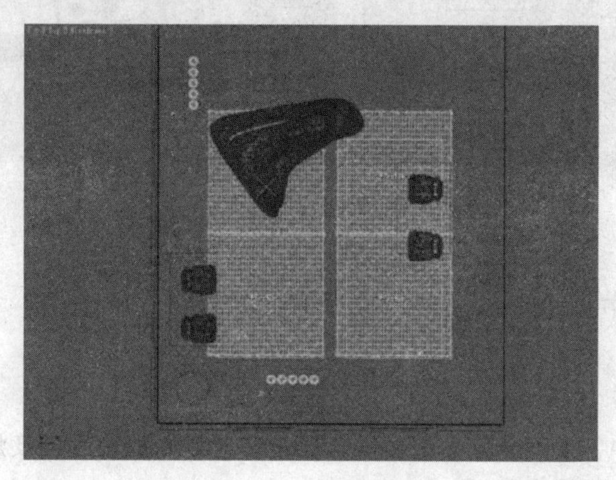

图 3-38　场景布置图

根据图 3-38 的分析和观察，可以确定场景以白天自然光照射比较充足的时候表现为佳，但还需添加对局部区域进行补充照明的室内光源来完善整个灯光效果。

3.5.2 设置背景

下面对室外的背景进行设置，以让场景看起来可以与外部需协调。

Steps 01 按“M”键打开材质编辑器，选择一个空白材质球，单击 Standard 按钮将材质切换为 VRayLightMtl（VRay 灯光材质）材质类型。单击 Color（颜色）右侧的贴图通道，添加一张位图贴图来控制背景光，如图 3-39 所示。

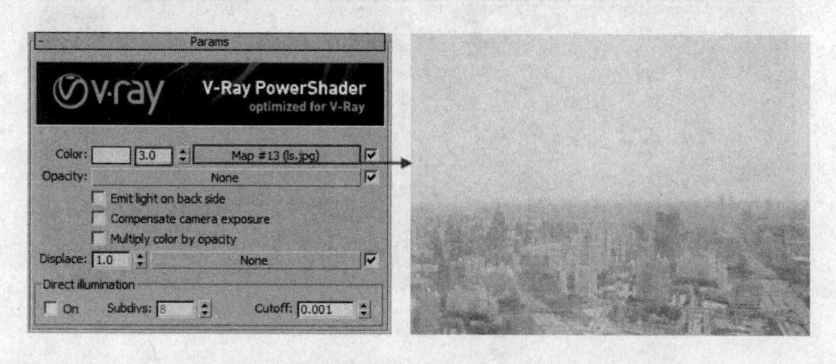

图 3-39　设置 V-Ray 灯光材质

Steps 02 将设置好的背景材质赋予场景中的对象，切换到摄影机视图，在 Modify（修改）命令面板中为它添加 UVWmap（UVW 贴图）修改器，调整好外景的位置，如图 3-40 所示。

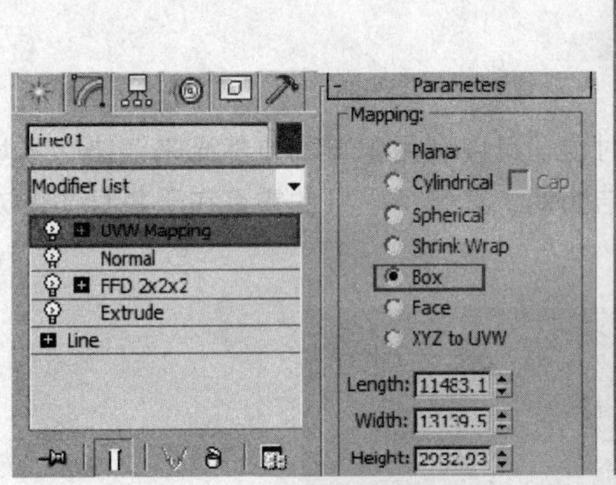

图 3-40　调整背景

3.5.3 设置自然光

1. 设置太阳光

在阳光的场景中，太阳光是最重要的。此外设置好光的角度以及灯光产生的阴影效果也都是重点。下面来设置太阳光。

Steps 01 在灯光创建面板中，选择 Standard（标准）类型，单击 Target Spot 按钮，在视图中创建一盏 Target Spot（目标聚光灯），如图 3-41 所示。

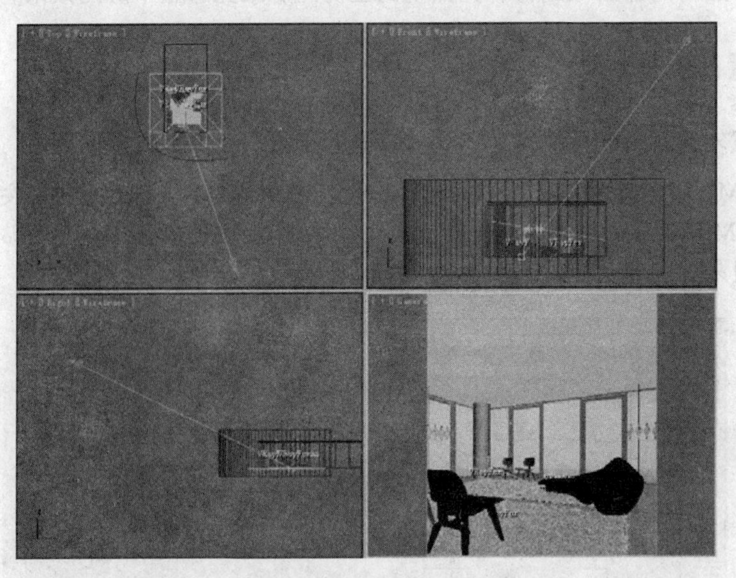

图 3-41 设置太阳光

Steps 02 选择创建好的太阳光，在修改命令面板中对它的参数进行调整，如图 3-42 所示。

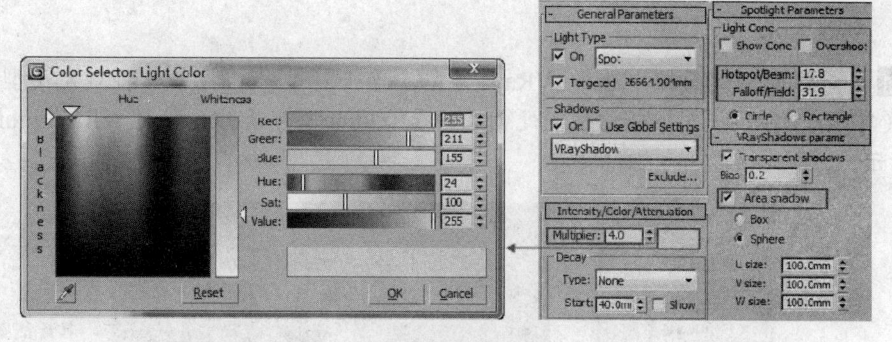

图 3-42　设置太阳光参数

Steps 03 按“C”键切换至摄影机视图，单击渲染按钮。添加太阳光后的效果如图 3-43 所示。

图 3-43　添加太阳光的效果

提 示： 当我们在窗外使用平面模型来模拟场景的背景时，该物体会阻挡灯光的光线投射，此时需要将物体属性设置为不接受和不产生阴影，以使其对场景中的光照效果不产生影响，如图 3-44 所示。

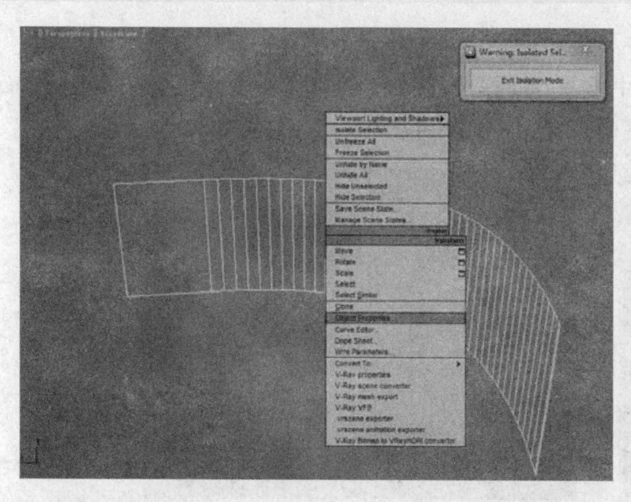

图 3-44　取消背景影响

2. 创建天光

Steps 01 在灯光创建面板中选择 VRay 类型，单击 VRayLight 按钮，将灯光类型设置为 Dome（穹顶）。在顶视图中任意位置处创建一盏 Dome（穹顶）类型的 VRayLight，如图 3-45 所示。

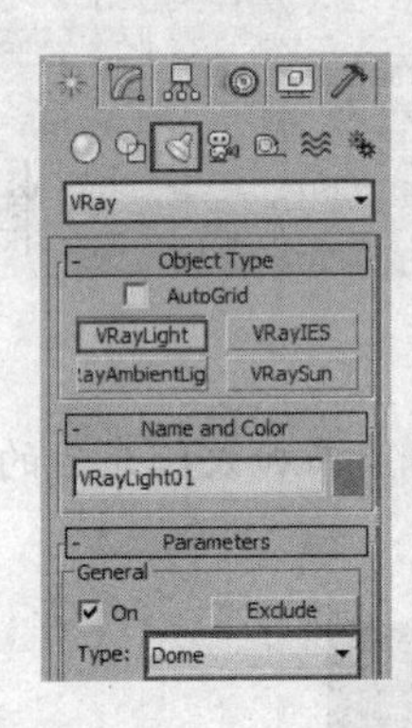

图 3-45　创建天光

Steps 02 保持灯光为选择状态，在 Modify（修改）命令面板中对 VRay 半球光的参数进行调整，如图 3-46 所示。

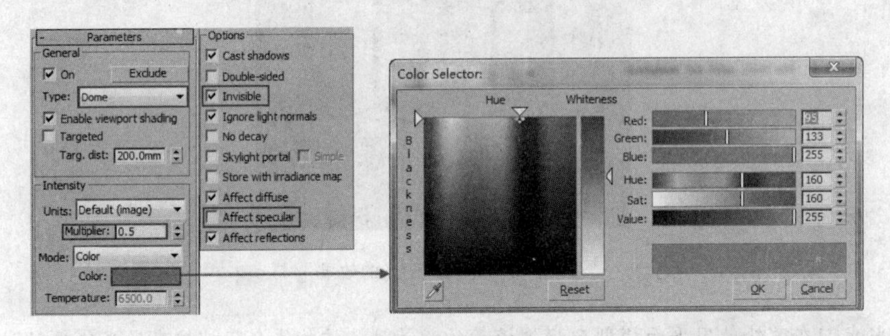

图 3-46　设置 VRay 半球光参数

3. 加强窗户天光效果

Steps 01 在 VRay 灯光创建面板中单击 VRayLight 按钮，将灯光类型设置为 Plane（平面）类型，然后在视图窗户位置处创建面光源，如图 3-47 所示。

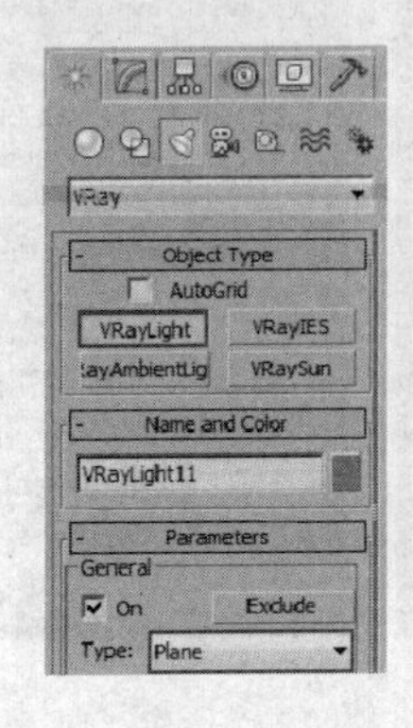

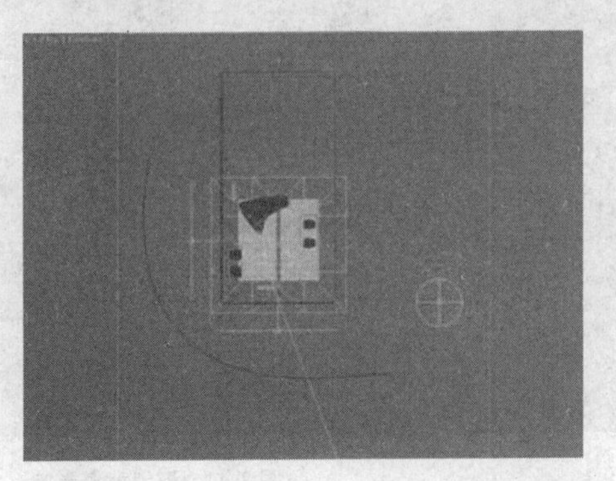

图 3-47　创建 VRay 平面光

Steps 02 在 Modify（修改）命令面板中，对 VRay 平面光的参数进行调整，如图 3-48 所示。

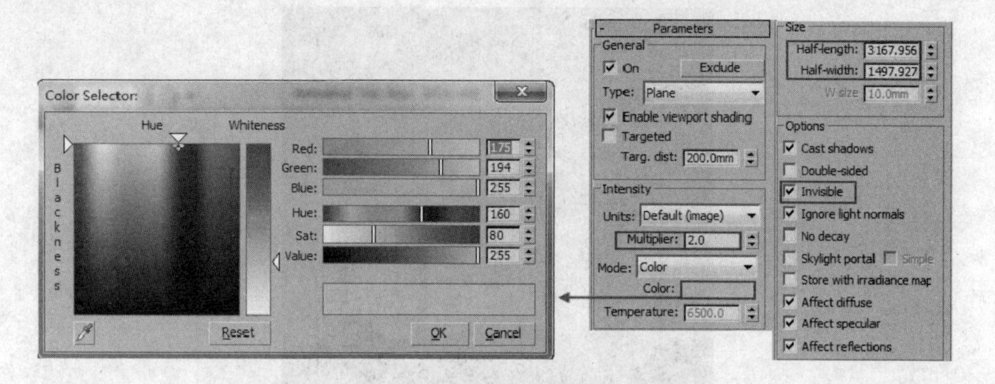

图 3-48　设置 VRay 平面光参数

Steps 03 为了使窗口的灯光效果变得更加丰富，选择创建好的 VRay 平面光，以复制的方式进行复制，如图 3-49 所示。

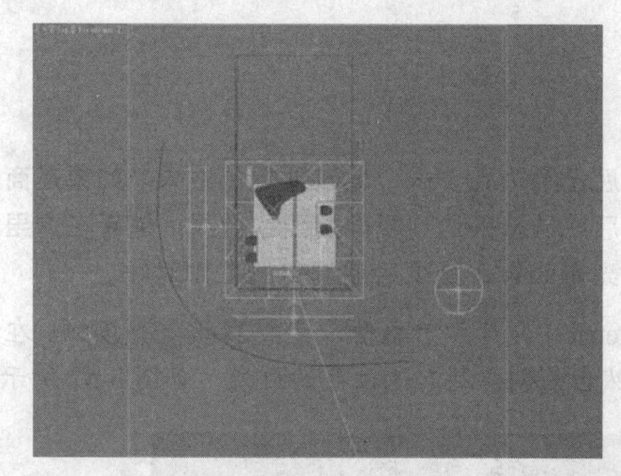

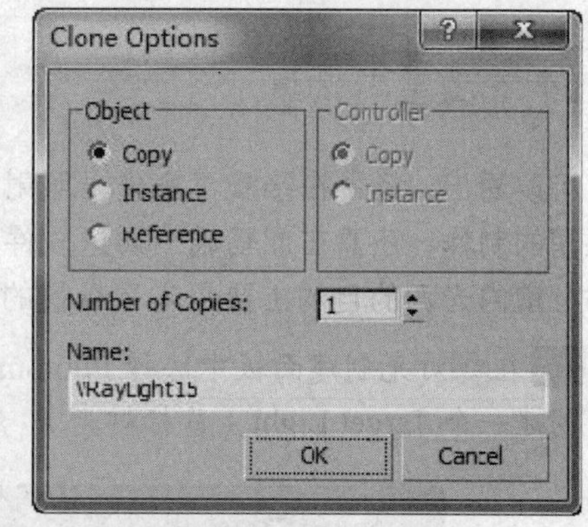

图 3-49　复制 VRay 平面光

Steps 04 选择复制好的 VRay 平面光，对它的参数进行修改，如图 3-50 所示。

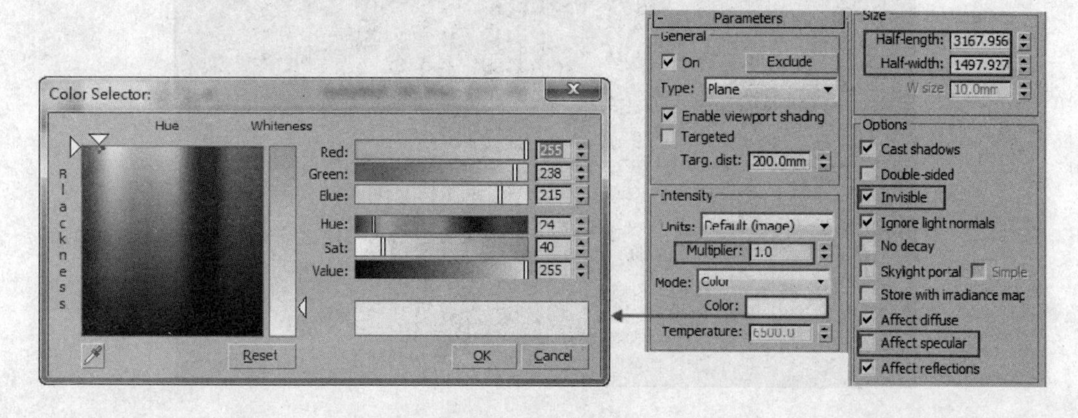

图 3-50　设置灯光参数

Steps 05 单击渲染按钮。设置好的天光效果如图 3-51 所示。

图 3-51　天光效果

3.5.4 布置室内光源

可以看出，场景在接受了室外光照射后已经达到了一个比较理想的效果。如果是商业效果图的制作，还需在此基础上通过软件后期调整来达到我们想要的效果。笔者在这里添加部分室内光源的目的主要是丰富场景的光影效果，减少后期调整的工作时间。

Steps 01 在灯光创建面板中选择 Photometric（光度学）类型，单击 Target Light 按钮，在视图中创建一个 Target Light（目标灯光），然后复制得到其他位置的灯光，如图 3-52 所示。

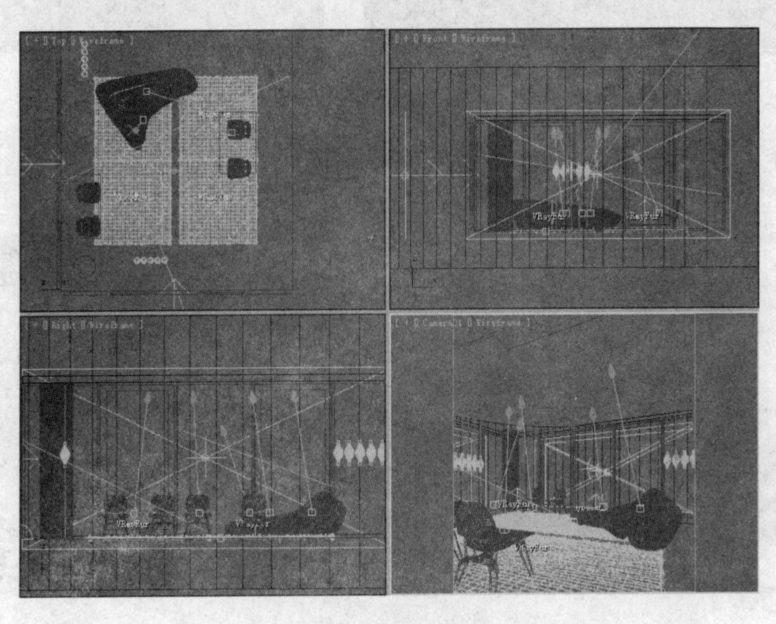

图 3-52　布置室内光源

Steps 02 选择一个 Target Light（目标灯光），对它的参数进行调整，如图 3-53 所示。

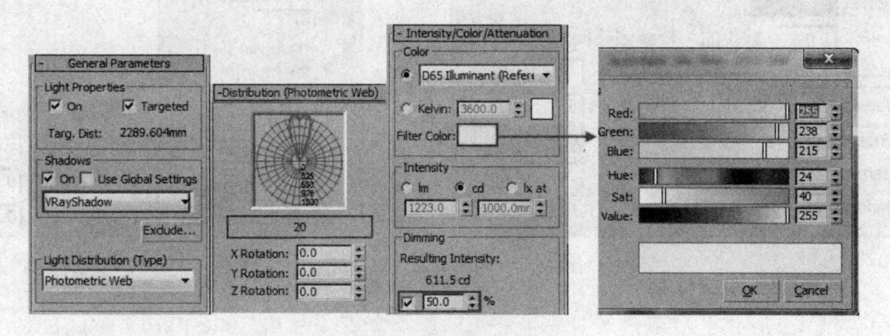

图 3-53 设置目标灯光参数

Steps 03 按“C”键切换至摄影机视图，单击渲染按钮。添加室内光源后的效果如图 3-54 所示。

图 3-54 添加室内光源后的效果

3.6 最终输出渲染

在大体效果已经确定之后，需要提高灯光和渲染的参数来完成最后的渲染工作。

3.6.1 提高细分值

Steps 01 首先进行材质细分的调整。将材质细分设置相对高一些可以避免光斑、噪波等现象的产生，因此可以对主要材质 Reflection（反射）选项组中的 Subdivs（细分）值进行增大，一般设置为 20~24 即可，如图 3-55 所示。

Steps 02 同样，将场景内所有 VRay 灯光类型中 Sampling 选项组中的 Subdivs（细分）的值，以及其他灯光类型中的 VRayShadows params 选项组中的 Subdivs（细分）的值设置为 24，如图 3-56 所示。

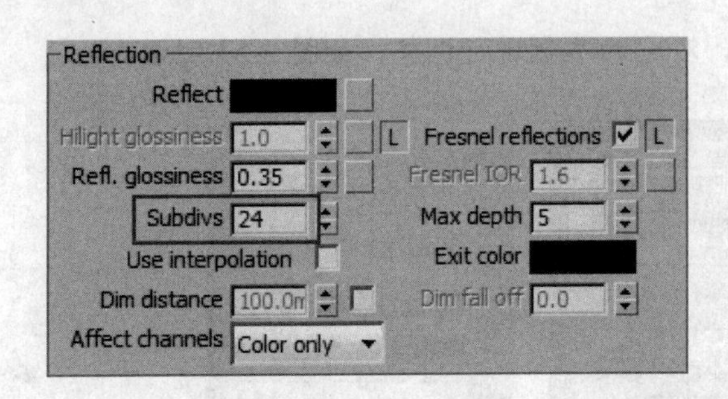

图 3-55 提高材质细分

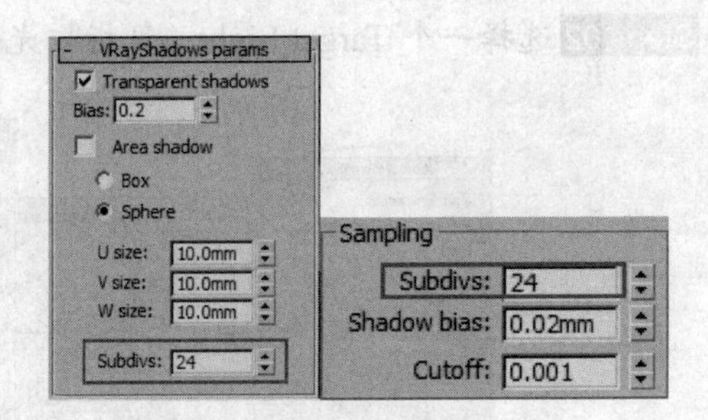

图 3-56 提高灯光细分

3.6.2 设置最终输出参数

Steps 01 按“F10”键打开“渲染设置”对话框，在 Common（公用）选项卡中设置 Output Size（输出尺寸）的参数为 1783 × 2000，如图 3-57 所示。

Steps 02 切换至 V-Ray::Image sampler（Antialiasing）（V-Ray 图像采样（抗锯齿））卷展栏，设置类型为 Adaptive DMC（自适应 DMC）采样器，勾选 Antialiasing filter（抗锯齿过滤器）选项，并设置为 Catmull-Rom，如图 3-58 所示。

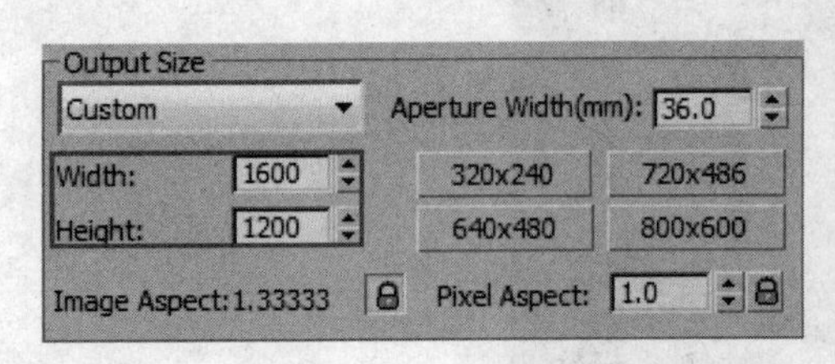

图 3-57 设置输出尺寸

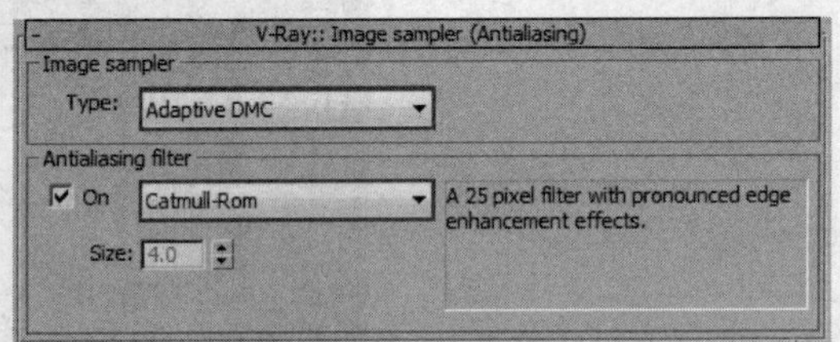

图 3-58 设置图像采样器

Steps 03 在 V-Ray::Color mapping（V-Ray 色彩映射）卷展栏中设置 Bright multiplier（亮部倍增）值为 0.6，如图 3-59 所示。

Steps 04 展开 V-Ray::Indrect illumination（GI）（V-Ray 间接照明（全局光））卷展栏，设置 Secondary bounces（二次反弹）的 Multiplier（倍增）值为 0.96，如图 3-60 所示。

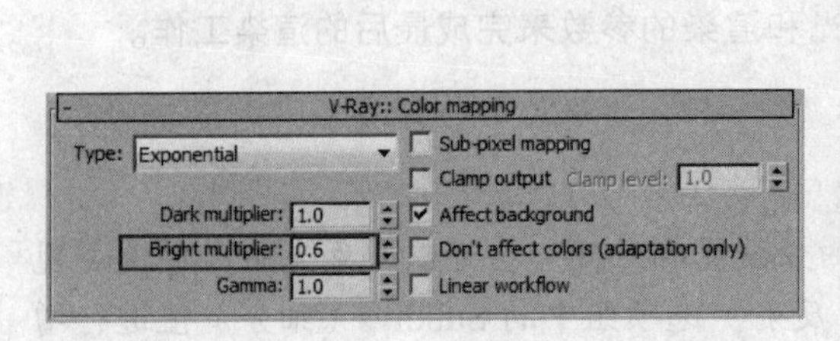

图 3-59 设置图色彩映射

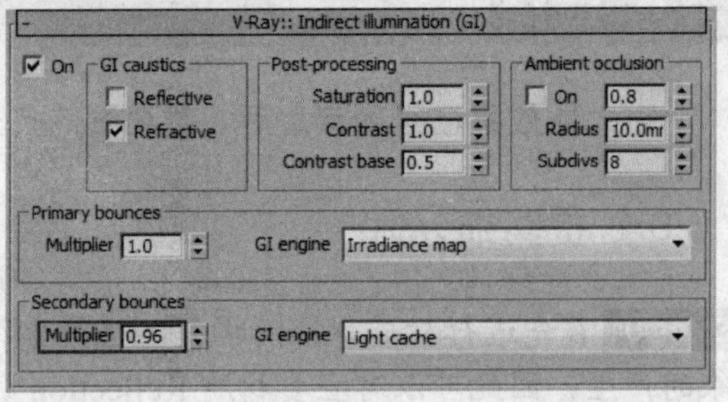

图 3-60 设置二次反弹倍增值

Steps 05 展开 V-Ray: :Irradiance map（发光贴图）卷展栏，设置 Current preset（当前预置）为 Medium（中等），调节 HSph.subdivs（半球细分）的参数为 60，勾选 Show calc.phase

（显示计算相位）和 Show direct light（显示直接照明）两个选项，如图 3-61 所示。

Steps 06 展开 V-Ray: :Light cache（灯光缓存）卷展栏，设置 Subdivs（细分值）为 1200，勾选 Show calc. phase（显示计算状态）复选框，如图 3-62 所示。

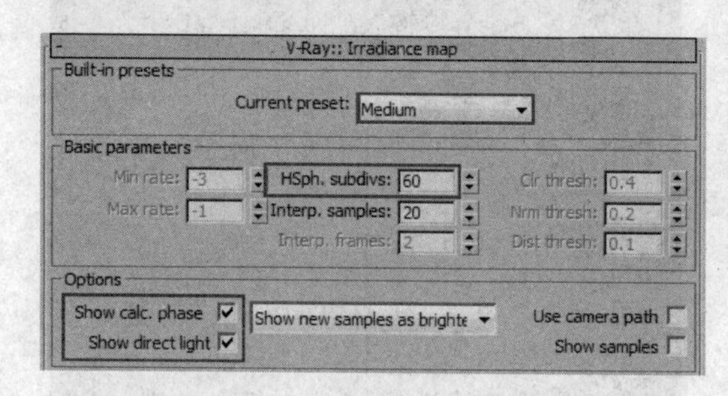

图 3-61 设置发光贴图

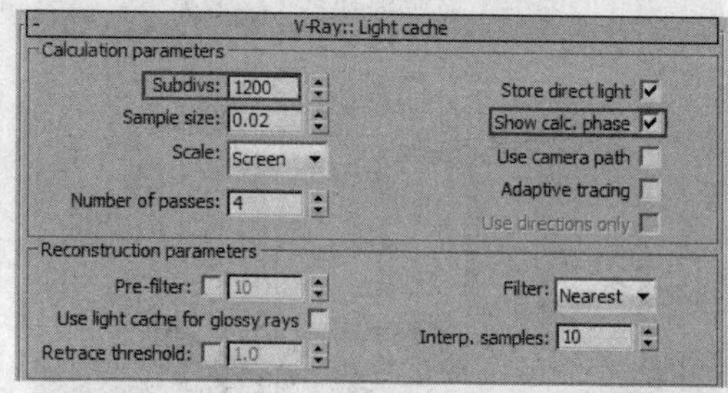

图 3-62 设置灯光缓存

Steps 07 展开 V-Ray::DMC Sampler（V-RayDMC 采样器）卷展栏，设置 Adaptive amount（自适应数量）值为 0.75，Noise threshold（噪波极限）值为 0.005，Min samples（最小采样）值为 30，如图 3-63 所示。

Steps 08 在 V-Ray: :System（系统）卷展栏中设置 Max.tree depth（最大树形深度）值为 100，如图 3-64 所示。

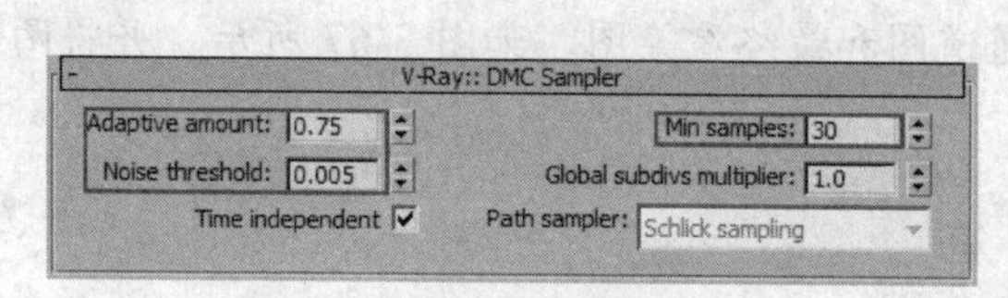

图 3-63 设置 V-RayDMC 采样器

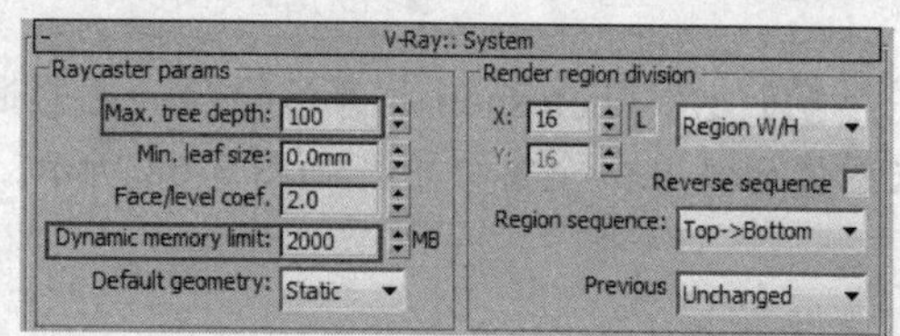

图 3-64 设置最大树形深度

其他的参数保持测试阶段的设置，接下来就可以直接渲染成图了。经过几个小时的渲染，最终效果如图 3-65 所示。

3.7 Photoshop 后期处理

渲染完毕以后，接着就需要对不合理的地方进行后期处理，并对效果图做最后的调整。仔细观察最终渲染的效果可以发现，整个效果有点偏灰、整体亮度不够、局部饱和度过底，需要通过 Photoshop 来进行处理。

3.7.1 色彩通道图

按照前面介绍的方法，使用光盘提供的“材质通道.mse”文件，将场景的对象转化为纯色材质对象，取消灯光，并切换渲染器，然后进行渲染就可以得到所需的色彩通道图，如图 3-66 所示。

图 3-65 最终渲染效果

图 3-66 色彩通道图

3.7.2 PS 后期处理

Steps 01 使用 Photoshop 打开渲染后的色彩通道图和最终渲染图，如图 3-67 所示。并将两张图像合并在一个窗口中，如图 3-68 所示。

图 3-67 打开图像文件

图 3-68 合并图像窗口

Steps 02 选择“背景”图层，按“Ctrl+J”组合键将其复制一份，并关闭“色彩通道”所在的图层 1，如图 3-69 所示。

Steps 03 执行“图像”→“调整”→“亮度/对比度”，在弹出来的对话框中设置对比度值为 40，如图 3-70 所示。

图 3-69　复制图像文件

图 3-70　调整整体对比度

Steps 04 选择“背景副本”图层，按“Ctrl+M”键打开“曲线”对话框，调整整体的亮度，如图 3-71 所示。

Steps 05 在“图层 1”图层中用“魔棒”工具选择顶棚区域，再返回“背景副本”图层中，按“Ctrl+J”组合键复制到新的图层，按“Ctrl+U”组合键打开“色相/饱和度”对话框，降低顶棚的饱和度，如图 3-72 所示。

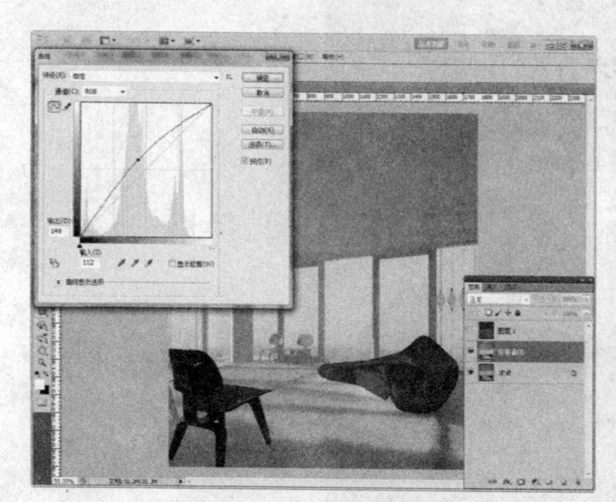

图 3-71　调整整体亮度

图 3-72　调整顶棚饱和度

Steps 06 再返回至“图层 1”，用“魔棒”工具选择地毯区域，再返回“背景副本”图层中，按“Ctrl+J”组合键复制到新的图层，按“Ctrl+U” 组合键打开“色相/饱和度”对话框，降低地毯的饱和度，如图 3-73 所示。

Steps 07 返回至“图层 1”，用“魔棒”工具选择背景区域，再返回“背景副本”图层中，按“Ctrl+J”组合键复制到新的图层，按“Ctrl+M” 组合键打开“曲线”对话框，调整背景的亮度，如图 3-74 所示。

图 3-73 调整地毯饱和度

图 3-74 合并背景图像

到这里本场景的制作就结束了，最终效果如图 3-75 所示。

图 3-75 最终效果

第 4 章 现代中式卧室

本章重点：

- 项目分析
- 创建摄影机并检查模型
- 设置场景主要材质
- 灯光设置
- 最终输出渲染
- Photoshop 后期处理

卧室不仅提供我们舒适的睡眠空间，更为我们提供了一块宁静和思考的地方。现今，卧室设计不仅仅是在功能上满足人们休息、更衣的生活需要，它更注重体现主人的思想世界和精神领域。本章将通过一个现代中式卧室来表达卧室空间的表现方法。在本例中，主要用到的有木地板、布纹、镜子等常用材质。本章的学习重点是卧室空间灯光的把握。图 4-1 所示为最终效果图。

图 4-1　最终效果

4.1 项目分析

本场景不仅表现了现代简约时尚的造型，更为场景添加了中式浓厚的文化氛围。

首先对项目本身的特点和表现思路进行详细的思考和分析。如图 4-1 所示，本例是一个现代中式卧室，其风格强调在保留传统的同时跟上时代步伐，重视功能和空间形式，造型简洁，整个空间构成以直线条造型为主，着重体现空间给人的自然、舒适的感觉。本例中以棕黑色为主调，搭配米黄色的背景墙和白色的地毯，为场景营造出了时尚而不浮躁、庄重而又典雅的感觉。将一些和本例有共性的图片作为参考，如图 4-2 和图 4-3 所示，会给设计师提供概念上的指导。

图 4-2　参考效果 1

图 4-3　参考效果 2

4.2 创建摄影机并检查模型

4.2.1 创建摄影机

在本场景的表现中，笔者习惯采用标准摄影机来充当场景的相机。

Steps 01 打开本书配套光盘中的“现代中式卧室白模.max”，按“T”键切换至 Top（顶视图），在 Create（创建）选项卡的 Cameras（摄影机）面板中选择 Standard（标准），单击 Target（目标）按钮，在场景中创建一个目标摄影机，如图 4-4 所示。

Steps 02 按“F”键切换至 Front（前视图），右击移动按钮，利用 Move Transform Type-In（移动变换输入）精确调整好摄影机的高度，如图 4-5 所示。

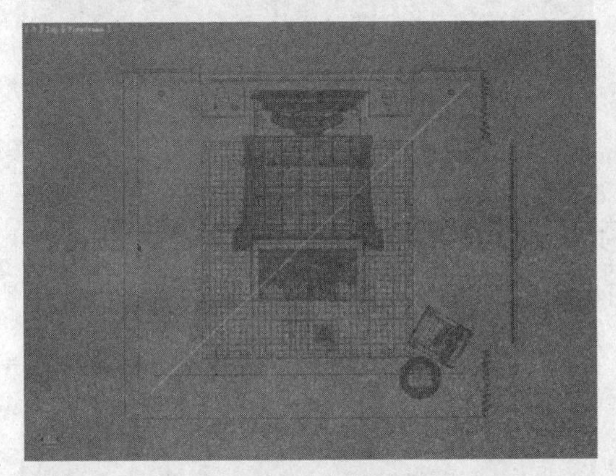

图 4-4 创建摄影机

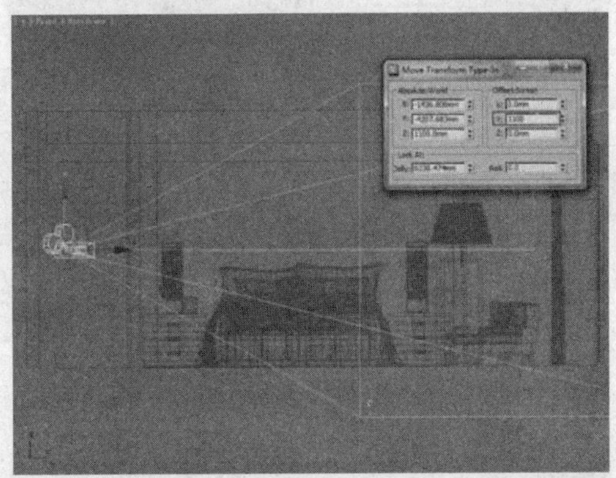

图 4-5 调整摄影机高度

Steps 03 保持在前视图中，选择目标点，调整其位置，如图 4-6 所示。

Steps 04 在 Modify（修改）面板中对摄影机的参数进行修改，如图 4-7 所示

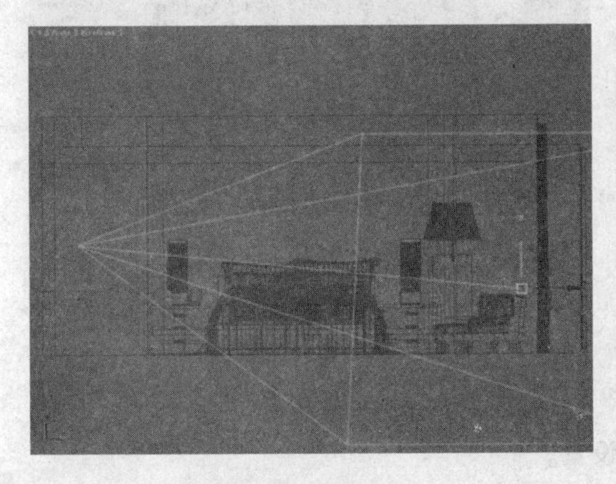

图 4-6 调整摄影机目标点

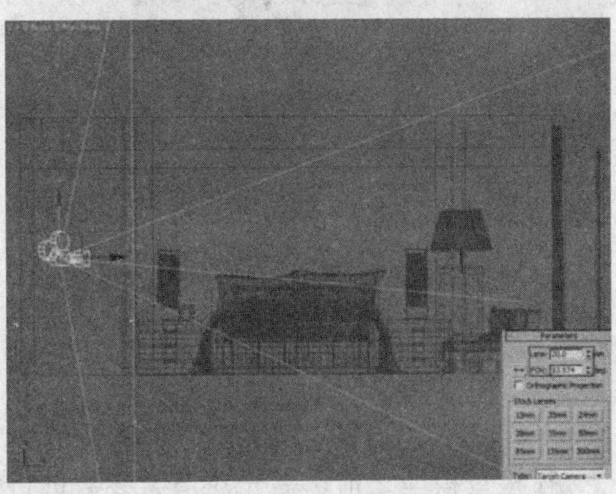

图 4-7 修改摄影机参数

Steps 05 选择目标摄影机，单击鼠标右键，在弹出的列表中选择 Apply Camera Correction Modifier（应用摄影机校正），修正摄影机的角度偏差，如图 4-8 所示。

这样，目标摄影机就放置好了。切换到摄影机视图，效果如图 4-9 所示。

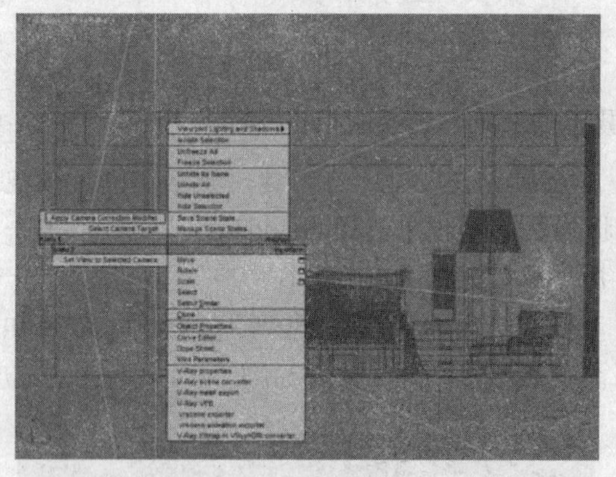

图 4-8 修正摄影机的角度偏差

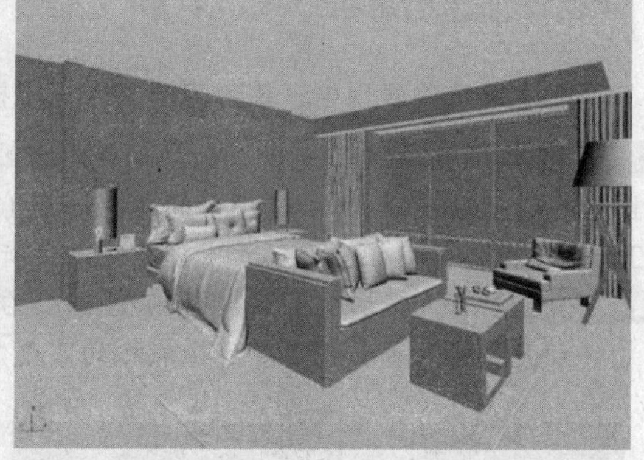

图 4-9 摄影机视图的效果

提示：Apply Camera Correction Modifier（应用摄影机校正）修改器在摄影机视图中使用的是两点透视。默认情况下，摄影机视图使用三点透视，其中垂直线看上去在顶点上汇聚。在两点透视中，垂直线保持垂直，如图 4-10 和图 4-11 所示。

需要使用的校正数取决于摄影机的倾斜程度。例如，摄影机从地平面向上看到建筑的顶部需要比朝水平线看需要更多的校正。

图 4-10 原始摄影机视角

图 4-11 修正后摄影机视角

4.2.2 设置测试参数

在检查模型之前，需先对渲染参数进行设置。

Steps 01 按“F10”键打开 Render Setup（渲染设置）对话框，选择其中的 Common（通用）选项卡，然后进入 Assign Renderer（指定渲染器）卷展栏，再在弹出的 Choose renderer（选择渲染器）对话框中选择渲染器为 V-Ray Adv2.40.03，再单击“OK”按钮完成渲染器的调用，如图 4-12 所示。

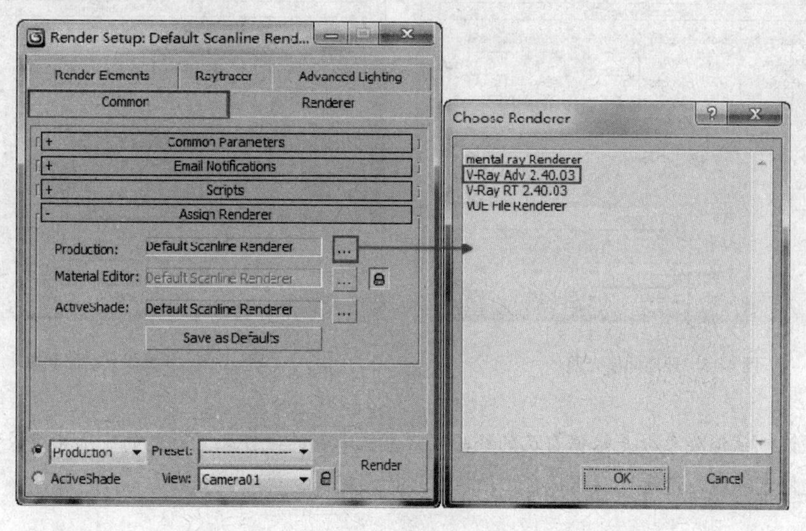

图 4-12　调用渲染器

Steps 02 在 V-Ray 选项卡中展开 V-Ray::Global switches（全局开关）卷展栏，取消 Hiddenlights（隐藏灯光）选项，如图 4-13 所示。

Steps 03 切换至 V-Ray::Image sampler（Antialiasing）（VRay 图像采样（抗锯齿））卷展栏，设置类型为 Fixed（固定），取消勾选 Antialiasing filter（抗锯齿过滤器）选项，如图 4-14 所示。

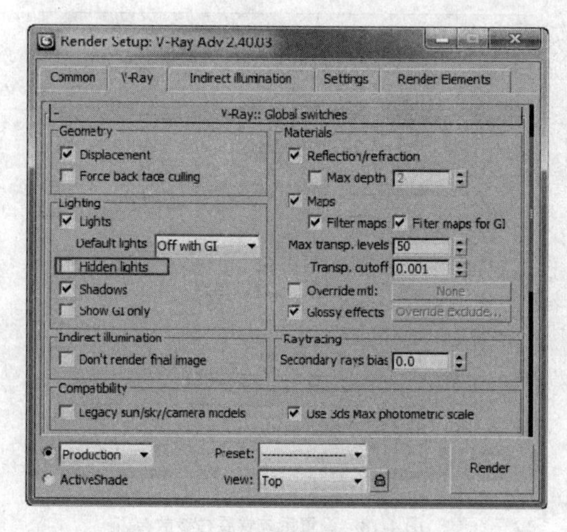

图 4-13　设置全局开关参数

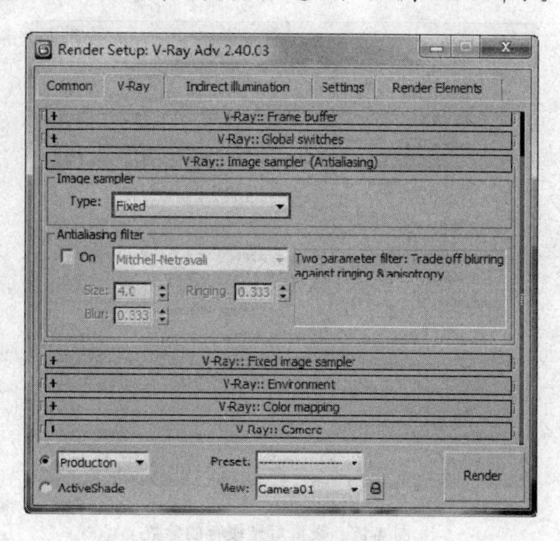

图 4-14　设置图像采样参数

Steps 04 在 Indireat illumination（间接照明）选项卡中展开 V-Ray::Indrect Illumination GI（V-Ray 间接照明（全局光））卷展栏，勾选 On（启用），设置 Secondary bounces（二次反弹）为 Light cache（灯光缓存）方式，如图 4-15 所示。

Steps 05 展开 V-Ray::Irradiance map（发光贴图）卷展栏，设置 Current preset（当前预置）为 Very low（非常低），调节 HSph.subdivs（半球细分）的参数为 20，勾选 Show calc.phase（显示计算相位）和 Show direct light（显示直接照明）两个选项，如图 4-16 所示。

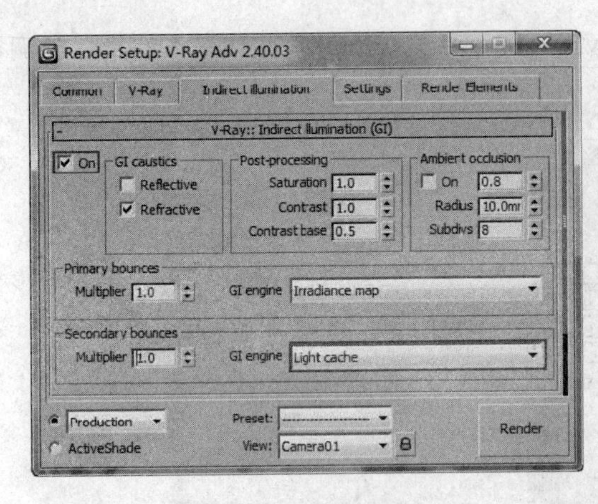

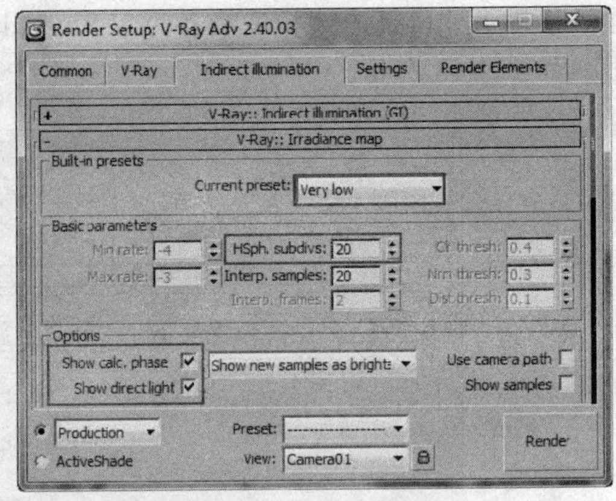

图 4-15　开启间接光照　　　　图 4-16　设置发光贴图参数

提 示： 预设测试渲染参数是根据自己的经验和计算机本身的硬件配置得到的一个相对较低的渲染设置，并不是固定参数，读者可以根据自己的情况进行设定。

Steps 06 展开 V-Ray::Light cache（灯光缓存）卷展栏，设置 Subdivs（细分值）为 200，勾选 Show calc.phase（显示计算状态）复选框，如图 4-17 所示。

Steps 07 展开 V-Ray:: System（系统）卷展栏，设置 Dynamic memory limit（动态内存极限）值为 2000MB，Default geometry（默认几何体）为 Static（静态），X/Y（X 与 Y 轴向）值为 16，Region sequence（区域排序）为 Top-bottom（上至下）选项，如图 4-18 所示。

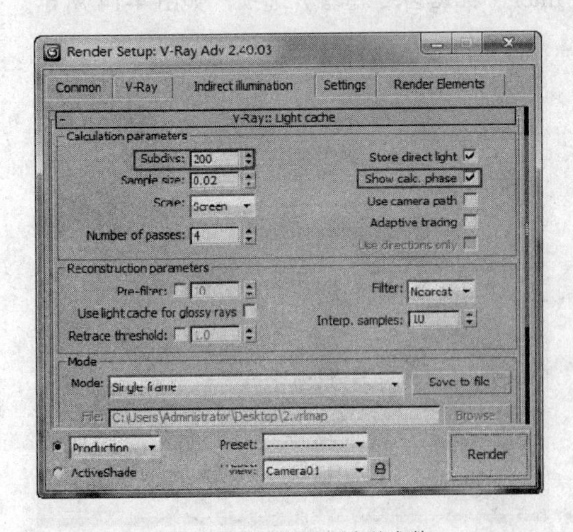

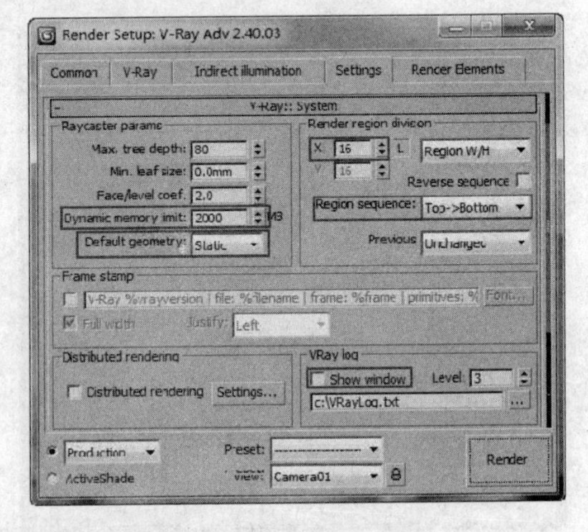

图 4-17　设置灯光缓存的参数　　　　图 4-18　设置系统卷展栏参数

其 t 参数保持默认 sz 即可.这里的设置主要是为了更快 di 渲染出场景，以便检查场景中的模型、材质和灯光是否有问题，所以用的都是低参数。

4.2.3 模型检查

测试参数设置好后，下面对模型来进行检查。

Steps 01 按“M”键打开材质编辑器，然后选择一个空白材质球，单击 Standard 按钮,如图 4-19 所示将材质切换为 VRayMtl 材质。在 VRayMtl 材质参数面板中单击 Diffuse（漫反射）的颜色色块，an 图 4-20 所示调整好参数值，完成用于检查模型的素白材质的制作。

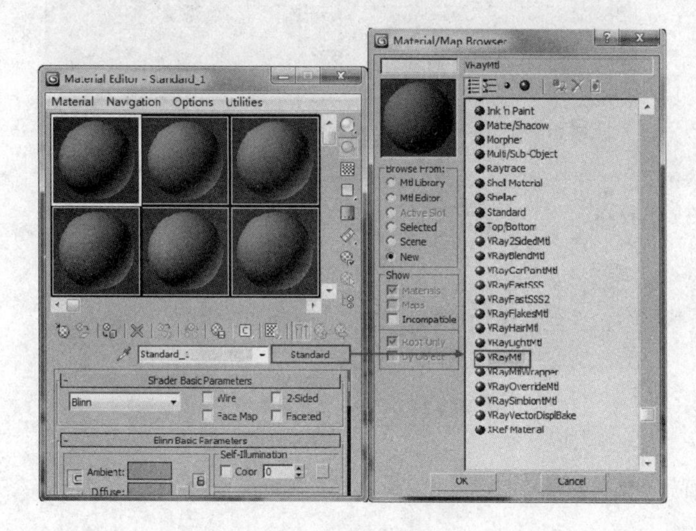

图 4-19 切换材质类型

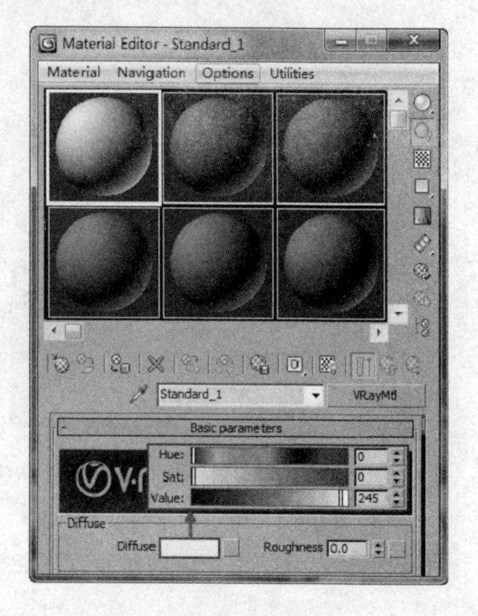

图 4-20 设置 漫反射颜色

Steps 02 材质制作完成后，按“F10”键打开 Render Setup（渲染设置）面板并展开 Global switches（全局开关）卷展栏，如图 4-21 所示将材质拖曳关联复制到 Override mtl（全局替代材质）通道上。

Steps 03 在 V-Ray::Environment(V-Ray 环境)卷展栏中设置 GI Enviroment(skylight) override（全局照明环境（天光）覆盖）选项组的 Mulitplier（倍增值）为 1，如图 4-22 所示。

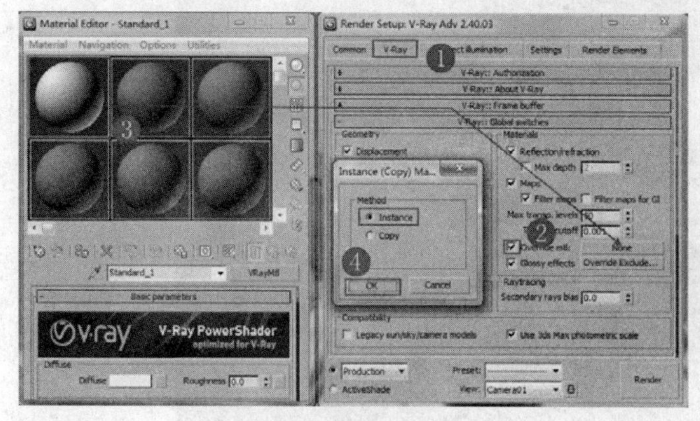

图 4-21 设置全局替代材质

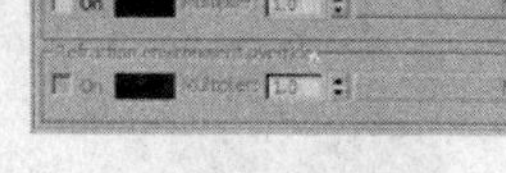

图 4-22 设置 VRay 环境

Steps 04 再切换至 Common（公用）选项卡，对 Output Size（输出尺寸）进行设置，如图 4-23 所示。

这样，场景的基本材质以及渲染参数的设置就完成了，接下来单击渲染按钮进行渲染，如图 4-24 所示。

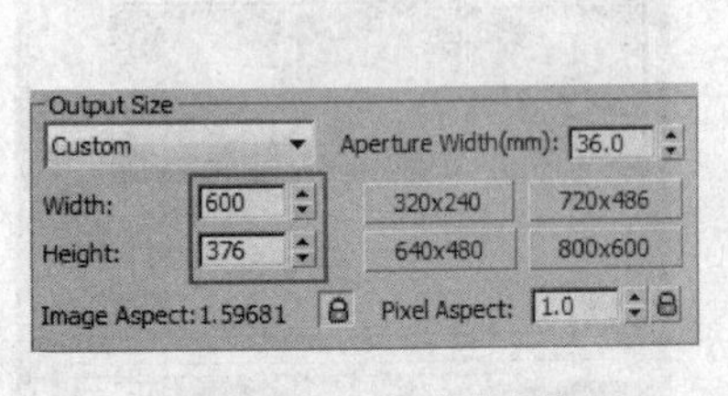

图 4-23　设置输出参数

图 4-24　场景测试渲染结果

提 示：在做模型检查的时候，要把窗帘和窗户玻璃模型隐藏掉，让天光能够照射进来。

4.3 设置场景主要材质

本例主要是对卧室中的床单布料、木地板和家具材质进行表现，以及创建出真实、自然的卧室材质。图 4-25 所示为场景材质制作顺序。

图 4-25　场景材质制作顺序

4.3.1 顶棚材质

这里主要表现的顶棚材质是常用来涂刷顶棚的乳胶漆材质，具体参数设置如下。

Steps 01 切换材质球为"VRayMtl"材质类型，设置 Diffuse（漫反射）颜色的 Value（明度）值为 240，Reflect（反射）的颜色值为 15，Hilight glossiness（高光光泽度）值为 0.7，取消 Trace reflections（反射跟踪）复选框的勾选，如图 4-26 所示。

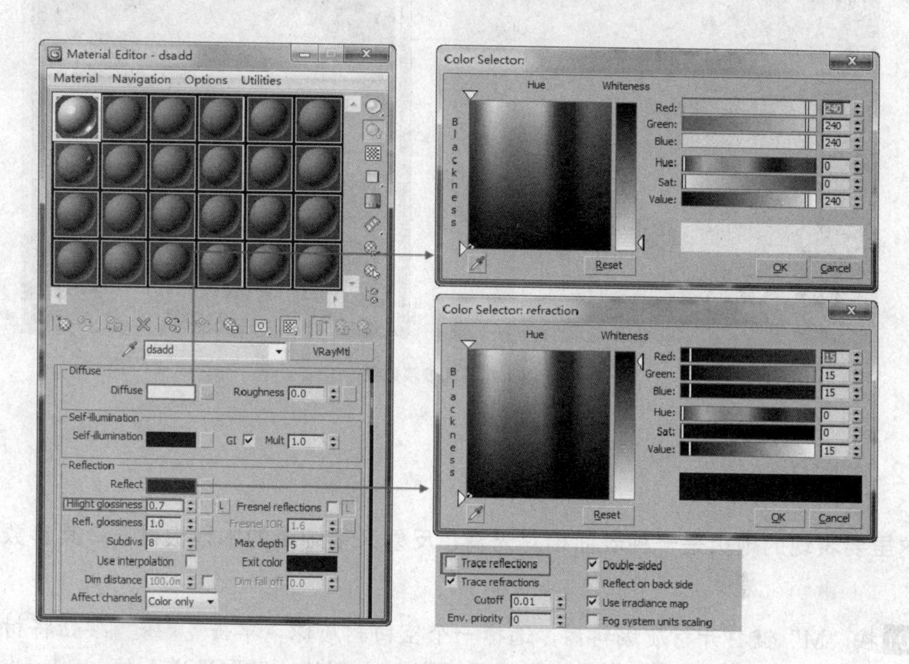

图 4-26 设置漫反射和反射参数

Steps 02 展开 Maps（贴图）卷展栏，在 Bump（凹凸）通道里添加一张贴图来模拟墙面的凹凸不平，如图 4-27 所示。

图 4-27 添加凹凸贴图

Steps 03 选择场景中的顶棚对象，单击按钮，赋予其材质，如图 4-28 所示。

图 4-28　乳胶漆效果

4.3.2 木地板材质

这里要表现的地板是一种表面相对光滑、反射又很细腻的木地板材质。其参数设置如下。

Steps 01 按“M”键打开材质编辑器，选择一个空白材质球，单击 Standard 按钮将材质切换为“VRayMtl”材质类型，单击 Diffuse（漫反射）右侧的（贴图通道）按钮，为它添加一张 Bitmap（位图）贴图。

Steps 02 设置 Reflection（反射）选项组中的 Hilight glossiness（高光光泽度）值为 0.78，Refl.glossiness（反射光泽度）值为 0.85，如图 4-29 所示。

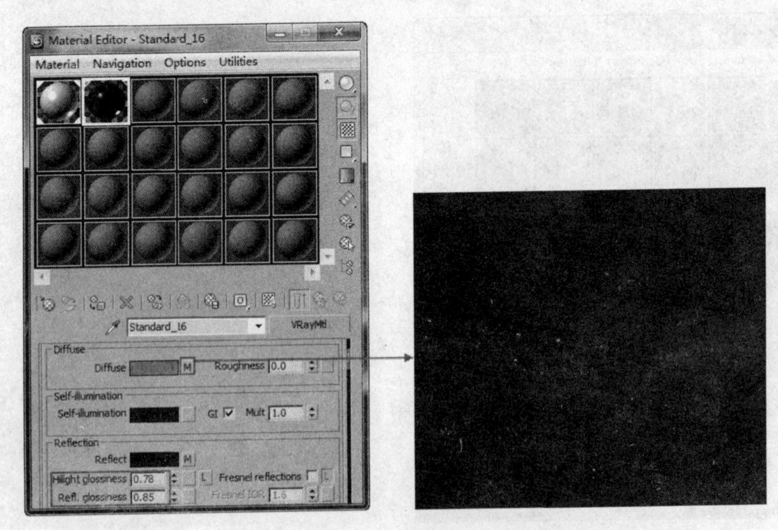

图 4-29　设置漫反射和反射参数

Steps 03 展开 Maps（贴图）卷展栏，在 Reflect（反射）通道里添加一张 Falloff（衰减）贴图来模拟木地板的反射效果，如图 4-30 所示。

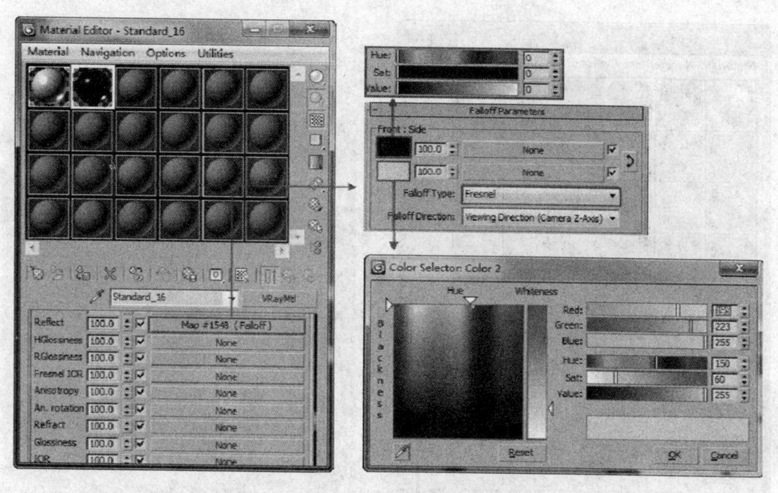

图 4-30　设置反射衰减参数

Steps 04 调节好木地板材质以后，单击按钮，赋予场景中地面对象。图 4-31 所示为木地板材质效果。

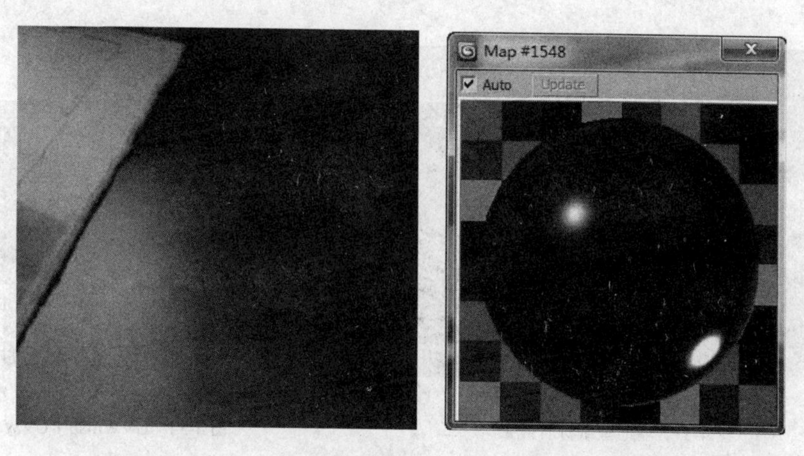

图 4-31　木地板材质效果

提 示：木地板使用 Falloff（衰减）来控制反射效果，可以更好地表现真实物理世界中由远及近不断衰减的特性。

4.3.3 墙面壁纸材质

这个材质的重点在于选择合适的贴图。贴图不仅要考虑肌理和颜色，还要和整个空间格调相搭配。

Steps 01 切换材质球为“VRayMtl”材质类型，单击 Diffuse（漫反射）右侧的（贴图通道）按钮，为它添加一张 Bitmap（位图）贴图。

Steps 02 展开 Maps（贴图）卷展栏，在 Bump（凹凸）通道里添加一张贴图来模拟墙面的凹凸不平感觉，设置数量值为 15，如图 4-32 所示。

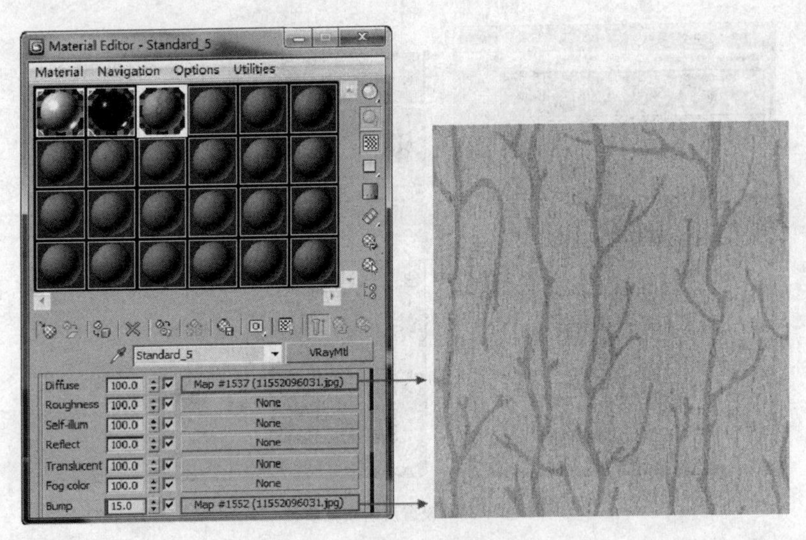

图 4-32 设置墙面壁纸材质

Steps 03 单击按钮，将材质赋予墙面对象。图 4-33 所示为墙面壁纸材质效果。

图 4-33 墙面壁纸材质效果

图 4-34 UVWmap（UVW 贴图）

提 示：如果墙面的纹理不正确，可以在修改器列表中添加 UVWmap（UVW 贴图）修改器来调整墙面壁纸的纹理，如图 4-34 所示。

4.3.4 床单材质

本实例中使用的床单为布料材质，它的表面相对比较粗糙，基本没有反射现象，且有一层白茸茸的感觉。下面根据它的特点来调节材质。

Steps 01 按“M”键打开材质编辑器，选择一个空白材质球，单击 Standard 按钮将材质切换为 Blend（混合）材质类型。

Steps 02 单击 Material1 右侧通道，将默认的标准材质切换为 VRayMtl 材质球类型，如图 4-35 所示。

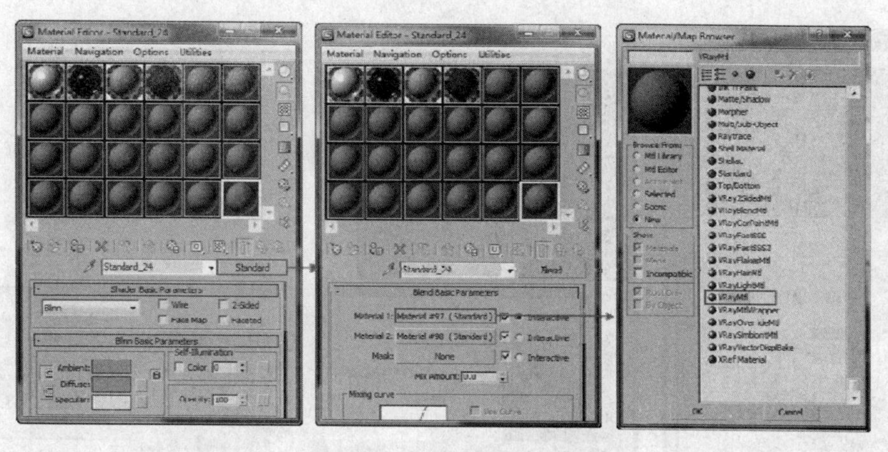

图 4-35　切换材质类型

Steps 03 在“VRayMtl”面板中单击 Diffuse（漫反射）右侧的（贴图通道）按钮，在弹出的 Material/Map Browser（材质/贴图浏览器）中选择 Bitmap（位图）贴图，为它添加一张贴图。

Steps 04 设置 Reflection（反射）选项组中 Reflect（反射）的颜色值为 30，Hilight glossiness（高光光泽度）值为 0.5，Refl.glossiness（反射光泽度）值为 1.0，勾选 Fresnel reflections（菲涅尔反射）复选框，取消勾选 Options（选项）卷展栏中的 Trace Reflections（反射跟踪）复选框，如图 4-36 所示。

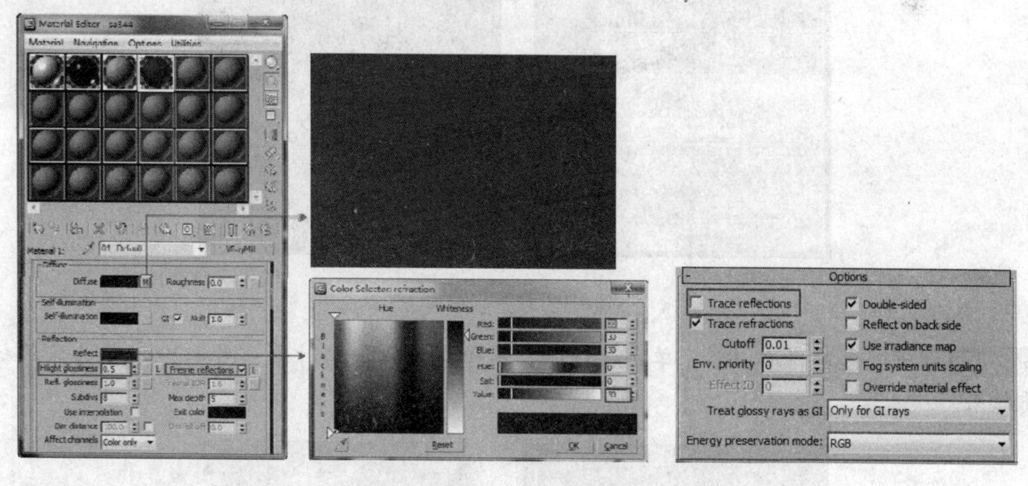

图 4-36　设置 VR1 材质参数

Steps 05 返回 Blend（混合）材质面板，依照同样的方法，将 Material2 的材质切换为 VRayMtl 材质类型，然后单击 Diffuse（漫反射）右侧的（贴图通道）按钮，为它添加一张 Bitmap（位图）贴图。

Steps 06 设置 Reflection（反射）选项组中 Reflect（反射）的颜色值为 255，Hilight glossiness（高光光泽度）值为 0.4，勾选 Fresnel reflections（菲涅尔反射）复选框，并设置 Frensnel IOR 值为 4.0，取消勾选 Options（选项）卷展栏中的 Trace Reflections（反射跟踪）复选框，如图 4-37 所示。

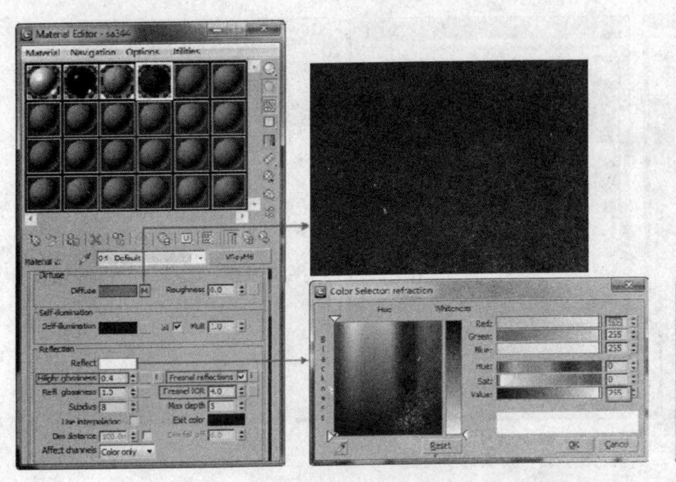

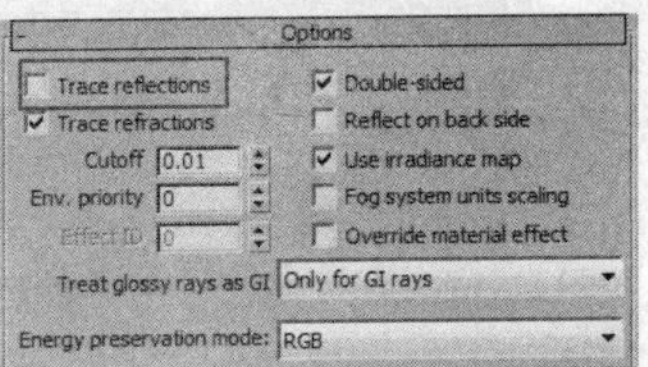

图 4-37 设置 VR2 材质参数

Steps 07 再次返回 Blend（混合）材质面板，单击 Mask（遮罩）右侧的贴图通道，添加一张位图来控制它们的混合量，如图 4-38 所示。

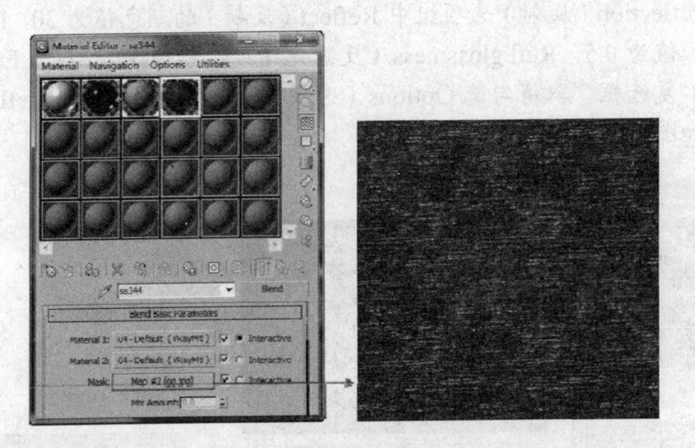

图 4-38 添加遮罩贴图

Steps 08 调节好床单材质以后，单击按钮，赋予场景中床单对象。图 4-39 所示为床单材质效果。

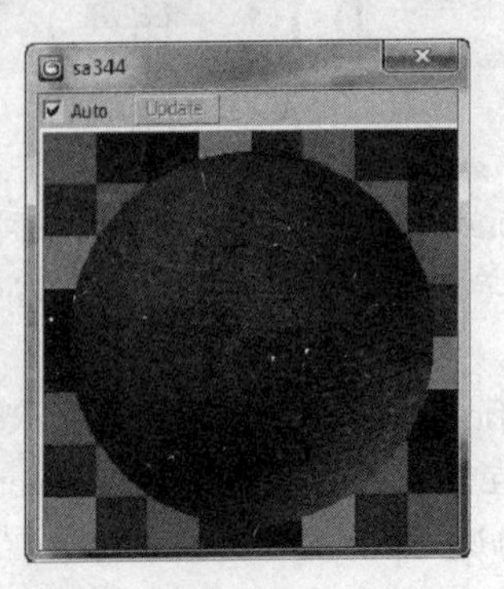

图 4-39 床单材质效果

4.3.5 地毯材质

通常在表现地毯时，需要给地毯模型设置一定的置换效果，或者创建毛发物体来模拟毛茸茸的效果。本例不仅适用置换的效果，还在修改器列表中添加了噪波修改器来进行加强。

Steps 01 选择一个空白材质球，将材质类型切换为 VRayMtl，单击 Diffuse（漫反射）右侧的（贴图通道）按钮 ，在弹出的 Material/Map Browser（材质/贴图浏览器）中选择 Bitmap（位图）贴图，为它添加一张贴图。

Steps 02 设置 Reflection（反射）选项组中 Reflect（反射）的颜色值为 0， Refl.glossiness（反射光泽度）值为 0.4，取消勾选 Options（选项）卷展栏中的 Trace Reflections（反射跟踪）复选框，如图 4-40 所示。

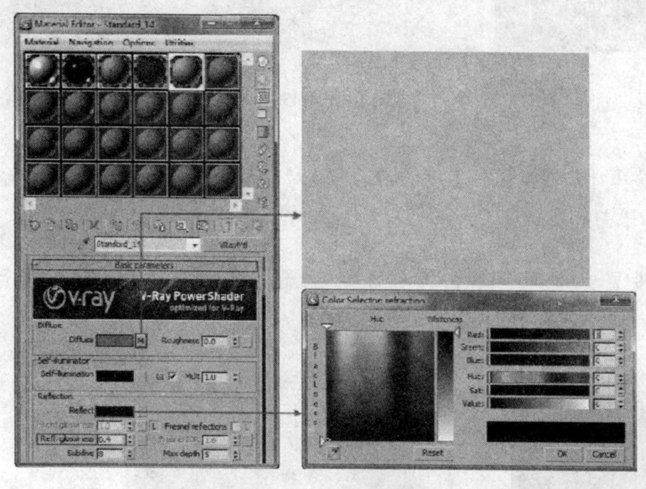

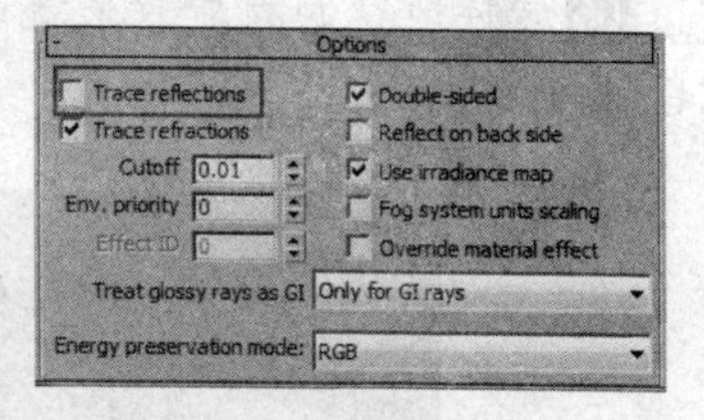

图 4-40　设置材质基本参数

Steps 03 展开 Maps（贴图）卷展栏，在 Displace（置换）通道里添加一张贴图来模拟地毯凹凸不平的感觉，设置数量值为 2，如图 4-41 所示。

图 4-41　添加置换贴图

Steps 04 选择场景中地毯对象，在修改器列表中加载 UVWmap（UVW 贴图），用来调整置换贴图的大小，如图 4-42 所示。

Steps 05 保持选择的对象状态，在修改器列表中再次为它加载 Noise（噪波），并调节它的参数，如图 4-43 所示。

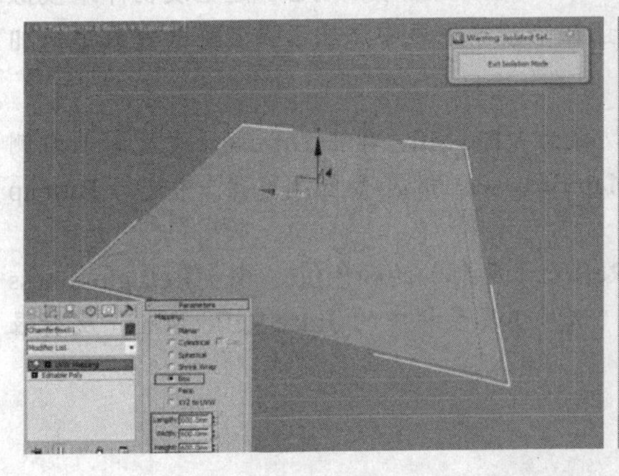

图 4-42　添加 UVW 贴图

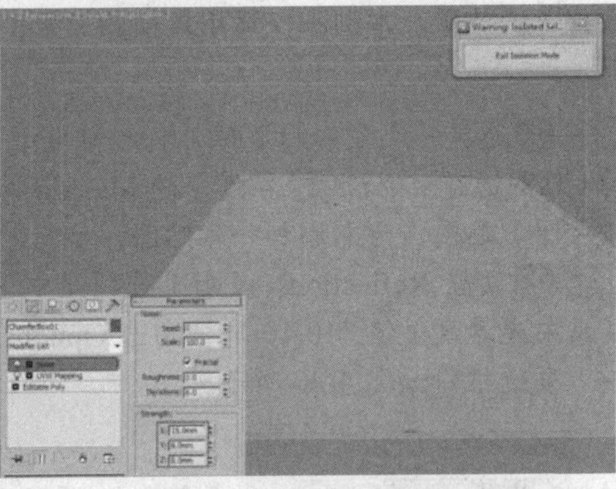

图 4-43　添加噪波修改器

提 示：Noise（噪波）修改器主要是为对象提供凹凸不平的面，当然对象本身的分段一定要多才能达到比较好的效果。它还可以用于制作水面起伏的效果。

Steps 06 这样地毯的材质效果就设置完成了，单击按钮，赋予对象材质。图 4-44 所示为地毯的材质效果。

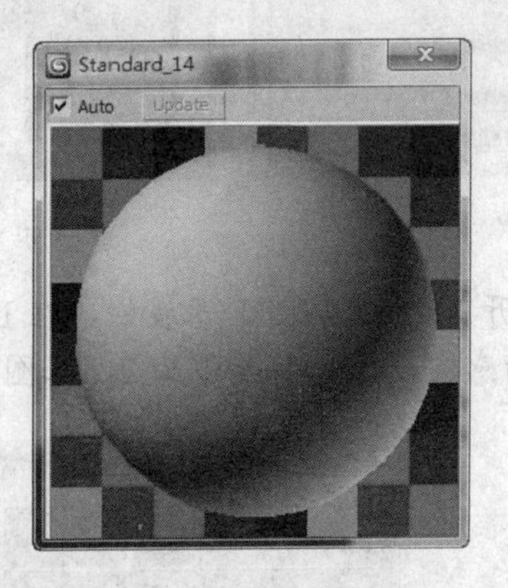

图 4-44　地毯材质效果

4.3.6 木纹材质

实际上，木纹材质具有表面相对光滑，且带有菲涅耳反射效果，有一定的纹理凹凸及高光相对较小的几个特征。下面根据分析所得的结果来调节材质。

Steps 01 切换材质球为“VRayMtl”材质类型，单击 Reflect（反射）右侧的（贴图通道）按钮，打开“贴图通道”为它添加一张 Falloff（衰减）贴图，设置衰减方式为 Fresnel（菲涅尔），调整 Front:Side（正前:侧边）颜色值。

Steps 02 设置 Hilight glossiness（高光光泽度）值为 0.65，Refl.glossiness（反射光泽度）值为 0.7，如图 4-45 所示。

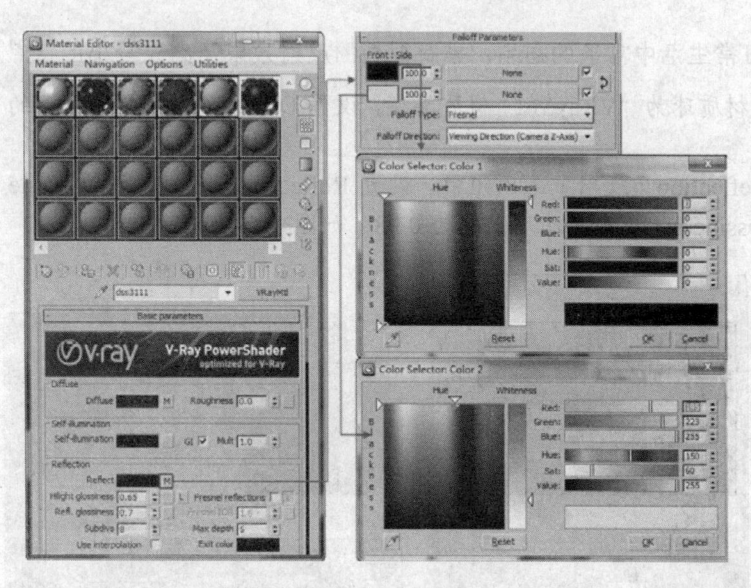

图 4-45　设置基础参数

Steps 03 展开 Maps（贴图）卷展栏，在 Diffuse（漫反射）和 Bump（凹凸）通道里分别添加一张贴图来模拟木纹的纹理及凹凸效果，如图 4-46 所示。

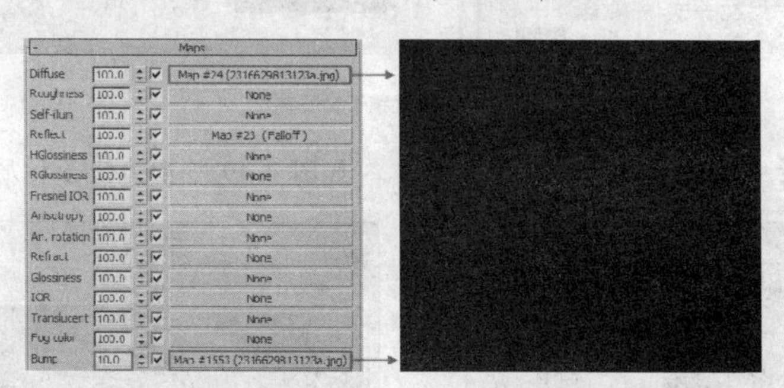

图 4-46　为漫反射和凹凸添加贴图

Steps 04 选择场景中的木纹对象，单击按钮赋予材质，如图 4-47 所示。

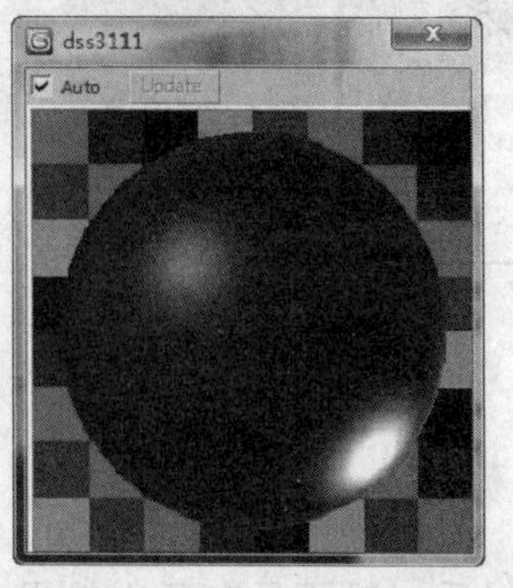

图 4-47　木纹材质效果

4.3.7 镜子材质

镜子是日常生活中常备的物品，具有很高的反射效果及高光较小的特点。

Steps 01 切换材质球为 “VRayMtl” 材质类型，设置 Diffuse（漫反射）颜色的 Value（明度）值为 200。

Steps 02 在 Reflection（反射）选项组中，设置 Reflect（反射）颜色的 Value（明度）值为 200，Refl.glossiness（反射光泽度）值为 0.98，如图 4-48 所示。

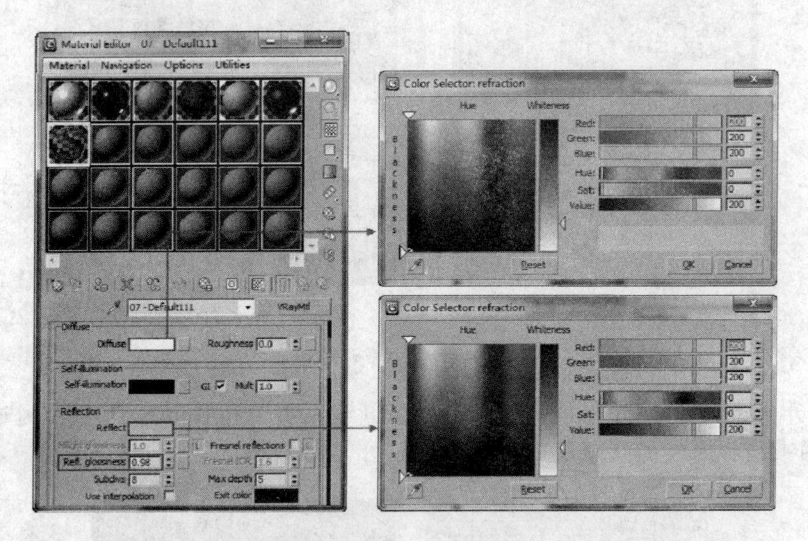

图 4-48 设置镜子材质参数

Steps 03 选择场景中的镜子对象，赋予其材质，如图 4-49 所示为镜子材质效果。

图 4-49 镜子材质效果

4.3.8 布沙发材质

布艺的沙发材质一般不具有反射效果，且表面比较粗糙。

Steps 01 选择一个空白材质球，将材质切换为“VRayMtl”材质类型，单击 Diffuse（漫反射）右侧的（贴图通道）按钮，添加一张 Falloff（衰减）贴图。

Steps 02 进入 Falloff（衰减）贴图面板，分别在 Front:Side（正前:侧边）的两个贴图通道中添加 Bitmap（位图）贴图，设置衰减方式为 Perpendicular/Parallel（垂直/平行），如图 4-50 所示。

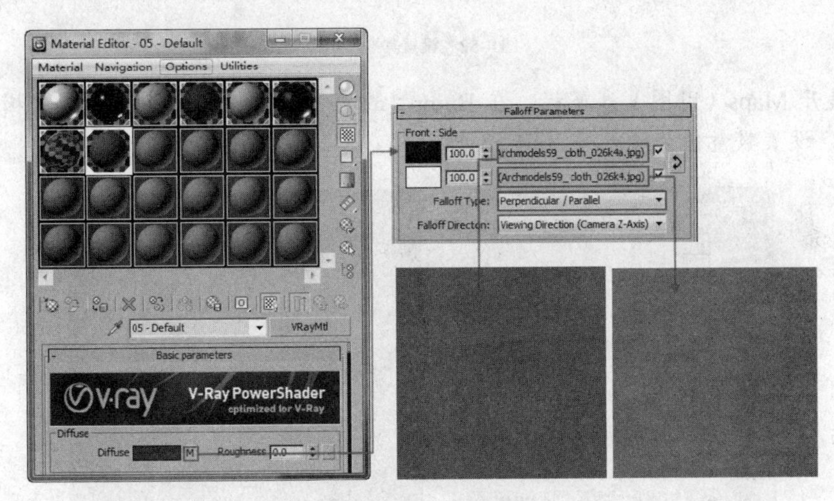

图 4-50　设置漫反射贴图

Steps 03 在 Reflection（反射）选项组中为 Reflect（反射）添加一张 Falloff（衰减）贴图，设置 Hilight glossiness（高光光泽度）值为 0.5，如图 4-51 所示。

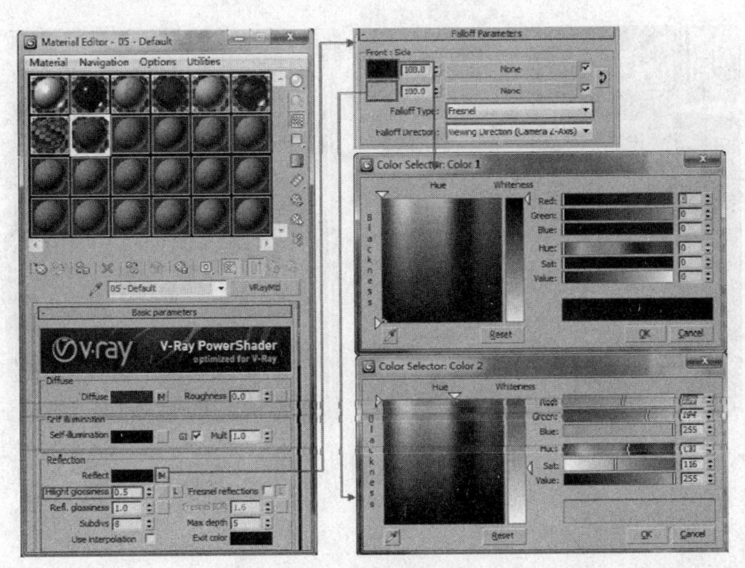

图 4-51　设置反射选项组参数

Steps 04 展开 BDRF 卷展栏，设置 Type（类型）为 Ward（沃德）方式、Anisotropy（各向异性）的值为 0.5，并取消勾选 Options（选项）卷展栏中的 Trace Reflections（反射跟踪）复选框，如图 4-52 所示。

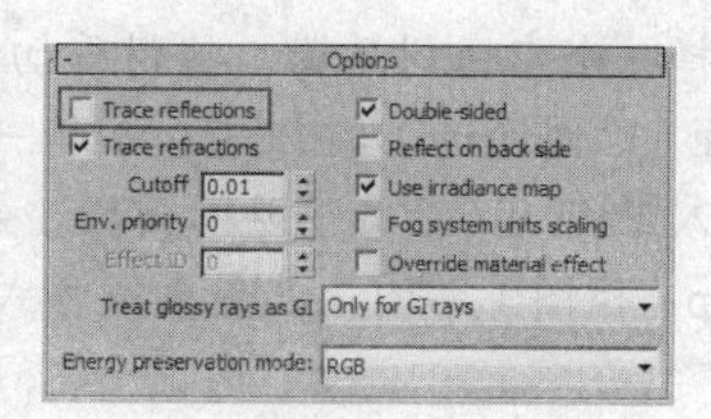

图 4-52 设置其它参数

Steps 05 展开 Maps（贴图）卷展栏，在 Bump（凹凸）通道里添加一张贴图来模拟布沙发的凹凸感，设置数量值为 40，如图 4-53 所示。

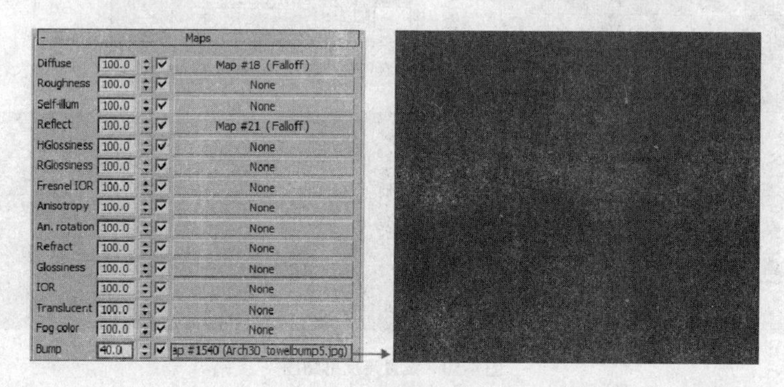

图 4-53 添加凹凸贴图

Steps 06 然后赋予对象材质，如图 4-54 所示为布沙发材质效果。

图 4-54 布沙发材质效果

4.3.9 灯罩材质

本场景中的灯罩材质具有半透明效果，且反射很弱及高光比较大的特征。下面来设置灯罩的材质。

Steps 01 切换材质类型为 VRayMtl，设置 Diffuse（漫反射）颜色的 Value（明度）值为 254，如图 4-55 所示。

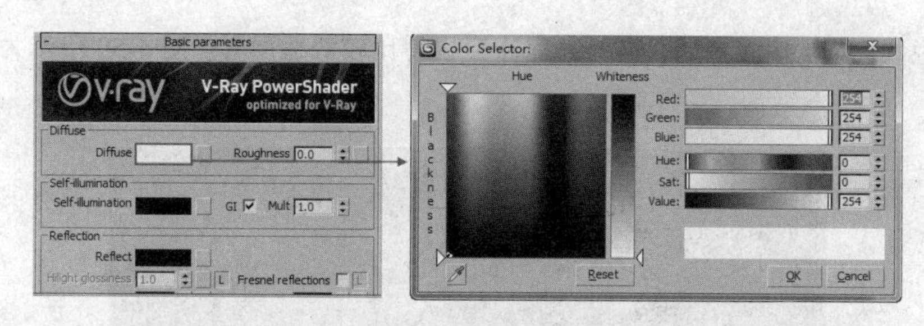

图 4-55　设置漫反射

Steps 02 在 Refraction（折射）选项组中，为 Refract（折射）添加一张 Falloff（衰减）贴图，设置 Glossiness（光泽度）值为 0.75，勾选 Affect shadows（影响阴影）复选框，如图 4-56 所示。

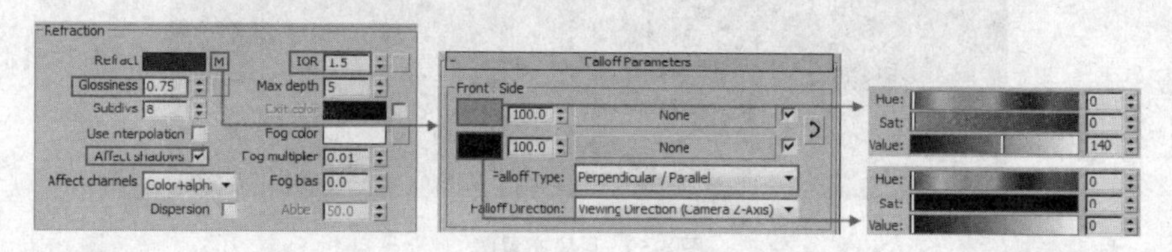

图 4-56　设置折射选项组参数

Steps 03 选择场景中的灯罩对象，赋予其材质，如图 4-57 所示为灯罩材质效果。

这样，场景中的主要材质就设置完成了，其他没提到的材质请读者参考配套光盘中的文件，并结合现实世界中物体对象产生的效果进行学习和揣摩。图 4-58 所示为本例所有材质设置完成的效果。

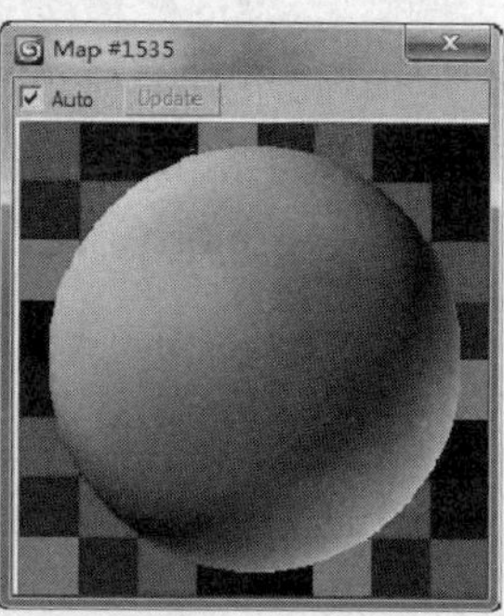

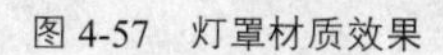

图 4-57　灯罩材质效果

图 4-58　材质设置完成效果

4.4 灯光设置

4.4.1 灯光布置分析

一般来说，卧室需要有很好的采光和通风，所以可以利用窗口的自然光来渲染。自然光对整个空间的影响就是从窗口向内过渡，形成由亮向暗过渡，以及由冷向暖的变化。从整体上来说，气氛需偏暖色调，这样卧室才会显得比较舒适温馨。图 4-59 所示为卧室布置图。

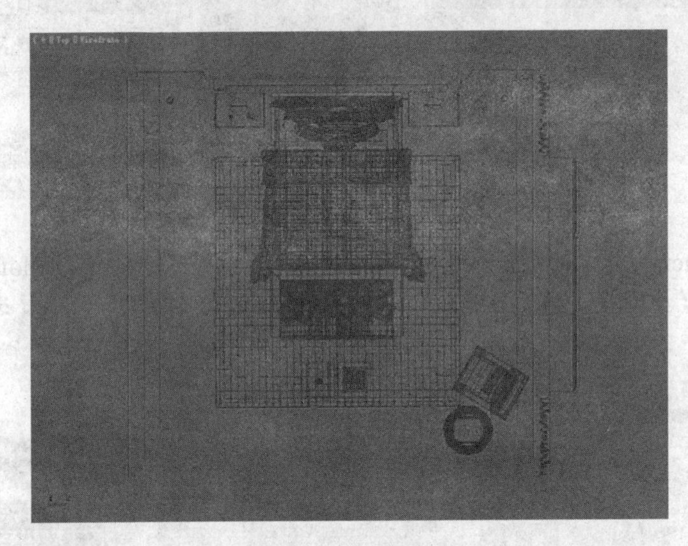

图 4-59　卧室布置图

对于本场景来说，影响比较大的就是窗口的自然光，所以需先为场景添加自然光。如果场景亮度不够，则需再添加台灯、射灯，最后添加场景中的补光，使灯光能达到一个理想的效果。

4.4.2 设置背景

首先对室外的背景进行设置，这样可以让场景与外部看起来更协调一点。

Steps 01 按“M”键打开材质编辑器，选择一个空白材质球，单击 Standard 按钮将材质切换为 VRayLightMtl（VRay 灯光材质）材质类型。单击 Color（颜色）右侧的贴图通道，添加一张位图贴图来控制背景光，如图 4-60 所示。

图 4-60　设置 VRay 灯光材质

Steps 02 将设置好的背景材质赋予场景中的对象，切换到摄影机视图，在 Modify（修改）命令面板中为场景对象添加 UVWmap（UVW 贴图）修改器，调整好背景的位置，如图 4-61 所示。

图 4-61　调整背景

4.4.3 设置自然光

借助一扇大型落地窗，场景可以有足够的自然光照。

1. 创建天光

Steps 01 在灯光创建面板中选择 VRay 类型，单击 VRayLight 按钮，将灯光类型设置为 Dome（穹顶），在顶视图中任意位置处创建一盏 Dome（穹顶）类型的 VRaylight，如图 4-62 所示。

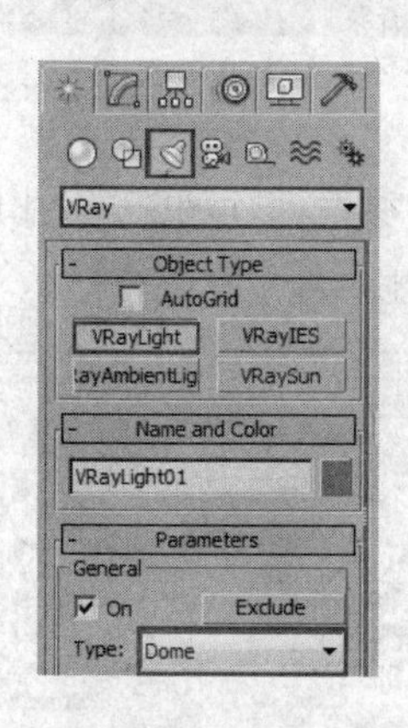

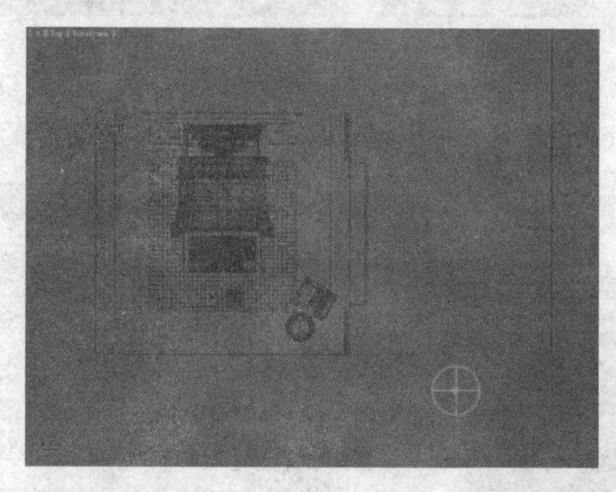

图 4-62　创建天光

提 示：在 3ds max+VRay 中，VRay Dome Light（VRay 半球光）可以创建于任何位置，其发射的光线均不会受影响。

Steps 02 保持灯光为选择状态，在 Modify（修改）命令面板中，对 VRay 半球光的参数进行调整，如图 4-63 所示。

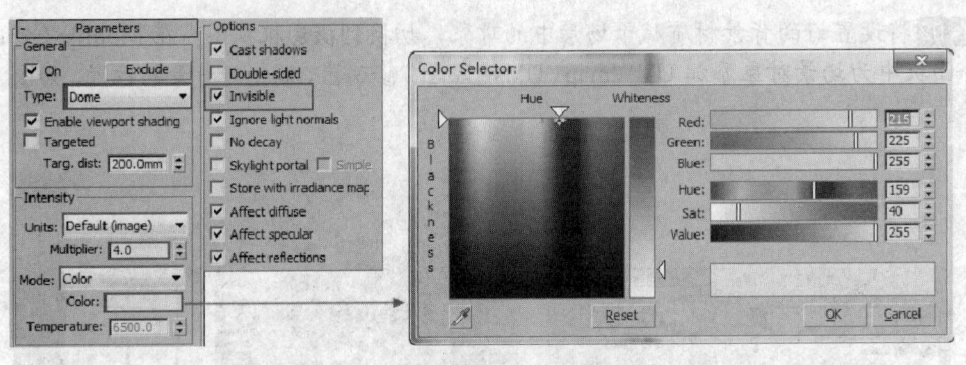

图 4-63　调整 VRay 半球光参数

2. 加强窗户天光效果

Steps 01 在 VRay 灯光创建面板中，单击 VRayLight 按钮，将灯光类型设置为 Plane（平面）类型，然后在视图窗户位置处创建面光源，如图 4-64 所示。

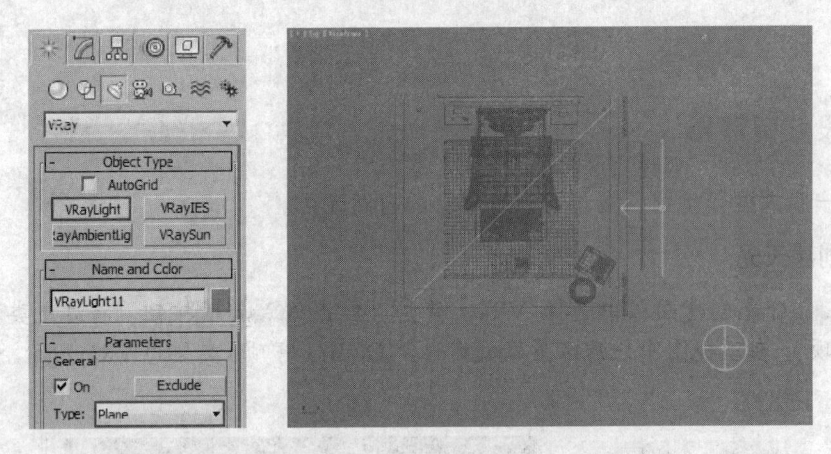

图 4-64　创建 VRay 平面光

Steps 02 在 Modify（修改）命令面板中对 VRay 平面光的参数进行调整，如图 4-65 所示。

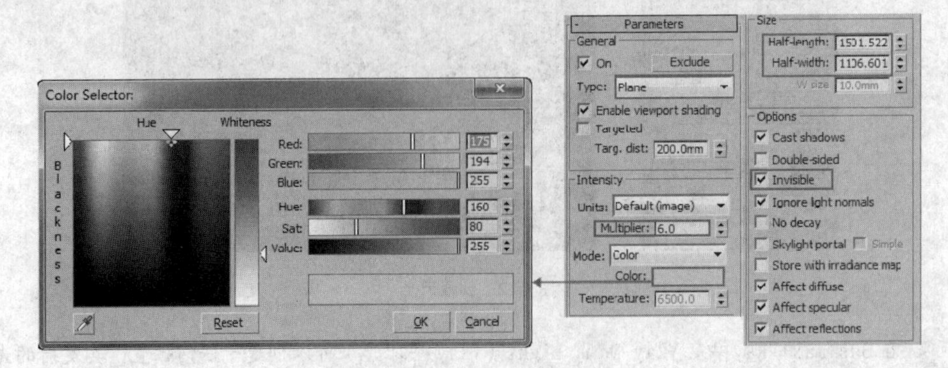

图 4-65　调整 VRay 平面光参数

Steps 03 为了使窗口的灯光效果变得更加丰富，选择创建好的 VRay 平面光，以复制的方式进行复制，如图 4-66 所示。

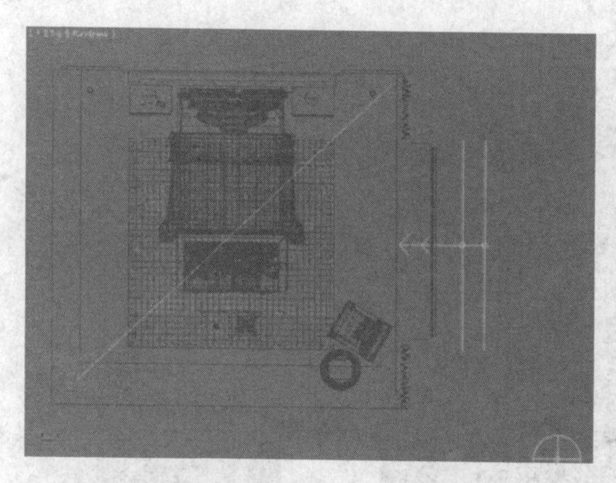

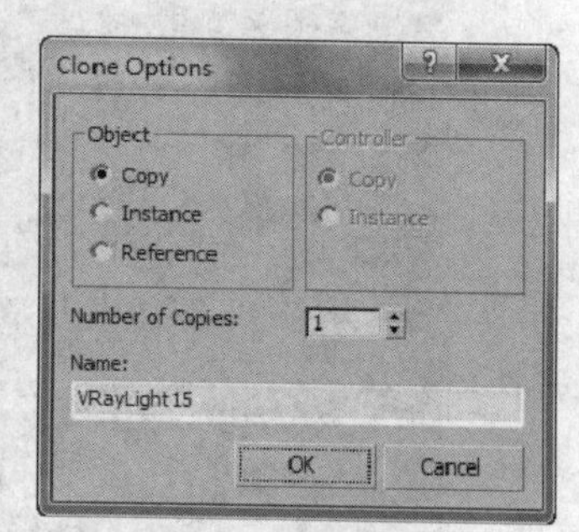

图 4-66　复制 VRay 平面光

Steps 04 选择复制好的 VRay 平面光，对它的参数进行修改，如图 4-67 所示。

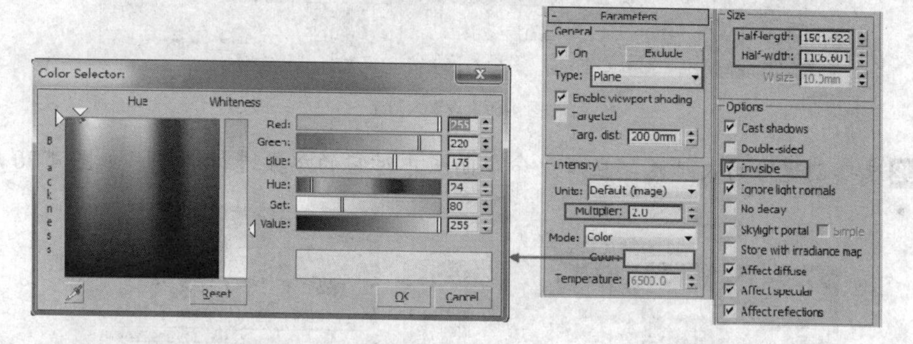

图 4-67　修改灯光参数

Steps 05 单击渲染按钮，观察设置好的天光效果，如图 4-68 所示。

图 4-68　天光效果

3. 设置太阳光

Steps 01 在灯光创建面板中选择 Standard（标准）类型，单击 Target Direct 按钮，在视图中创建一盏 Target Direct（目标平行光），如图 4-69 所示。

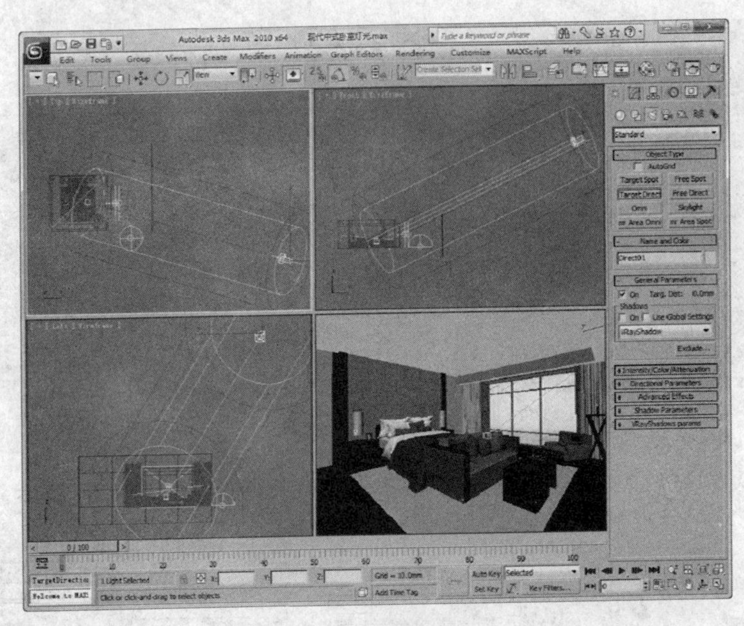

图 4-69　设置太阳光

Steps 02 选择创建好的太阳光，在修改命令面板中对它的参数进行调整，如图 4-70 所示。

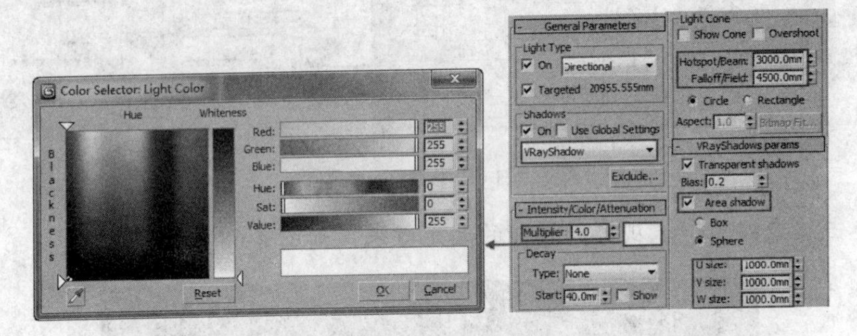

图 4-70　调整太阳光参数

Steps 03 按“C”键切换至摄影机视图，单击渲染按钮，观察添加太阳光后的效果，如图 4-71 所示。

图 4-71　添加太阳光后的效果

4.4.4 布置室内光源

室外自然光已经布置完毕，可以看出，在自然光的照射下，整个场景已经明亮了起来，但是并没有给室内带来足够的照明，下面我们将添加室内光源来加强它的亮度。

1. 创建平面光

Steps 01 在 Top（顶）视图中创建一盏 VRayLight（VRay 灯光），选择灯光类型为 Plane（平面），位置如图 4-72 所示。

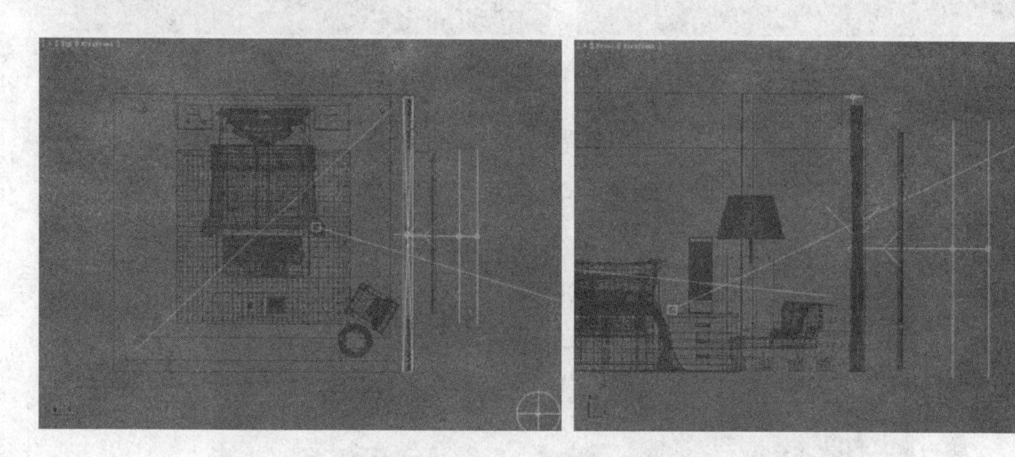

图 4-72 创建 VRay 平面光

Steps 02 在 Modify（修改）命令面板中对 VRay 平面光的参数进行调整，如图 4-73 所示。

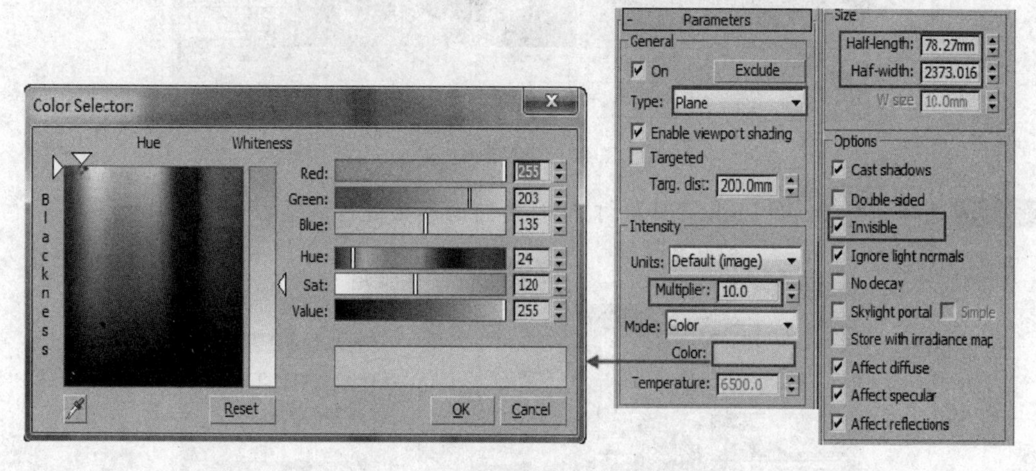

图 4-73 调整平面光参数

Steps 03 选择创建好的 VRay 平面光，以关联的方式进行复制，位置如图 4-74 所示。

2. 创建点光源

Steps 01 在灯光创建面板中，选择 Photometric（光度学）类型，单击 Target Light 按钮，在视图中创建一个 Target Light（目标灯光），然后复制得到其他位置的灯光，如图 4-75 所示。

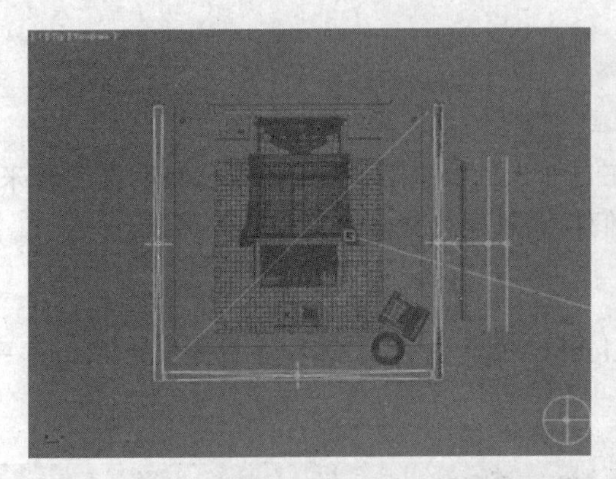
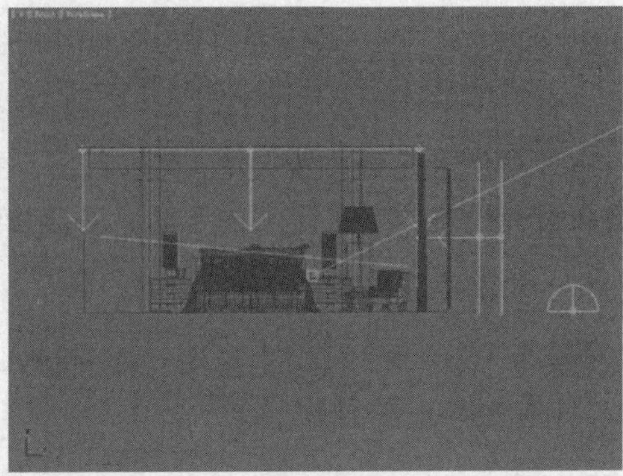

图 4-74　复制平面光

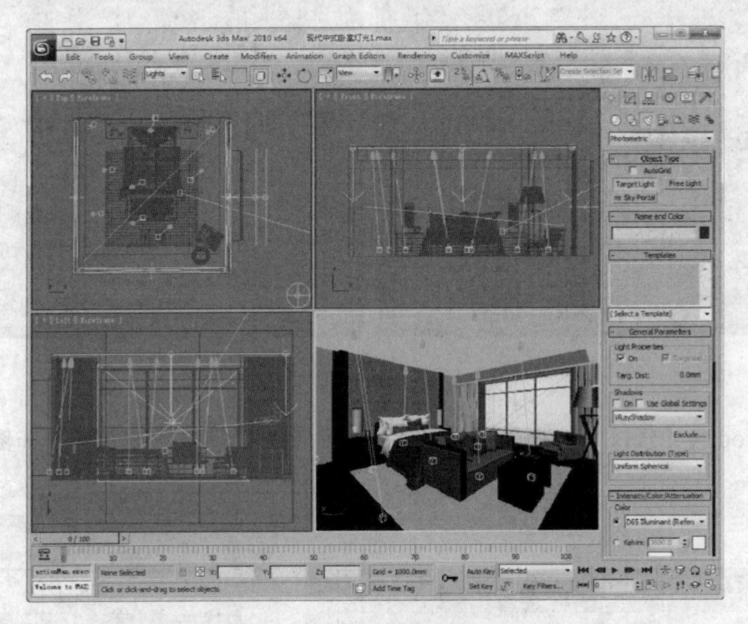

图 4-75　布置室内光源

Steps 02 选择一个 Target Light（目标灯光），对它的参数进行调整，如图 4-76 所示。

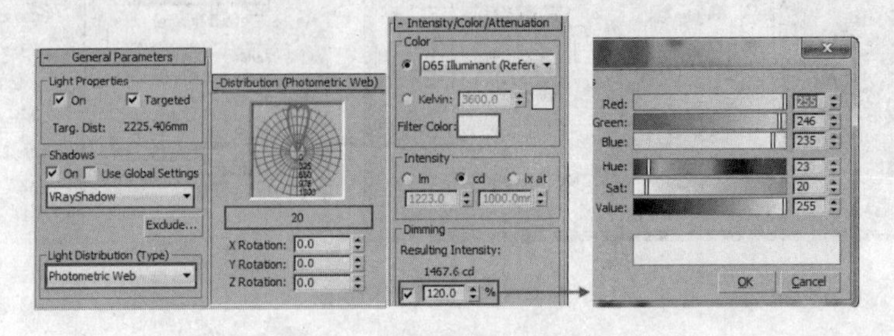

图 4-76　调整目标灯光参数

Steps 03 按“C”键切换至摄影机视图，单击渲染按钮，观察添加点光源的效果，如图 4-77 所示。

图 4-77　添加点光源效果

3. 创建台灯和落地灯灯光

Steps 01 在落地灯位置处创建一盏 VRay 球灯来模拟它的灯光效果，如图 4-78 所示。

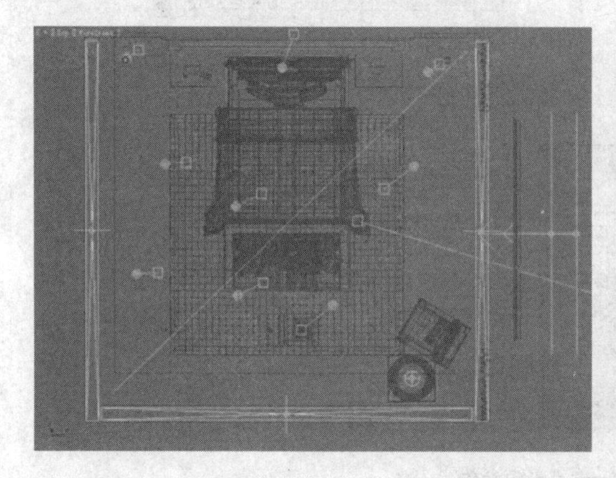

图 4-78　创建 VRay 球灯

Steps 02 选择创建的 VRay 球灯，在修改命令面板中对它的参数进行调整，如图 4-79 所示。

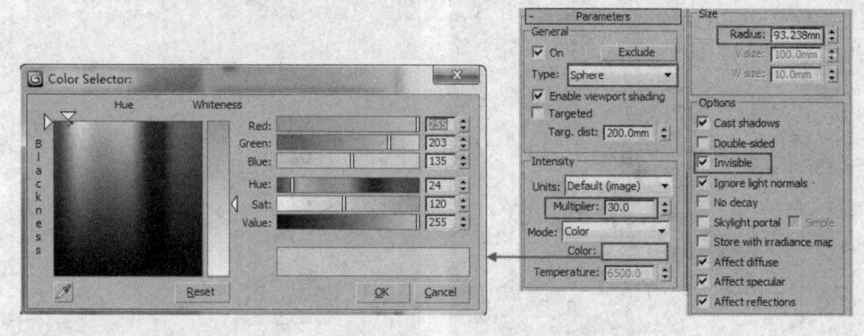

图 4-79　调整 VRay 球灯参数

Steps 03 在床头台灯位置处创建一盏 Omni 点光源来模拟它的效果，如图 4-80 所示。

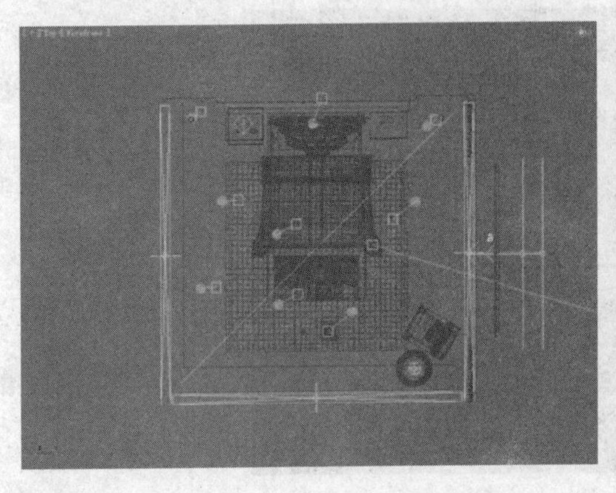

图 4-80　创建 Omni 灯光

Steps 04 选择创建的 Omni 点光源，在修改命令面板中对它的参数进行调整，如图 4-81 所示。

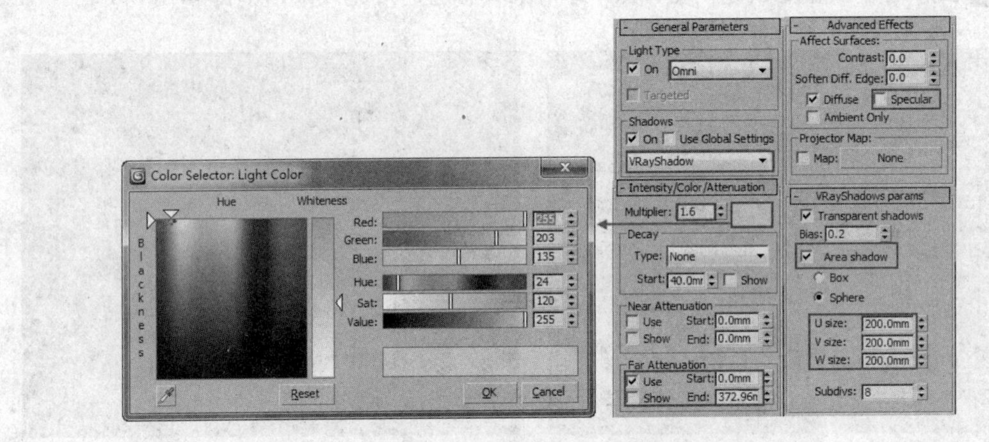

图 4-81　调整 Omni 点光源参数

Steps 05 选择创建好的 Omni 点光源，以关联的方式进行复制，位置如图 4-82 所示。

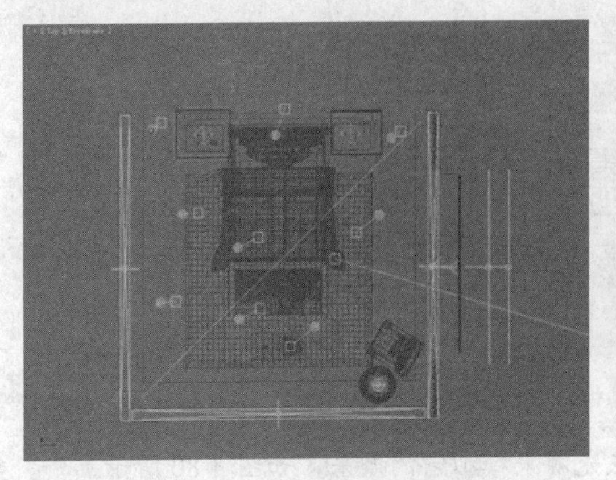

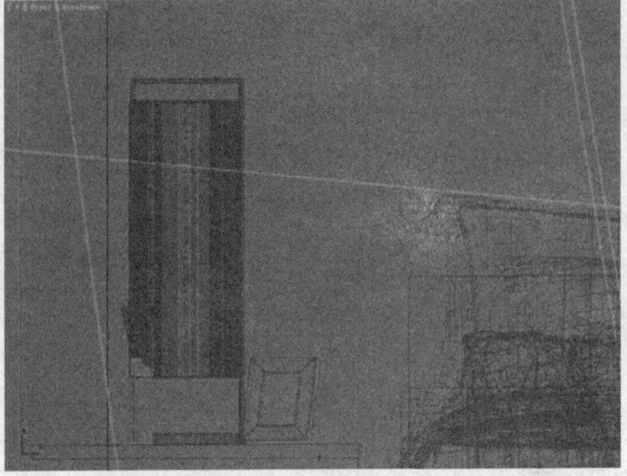

图 4-82　复制 Omni 点光源

提 示：由于本例中使用的是条形台灯，所以笔者使用了灯光阵列的方式来创建它的灯光效果，这样可以是台灯的光源看起来比较均匀。

Steps 06 在添加完台灯和落地灯后，再次单击渲染按钮，观察场景的整个灯光效果，如图 4-83 所示。

图 4-83　灯光效果

提 示：在进行最终输出渲染的时候，将材质细分设置相对高一些可以避免光斑、噪波等现象的产生。

4.5 最终输出渲染

下面将对整个场景做最终输出渲染。

Steps 01 按“F10”键打开“渲染设置”对话框，在 Common（公用）选项卡中设置 Output Size（输出尺寸）的参数为 1600 × 1002，如图 4-84 所示。

Steps 02 在 V-Ray 选项卡中展开 V-Ray: :Global switches（全局开关）卷展栏，取消 Hiddenlights（隐藏灯光）的勾选，如图 4-85 所示。

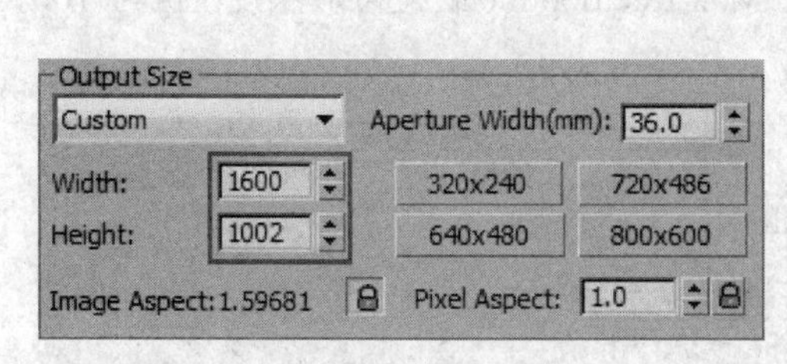

图 4-84　设置输出尺寸

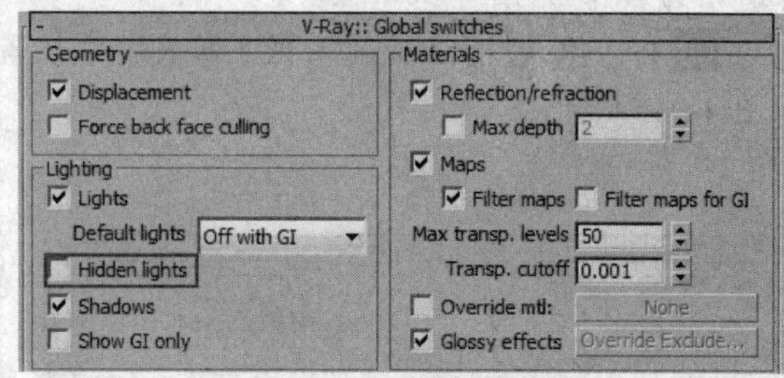

图 4-85　取消灯光隐藏

Steps 03 切换至 V-Ray::Image sampler（Antialiasing）（V-Ray 图像采样（抗锯齿））卷展栏，设置类型为 Adaptive DMC（自适应 DMC）采样器，勾选 Antialiasing filter（抗锯齿过滤器）选项，并设置为 Mitchell-Netravali，如图 4-86 所示。

Steps 04 展开 V-Ray::Indirect Illumination（GI）（V-Ray 间接照明（全局光））卷展栏，设置 Secondary bounces（二次反弹）的 Multiplier（倍增）值为 0.9，如图 4-87 所示。

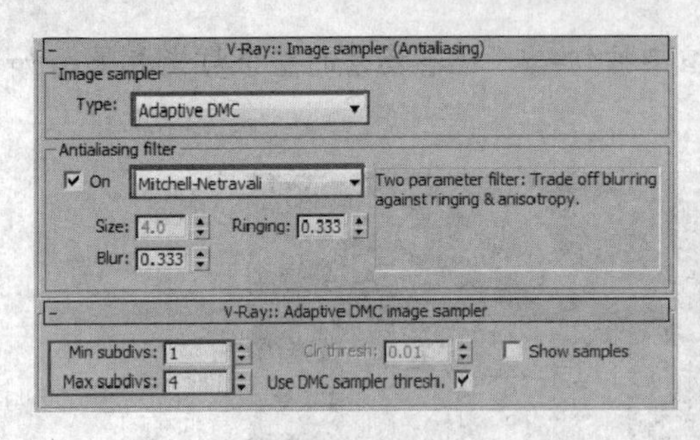

图 4-86　设置图像采样器

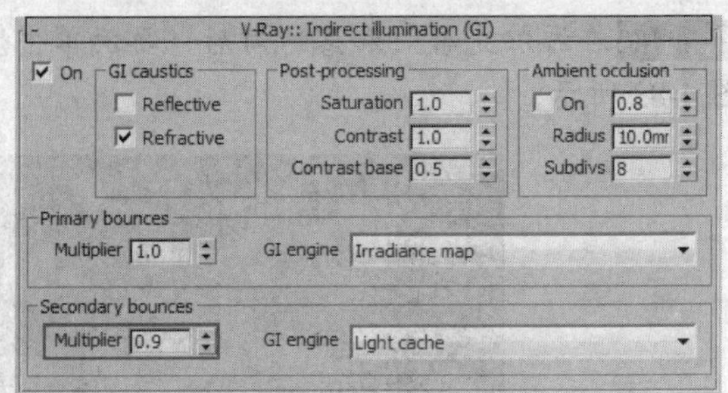

图 4-87　设置二次反弹倍增值

Steps 05 展开 V-Ray::Irradiance map（发光贴图）卷展栏，设置 Current preset（当前预置）为 Medium（中等），调节 HSph.subdivs（半球细分）的参数为 60，勾选 Show calc.phase（显示计算相位）和 Show direct light（显示直接照明）两个选项，如图 4-88 所示。

Steps 06 展开 V-Ray: :Light cache（灯光缓存）卷展栏，设置 Subdivs（细分值）为 1200，勾选 Show calc.phase（显示计算状态）复选框，如图 4-89 所示。

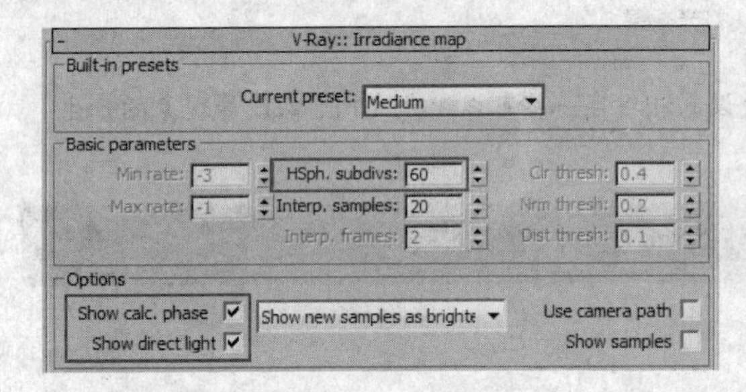

图 4-88　设置间接光照

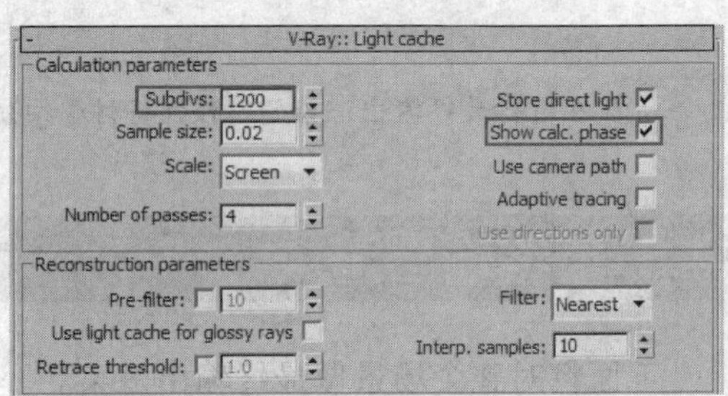

图 4-89　设置灯光缓存

Steps 07 展开 V-Ray: :DMC Sampler（V-RayDMC 采样器）卷展栏，设置 Adaptive amount（自适应数量）值为 0.75，Noise threshold（噪波极限）值为 0.005，Min samples（最小采样）值为 30，如图 4-90 所示。

Steps 08 在 V-Ray: :System（系统）卷展栏中设置 Max tree.depth（最大树形深度）值为 100，如图 4-91 所示。

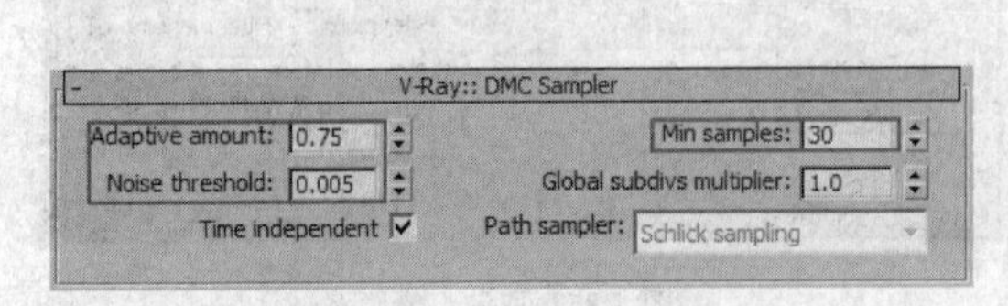

图 4-90　设置 V-RayDMC 采样器

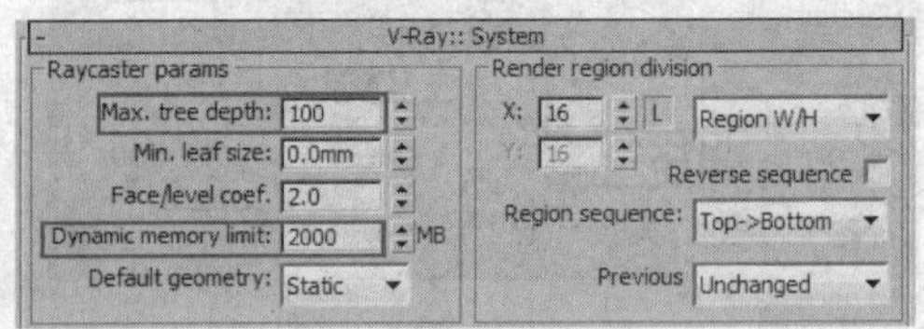

图 4-91　设置最大树形深度

其他的参数保持测试阶段设置即可，接下来就可以直接渲染成图了。经过几个小时的渲染，最终渲染效果如图 4-92 所示。

图 4-92　最终渲染效果

4.6 Photoshop 后期处理

渲染完毕以后，接着就需要对图像进行后期的处理并对效果图做最后的调整。仔细观察最终渲染的效果可以发现，整个图像的效果有点偏暗，局部饱和度较高，但其他方面比较符合我们的要求。

4.6.1 色彩通道图

按照前面介绍的方法，即使用光盘提供的“材质通道.mse”文件，将场景的对象转化为纯色材质对象，取消灯光，并切换渲染器，然后进行渲染就可以得到所需的色彩通道图，如图 4-93 所示。

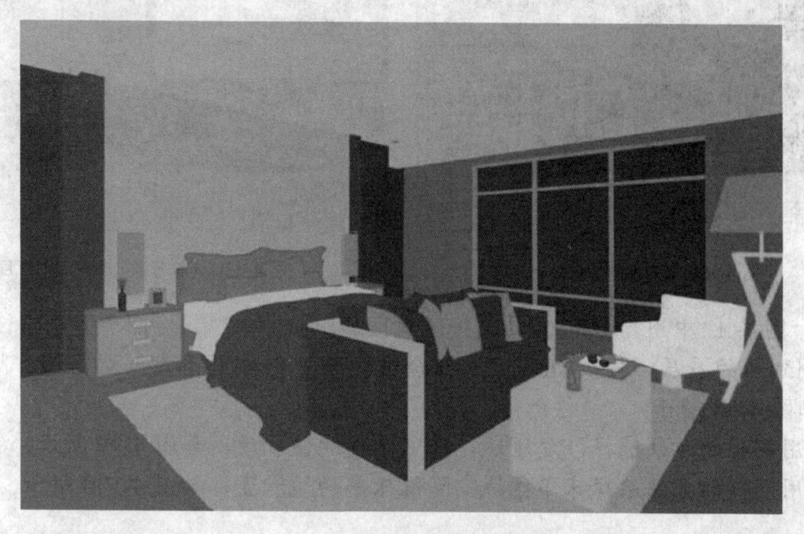

图 4-93　色彩通道图

4.6.2 PS 后期处理

Steps 01 使用 Photoshop 打开渲染后的色彩通道图和最终渲染图，如图 4-94 所示，并将两张图像合并在一个窗口中，如图 4-95 所示。

Steps 02 选择“背景”图层，按“Ctrl+J”组合键将其复制一份，并关闭“色彩通道”所在的图层 1，如图 4-96 所示。

图 4-94　打开图像文件

图 4-95　合并图像

Steps 03 选择“背景副本”图层，按“Ctrl+M”组合键键打开“曲线”对话框，调整背景的亮度和对比度，如图 4-97 所示。

图 4-96　复制图像文件

图 4-97　调整背景的亮度和对比度

Steps 04 在“图层 1”中用“魔棒”工具选择地毯区域，再返回“背景副本”图层中，按“Ctrl+J”组合键复制到新的图层，按“Ctrl+U”　组合键打开“色相/饱和度”对话框，降低地毯的饱和度，如图 4-98 所示。

Steps 05 使用同样的方法选择沙发区域，降低沙发的饱和度，如图 4-99 所示。

Steps 06 使用同样的方法选择床单区域，降低床单的饱和度，如图 4-100 所示。

图 4-98 降低地毯饱和度

图 4-99 降低沙发饱和度

Steps 07 选择图像中的窗户部分，按“Ctrl+J”组合键复制到新的图层，再按“Ctrl+M”组合键打开“曲线”对话框，提高窗户的亮度，如图 4-101 所示。

图 4-100 降低床单饱和度

图 4-101 提高窗户亮度

Steps 08 使用“矩形工具”，在窗户处选择一个区域，再创建一个新的图层，使用“油漆桶”工具将它填充为白色，如图 4-102 所示。

图 4-102 填充颜色

Steps 09 执行“滤镜”→“模糊”→“高斯模糊”命令，在弹出的“高斯模糊”对话框中设置半径值为 100，并设置上个步骤中填充为白色的区域所在图层的不透明度为 20，如图 4-103 所示。

图 4-103　执行高斯模糊命令

到这里本场景的制作就结束了，最终效果如图 4-104 所示。

图 4-104　最终效果

第 5 章 晚间中式会客厅

本章重点：

- 项目分析
- 创建摄影机
- 设置测试参数
- 设置场景主要材质
- 灯光设置
- 最终输出渲染
- Photoshop 后期处理

会客厅顾名思义是为接待客人所设置的一个空间。会客厅的设计不仅要在功能上满足接待、交谈和休息的需求，还需注重体现主人的文化层次和品味。本例将介绍一个夜晚中式会客厅效果图的制作，其中如何使用灯光营造晚间的室内气氛是本章学习的重点。图5-1所示为夜晚中式会客厅的最终效果。

图 5-1　最终效果

5.1 项目分析

中式风格主要体现在中式传统家具和装饰品及以黑、红为主的装饰色彩上。中式风格的室内多采用对称的布局方式，格调高雅，造型简朴优美，色彩浓重而成熟，空间装饰多采用简洁、硬朗的直线条，以反映现代人追求简单生活的居住要求，并迎合中式家居追求内敛、质朴的设计风格，从而使中式风格的装饰更加实用、更富现代感。

如图 5-1 所示，本例以黑色、棕色为主调，搭配木地板式墙面以及屏风装饰的新潮使用方法，为场景营造出了庄重而不失时尚，内敛而不失展现的感觉。将一些和本例有共性的图片作为参考，如图 5-2 和图 5-3 所示，会给设计师提供概念上的指导。

图 5-2　参考效果 1

图 5-3　参考效果 2

5.2 创建摄影机

在本场景的表现中，笔者习惯采用标准摄影机来充当场景的相机。

Steps 01 打开本书配套光盘中的“晚间中式会客厅白模.max”，按“T”键切换至 Top（顶视图），在 Create（创建）选项卡的 Cameras（摄影机）面板中选择 Standard（标准），单击 Target（目标）按钮，在场景中创建一个目标摄影机，如图 5-4 所示。

Steps 02 按“L”键切换至侧视图，右击移动按钮，利用 Move Transform Type-In（移动变换输入）精确调整好摄影机的高度，如图 5-5 所示。

图 5-4 创建摄影机

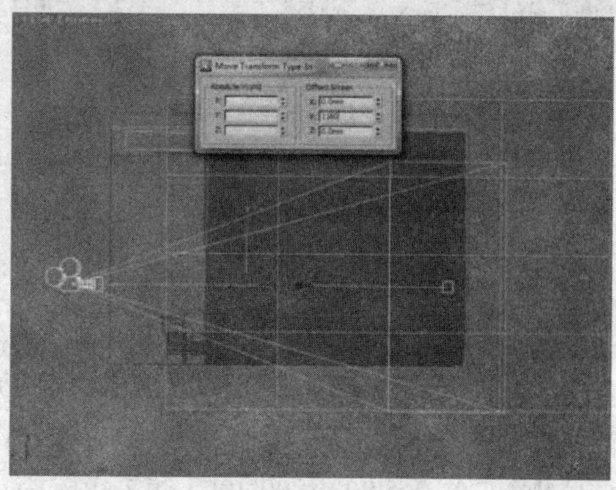

图 5-5 调整摄影机高度

Steps 03 保持在侧视图中，选择目标点，调整其位置，如图 5-6 所示。

Steps 04 在 Modify（修改）面板中对摄影机的参数进行修改，如图 5-7 所示

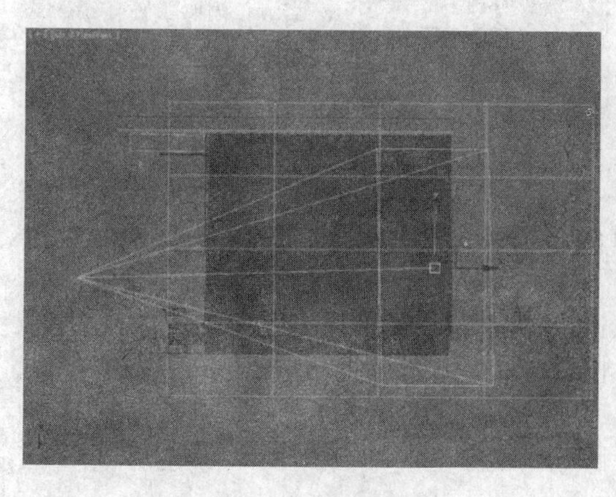

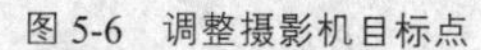

图 5-6 调整摄影机目标点

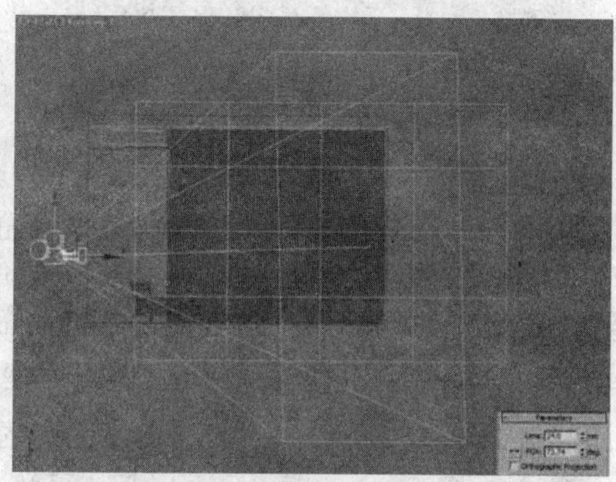

图 5-7 修改摄影机参数

Steps 05 选择目标摄影机，单击鼠标右键，在弹出的列表中选择 Apply Camera Correction Modifier（应用摄影机校正），修正摄影机的角度偏差，如图 5-8 所示。

这样，目标摄影机就放置好了，切换到摄影机视图，效果如图 5-9 所示。

5.3 设置测试参数

在调节材质和灯光的时候，先将场景的渲染参数调低，便于我们对各种效果进行观察。

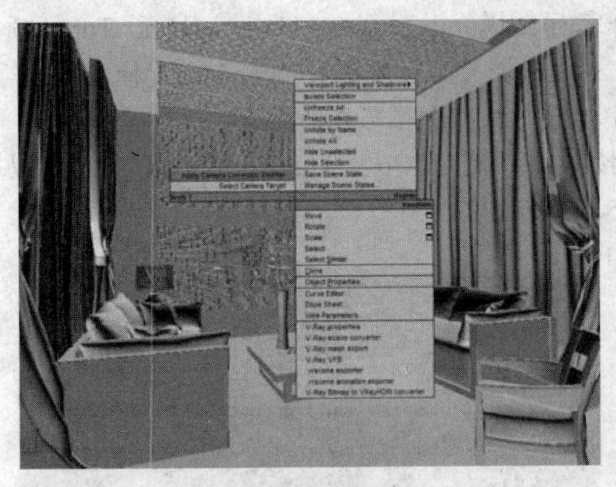

图 5-8　修正摄影机的角度偏差

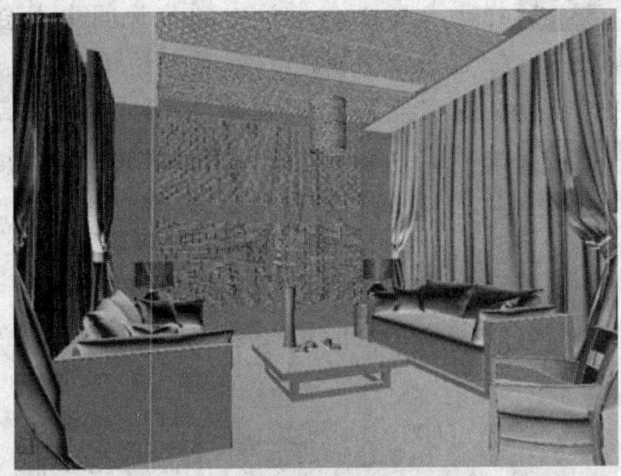

图 5-9　摄影机视图的效果

Steps 01 按“F10”键打开 Render Setup（渲染设置）对话框，选择其中的 Common（通用）选项卡，在 Common（公用）选项卡中对 Output Size（输出尺寸）进行设置，如图 5-10 所示。

Steps 02 进入 Assign Renderer（指定渲染器）卷展栏，再在弹出的 Choose renderer（选择渲染器）对话框中选择渲染器为 V-Ray Adv2.40.03，再单击“OK”按钮完成渲染器的调用，如图 5-11 所示。

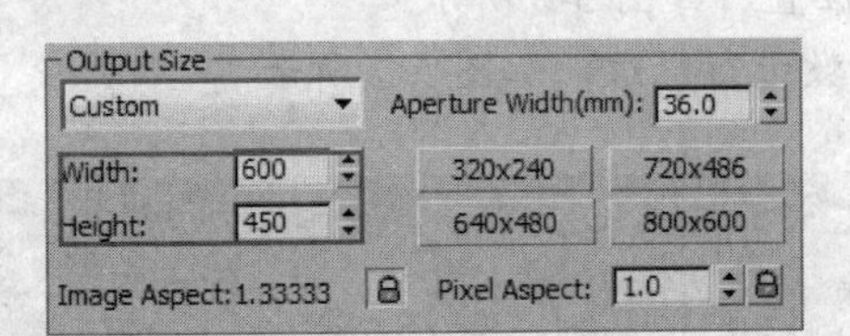

图 5-10　设置输出参数

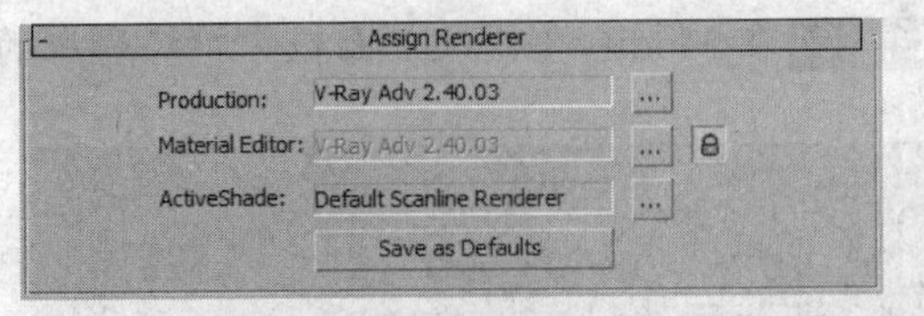

图 5-11　调用渲染器

Steps 03 在 V-Ray 选项卡中展开 V-Ray:Global switches（全局开关）卷展栏，取消 Hide lights（隐藏灯光）选项，如图 5-12 所示。

Steps 04 切换至 V-Ray::Image sampler（Antialiasing）（V-Ray 图像采样（抗锯齿））卷展栏，设置类型为 Fixed（固定），取消勾选 Antialiasing filter（抗锯齿过滤器）选项，如图 5-13 所示。

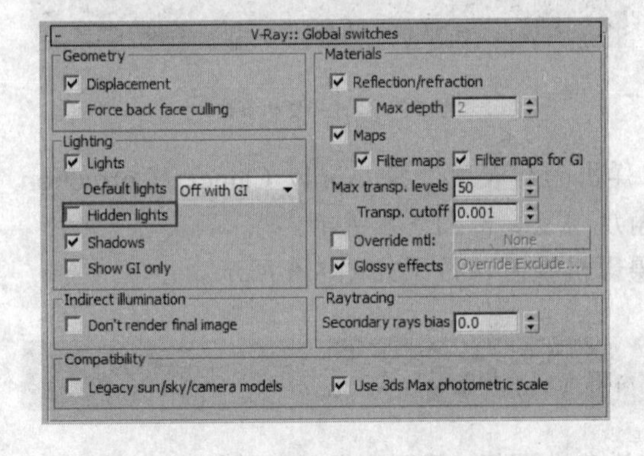

图 5-12　设置全局开关参数

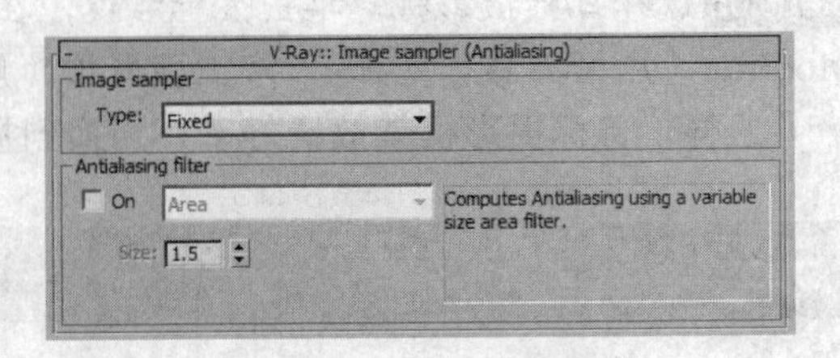

图 5-13　设置图像采样参数

Steps 05 在 Indirect illumination（间接照明）选项卡中展开 V-Ray::Indrect illumination （GI）（V-Ray 间接照明（全局光））卷展栏，勾选 On（启用），设置 Secondary bounces（二次反弹）为 Light cache（灯光缓存）方式，如图 5-14 所示。

Steps 06 展开 V-Ray::Irradiance map（发光贴图）卷展栏，设置 Current preset（当前预置）为 Very low（非常低），调节 HSph.subdivs（半球细分）的参数为 20，勾选 Show calc.phase（显示计算相位）和 Show direct light（显示直接照明）两个选项，如图 5-15 所示。

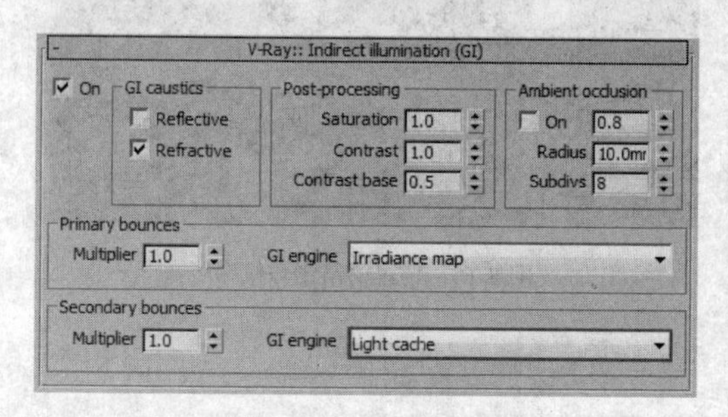

图 5-14　开启间接光照

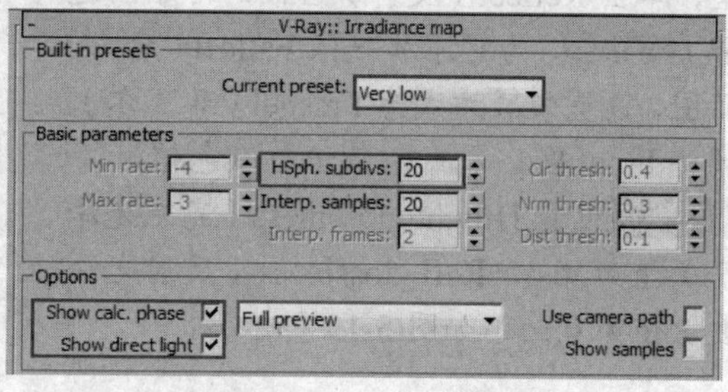

图 5-15　设置发光贴图参数

Steps 07 展开 V-Ray: :Light cache（灯光缓存）卷展栏，设置 Subdivs（细分值）为 200，勾选 Show calc.phase（显示计算状态）复选框，如图 5-16 所示。

Steps 08 展开 V-Ray: :System（系统）卷展栏，设置 Dynamic memory limit（动态内存极限）值为 2000MB，Default geometry（默认几何体）为 Static（静态），X/Y（X 与 Y 轴向）值为 16，Region sequence（区域排序）为 Top-Bottom（上至下）选项，如图 5-17 所示。

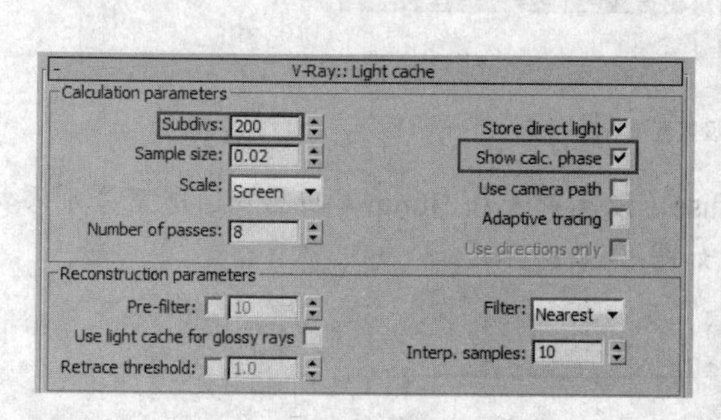

图 5-16　设置灯光缓存的参数

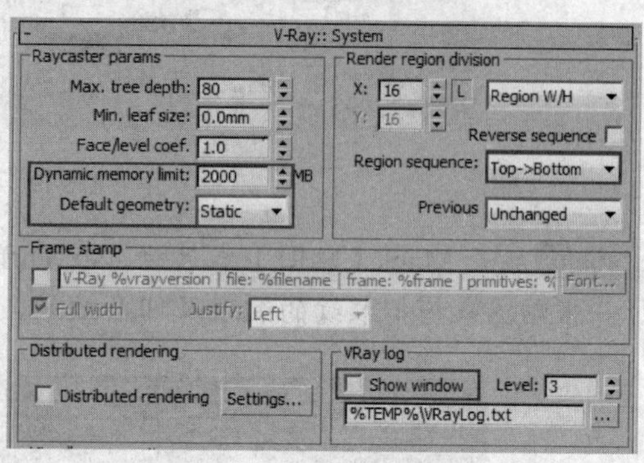

图 5-17　设置系统卷展栏参数

其他参数保持默认设置即可。这里的设置主要是为了更快地渲染出场景，所以用的都是低参数。

5.4 设置场景主要材质

本例主要对会客厅中的木地板墙面、地毯以及部分家具材质进行表现。图 5-18 所示为场景材质制作顺序。

5.4.1 木纹材质

这里的木纹材质和前面章节讲述的同类材质类似，具体制作方法如下。

图 5-18 场景材质制作顺序

Steps 01 切换材质为“VRayMtl”材质类型，单击 Reflect（反射）右侧的（贴图通道）按钮▒，为它添加一张 Falloff（衰减）贴图，设置衰减方式为 Fresnel（菲涅尔），调整 Front:Side（正前:侧边）颜色值。

Steps 02 设置 Hilight glossiness（高光光泽度）值为 0.6，Refl.glossiness（反射光泽度）值为 0.65，如图 5-19 所示。

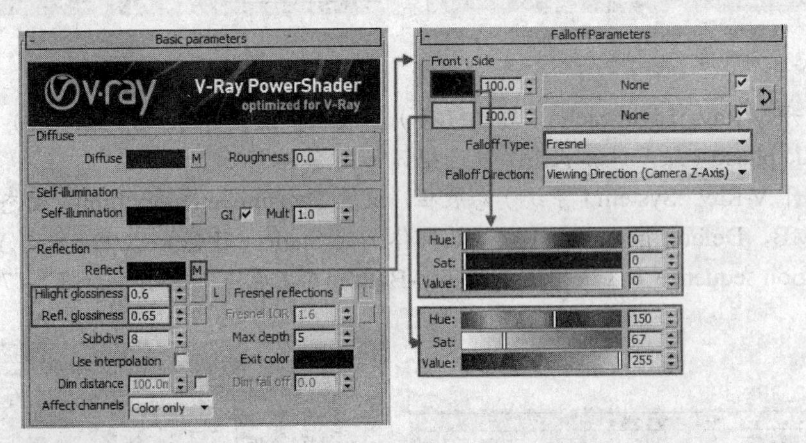

图 5-19 设置基础参数

Steps 03 展开 Maps（贴图）卷展栏，在 Diffuse（漫反射）和 Bump（凹凸）通道里分别添加一张贴图来模拟木纹的纹理及凹凸效果，如图 5-20 所示。

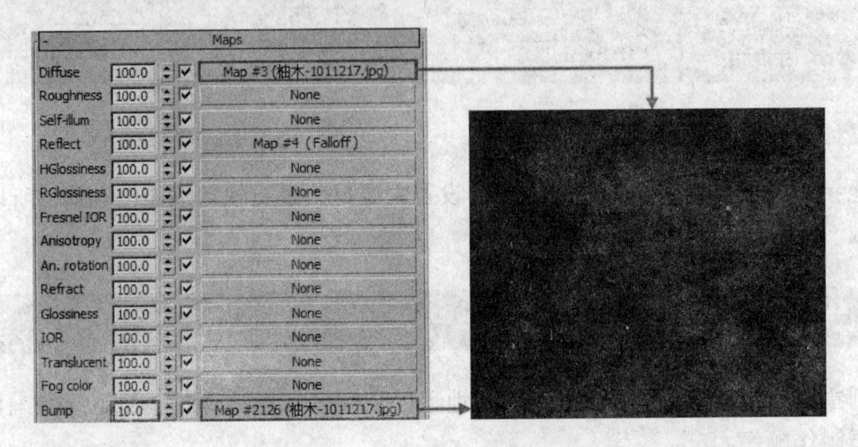

图 5-20 为漫反射和凹凸添加贴图

Steps 04 选择场景中的木纹对象，单击按钮 赋予材质，如图 5-21 所示。

图 5-21 木纹材质效果

5.4.2 地毯材质

本例中的地毯材质使用了混合材质来进行表现，具体设置方法如下。

Steps 01 选择一个空白材质球，切换为 Blend（混合）材质类型，单击 Material 1 右侧通道，将默认的标准材质切换为 VRayMtl 材质球类型，如图 5-22 所示。

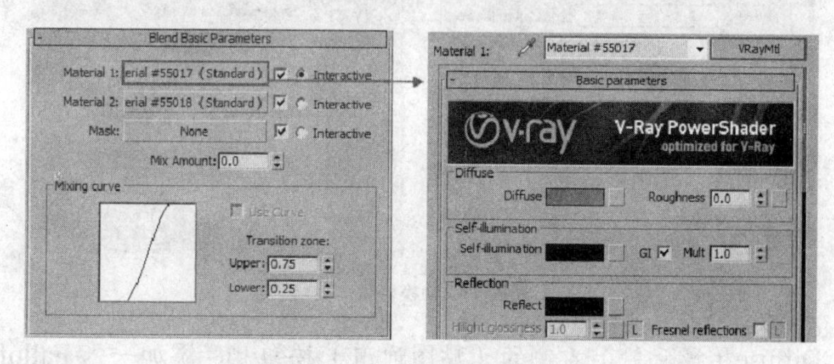

图 5-22 切换材质类型

Steps 02 单击 Diffuse（漫反射）右侧的（贴图通道）按钮 ，添加一张 Falloff（衰减）贴图。并进入 Falloff（衰减）贴图面板，分别在 Front:Side（正前:侧边）的两个贴图通道中添加 Bitmap（位图）贴图，设置衰减方式为 Perpendicular/Parallel（垂直/平行），如图 5-23 所示。

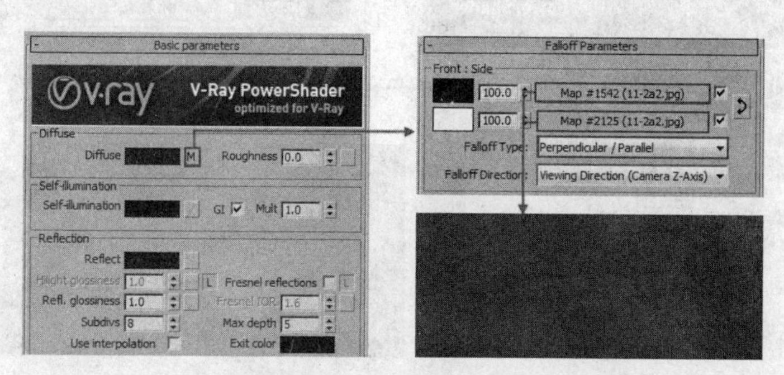

图 5-23 设置 Falloff（衰减）贴图

Steps 03 展开 Maps（贴图）卷展栏，在 Displace（置换）通道里添加一张贴图用来模拟凹凸感，设置数量值为 2，如图 5-24 所示。

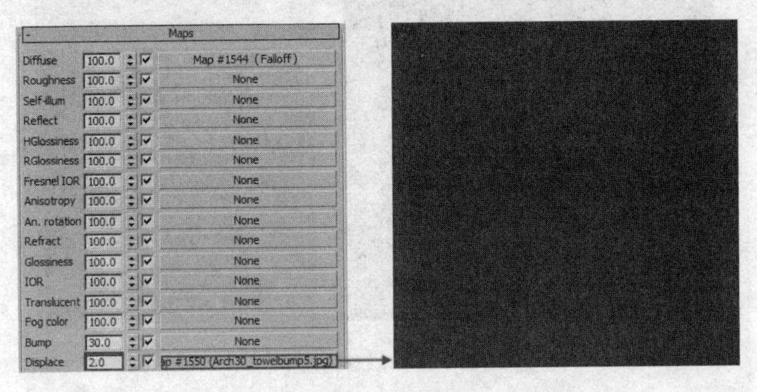

图 5-24　添加置换贴图

Steps 04 返回 Blend（混合）材质，将 Material2 的材质切换为 Blend（混合）材质类型，依照同样的制作方法单击 Material 1 右侧通道，将默认的标准材质切换为 VRayMtl 材质球类型，如图 5-25 所示。

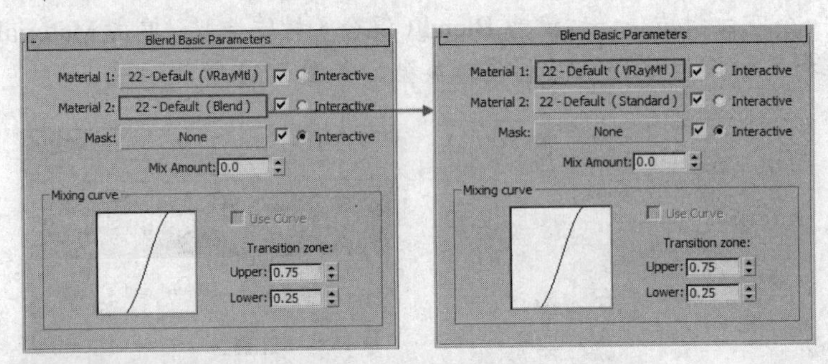

图 5-25　切换材质类型

Steps 05 单击 Diffuse（漫反射）右侧的（贴图通道）按钮，添加一张 Falloff（衰减）贴图。并进入 Falloff（衰减）贴图面板，分别在 Front:Side（正前:侧边）的两个贴图通道中添加 Bitmap（位图）贴图，设置衰减方式为 Perpendicular/Parallel（垂直/平行），如图 5-26 所示。

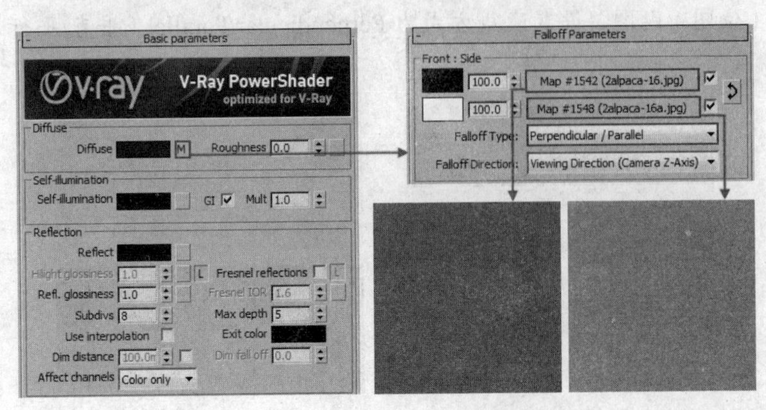

图 5-26　设置 Falloff（衰减）贴图

Steps 06 展开 Maps（贴图）卷展栏，在 Bump（凹凸）通道里添加一张贴图用来模拟凹凸感，设置数量值为 44，如图 5-27 所示。

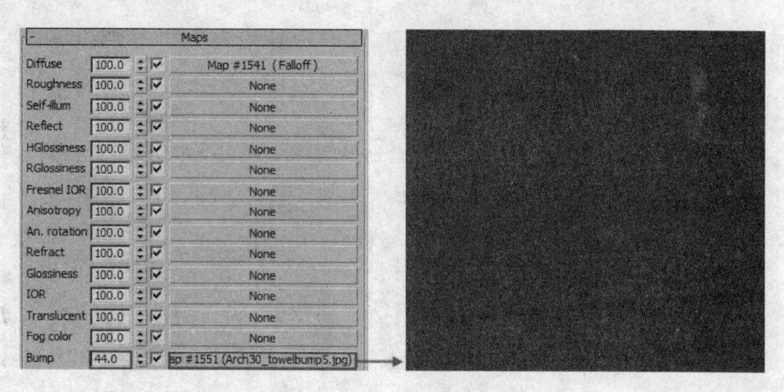

图 5-27　设置凹凸贴图

Steps 07 返回上一层，单击 Material 2 右侧通道，将默认的标准材质切换为 VRayMtl 材质球类型，为 Diffuse（漫反射）添加一张 Falloff（衰减）贴图并设置它的参数，如图 5-28 所示。

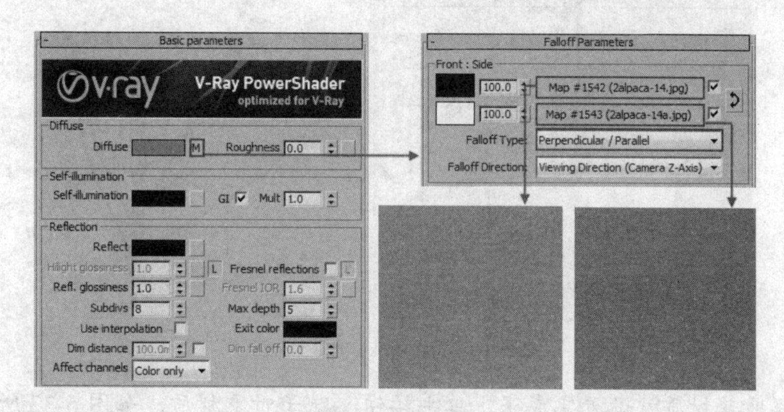

图 5-28　添加衰减贴图

Steps 08 展开 Maps（贴图）卷展栏，在 Bump（凹凸）通道里添加一张贴图用来模拟凹凸感，设置数量值为 44，如图 5-29 所示。

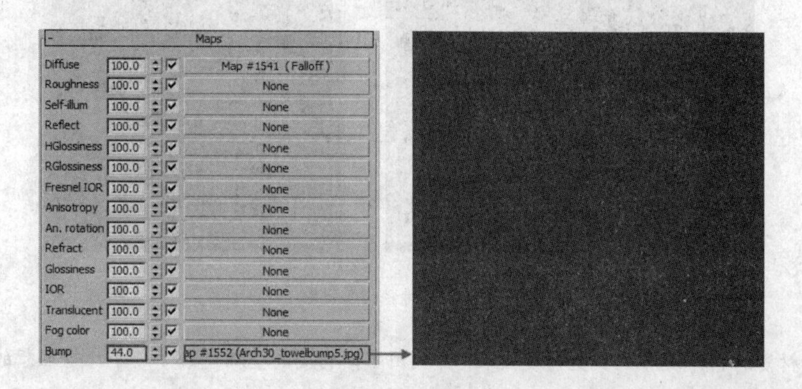

图 5-29　添加凹凸贴图

Steps 09 再次返回上一层的 Blend（混合）材质面板，单击 Mask（遮罩）右侧的贴图通道，添加一张位图来控制它们的混合量，如图 5-30 所示。

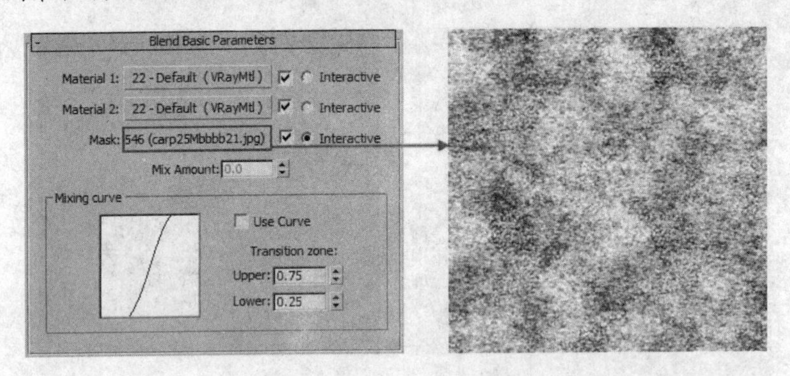

图 5-30　添加 Mask（遮罩）贴图

Steps 10 返回最上层的 Blend（混合）材质面板，为 Mask（遮罩）贴图通道添加位图来控制它们的混合量，如图 5-31 所示。

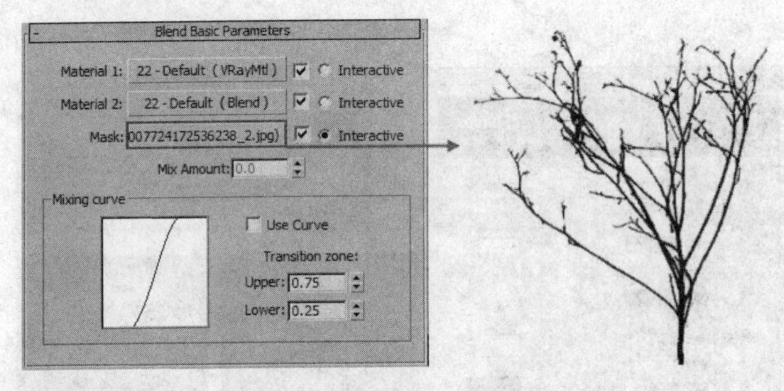

图 5-31　添加 Mask（遮罩）贴图

Steps 11 这样地毯材质就设置完成了，单击按钮赋予对象材质，如图 5-32 所示。

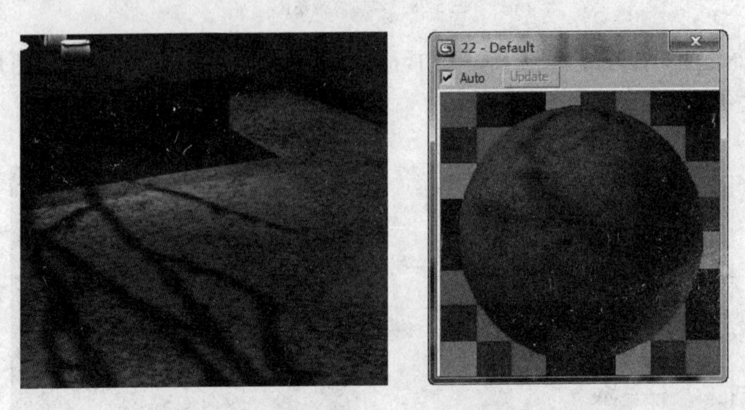

图 5-32　地毯材质效果

提 示：该材质的制作使用了多重材质效果，并利用不同材质的叠加得到了一个比较理想的材质效果。读者在制作这种比较复杂的材质类型时，一定要明白每个参数所代表的意思，不然只会弄巧成拙。

5.4.3 沙发材质

这里的沙发材质和前面章节讲述的布艺材质类似，具体参数如下。

Steps 01 选择一个空白材质球，将材质切换为“VRayMtl”材质类型，单击 Diffuse（漫反射）右侧的（贴图通道）按钮，添加一张 Falloff（衰减）贴图。

Steps 02 进入 Falloff（衰减）贴图面板，分别为两个贴图通道添加 Bitmap（位图）贴图，设置衰减方式为 Falloff（衰减），如图 5-33 所示。

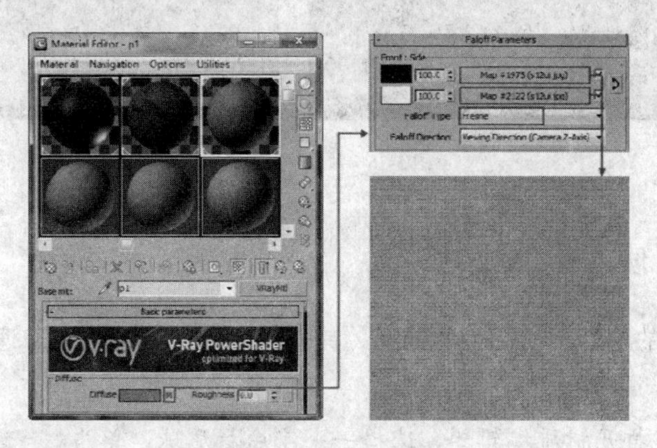

图 5-33 添加衰减贴图

Steps 03 在 Reflection（反射）选项组中单击 Reflect（反射）的颜色色块，调整颜色来控制反射的强度，分别设置 Hilight glossiness（高光光泽度）值为 0.4，Refl.glossiness（反射光泽度）值为 0.75，勾选 Fresnel reflections（菲涅尔反射）复选框，设置 Fresnel IOR 值为 2.0，如图 5-34 所示。

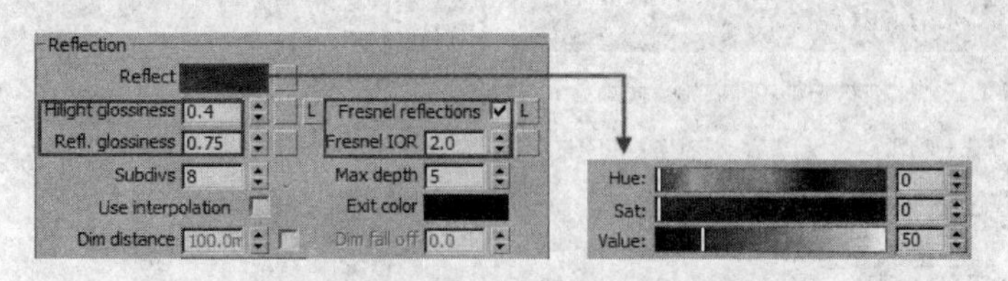

图 5-34 设置反射组参数

Steps 04 在 Maps（贴图）卷展栏为 Bump（凹凸）通道添加一张贴图来控制沙发凹凸效果，如图 5-35 所示。

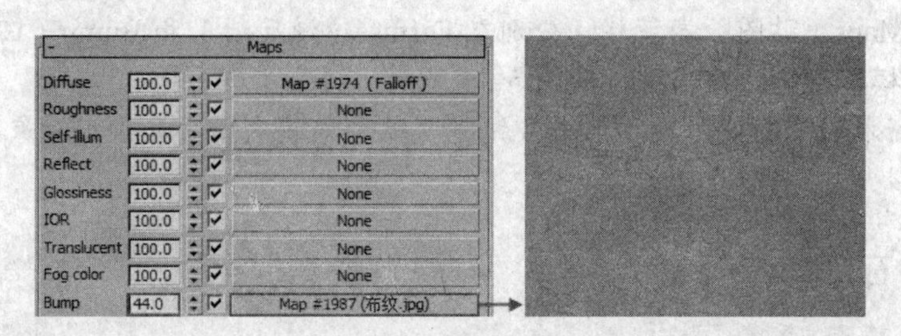

图 5-35 添加凹凸贴图

Steps 05 选择场景中的对象并赋予材质，如图 5-36 所示。

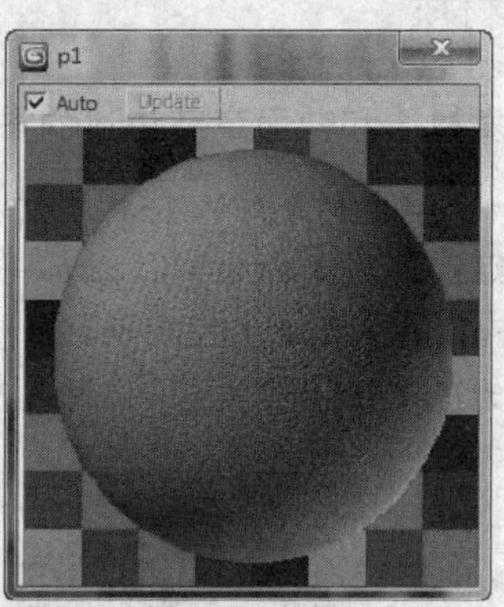

图 5-36　沙发材质效果

5.4.4 木饰面材质

本实例中使用的墙面、顶棚为木饰面，其表面相对光滑且带有菲涅耳反射和一定的纹理凹凸。

Steps 01 按“M”键打开材质编辑器，选择一个空白材质球，单击 Standard 按钮将材质切换为“VRayMtl”材质类型，在 Reflect（反射）通道里添加一张 Falloff（衰减）贴图来模拟木地板的反射效果，设置 Hilight glossiness（高光光泽度）值为 0.72，Refl.glossiness（反射光泽度）值为 0.76，如图 5-37 所示。

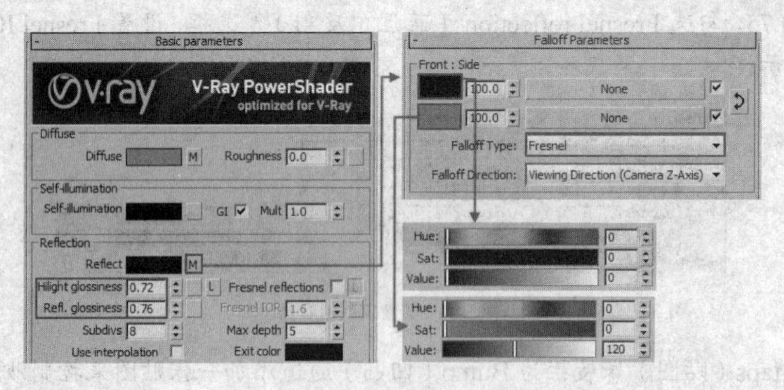

图 5-37　设置反射组参数

Steps 02 展开 Maps（贴图）卷展栏，分别在 Diffuse（漫反射）和 Bump（凹凸）通道里添加位图贴图来模拟材质的凹凸感，如图 5-38 所示。

Steps 03 调节好木饰面材质以后，单击按钮，赋予场景中墙面和顶棚对象。图 5-39 所示为木饰面材质效果。

5.4.5 大理石材质

本例中的大理石材质相对光滑，材质反射较弱，具有一定的纹理效果。

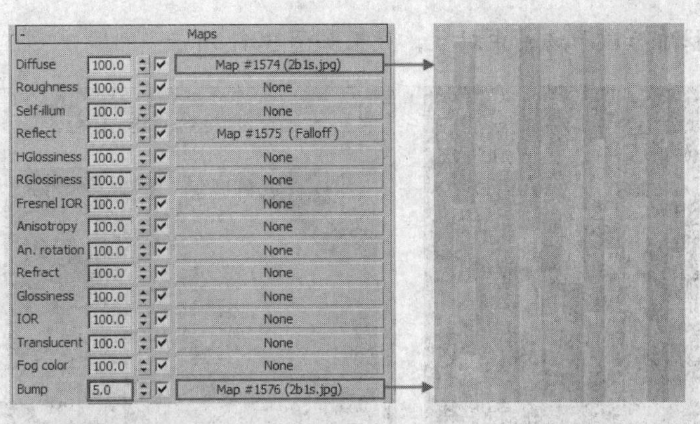

图 5-38 添加漫反射和凹凸贴图

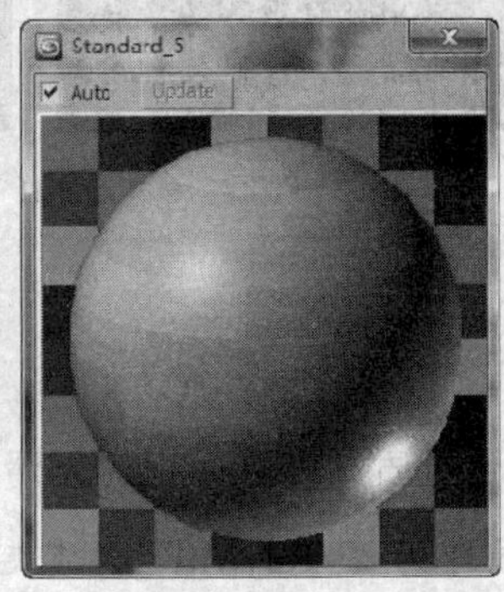

图 5-39 木饰面材质效果

Steps 01 切换材质球为“VRayMtl”材质类型，单击 Diffuse（漫反射）右侧的（贴图通道）按钮，为它添加一张 Bitmap（位图）贴图。

Steps 02 设置 Reflect（反射）的颜色的 Value（明度）值为 160，调节 Hilight glossiness（高光光泽度）值为 0.86，Refl.glossiness（反射光泽度）值为 0.88，勾选 Fresnel reflections（菲涅尔反射）复选框，如图 5-40 所示。

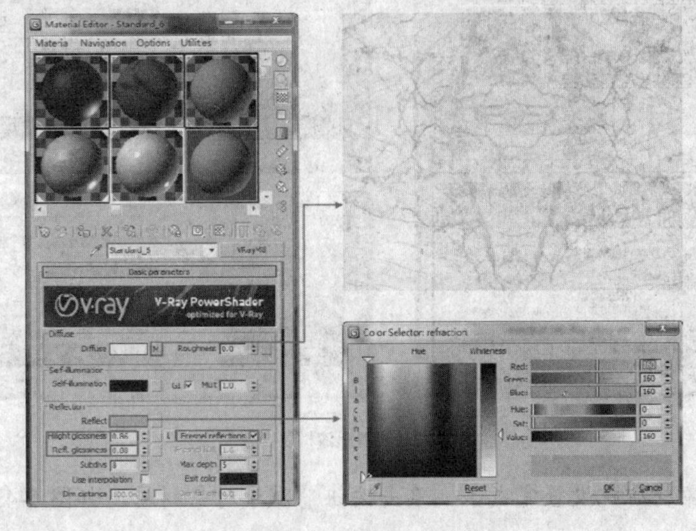

图 5-40 设置大理石材质参数

Steps 03 调节好材质后赋予场景中对象，效果如图 5-41 所示。

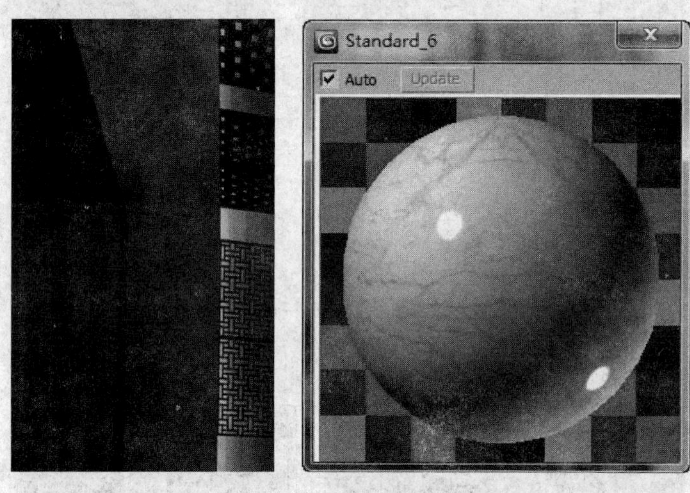

图 5-41　大理石材质效果

5.4.6 黑漆材质

本例中的黑漆材质具有表面相对光滑，材质反射较弱且高光较小的特点。

Steps 01 切换材质球为“VRayMtl”材质类型，设置 Diffuse（漫反射）颜色的 Value（明度）值为 20，Reflect（反射）的颜色的 Value（明度）值为 60，调节 Hilight glossiness（高光光泽度）值为 0.68，Refl.glossiness（反射光泽度）值为 0.75，勾选 Fresnel reflections（菲涅尔反射）复选框，如图 5-42 所示。

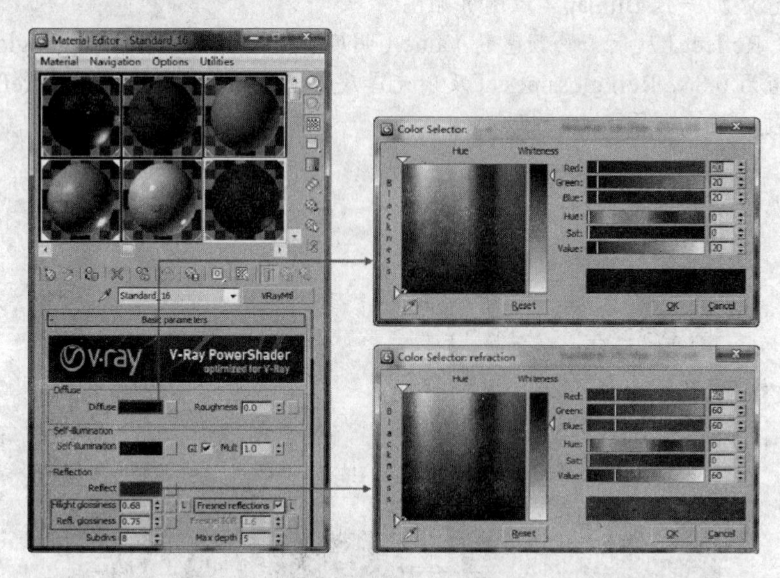

图 5-42　设置黑漆材质参数

Steps 02 这样黑漆材质就设置完成了，单击按钮赋予对象材质，如图 5-43 所示。

图 5-43　黑漆材质

至此，整个场景的主要材质就已经设置完成了，如图 5-44 所示。设置完材质之后，最好对设置的材质进行检查，确认没有错误后再进行下面的灯光测试。

图 5-44　材质设置完成效果

5.5 灯光设置

5.5.1 灯光布置分析

本场景是一个中式会客厅，采用对称式的布局，左右各有一处大型落地窗，格调高雅，色彩浓重，家具造型简洁硬朗，其主要表现对象为屏风的灯带以及会客中心位置处。图 5-45 所示为场景布置图。

根据上面的分析可以确定，场景以傍晚自然光照射比较少的时候表现为佳。表现时以室内光作为主要光源，然后依据场景效果，在适当地方增加辅助光源，即可完成整个灯光的设置。下面对场景中的灯光进行设置。

图 5-45　场景布置图

5.5.2 创建天光

下面来布置室外的天光，步骤如下。

Steps 01 在灯光创建面板中选择 VRay 类型，单击 VRayLight 按钮，将灯光类型设置为 Dome（穹顶），在顶视图中任意位置处创建一盏 Dome（穹顶）类型的 VRayLight，如图 5-46 所示。

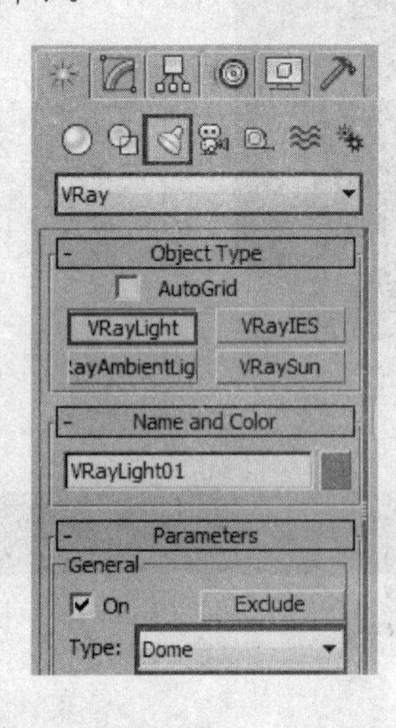

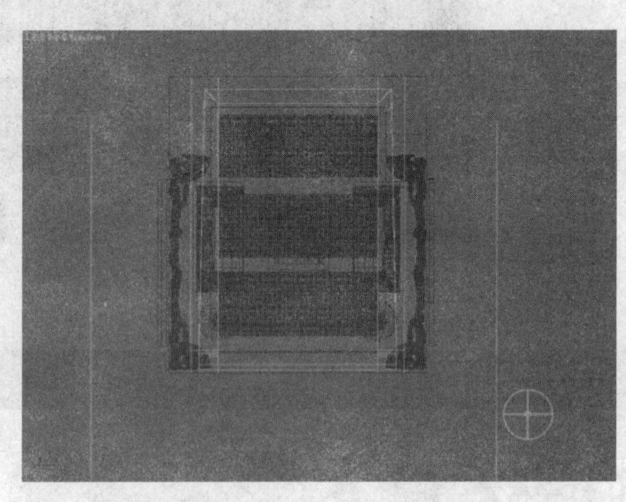

图 5-46　创建天光

Steps 02 保持灯光为选择状态，在 Modify（修改）命令面板中对 VRay 半球光的参数进行调整，如图 5-47 所示。

Steps 03 再次单击 VRayLight 按钮，将灯光类型设置为 Plane（平面）类型，然后在视图窗户位置处创建面光源，如图 5-48 所示。

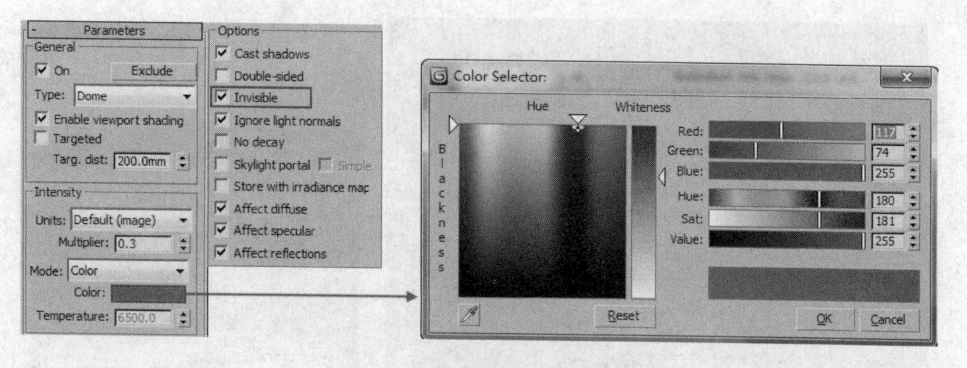

图 5-47　设置 VRay 半球光参数

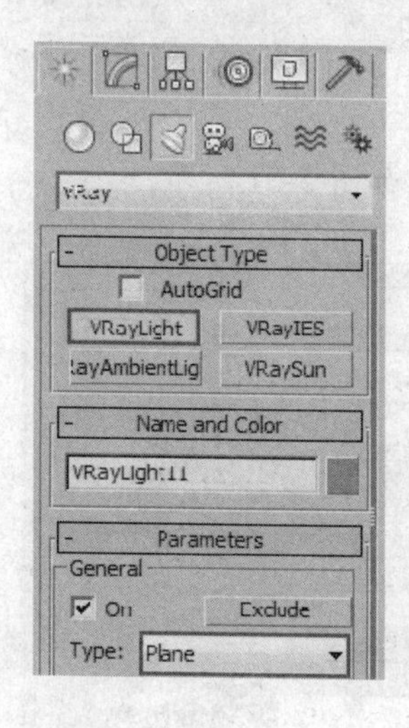

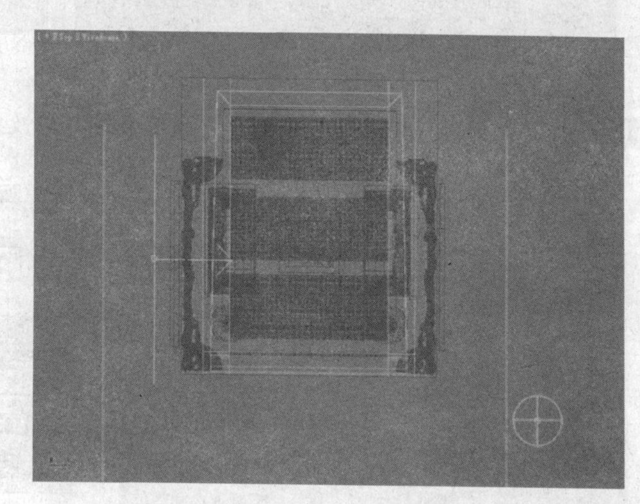

图 5-48　创建 VRay 平面光

Steps 04 在 Modify（修改）命令面板中对 VRay 平面光的参数进行调整，如图 5-49 所示。

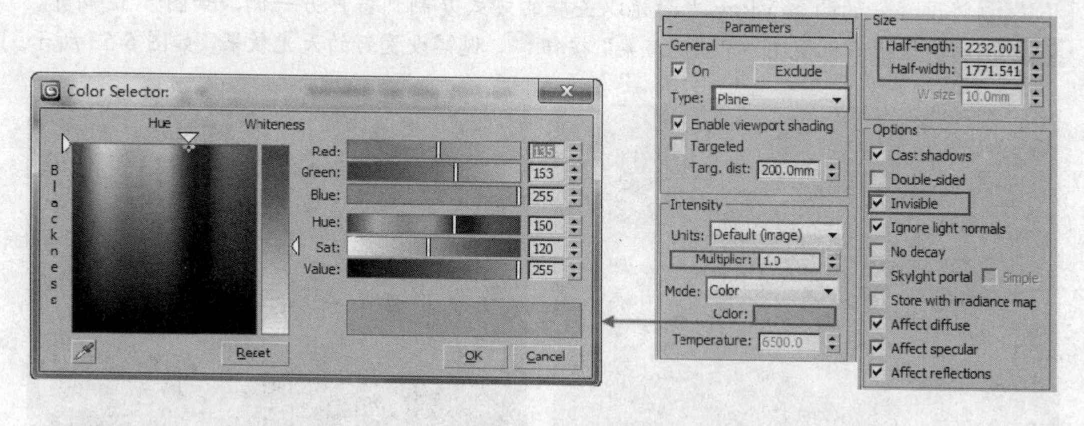

图 5-49　调整 VRay 平面光参数

Steps 05 为了使窗口的灯光效果变得更加丰富，选择创建好的 VRay 平面光，然后将其进行复制，如图 5-50 所示。

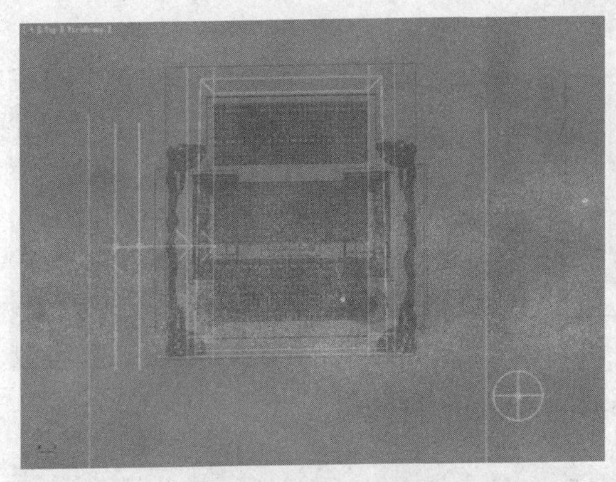

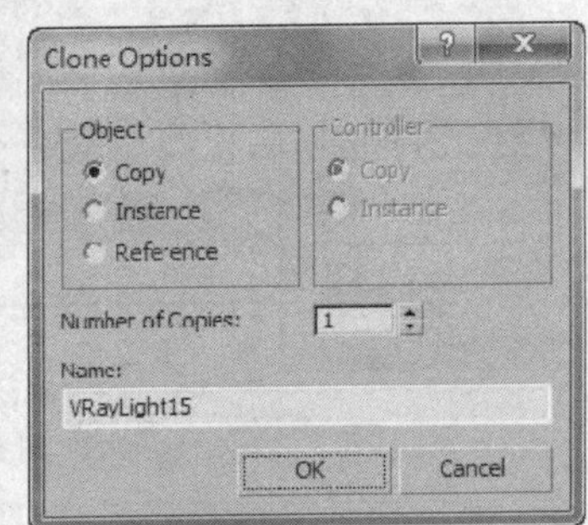

图 5-50　复制 VRay 平面光

Steps 06 选择复制好的 VRay 平面光，对它的参数进行修改，如图 5-51 所示。

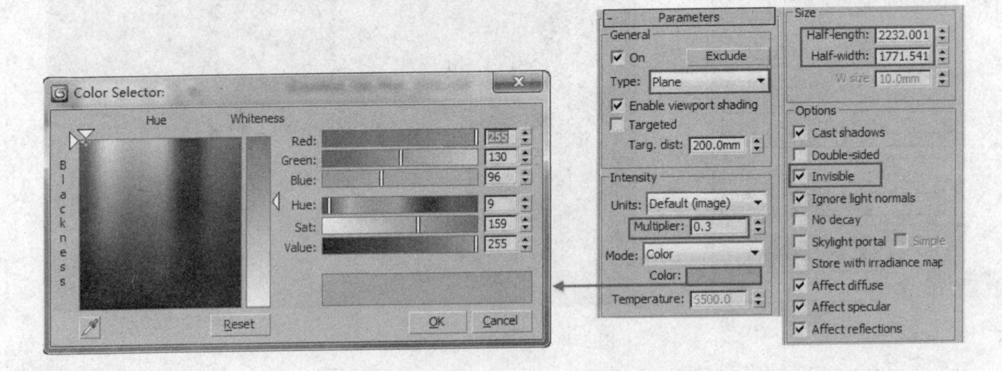

图 5-51　修改 VRay 平面光参数

Steps 07 将设置好的两盏 VRay 平面光以关联的方式复制到窗户另一侧，如图 5-52 所示。

Steps 08 切换至摄影机视图，单击“渲染”按钮，观察设置好的天光效果，如图 5-53 所示。

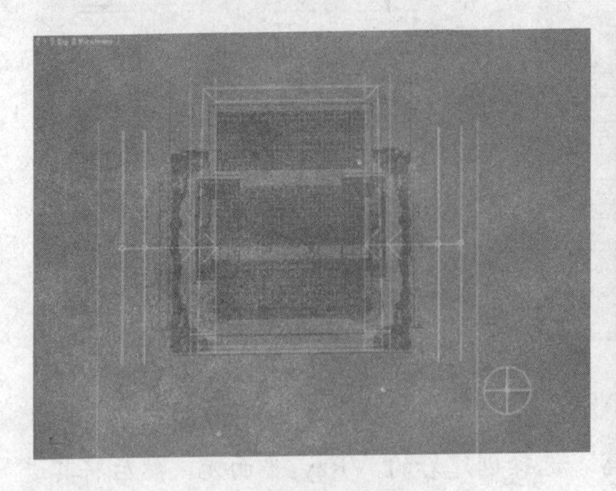

图 5-52　复制灯光

图 5-53　天光效果

可以看见，场景产生了微弱的天光效果，下面来设置室内光源。

5.5.3 布置室内光

布置室内光的目的主要是为场景提供主要的照明，烘托出场景的气氛效果。

1. 设置灯带

Steps 01 在 VRay 灯光创建面板中单击 VRayLight 按钮，将灯光类型设置为 Plane（平面）类型，然后在场景灯带位置处创建面光源，如图 5-54 所示。

图 5-54 创建面光源

提示：在视图中创建一个 VRay 灯光，然后将其关联复制得到其他位置的灯光，这样会使场景灯光参数的修改变得十分便捷。

Steps 02 选择一盏 VRay 平面光，在 Modify（修改）命令面板中对 VRay 平面光的参数进行调整，如图 5-55 所示。

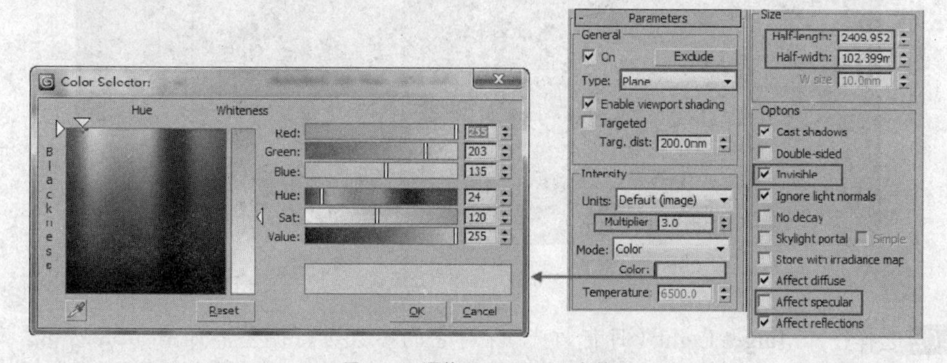

图 5-55 调整 VRay 平面光参数

Steps 03 在摄影机视图中，单击渲染按钮，观察设置好的灯带灯光效果，如图 5-56 所示。

图 5-56　灯带灯光效果

2. 设置点光源

Steps 01 在灯光创建面板中，选择 Photometric（光度学）类型，单击 Target Light 按钮，在视图中创建一个 Target Light（目标灯光），然后复制得到其它位置的灯光，如图 5-57 所示。

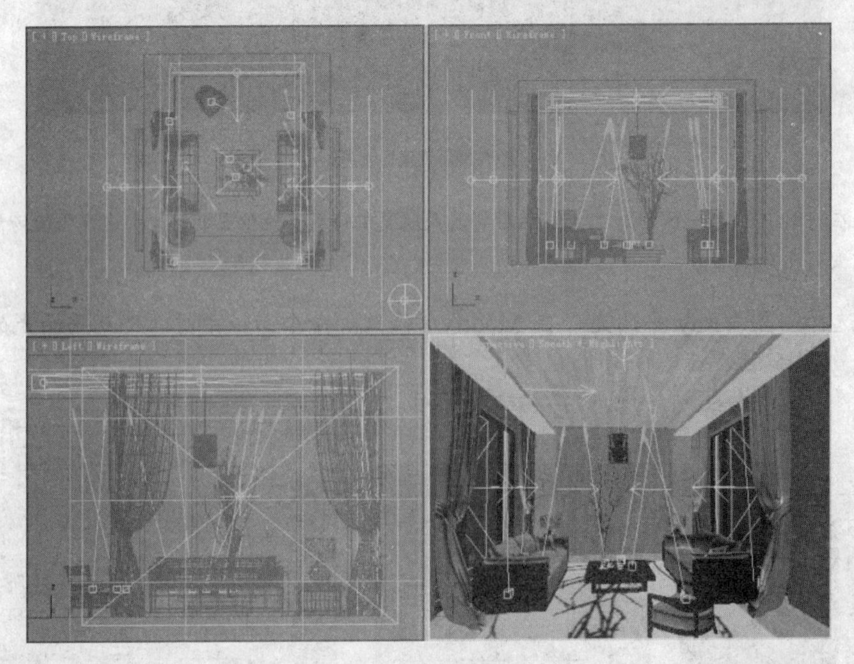

图 5-57　布置点光源

Steps 02 选择一个 Target Light（目标灯光），对它的参数进行调整，如图 5-58 所示。

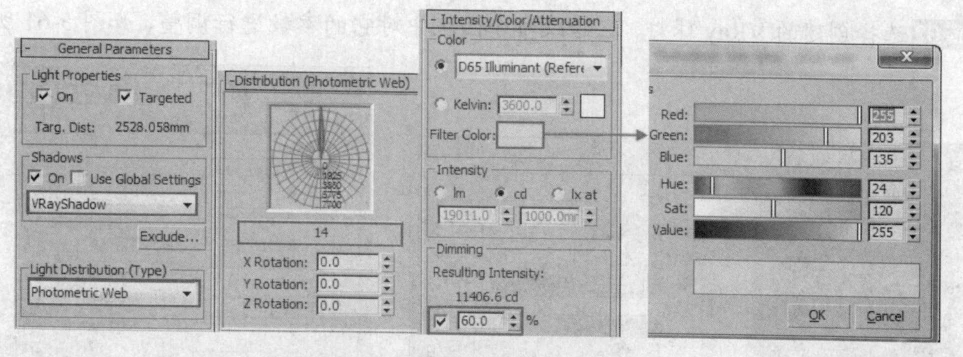

图 5-58　调整目标灯光参数

Steps 03 按“C”键切换至摄影机视图，单击“渲染”按钮，观察添加点光源的效果，如图 5-59 所示。

图 5-59　添加点光源效果

3. 设置台灯和吊灯灯光

Steps 01 在台灯位置处创建一盏 VRay 球灯来模拟它的灯光效果，如图 5-60 所示。

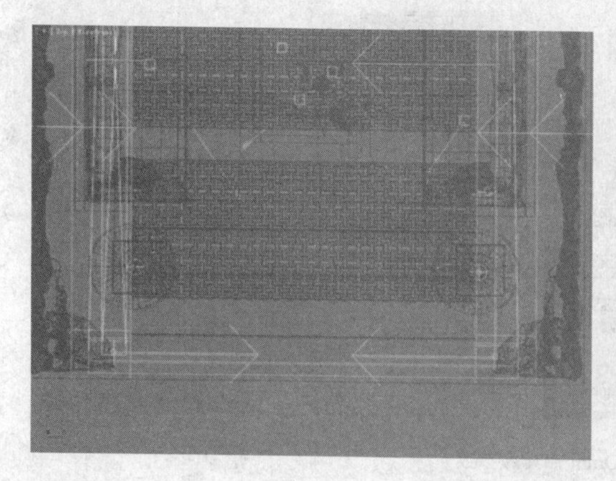

图 5-60　创建 VRay 球灯

Steps 02 选择创建的 VRay 球灯，在修改命令面板中对它的参数进行调整，如图 5-61 所示。

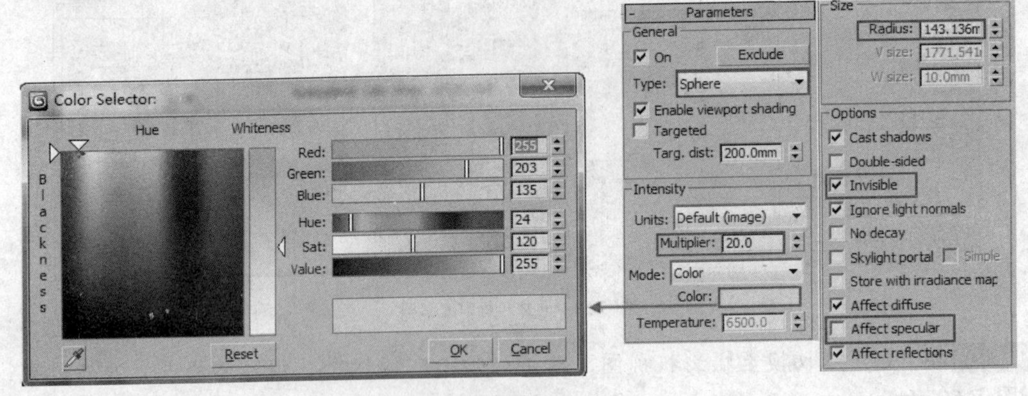

图 5-61　调整 VRay 球灯参数

Steps 03 在茶几吊灯位置处创建一盏 Omni 点光源来模拟它的效果，如图 5-62 所示。

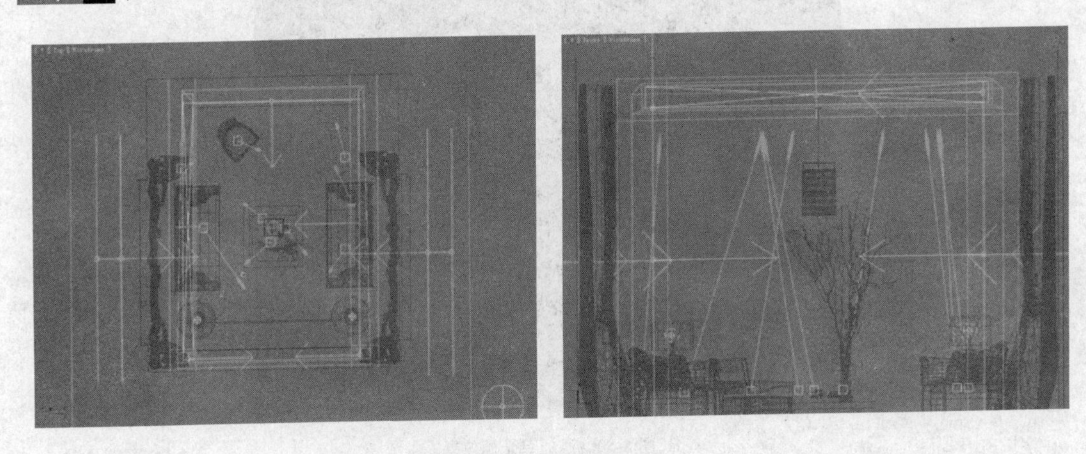

图 5-62　创建 Omni 点光源

Steps 04 选择创建的 Omni 点光源，在修改命令面板中对它的参数进行调整，如图 5-63 所示。

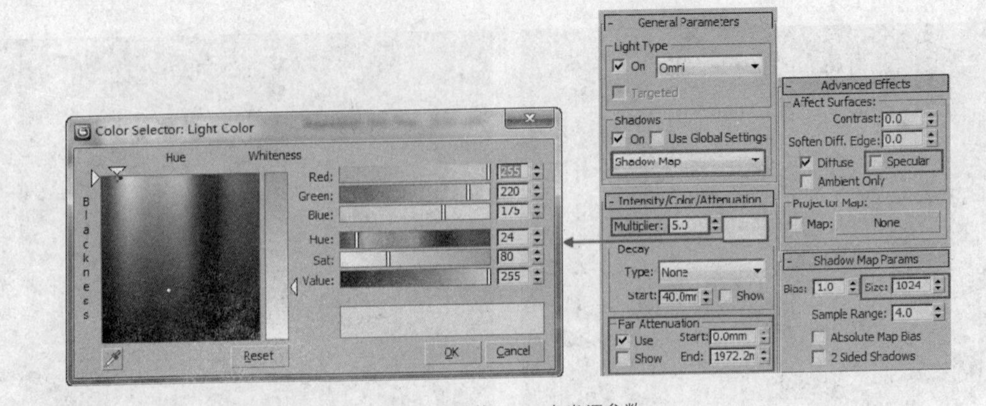

图 5-63　调整 Omni 点光源参数

Steps 05 选择创建好的 Omni 点光源，以关联的方式进行复制，位置如图 5-64 所示。

Steps 06 在添加了台灯和落地灯后，再次单击“渲染”按钮，场景的整个灯光效果如图 5-65 所示。

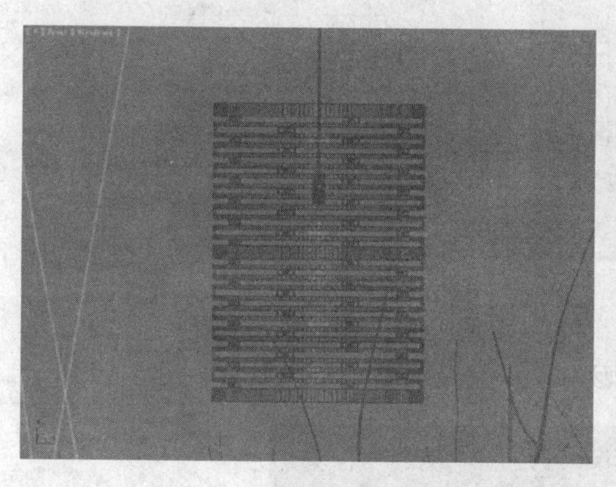

图 5-64 复制 Omni 点光源

图 5-65 灯光效果

提 示：由于本例中使用的是圆柱形吊灯，所以笔者使用了灯光阵列的方式来创建它的灯光效果，这样可以使灯光看起来比较均匀。

5.5.4 局部补光

可以看到，在设置了室内光源后，场景中的灯光效果变得很好了，主要氛围也已经得到确认，不过仔细观察场景，发现其存在局部位置灯光过渡不足以及摄影机位置处的照明不足两个比较明显的问题。下面来对场景进行补光。

Steps 01 利用场景中的灯光，使用复制功能在如图 5-66 所示的位置处布置灯光。

Steps 02 在摄影机位置处创建 VRay 平面光来加强背景的效果，如图 5-67 所示。

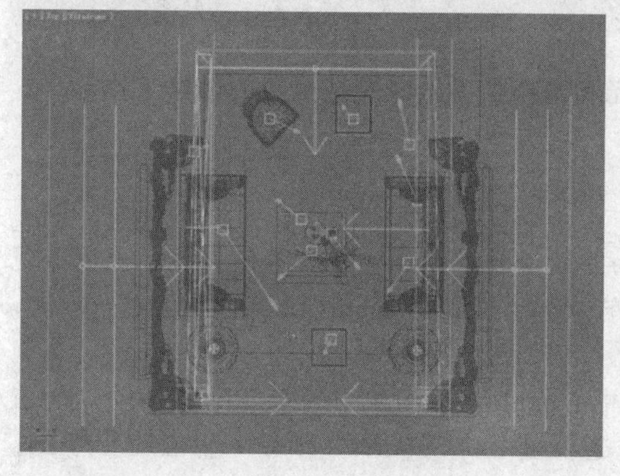

图 5-66 复制点光源进行补光

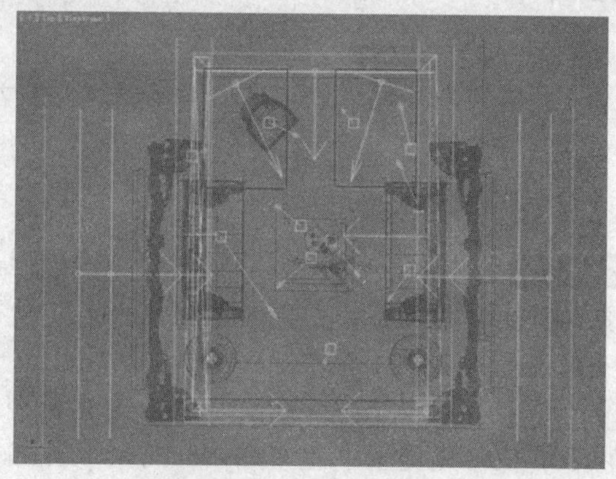

图 5-67 创建 VRay 平面光

Steps 03 选择创建的 VRay 球灯，在修改命令面板对它的参数进行调整，如图 5-68 所示。

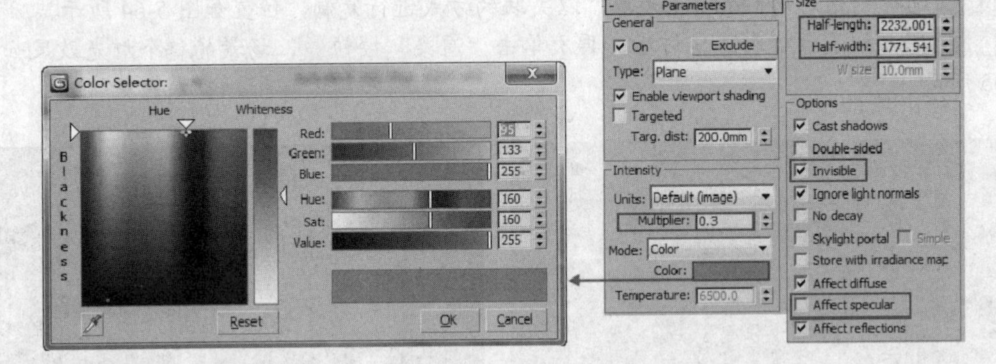

图 5-68　调整 VRay 球灯参数

Steps 04 在添加了补光后，再次单击“渲染”按钮，场景的整个灯光效果如图 5-69 所示。

图 5-69　灯光效果

5.6 最终输出渲染

在大体效果已经确定之后，需要提高灯光和渲染的参数来完成最后的渲染工作。

5.6.1 提高细分值

Steps 01 首先进行材质细分的调整，将材质细分设置相对高一些可以避免光斑、噪波等现象的产生，因此可对主要材质 Reflection（反射）选项组中的 Subdivs（细分）值进行增大，一般设置为 20~24 即可，如图 5-70 所示。

Steps 02 同样，将场景内所有 VRay 灯光类型中 Sampling 选项组中的 Subdivs（细分）的值以及其他灯光类型中的 VRayShadows params 选项组中的 Subdivs（细分）的值设置为 24，如图 5-71 所示。

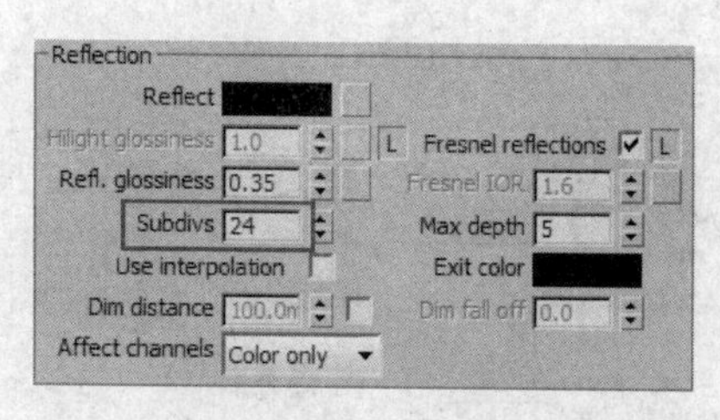

图 5-70　提高材质细分

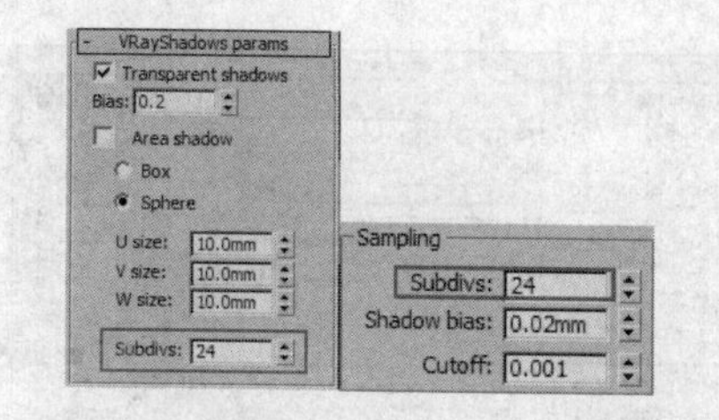

图 5-71　提高灯光细分

5.6.2 设置最终输出参数

Steps 01 按“F10”键打开“渲染设置”对话框，在 Common（公用）选项卡中设置 Output Size（输出尺寸）的参数为 1600 × 1200，如图 5-72 所示。

Steps 02 切换至 V-Ray::Image sampler（Antialiasing）（V-Ray 图像采样（抗锯齿））卷展栏，设置类型为 Adaptive DMC（自适应 DMC）采样器，勾选 Antialiasing filter（抗锯齿过滤器）选项，并设置为 Mitchell-Netravali，如图 5-73 所示。

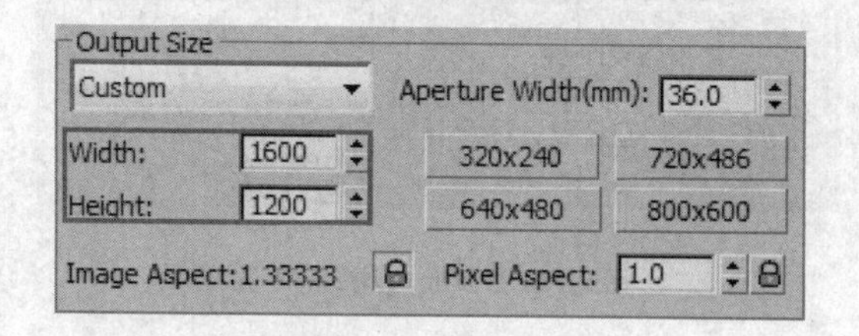

图 5-72　设置输出尺寸

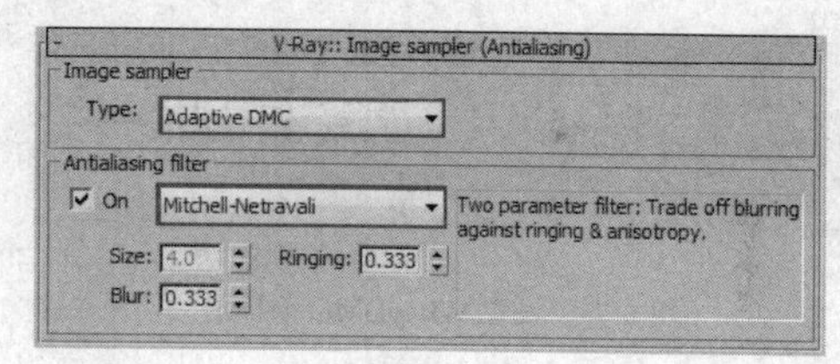

图 5-73　设置图像采样器

Steps 03 在 V-Ray::Color mapping（V-Ray 色彩映射）卷展栏中设置 Dark multiplier（暗部倍增）值为 0.6，Bright multiplier（亮部倍增）值为 1.4，如图 5-74 所示。

Steps 04 展开 V-Ray::Indirect illumination GI（V-Ray 间接照明（全局光））卷展栏，设置 Secondary bounces（二次反弹）的 Multiplier（倍增）值为 0.9，如图 5-75 所示。

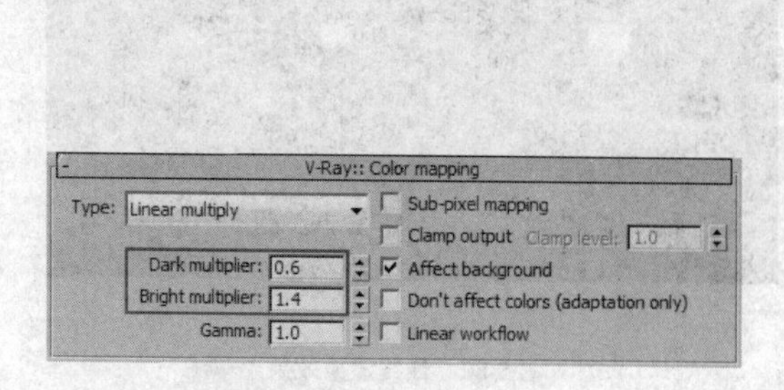

图 5-74　设置 V-Ray 色彩映射

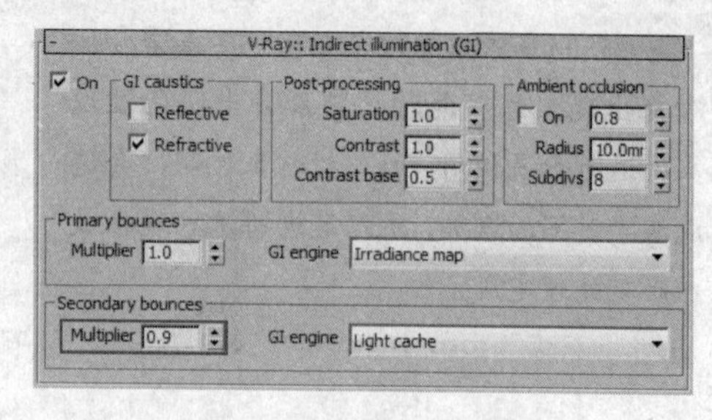

图 5-75　设置二次反弹倍增值

Steps 05 展开 V-Ray::Irradiance map（发光贴图）卷展栏，设置 Current preset（当前预置）为 Medium（中等），调节 HSph.subdivs（半球细分）的参数为 60，勾选 Show calc.phase（显示计算相位）和 Show direct light（显示直接照明）两个选项，如图 5-76 所示。

Steps 06 展开 V-Ray::Light cache（灯光缓存）卷展栏，设置 Subdivs（细分值）为 1200，勾选 Show calc.phase（显示计算状态）复选框，如图 5-77 所示。

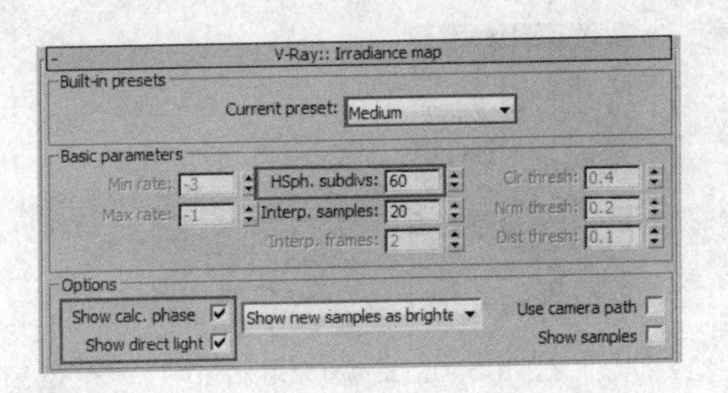

图 5-76 设置发光贴图

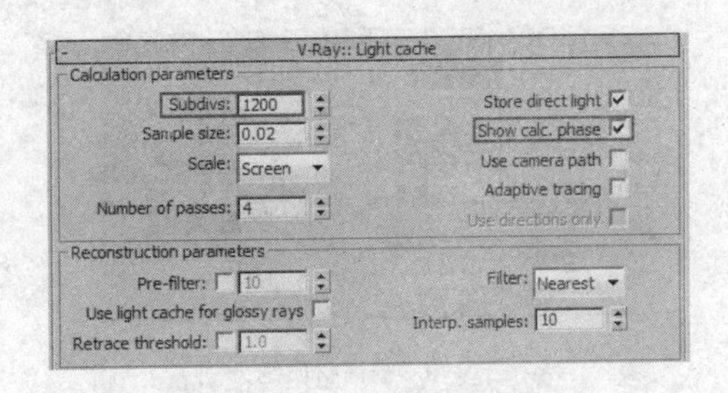

图 5-77 设置灯光缓存

Steps 07 展开 V-Ray::DMC Sampler（V-RayDMC 采样器）卷展栏，设置 Adaptive amount（自适应数量）值为 0.75，Noise threshold（噪波极限）值为 0.005，Min samples（最小采样）值为 30，如图 5-78 所示。

Steps 08 在 V-Ray::System（系统）卷展栏中设置 Max.tree depth（最大树形深度）值为 100，如图 5-79 所示。

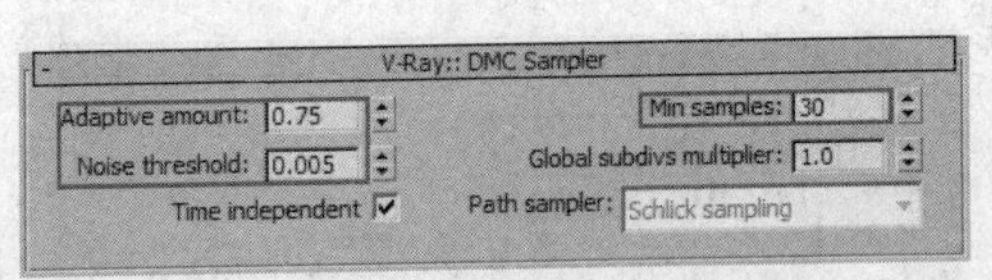

图 5-78 设置 V-RayDMC 采样器

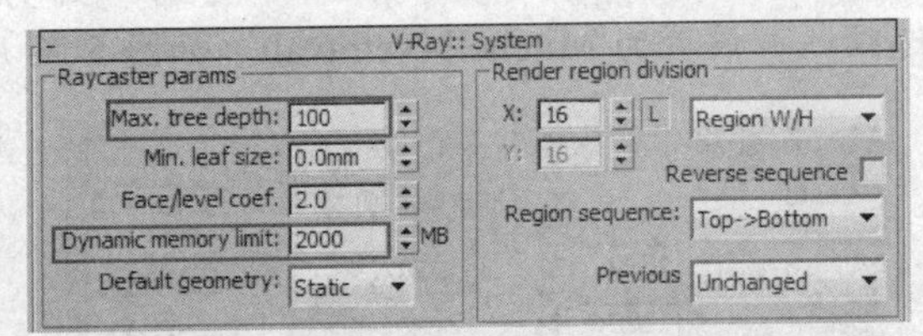

图 5-79 设置最大树形深度

其他的参数保持测试阶段设置即可，接下来就可以直接渲染成图了。经过几个小时的渲染。最终渲染效果如图 5-80 所示。

图 5-80 最终渲染效果

提 示： 当场景中的灯光颜色过多或者物体对象出现大片颜色时，场景会出现色溢现象，这时如果使用 VRay 材质来控制，会造成渲染时间的增加，所以笔者将这种现象放在后期处理完成。

5.7 Photoshop 后期处理

当渲染完毕以后，下面就需要将不合理的地方进行后期处理，对效果图做最后的调整。仔细观察最终渲染的效果，可以发现，整个图像的效果对比度不高，局部亮度不够，饱和度较高。这种情况可以通过 Photoshop 来进行处理。

5.7.1 色彩通道图

依照前面介绍的方法，使用光盘提供的“材质通道.mse”文件，将场景的对象转化为纯色材质对象，取消灯光，并切换渲染器，然后进行渲染就可以得到所需的色彩通道图，如图 5-81 所示。

图 5-81 色彩通道图

5.7.2 PS 后期处理

Steps 01 使用 Photoshop 打开渲染后的色彩通道图和最终渲染图，如图 5-82 所示，并将两张图像合并在一个窗口中，如图 5-83 所示。

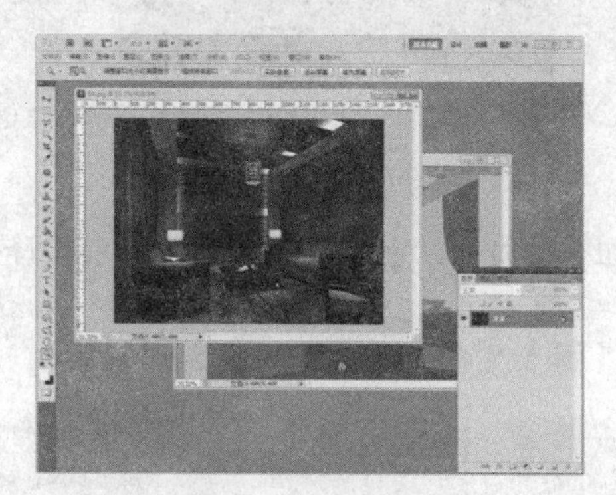

图 5-82 打开图像文件

图 5-83 合并图像

Steps 02 选择“背景”图层，按“Ctrl+J”组合键将其复制一份，并关闭“色彩通道”所在的图层 1，如图 5-84 所示。

Steps 03 选择“背景副本”图层，按“Ctrl+M”组合键打开“曲线”对话框，调整它的亮度，如图 5-85 所示。

图 5-84 复制图像文件

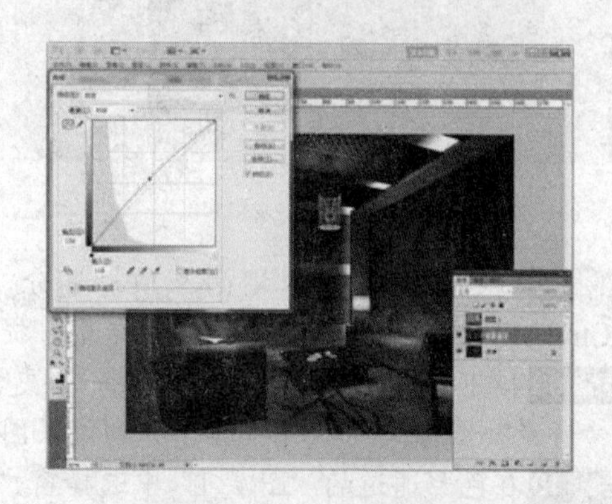

图 5-85 调整背景副本亮度

Steps 04 执行“图像”→“调整”→“亮度/对比度”命令，在弹出来的对话框中设置对比度的值为 60，如图 5-86 所示。

Steps 05 在“图层 1”中用“魔棒”工具选择地毯区域，再返回“背景副本”图层中，按“Ctrl+J”组合键复制到新的图层，按“Ctrl+U”组合键打开“色相/饱和度”对话框，降低地毯的饱和度，如图 5-87 所示。

图 5-86 调整对比度

图 5-87 调整地毯饱和度

Steps 06 同理，将沙发区域选出，按“Ctrl+U”组合键打开“色相/饱和度”对话框，降低沙发的饱和度，如图 5-88 所示。

Steps 07 将大理石区域选出，使用“色相/饱和度”降低它的饱和度，如图 5-89 所示。

图 5-88 调整沙发饱和度

图 5-89 调整大理石饱和度

Steps 08 选择图像中的木墙面及顶棚部分，按“Ctrl+J”组合键复制到新的图层，再按“Ctrl+M”组合键打开“曲线”对话框，提高其亮度，如图 5-90 所示。

Steps 09 接下来需要给场景的户外换一个更合适的外景图片。在 Photoshop 中打开光盘提供的“背景”图像文件，并将其合并到效果图图像窗口中，如图 5-91 所示。

Steps 10 在色彩通道的“图层 1”中选择窗户区域，再返回到新合并的背景图像图层中，单击“添加图层蒙版”按钮，为它添加一个区域图层蒙版，并设置当前图层的不透明度为 5，如图 5-92 所示。

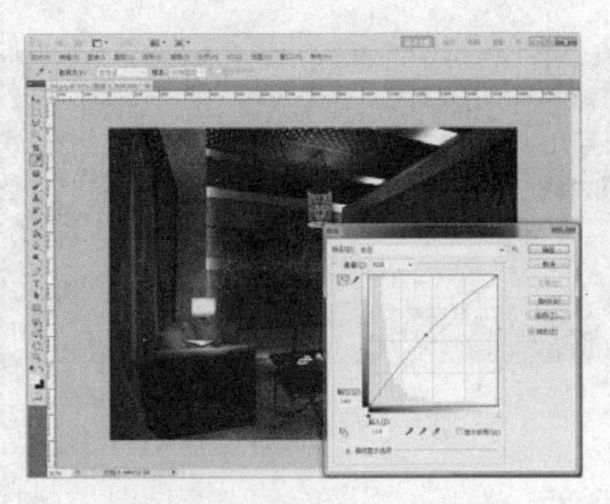

图 5-90　提高木墙面及顶棚的亮度

图 5-91　合并背景图像

Steps 11 复制"图层 6"，调整背景图的位置。图 5-93 所示为完成制作的背景。

图 5-92　调整背景

图 5-93　完成制作的背景

到这里本场景的制作就全部结束了，最终效果如图 5-94 所示。

图 5-94　最终效果

第6章 阳光简欧餐厅

本章重点：

- 项目分析
- 创建摄影机
- 设置测试参数
- 设置场景主要材质
- 灯光设置
- 最终输出渲染
- Photoshop 后期处理

餐厅是家庭生活中重要的活动场所，它不仅是家庭成员进餐的地方，也是宴请亲朋好友、享受生活的地方。餐厅的设计与装饰除了要同居室整体设计相协调这一基本原则外，还需特别考虑餐厅的实用功能和美化效果。一般餐厅在陈设和设备上是具有共性的，即简单、便捷、卫生、舒适。本例介绍的阳光简欧餐厅效果图的制作，其重点主要是把控整体场景的灯光和材质效果，如图 6-1 所示为阳光简欧餐厅最终效果。

6.1 项目分析

餐厅的总体设计是通过动线空间、使用空间、工作空间等要素的完美组织，创造的一个整体。作为一个整体，餐厅的空间设计首先必须合乎接待顾客和使顾客方便用餐这一基本要求，同时还要追求更高的审美和艺术价值。从原则上说，餐厅的总体设计是不可能有一种放之四海而皆准的真理的，但是它确实也有不少规律可循，并能根据这些规律，创造相当可靠的设计效果。

将和本例有共性的图片作为参考，如图 6-2 所示，会给设计师提供概念上的指导。

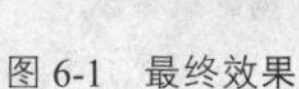

图 6-1　最终效果

图 6-2　参考图片

6.2 创建摄影机

Steps 01 打开本书配套光盘中的“阳光简欧餐厅白模.max”，按“T”键切换至 Top（顶视图），在 Cameras（摄影机）面板上选择 Standard（标准），单击 Target（目标）按钮，在场景中创建一个目标摄影机，如图 6-3 所示。

Steps 02 按“L”键切换至侧视图，右击移动按钮，利用 Move Transform Type-In（移动变换输入）精确调整好摄影机的高度，如图 6-4 所示。

Steps 03 保持在侧视图中，选择目标点，调整其位置，如图 6-5 所示。

Steps 04 在 Modify（修改）面板中对摄影机的参数进行修改，如图 6-6 所示

Steps 05 选择目标摄影机，单击鼠标右键，在弹出的列表中选择 Apply Camera Correction Modifier（应用摄影机校正），修正摄影机角度偏差，如图 6-7 所示。

这样，目标摄影机就放置好了，切换到摄影机视图，效果如图 6-8 所示。

图 6-3 创建摄影机

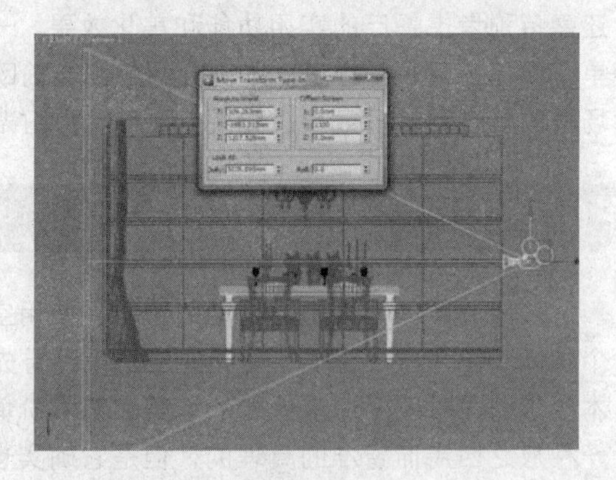

图 6-4 调整摄影机高度

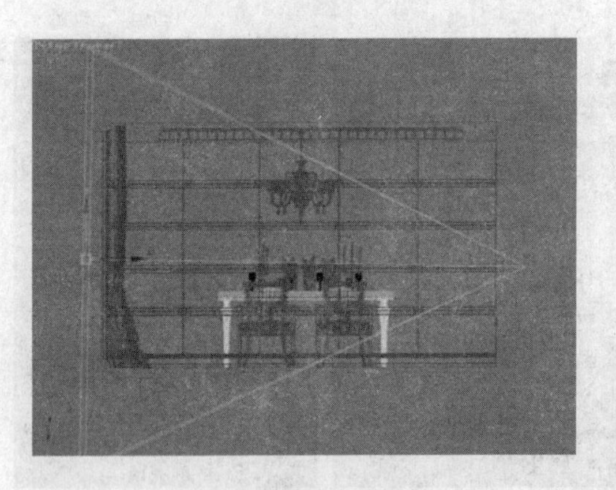

图 6-5 调整摄影机目标点

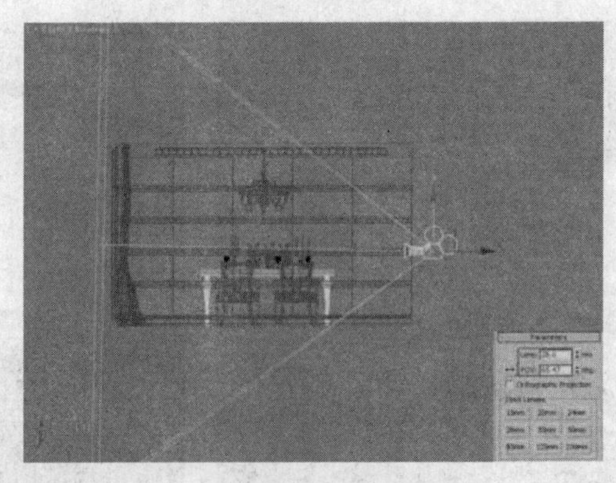

图 6-6 修改摄影机参数

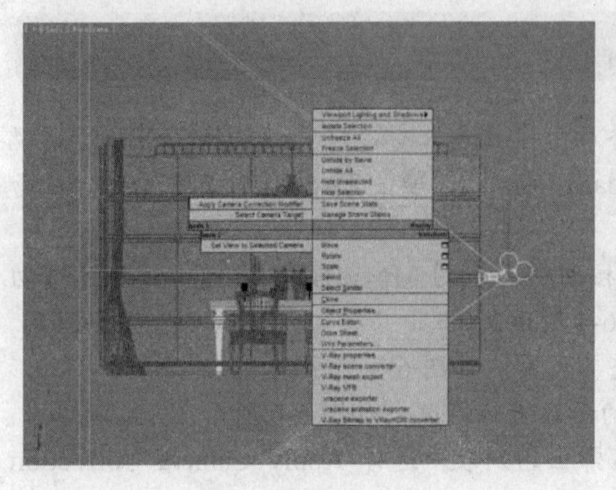

图 6-7 修正摄影机

图 6-8 摄影机视图

6.3 设置测试参数

在调节材质和灯光的时候，可先将场景的渲染参数调低，以便于对各种效果进行观察。

Steps 01 按“F10”键打开 Render Setup（渲染设置）对话框，在 Common（公用）选项卡中对 Output Size（输出尺寸）进行设置，如图 6-9 所示。

Steps 02 进入 Assign Renderer（指定渲染器）卷展栏，在弹出的 Choose renderer（选择渲染器）对话框中选择渲染器为 V-Ray Adv2.40.03，再单击“OK”按钮完成渲染器的调用，如图 6-10 所示。

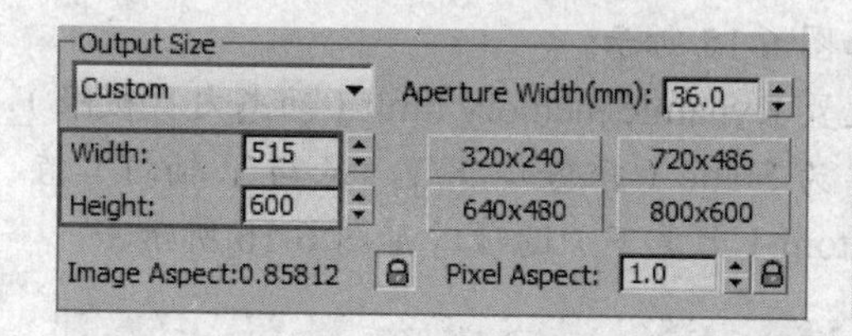

图 6-9 设置输出参数

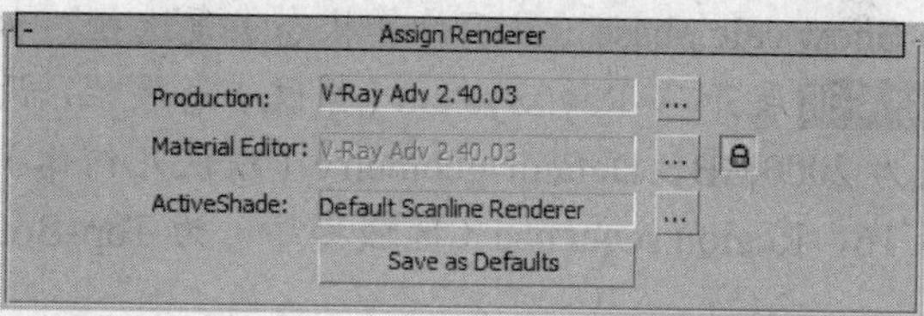

图 6-10 调用 VRay 渲染器

Steps 03 在 V-Ray 选项卡中展开 V-Ray::Global switches（全局开关）卷展栏，取消 Hidden lights（隐藏灯光）选项，如图 6-11 所示。

Steps 04 切换至 V-Ray::Image sampler（Antialiasing）（V-Ray 图像采样（抗锯齿））卷展栏，设置类型为 Fixed（固定），取消勾选 Antialiasing filter（抗锯齿过滤器）选项，如图 6-12 所示。

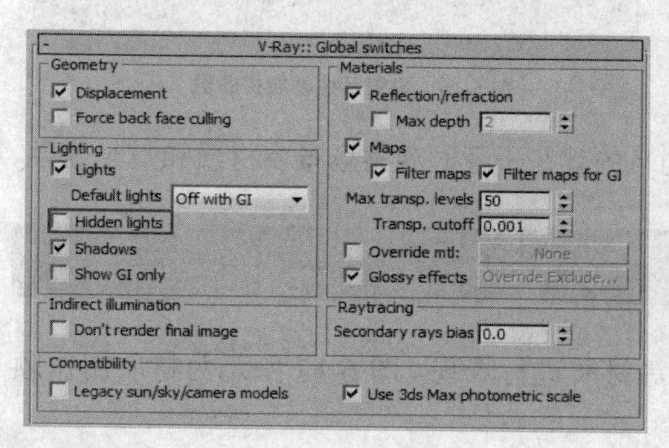

图 6-11 设置全局开关参数

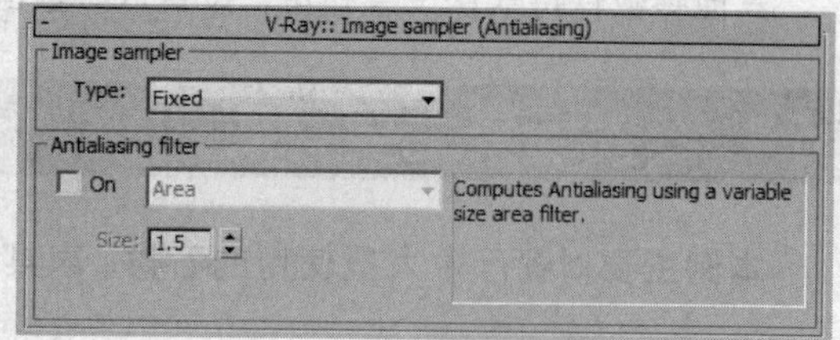

图 6-12 设置图像采样参数

Steps 05 在 V-Ray::Indrect illumination（GI）（VRay 间接照明（全局光））卷展栏中勾选 On（启用），设置 Secondary bounces（二次反弹）为 Light cache（灯光缓存）方式，如图 6-13 所示。

Steps 06 展开 V-Ray::Irradiance map（发光贴图）卷展栏，设置 Current preset（当前预置）为 Very low（非常低），调节 HSph.subdivs（半球细分）的参数为 20，勾选 Show calc.phase（显示计算相位）和 Show direct light（显示直接照明）两个选项，如图 6-14 所示。

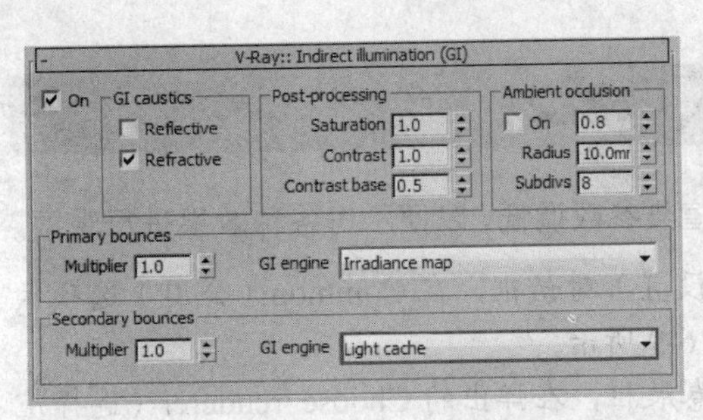

图 6-13　开启间接光照

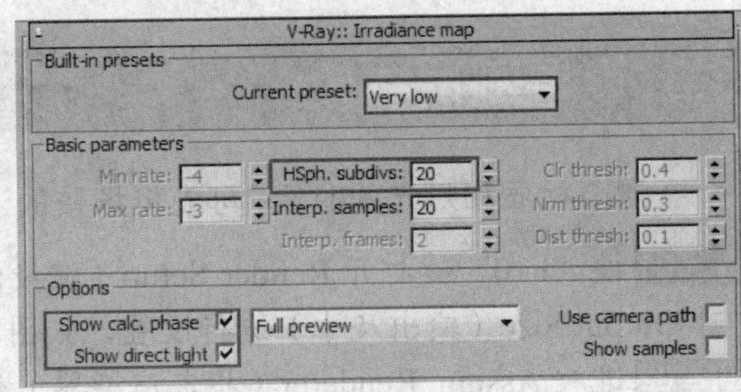

图 6-14　设置发光贴图参数

Steps 07 展开 V-Ray::Light cache（灯光缓存）卷展栏，设置 Subdivs（细分值）为 200，勾选 Show calc.phase（显示计算状态）复选框，如图 6-15 所示。

Steps 08 展开 V-Ray::System（系统）卷展栏，设置 Dynamic memory limit（动态内存极限）值为 2000MB，Default geometry（默认几何体）为 Static（静态），X/Y（X 与 Y 轴向）值为 16，Region sequence（区域排序）为 Top-Bottom（上至下）选项，如图 6-16 所示。

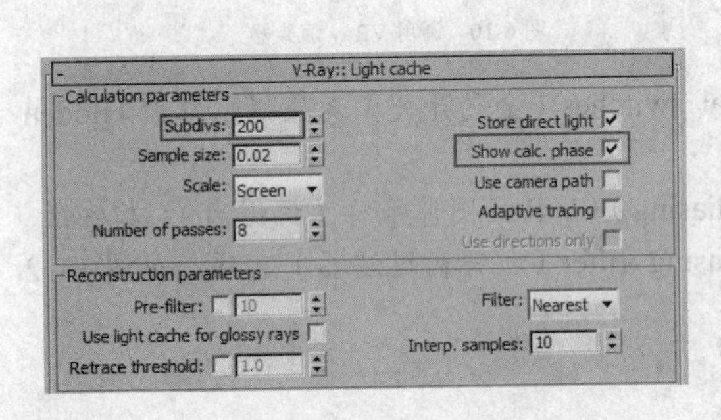

图 6-15　设置灯光缓存的参数

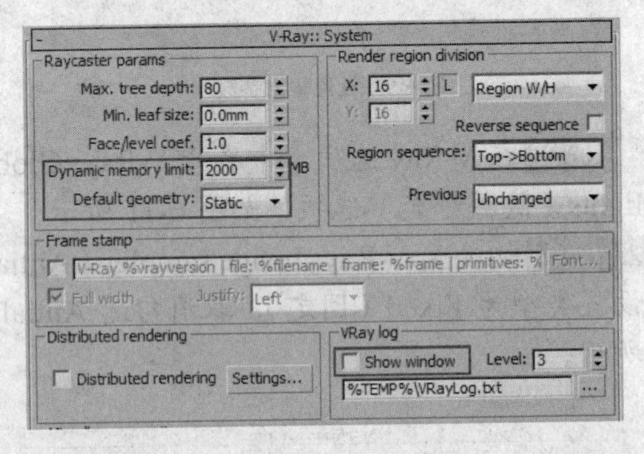

图 6-16　设置系统卷展栏参数

其他参数保持默认设置即可，设置低参数的目的就在于及时观察场景中材质和灯光效果。

6.4 设置场景主要材质

本例主要对餐厅中大量使用的石材、家具等材质进行表现。图 6-17 所示为材质制作顺序。

6.4.1 顶棚材质

本例中使用的顶棚材质具有一定的反射效果，高光较小。

Steps 01 选择一个空白材质球，切换材质球为“VRayMtl”材质类型，设置 Diffuse（漫反射）颜色的 Value（明度）值为 20，Reflect（反射）的颜色的 Value（明度）值为 30，调节 Hilight glossiness（高光光泽度）值为 0.82，Refl.glossiness（反射光泽度）值为 0.86，如图 6-18 所示。

图 6-17　材质制作顺序

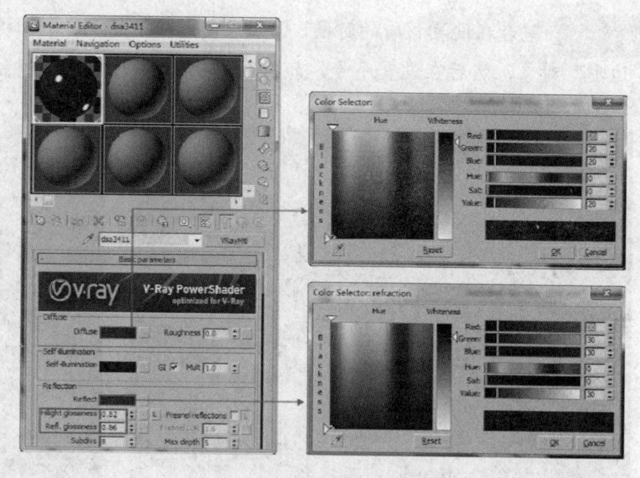

图 6-18　设置顶棚材质参数

Steps 02 这样黑漆材质就设置完成了，单击按钮赋予对象材质，如图 6-19 所示。

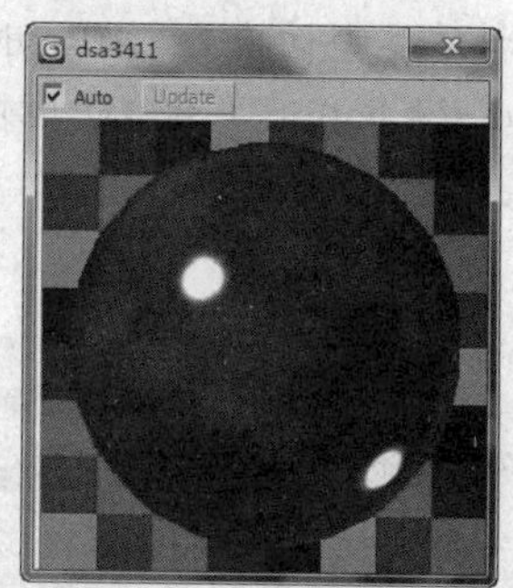

图 6-19　顶棚材质

6.4.2 地面石材材质

本例中的地面石材用了多种材质，每种材质都代表不一样的石材，所以笔者这里使用“多维/子对象”材质类型来进行表达。

Steps 01 在材质编辑器中选择一个空白材质球，单击 Standard 按钮将材质切换为 Multi/Sub-Object（多维/子对象）材质类型，如图 6-20 所示。

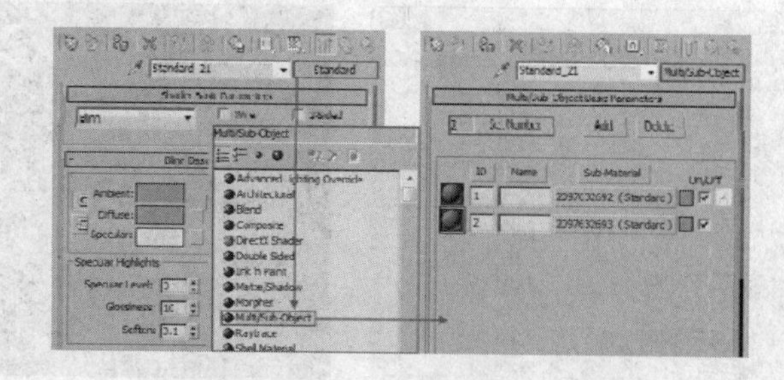

图 6-20　切换材质类型

提 示：笔者在设置材质的时候，已经设定好模型的 ID 序号。在设置 ID 序号时，需先选择模型的“多边形”对象，然后在设置序号，如图 6-21 所示。

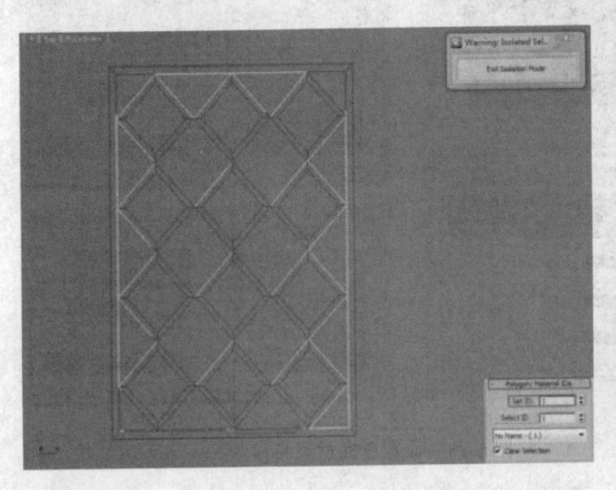
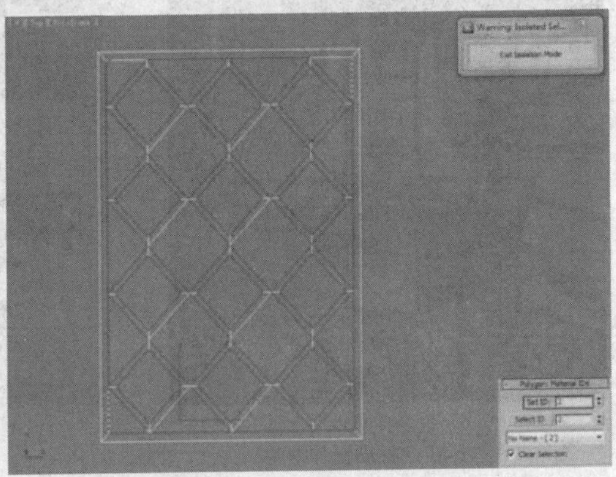

图 6-21　模型 ID 号

Steps 02 将 ID1 材质类型切换为“VRayMtl”，单击 Reflect（反射）右侧的（贴图通道）按钮，为它添加一张 Falloff（衰减）贴图，设置衰减方式为 Fresnel（菲涅尔）。

Steps 03 勾选 Fresnel reflections（菲涅尔反射）复选框，设置 Fresne IOR 值为 2.0，如图 6-22 所示。

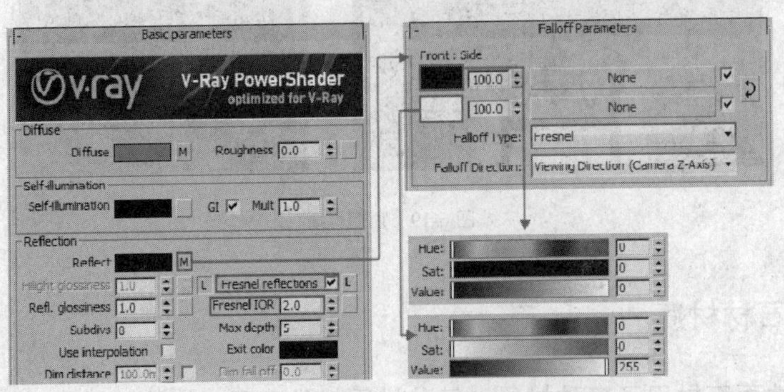

图 6-22　设置基础参数

Steps 04 展开 Maps（贴图）卷展栏，在 Diffuse（漫反射）通道里添加一张位图贴图来模拟石材纹理效果，如图 6-23 所示。

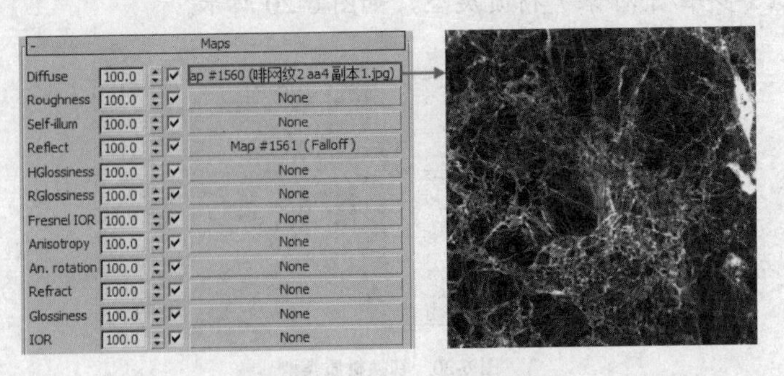

图 6-23　为漫反射添加贴图

Steps 05 返回最上层，将 ID2 材质类型切换为 “VRayMtl”，为 Reflect（反射）添加 Falloff（衰减）贴图，设置衰减方式为 Fresnel（菲涅尔），勾选 Fresnel reflections（菲涅尔反射）复选框，如图 6-24 所示。

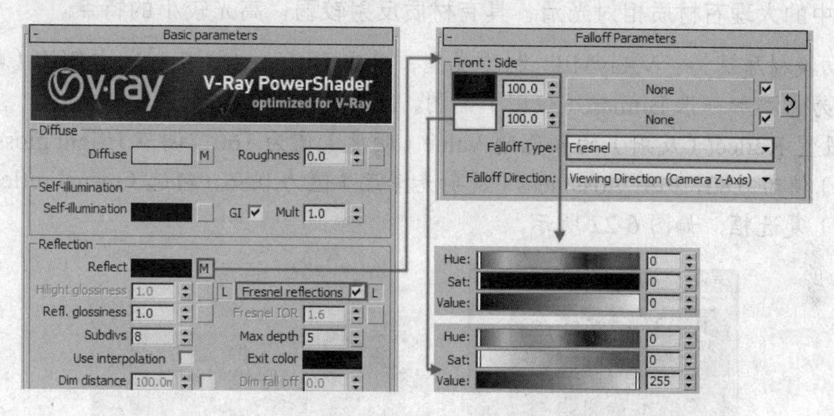

图 6-24　设置 ID2 参数

Steps 06 展开 Maps（贴图）卷展栏，在 Diffuse（漫反射）通道里添加一张位图贴图来模拟石材纹理效果，如图 6-25 所示。

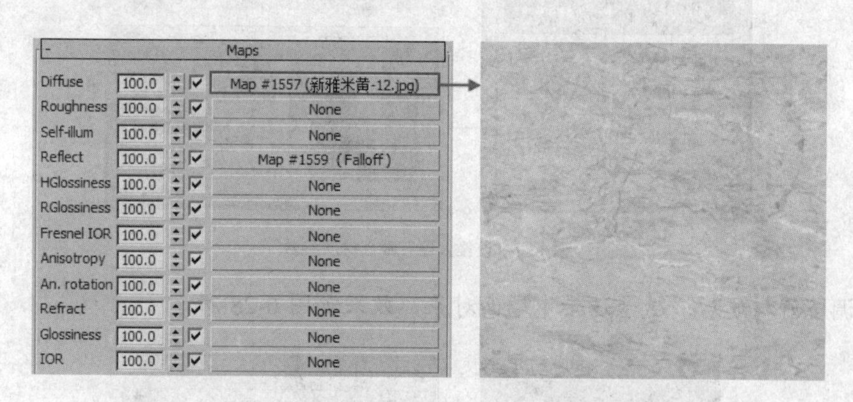

图 6-25　添加漫反射贴图

Steps 07 调节好材质后，赋予场景中地面对象，效果如图 6-26 所示。

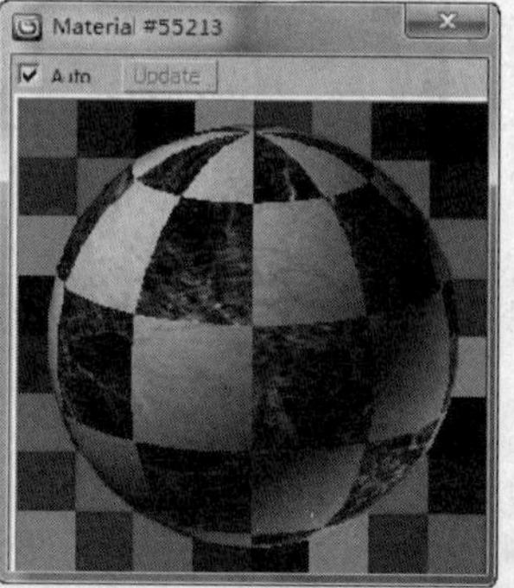

图 6-26　地面材质效果

6.4.3 墙面材质

本例中的大理石材质相对光滑，具有材质反射较弱，高光较小的特点。

Steps 01 切换材质球为“VRayMtl”材质类型，单击 Diffuse（漫反射）右侧的（贴图通道）按钮，为它添加一张 Bitmap（位图）贴图。

Steps 02 设置 Reflect（反射）的颜色的 Value（明度）值为 160，调节 Hlight glossiness（高光光泽度）值为 0.82，Refl.glossiness（反射光泽度）值为 0.86，勾选 Fresnel reflections（菲涅尔反射）复选框，如图 6-27 所示。

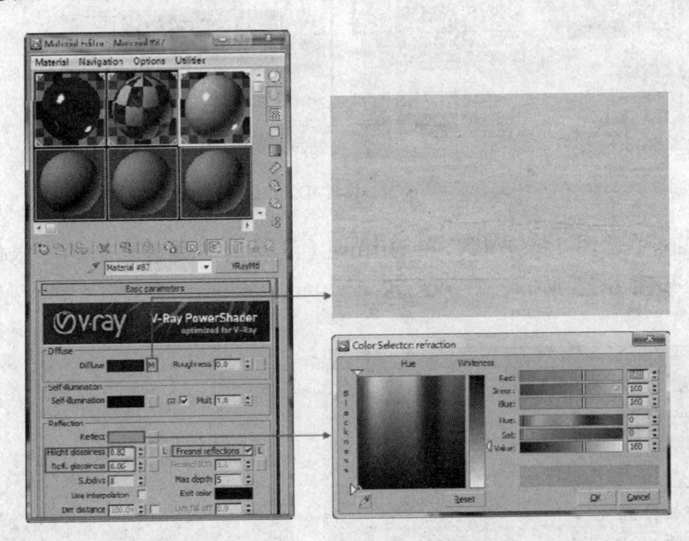

图 6-27　设置大理石基础材质参数

Steps 03 调节好材质后，赋予场景中墙面对象，效果如图 6-28 所示。

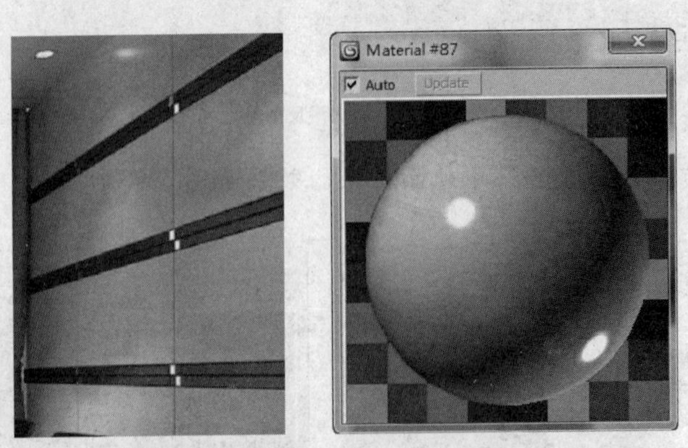

图 6-28　大理石材质效果

6.4.4 木纹材质

本例中的木纹材质具有比较强的反射效果，高光较小，下面来调节它的参数。

Steps 01 切换材质为“VRayMtl”材质类型，单击 Reflect（反射）右侧的（贴图通道）按钮，为它添加一张 Falloff（衰减）贴图，设置衰减方式为 Fresnel（菲涅尔）。

Steps 02 设置 Hilight glossiness（高光光泽度）值为 0.81，Refl.glossiness（反射光泽度）值为 0.95，如图 6-29 所示。

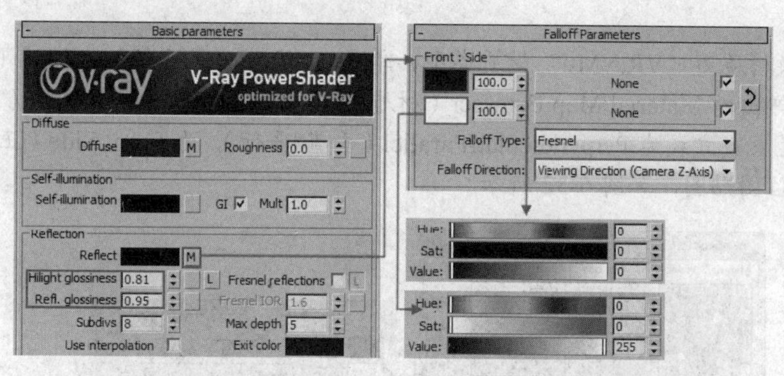

图 6-29　设置基础参数

Steps 03 展开 Maps（贴图）卷展栏，在 Diffuse（漫反射）通道里添加一张位图贴图，如图 6-30 所示。

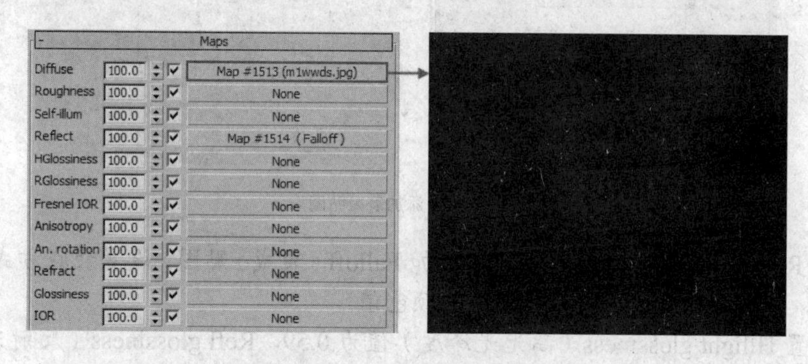

图 6-30　为漫反射添加贴图

Steps 04 赋予场景中桌面椅子对象，效果如图 6-31 所示。

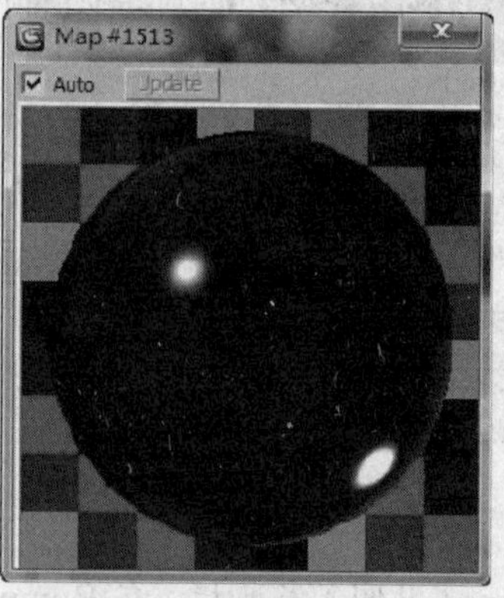

图 6-31　木纹材质效果

6.4.5 皮质材质

皮质材质的特点是表面有比较柔和的高光，有一点反射但不是很强烈，表面纹理感很强。

Steps 01 切换材质为“VRayMtl”材质类型，单击 Diffuse（漫反射）右侧的（贴图通道）按钮，在弹出的 Material/Map Browser（材质/贴图浏览器）中选择 Falloff（衰减）贴图。

Steps 02 设置衰减方式为 Perpendicular/Parallel（垂直/平行），为 Front:Side（正前:侧边）两个通道添加位图贴图，如图 6-32 所示。

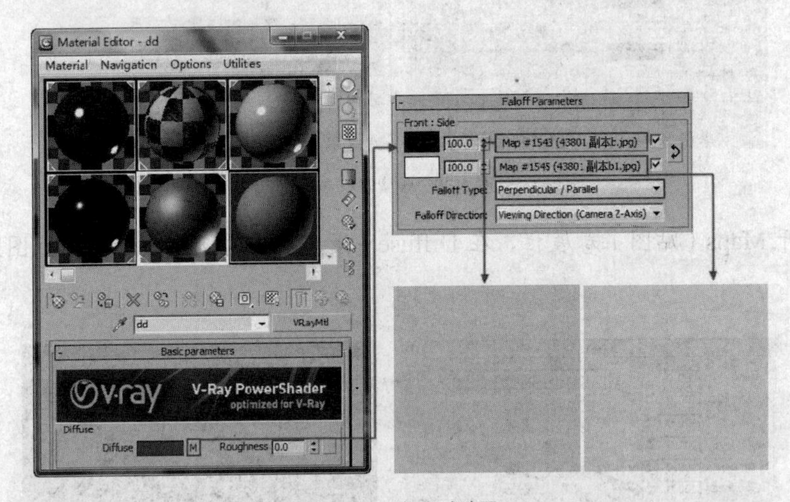

图 6-32 添加衰减贴图

Steps 03 在 Reflect（反射）贴图通道为它添加 Falloff（衰减）贴图，设置衰减方式为 Fresnel（菲涅尔），调整 Front:Side（正前:侧边）颜色值。

Steps 04 设置 Hilight glossiness（高光光泽度）值为 0.59，Refl.glossiness（反射光泽度）值为 0.65，如图 6-33 所示。

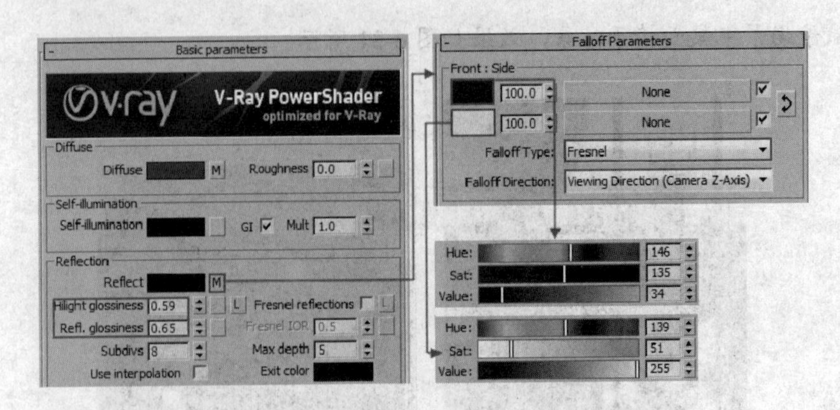

图 6-33 设置反射组参数

Steps 05 展开 Maps（贴图）卷展栏，在 Bump（凹凸）通道里添加一张位图贴图，如图 6-34 所示。

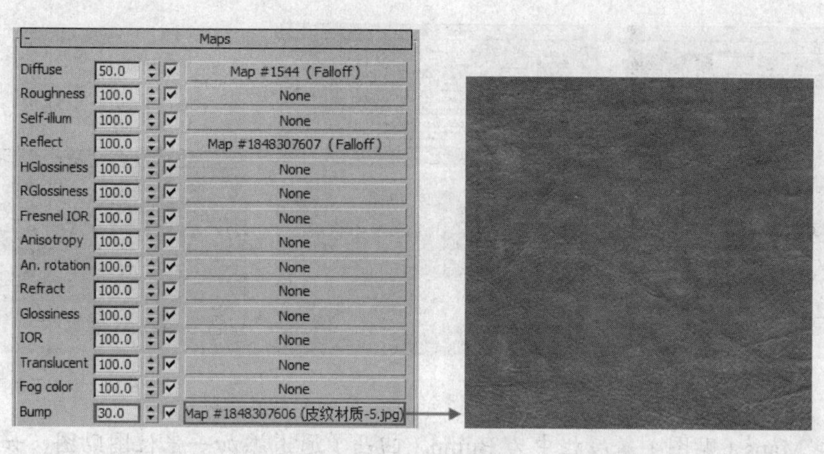

图 6-34　添加凹凸贴图

Steps 06 单击材质编辑器中的按钮，选择场景中的餐椅皮质部分，赋予材质。图 6-35 所示为沙发材质效果。

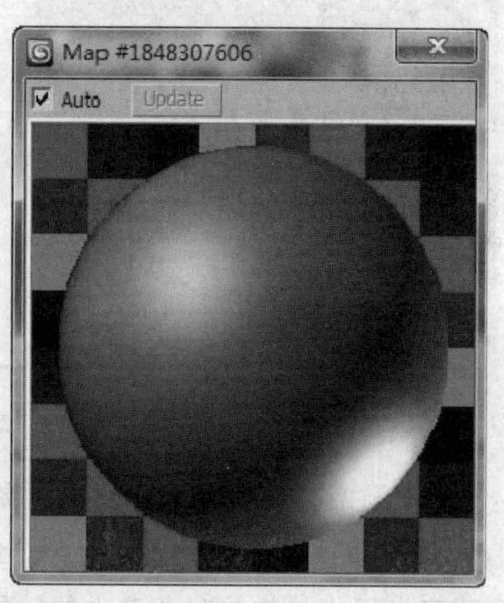

图 6-35　沙发材质效果

6.4.6 窗帘材质

窗帘所具备的特性同前面介绍的布纹材质类似，具体参数如下。

Steps 01 选择一个空白材质球，将材质切换为“VRayMtl”材质类型，单击 Diffuse（漫反射）的（贴图通道）按钮，添加一张 Falloff（衰减）贴图，并进入 Falloff（衰减）贴图面板，分别在 Front:Side（正前:侧边）的两个贴图通道中添加 Bitmap（位图）贴图，设置衰减方式为 Perpendicular/Parallel（垂直/平行）。

Steps 02 设置 Reflection（反射）选项组中 Reflect（反射）的颜色值为 5，Refl.glossiness（反射光泽度）值为 0.38，如图 6-36 所示。

Steps 03 取消勾选 Options（选项）卷展栏中的 Trace reflection（反射跟踪）复选框，如图 6-37 所示。

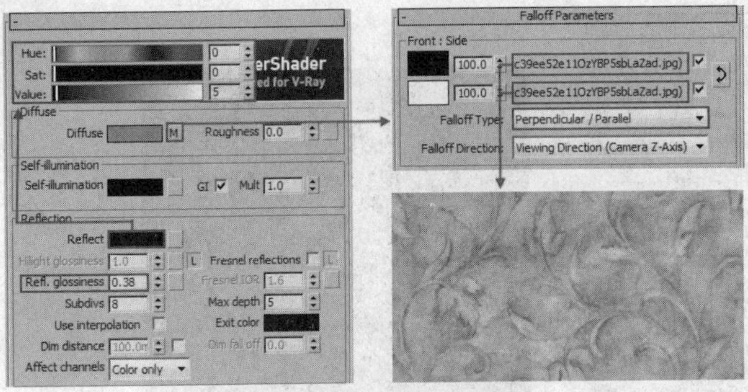

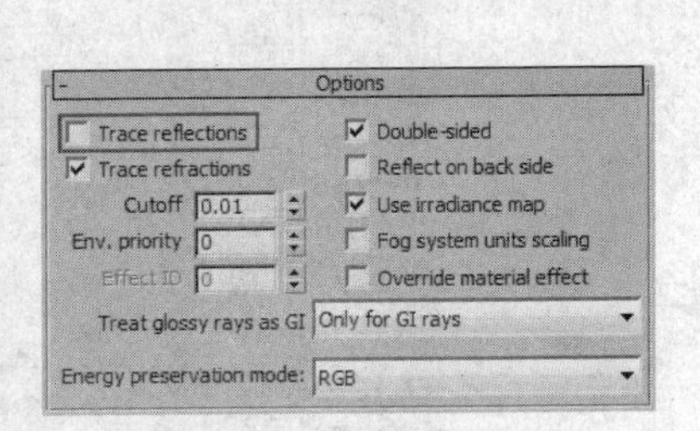

图 6-36 添加漫反射贴图

图 6-37 取消反射跟踪

Steps 04 在 Maps（贴图）卷展栏中为 Bump（凹凸）通道添加一张位图贴图，如图 6-38 所示。

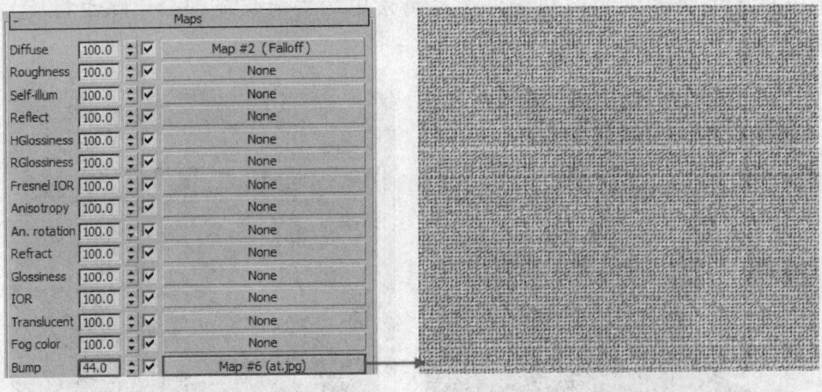

图 6-38 添加凹凸贴图

Steps 05 调节好材质后，赋予场景中对象，效果如图 6-39 所示。

这样场景中的主要材质就设置完成了，其他没讲到的材质请读者参考配套光盘中的文件，并结合现实世界中的物体对象产生的效果进行学习和揣摩。图 6-40 所示为本例材质设置完成后的效果。

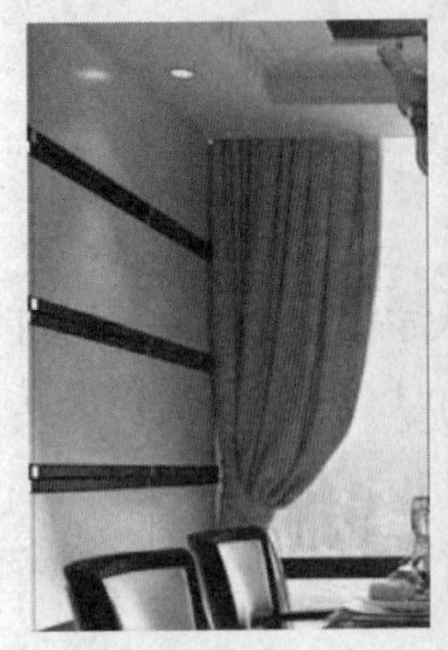

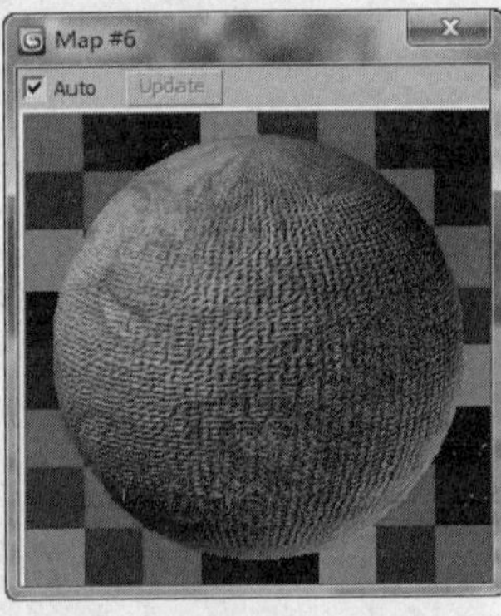

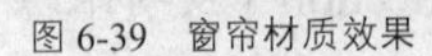

图 6-39 窗帘材质效果

图 6-40 材质设置完成后的效果

6.5 灯光设置

6.5.1 灯光布置分析

餐厅里的光线一定要充足。吃饭的时候光线好才能营造出一种使人愉悦的感觉。餐厅里的光线除了自然以外，还要光线柔和。使用吊灯或者是伸缩灯能够让餐厅明亮。图 6-41 所示为餐厅顶面布置图。

图 6-41　餐厅顶面布置图

从图 6-41 可以看出，整个效果以白天表现为佳，北侧的大型落地窗是场景主要光线的来源，所以在表现的时候需要先设置好室外的太阳光以及天光，再补充部分室内光源即可完成我们所需要的效果。

6.5.2 设置背景

Steps 01 按 “M” 键打开材质编辑器，选择一个空白材质球，单击 Standard 按钮将材质切换为 VRayLightMtl（VRay 灯光材质）材质类型。单击 Color（颜色）右侧的贴图通道，添加一张位图贴图来控制背景光，如图 6-42 所示。

图 6-42　设置 Vray 灯光材质

Steps 02 将设置好的背景材质赋予场景中的对象，切换到摄影机视图，在 Modify（修改）命令面板中为它添加 UVWmap（UVW 贴图）修改器，调整好外景的位置，如图 6-43 所示。

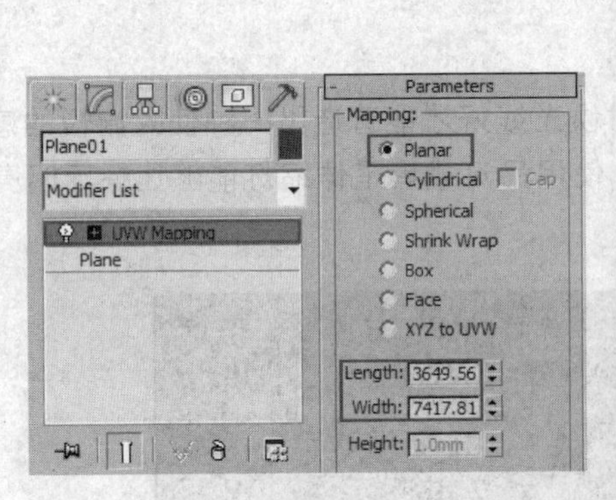

图 6-43　调整背景

6.5.3 设置自然光

1. 设置太阳光

在阳光的场景中，太阳光是最主要的，此外设置好灯光的角度以及灯光产生的阴影效果也很重要，下面来设置太阳光。

Steps 01 在灯光创建面板中选择 Standard（标准）类型，单击 Target Spot 按钮，在视图中创建一盏 Target Spot（目标聚光灯），如图 6-44 所示。

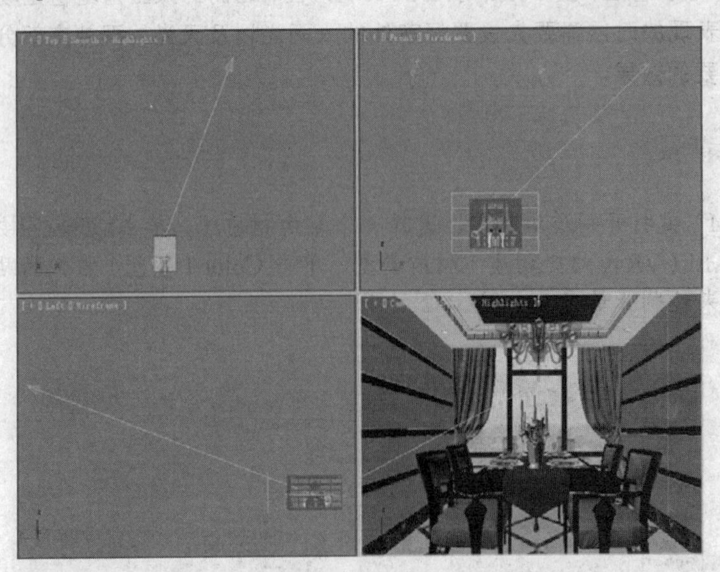

图 6-44　设置太阳光

Steps 02 选择创建好的太阳光，在修改命令面板中对其参数进行调整，如图 6-45 所示。

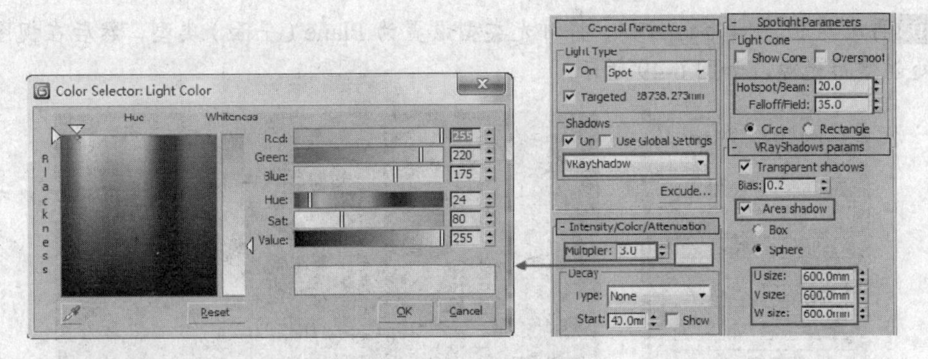

图 6-45 调整太阳光参数

Steps 03 按“C”键切换至摄影机视图，单击渲染按钮，添加太阳光后的效果如图 6-46 所示。

2. 创建天光

Steps 01 在灯光创建面板中选择 VRay 类型，单击 VRayLight 按钮，将灯光类型设置为 Dome（穹顶），在顶视图中任意位置处创建一盏 Dome（穹顶）类型的 VRayLight 灯光，如图 6-47 所示。

图 6-46 太阳光效果

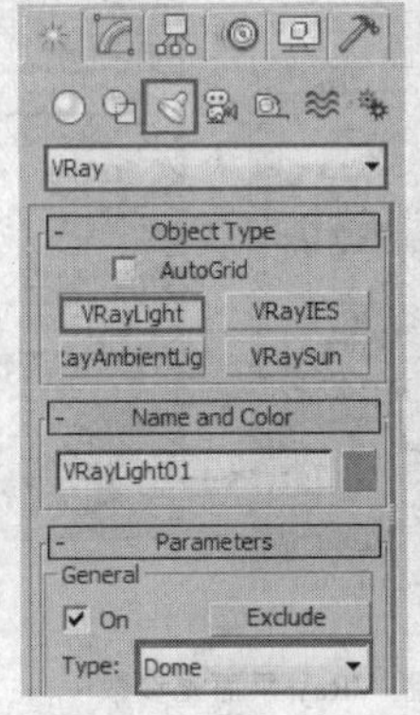

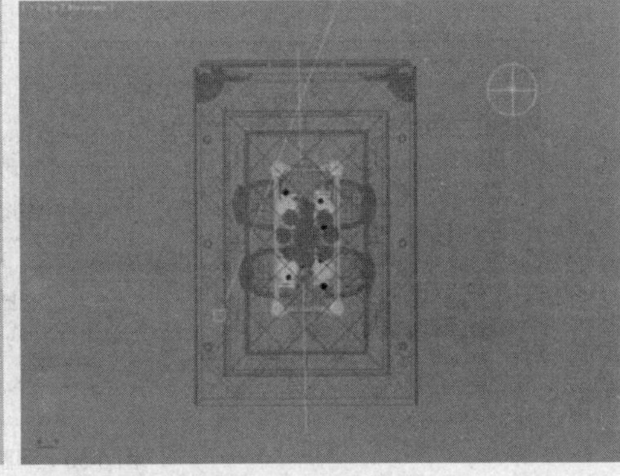

图 6-47 创建天光

Steps 02 创建好灯光后，在 Modify（修改）命令面板中对它的参数进行调整，如图 6-48 所示。

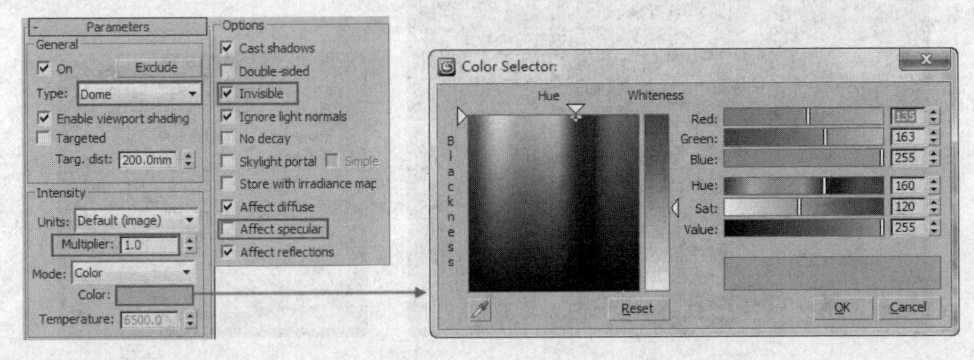

图 6-48 调整灯光参数

Steps 03 再次单击 VRayLight 按钮，将灯光类型设置为 Plane（平面）类型，然后在视图窗户位置处创建面光源，如图 6-49 所示。

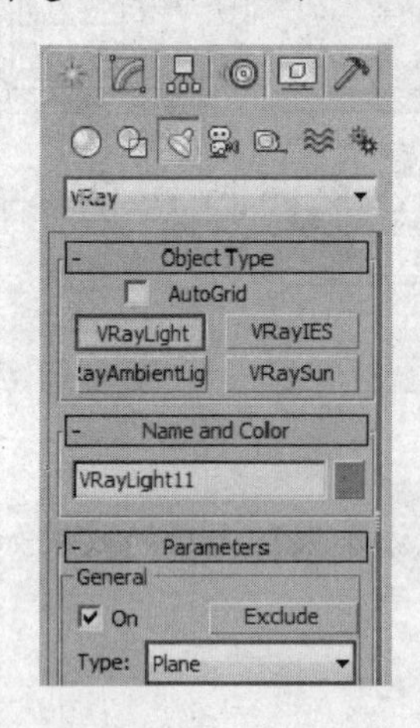

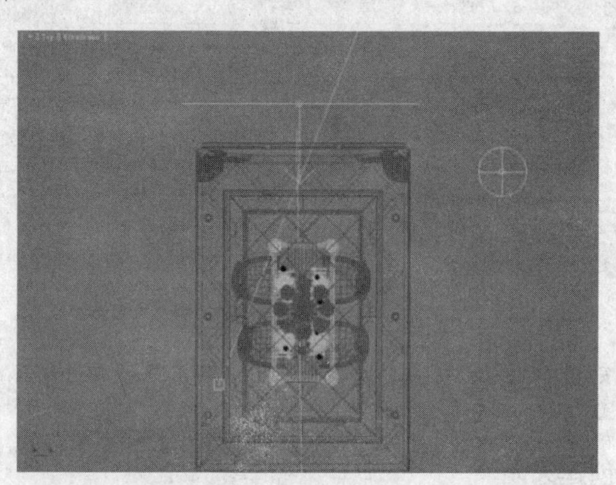

图 6-49　创建 VRay 平面光

Steps 04 在 Modify（修改）命令面板中对 VRay 平面光的参数进行调整，如图 6-50 所示。

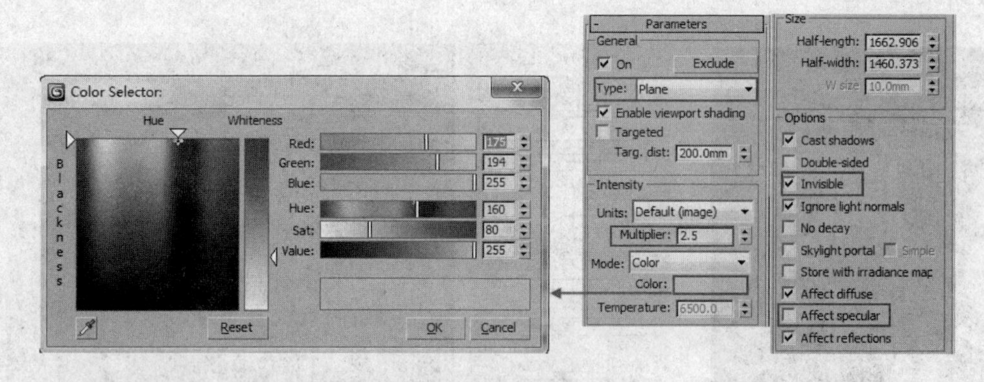

图 6-50　调整 VRay 平面光参数

Steps 05 选择 VRay 平面光，以复制的方式创建出另一盏面光源，如图 6-51 所示。

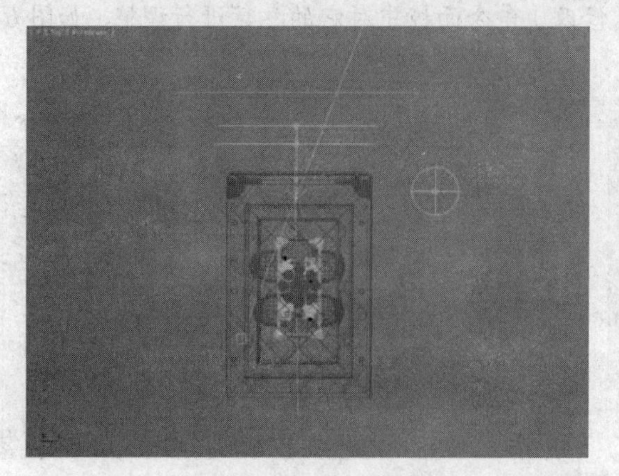

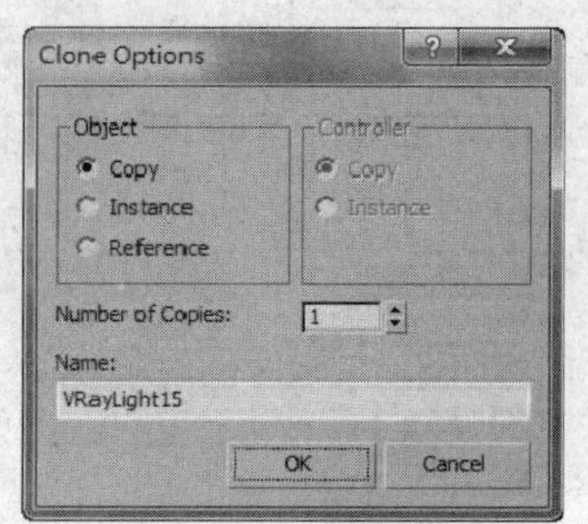

图 6-51　复制 VRay 平面光

Steps 06 选择复制好的 VRay 平面光，对它的参数进行修改，如图 6-52 所示。

Steps 07 单击渲染按钮，观察设置好的天光效果如图 6-53 所示。

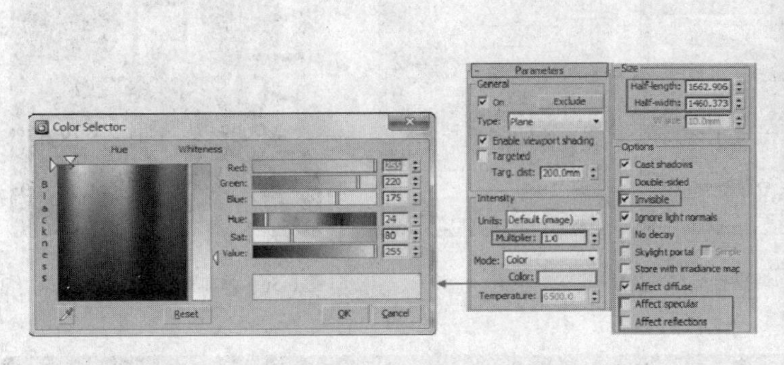

图 6-52　设置灯光参数

图 6-53　天光效果

6.5.4 布置室内光源

接收了室外光照的整个室内场景已经基本被照亮，下面增加室内灯光来加强灯光的强度和效果。

Steps 01 在灯光创建面板中， Photometric（光度学）类型，单击 Target Light 按钮，在视图中创建一个 Target Light（目标灯光），然后复制得到其他位置的灯光，如图 6-54 所示。

图 6-54　布置室内光源

Steps 02 选择一个 Target Light（目标灯光），对它的参数进行调整，如图 6-55 所示。

Steps 03 按“C”键切换至摄影机视图，单击渲染按钮，添加室内光源后的效果如图 6-56 所示。

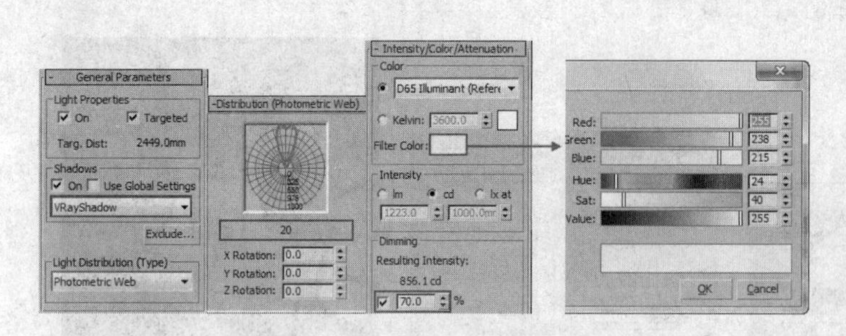

图 6-55 调整目标灯光参数

图 6-56 添加室内光源后的效果

6.6 最终输出渲染

在大体效果确定之后，需要提高灯光和渲染的参数来完成最后的渲染工作。

6.6.1 提高细分值

Steps 01 首先进行材质细分的调整。将材质 Reflection（反射）选项组中的 Subdivs（细分）值进行增大，一般设置为 20~24 即可，如图 6-57 所示。

Steps 02 同样，将场景内所有 VRay 灯光类型中 Sampling 选项组中的 Subdivs（细分）的值以及其他灯光类型中的 VRayShadows params 选项组中的 Subdivs（细分）的值设置为 24，如图 6-58 所示。

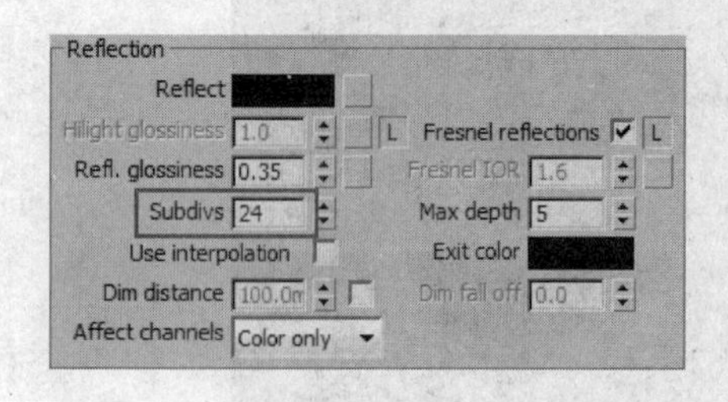

图 6-57 提高材质细分设置

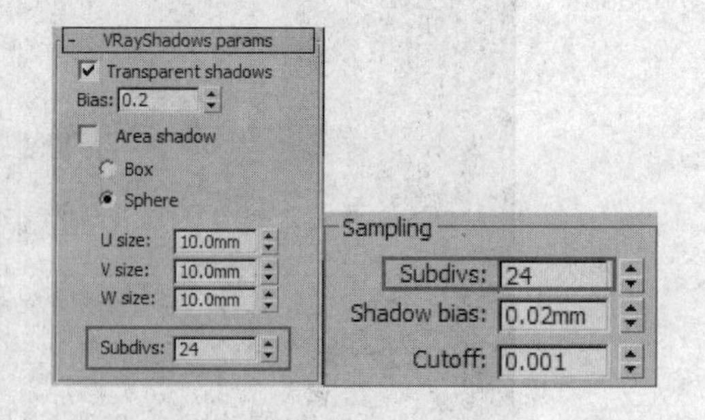

图 6-58 提高灯光细分设置

6.6.2 设置最终输出参数

Steps 01 按 “F10” 键打开 “渲染设置” 对话框，在 Common（公用）选项卡中设置 Output Size（输出尺寸）的参数为 1373 × 1600，如图 6-59 所示。

Steps 02 切换至 V-Ray::Image sampler（Antialiasing）（V-Ray 图像采样（抗锯齿））卷展栏，设置类型为 Adaptive DMC（自适应 DMC）采样器，并设置为 Mitchell-Netravali 方式，如图 6-60 所示。

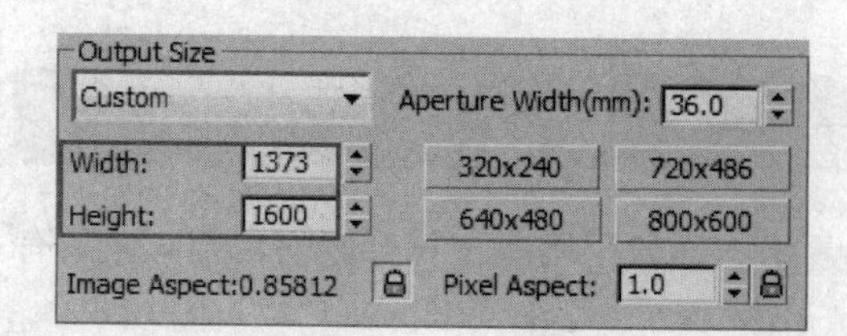

图 6-59　设置输出尺寸

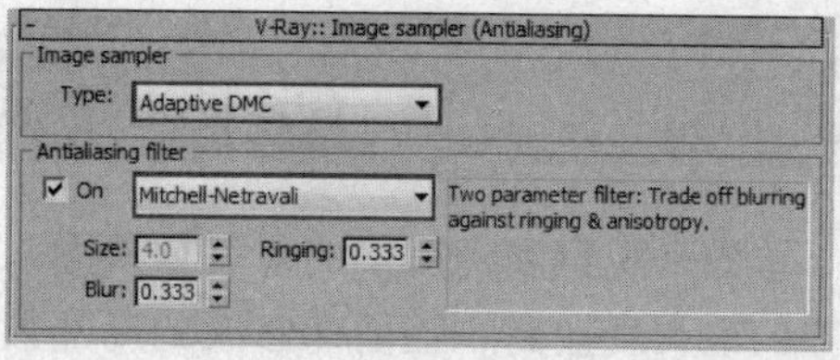

图 6-60　设置图像采样器

Steps 03 展开 V-Ray::Indirect illumination（GI）（V-Ray 间接照明（全局光））卷展栏，设置 Secondary bouneces（二次反弹）的 Multiplier（倍增）值为 0.96，如图 6-61 所示。

Steps 04 在 V-Ray::Irradiance map（发光贴图）卷展栏中设置 Current preset（当前预置）为 Medium（中等），调节 HSph.subdivs（半球细分）的参数为 60，勾选 Show calc.phase（显示计算相位）和 Show direct light（显示直接照明）两个选项，如图 6-62 所示。

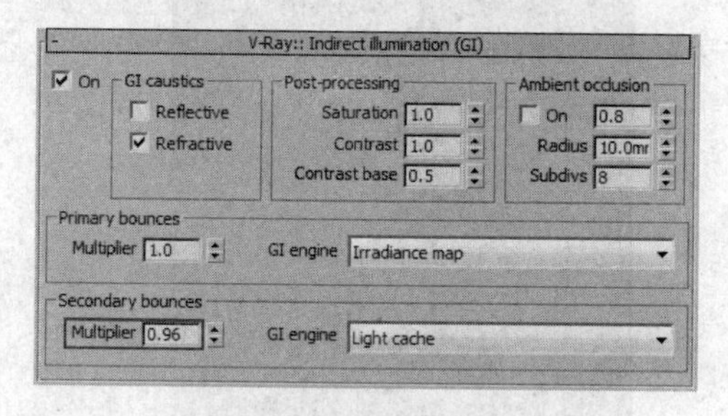

图 6-61　设置二次反弹倍增值

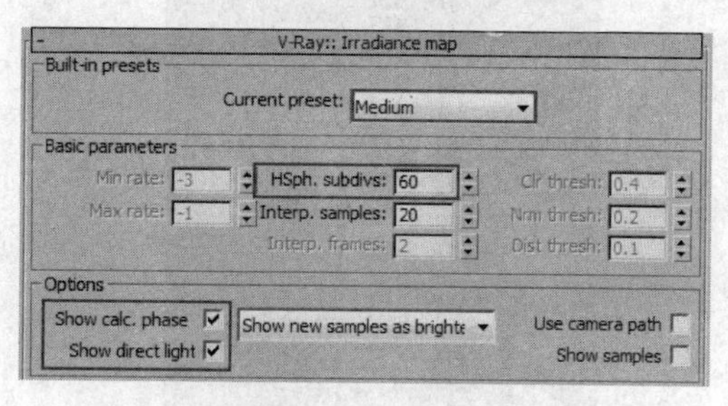

图 6-62　设置发光贴图

Steps 05 在 V-Ray::Light cache（灯光缓存）卷展栏中设置 Subdivs（细分值）为 1200，勾选 Show calc.phase（显示计算状态）复选框，如图 6-63 所示。

Steps 06 展开 V-Ray::DMC Sampler（V-Ray DMC 采样器）卷展栏，设置 Adaptive amount（自适应数量）值为 0.75，Noise threshold（噪波极限）值为 0.005，Min samples（最小采样）值为 30，如图 6-64 所示。

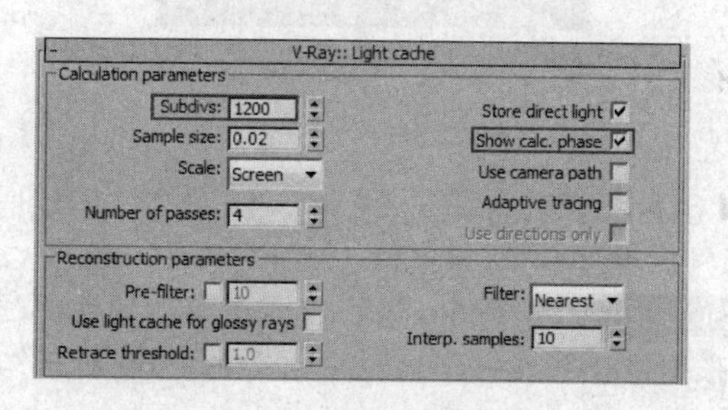

图 6-63　设置灯光缓存

Steps 07 在 V-Ray::System（系统）卷展栏中设置 Max.tree depth（最大树形深度）值为 100，如图 6-65 所示。

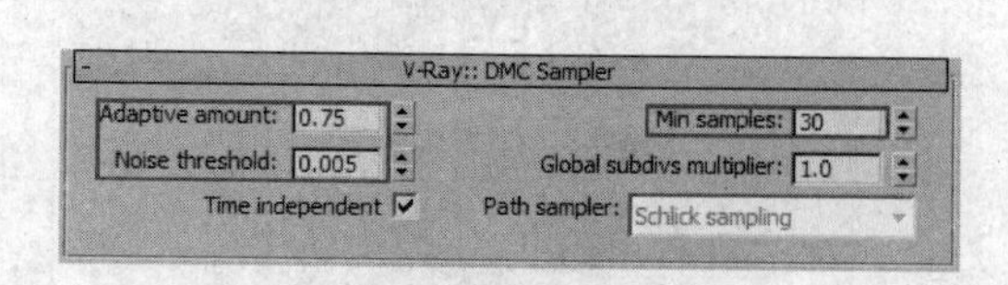

图 6-64　设置 V-Ray::DMC 采样器

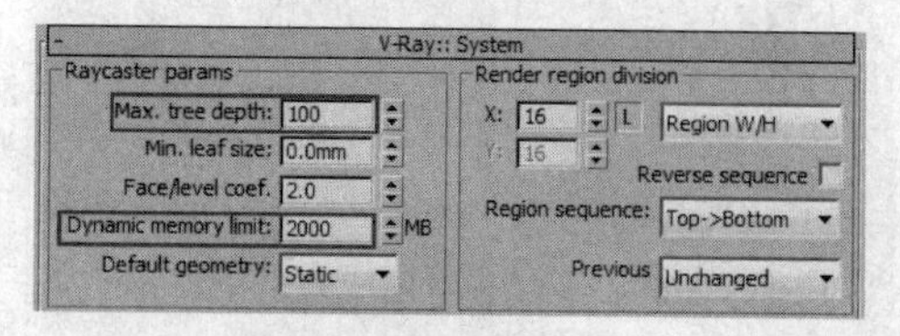

图 6-65　设置最大树形深度

其他的参数保持测试阶段的设置即可，接下来就可以直接渲染成图了，经过几个小时的渲染，最终渲染效果如图 6-66 所示。

6.7 Photoshop 后期处理

首先来观察我们渲染的最终效果图，可以看出图面效果基本上符合我们的要求，只有局部的饱和度较高。下面来修改的局部效果。

6.7.1 色彩通道图

按照前面介绍的方法，使用光盘提供的“材质通道.mse”文件，将场景的对象转化为纯色材质对象，取消灯光，并切换渲染器，然后进行渲染就可以得到所需的色彩通道图，如图 6-67 所示。

图 6-66 最终渲染效果

图 6-67 色彩通道图

6.7.2 PS 后期处理

Steps 01 使用 Photoshop 打开渲染后的色彩通道图和最终渲染图，如图 6-68 所示。并将两张图像合并在一个窗口中，如图 6-69 所示。

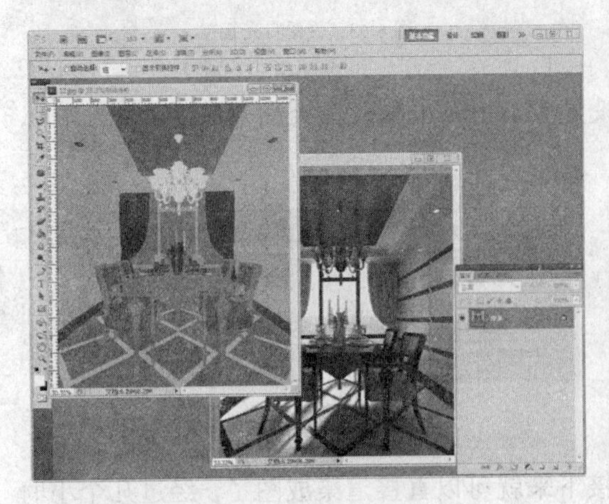

图 6-68 打开图像文件

图 6-69 合并图像窗口

Steps 02 选择“背景”图层，按“Ctrl+J”组合键将其复制一份，并关闭“色彩通道”所在的图层1，如图6-70所示。

Steps 03 执行“图像”→“调整”→“亮度/对比度”命令，在弹出来的对话框中设置对比度的值为30，如图6-71所示。

图6-70　复制图像文件

图6-71　调整整体对比度

Steps 04 在“图层1”中用“魔棒”工具选择顶棚白色区域，再返回“背景副本”图层中，按“Ctrl+J”组合键复制到新的图层，再按“Ctrl+U”组合键打开“色相/饱和度”对话框，降低它的饱和度，如图6-72所示。

Steps 05 再返回“图层1”，用“魔棒”工具选择墙面区域，选中“背景副本”图层，按“Ctrl+J”组合键复制到新图层，再按“Ctrl+U”组合键打开“色相/饱和度”对话框，降低它的饱和度，如图6-73所示。

图6-72　降低天花饱和度

图6-73　调整墙面饱和度

Steps 06 按照同样的方法选择地面区域，降低它的饱和度，如图6-74所示。

Steps 07 最后选择窗帘部分，降低它的饱和度，如图6-75所示。

这样，经过几个简单的饱和度处理便完成了整个效果图的制作，最终效果如图6-76所示。

图 6-74 调整地面饱和度

图 6-75 降低窗帘饱和度

图 6-76 最终效果

第 7 章 阴天现代厨房

本章重点：

- 项目分析
- 创建摄影机
- 设置测试参数
- 设置场景主要材质
- 灯光设置
- 创建光子图
- 最终输出渲染
- Photoshop 后期处理

厨房是指可在内准备食物并进行烹饪的房间，其设计的基本概念是“三角型工作空间”，即洗菜池、冰箱及灶台三者安放位置呈三角形，彼此相隔的距离最好不要超过 1m。本例学习厨房效果图的制作，场景中主要有不锈钢、漆等常用材质，在表现的时候需注重气氛的把握，对于不同的物体可以采用冷暖色调结合的表现方法，这也是一个材质与灯光结合表现的过程，如图 7-1 所示为厨房的最终效果。

7.1 项目分析

本例的材质、灯光是第二章客厅表现的一个延续。在进行表现之前，需对项目本身的特点和表现思路进行详细的思考和分析，这项工作是制作每张效果图前所必需的。

如图 7-1 所示，现代厨房空间的设计追求完整统一、色彩宽敞明快、材质平滑洁净、图案设置适度。本例中的整个厨房空间以直线条构成，体现出时尚、潮流的感觉。黑色石材的地板砖和透光落地窗使得客厅的格调清新前卫、品味高雅。将和本例有共性的图片作为参考，如图 7-2 所示，会给设计师提供概念上的指导。

图 7-1　最终效果

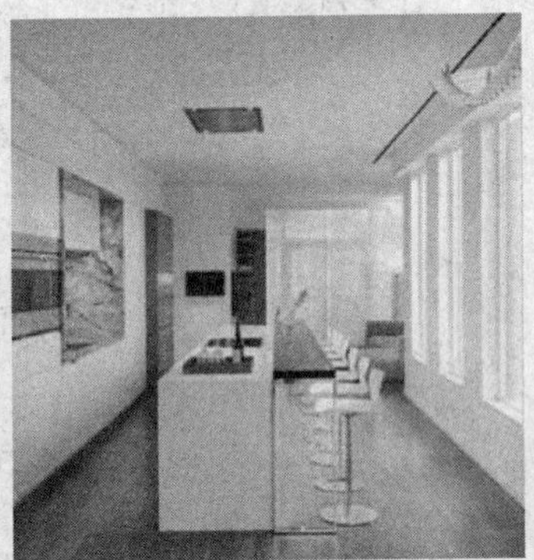

图 7-2　参考图片

7.2 创建摄影机

按照前面章节介绍的方法来创建摄影机，这里同样使用物理摄影机来充当场景中的相机。

Steps 01 打开本书配套光盘中的“阴天现代厨房白模.max”，按“T”键切换至 Top（顶视图），在 Create（创建）选项卡的 Cameras（摄影机）面板中选择 Standard（标准），单击 Target（目标）按钮，在场景中创建一个目标摄影机，如图 7-3 所示。

Steps 02 按“L”键切换至侧视图，右击移动按钮，利用 Move Transform Type-In（移动变换输入）精确调整好摄影机的高度，如图 7-4 所示。

Steps 03 保持在侧视图中，选择目标点，调整其位置，如图 7-5 所示。

Steps 04 在 Modify（修改）面板中对摄影机的参数进行修改，如图 7-6 所示

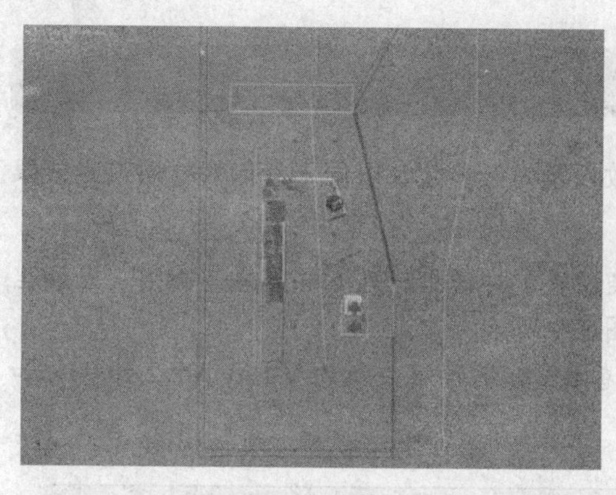

图 7-3　创建摄影机

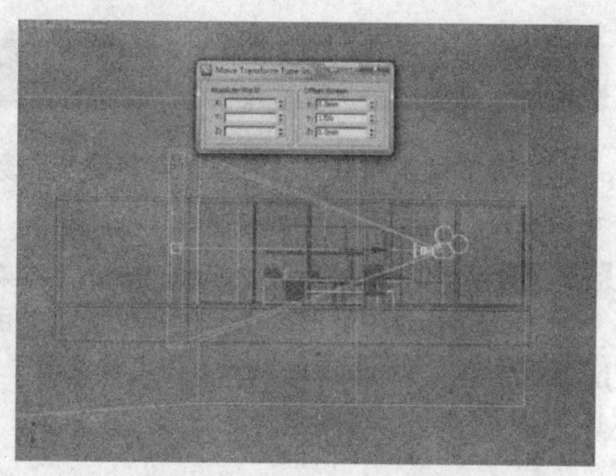

图 7-4　调整摄影机高度

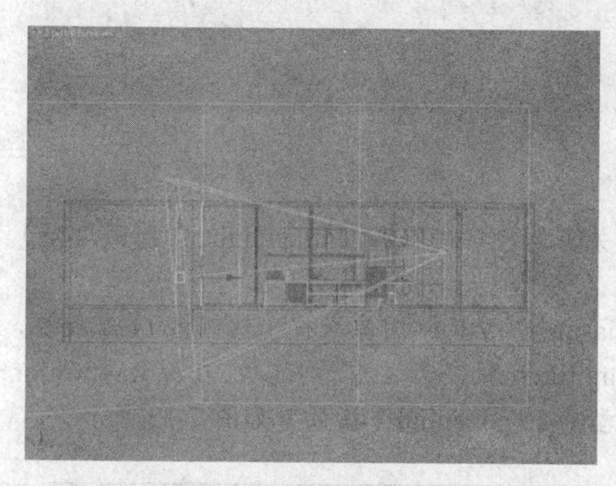

图 7-5　调整摄影机目标点

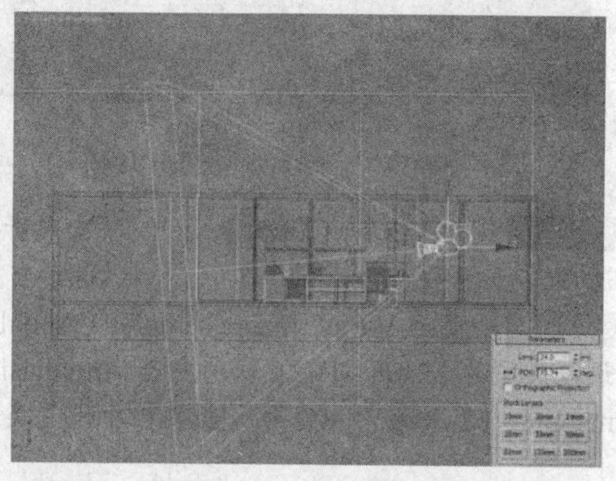

图 7-6　修改摄影机参数

Steps 05 选择目标摄影机，单击鼠标右键，在弹出的列表中选择 Apply Camera Correction Modifier（应用摄影机校正），修正摄影机角度偏差，如图 7-7 所示。

这样，目标摄影机就放置好了。切换到摄影机视图，效果如图 7-8 所示。

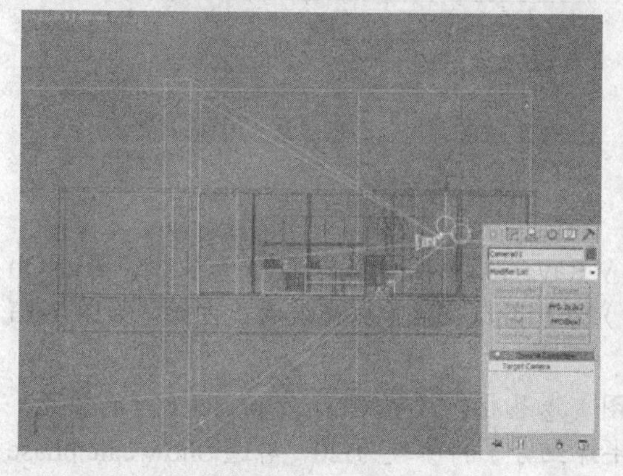

图 7-7　修正摄影机角度偏差

图 7-8　摄影机视图

7.3 设置测试参数

在调节材质和灯光的时候，可将渲染参数设置为低参数，以便于我们对材质灯光效果进行观察。

Steps 01 按“F10”键打开 Render Setup（渲染设置）对话框，在 Common（公用）卷展栏中对 Output Size（输出尺寸）进行设置，如图 7-9 所示。

Steps 02 进入 Assign Renderer（指定渲染器）卷展栏，选择渲染器为 V-Ray Adv2.40.03，如图 7-10 所示。

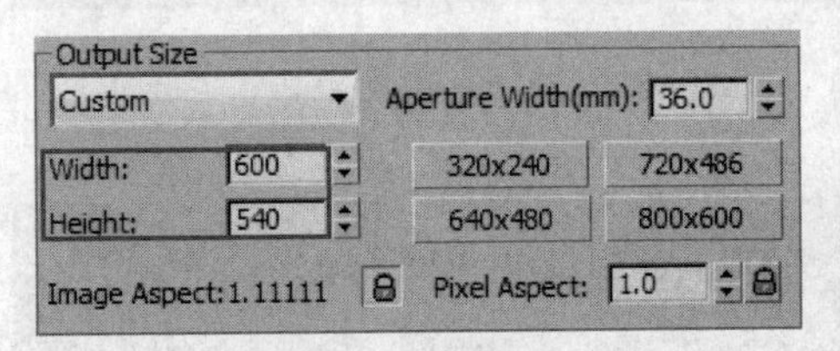

图 7-9 设置输出参数

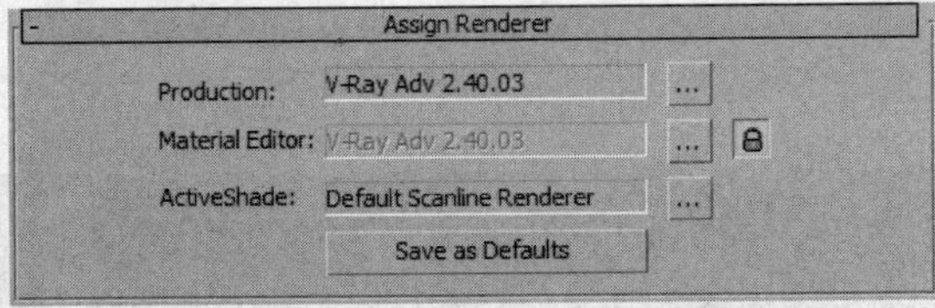

图 7-10 调用 V-Ray 渲染器

Steps 03 展开 V-Ray::Global switches（全局开关）卷展栏，取消 Hidden lights（隐藏灯光）选项，如图 7-11 所示。

Steps 04 切换至 V-Ray::Image sampler（Antialiasing）（V-Ray 图像采样（抗锯齿））卷展栏，设置类型为 Fixed(固定)，取消勾选 Antialiasing filter(抗锯齿过滤器)选项。在 V-Ray::Color mapping（V-Ray 色彩映射）卷展栏中设置类型为 Exponential（指数）如图 7-12 所示。

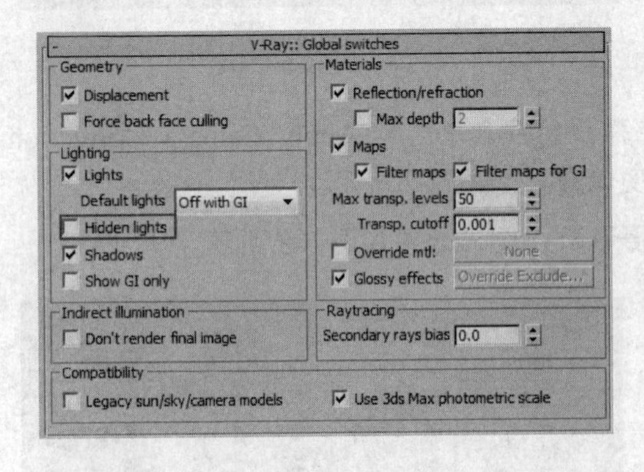

图 7-11 设置全局开关参数

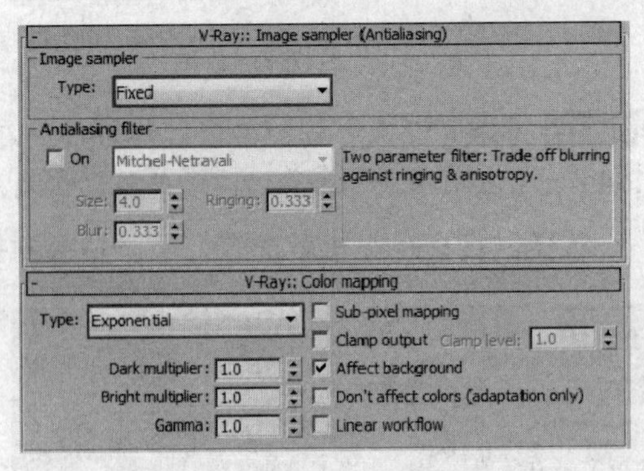

图 7-12 设置图像采样参数

Steps 05 展开 V-Ray::Indrect illumination GI（V-Ray 间接照明（全局光））卷展栏，勾选 On（启用），设置 Secondary bounces（二次反弹）为 Light cache（灯光缓存）方式，如图 7-13 所示。

Steps 06 展开 V-Ray::Irradiance map（发光贴图）卷展栏，设置 Current preset（当前预置）为 Very low（非常低），调节 HSph.subdivs（半球细分）的参数为 20，勾选 Show calc.phase（显示计算相位）和 Show direct light（显示直接照明）两个选项，如图 7-14 所示。

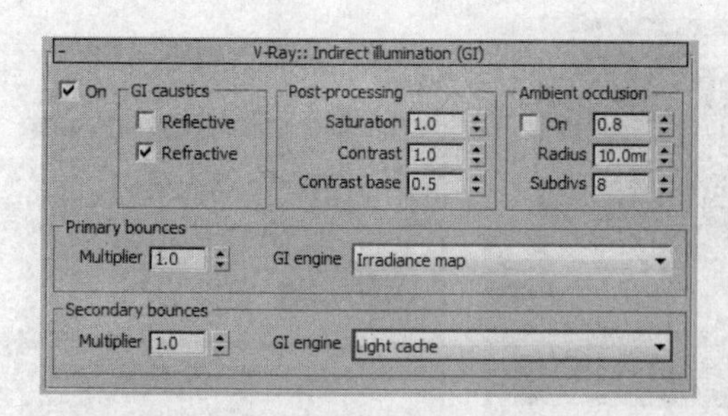

图 7-13 开启间接光照

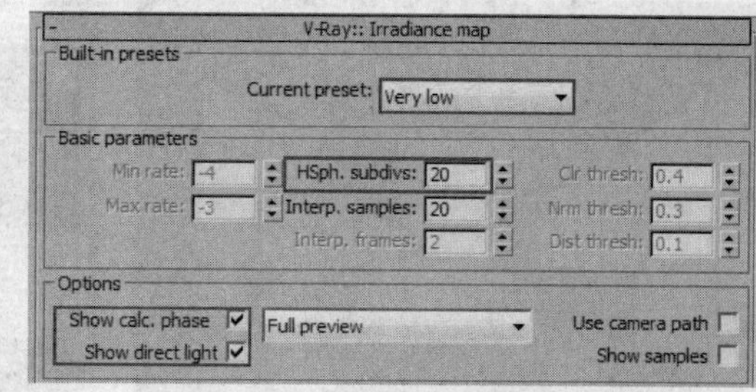

图 7-14 设置发光贴图参数

Steps 07 展开 V-Ray::Light cache（灯光缓存）卷展栏，设置 Subdivs（细分值）为 200，勾选 Show calc.phase（显示计算状态）复选框，如图 7-15 所示。

Steps 08 展开 VRay::System（系统）卷展栏，设置 Dynamic memory limit（动态内存极限）值为 2000MB，Default geometry（默认几何体）为 Static（静态），X/Y（X 与 Y 轴向）值为 16，Region sequence（区域排序）为 Top-Bottom（上至下）选项，如图 7-16 所示。

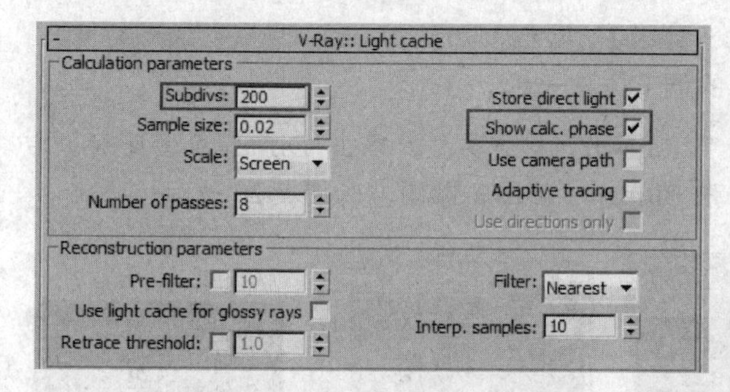

图 7-15 设置灯光缓存的参数

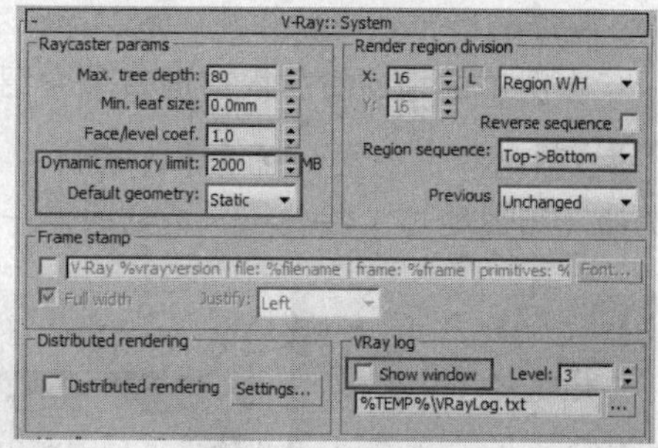

图 7-16 设置系统卷展栏参数

设置测试参数的目的在于时时观察场景中设置的材质和灯光，在发现不合适的效果时可以及时更改。

7.4 设置场景主要材质

本例主要对厨房中大量使用的不锈钢、地砖以及橱柜材质的设置进行介绍。图 7-17 所示为材质制作顺序。

7.4.1 白漆材质

本例中使用的白漆材质具有表面相对光滑、材质反射较弱及高光较小的特点。

Steps 01 在材质编辑器中，选择一个空白材质球，并切换为“VRayMtl”材质类型，设置 Diffuse（漫反射）颜色的 Value（明度）值为 240，Reflect（反射）的颜色的 Value（明度）值为 150，调节 Hilight glossiness（高光光泽度）值为 0.82，Refl.glossiness（反射光泽度）值为 0.86，勾选 Fresnel reflections（菲涅尔反射）复选框，如图 7-18 所示。

图 7-17 材质制作顺序

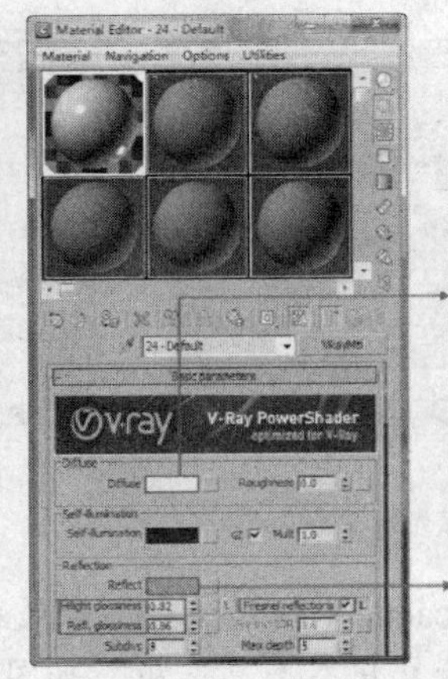

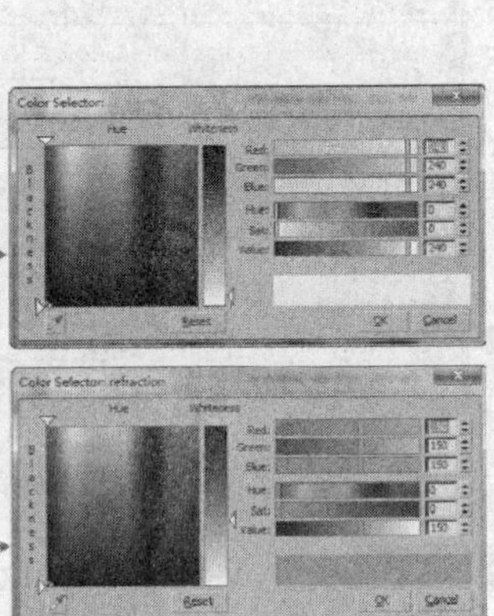

图 7-18 设置黑漆材质参数

Steps 02 完成白漆材质设置后单击按钮赋予对象材质，如图 7-19 所示。

7.4.2 地砖材质

本例中的地砖材质同前面章节介绍的调节方法一致。

Steps 01 选择一个空白材质球，切换为“VRayMtl”材质类型，单击 Diffuse（漫反射）右侧的（贴图通道）按钮，为它添加一张 Bitmap（位图）贴图，如图 7-20 所示。

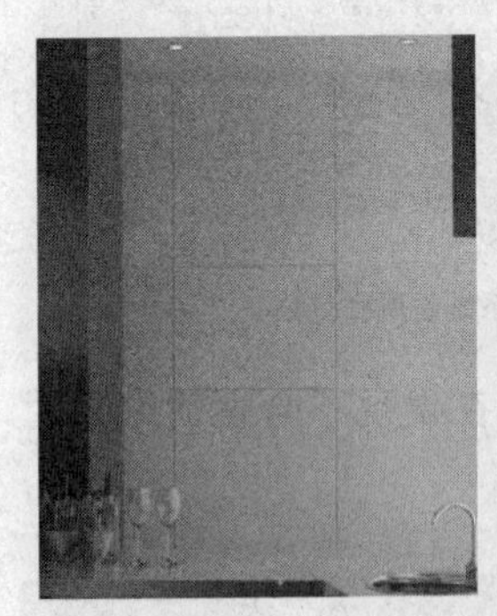

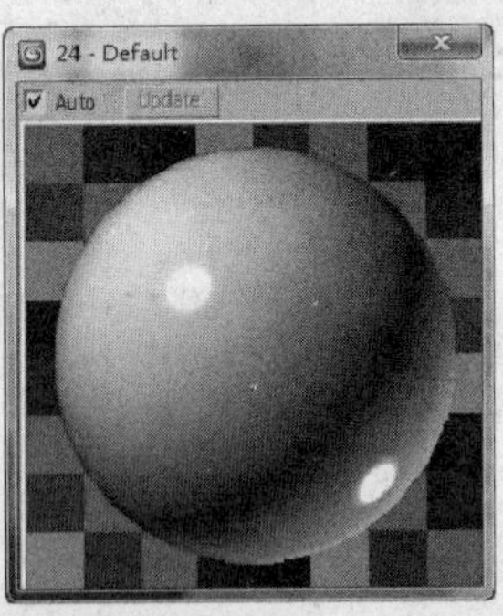

图 7-19 白漆材质

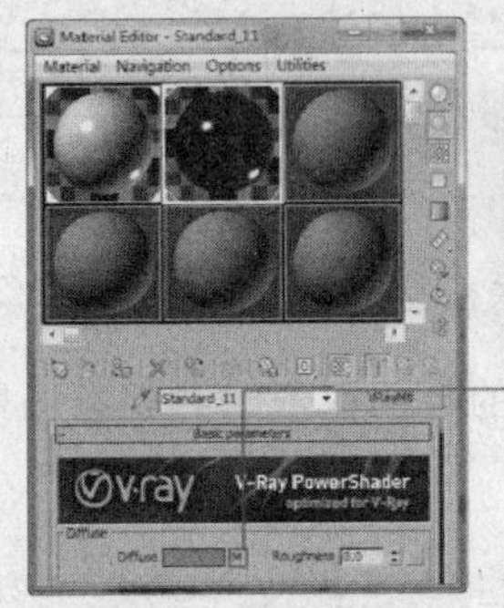

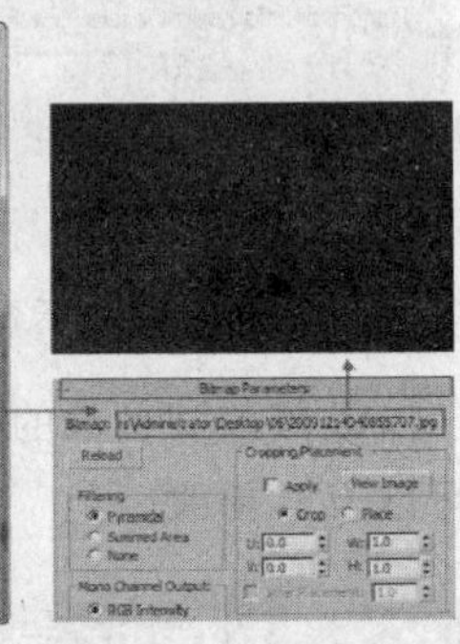

图 7-20 添加位图贴图

Steps 02 单击 Reflect（反射）颜色色块，设置 Value（明度）值为 200，再设置 Hilight glossiness（高光光泽度）值为 0.82，Refl.glossiness（反射光泽度）值为 0.86，勾选 Fresnel reflections（菲涅尔反射）复选框，如图 7-21 所示。

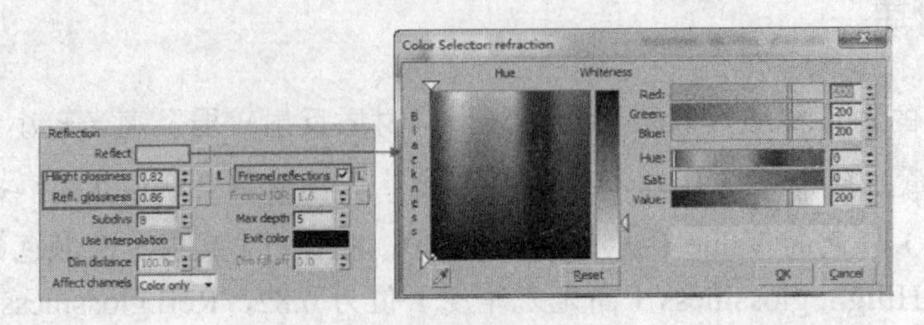

图 7-21 设置反射选项组参数

Steps 03 展开 Maps（贴图）卷展栏，在 Diffuse（漫反射）贴图通道里调整 Output（输出）曲线，在 Bump（凹凸）通道里，添加一张贴图控制砖缝的凹凸效果，如图 7-22 所示。

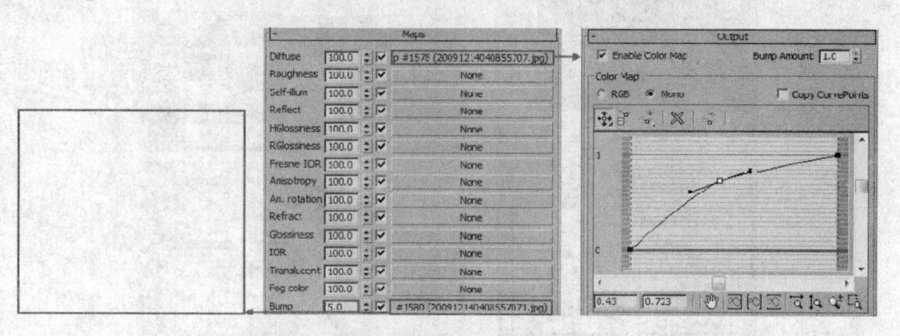

图 7-22 调整贴图卷展栏

提 示：使用贴图中的输出曲线可以很好地控制材质的明暗及对比度。

Steps 04 单击材质编辑器中的按钮，将创建完成的黑色地砖材质指定给相应的模型，如图 7-23 所示。

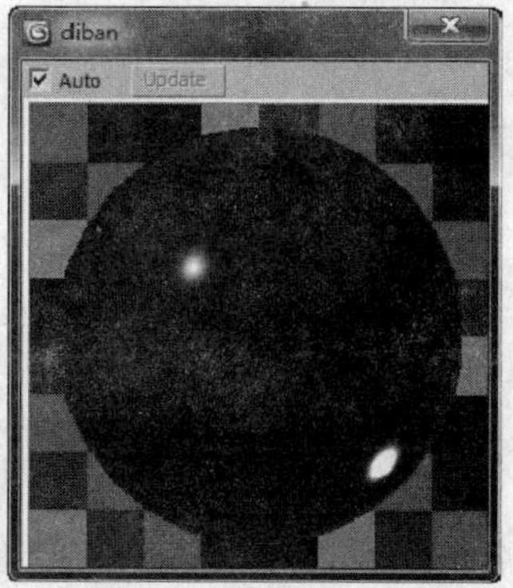

图 7-23 赋予对象材质

7.4.3 不锈钢材质

本场景中使用了多种不锈钢，分别为磨砂不锈钢、拉丝不锈钢、亮面不锈钢，下面来对这些材质的设置进行介绍。

1. 磨砂不锈钢

磨砂不锈钢的表面不够光滑，有微小的凹凸，反射比较模糊。

Steps 01 切换材质球为“VRayMtl”材质类型，设置 Diffuse（漫反射）颜色的 Value（明度）值为 90。

Steps 02 在 Reflection（反射）选项组中设置 Reflect（反射）颜色的 Value（明度）值为 180，Hilight glossiness（高光光泽度）值为 0.6，Refl.glossiness（反射光泽度）值为 0.9，如图 7-24 所示。

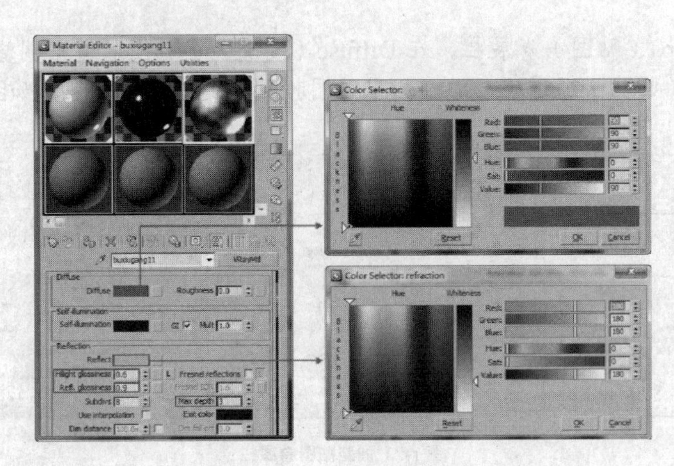

图 7-24 设置基本参数

Steps 03 在 BDRF 卷展栏中设置 Type（类型）为 Ward（沃德），如图 7-25 所示。

Steps 04 选择场景中的磨砂不锈钢对象，赋予其材质，图 7-26 所示为其材质效果。

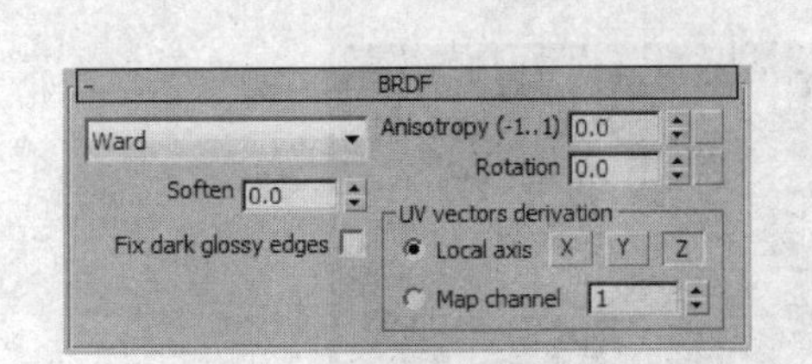

图 7-25 设置沃德方式

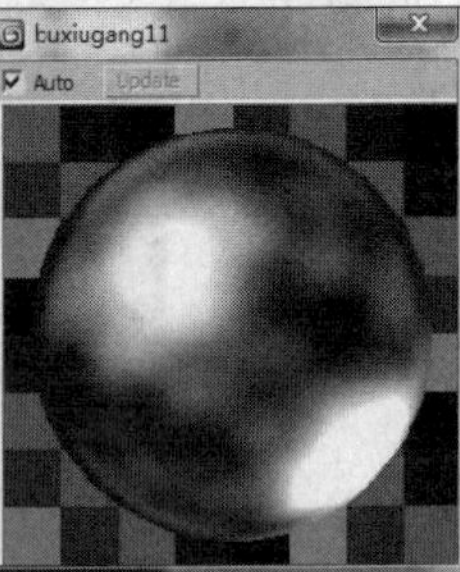

图 7-26 磨砂不锈钢材质效果

2. 拉丝不锈钢

拉丝不锈钢基本上与磨砂不锈钢的材质效果类似，唯一不同的是它表面具有拉丝的效果。

Steps 01 切换材质球为“VRayMtl”材质类型，设置 Diffuse（漫反射）颜色的 Value（明度）值为 50。在 Reflection（反射）选项组中设置 Hilight glossiness（高光光泽度）值为 0.82，Refl.glossiness（反射光泽度）值为 0.95，如图 7-27 所示。

Steps 02 在 BDRF 卷展栏中设置 Type（类型）为 Ward（沃德），如图 7-28 所示。

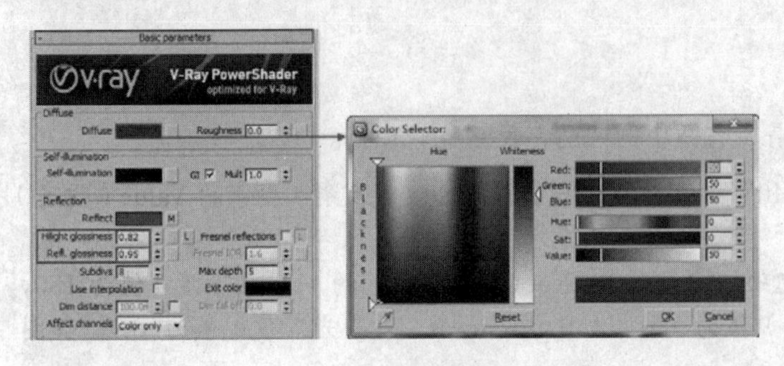

图 7-27 设置基本参数

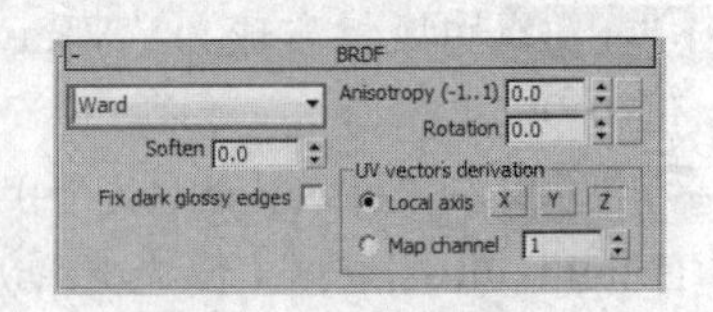

图 7-28 设置沃德方式

Steps 03 展开 Maps（贴图）卷展栏，分别在 Reflect（反射）和 Bump（凹凸）通道里添加位图贴图来模拟材质的拉丝效果，如图 7-29 所示。

Steps 04 选择场景中的拉丝不锈钢对象，赋予其材质，图 7-30 所示为其材质效果。

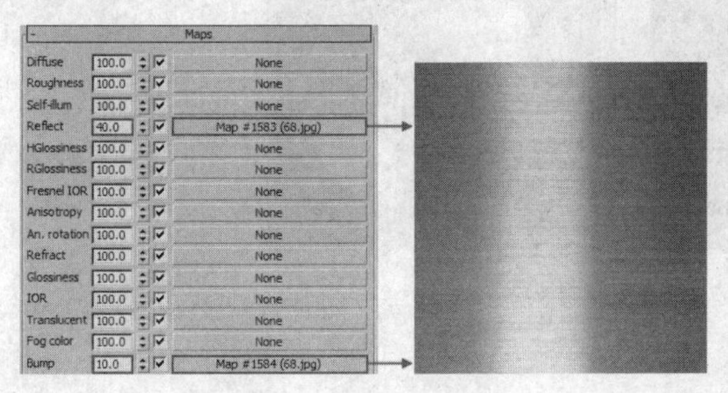

图 7-29 添加位图贴图

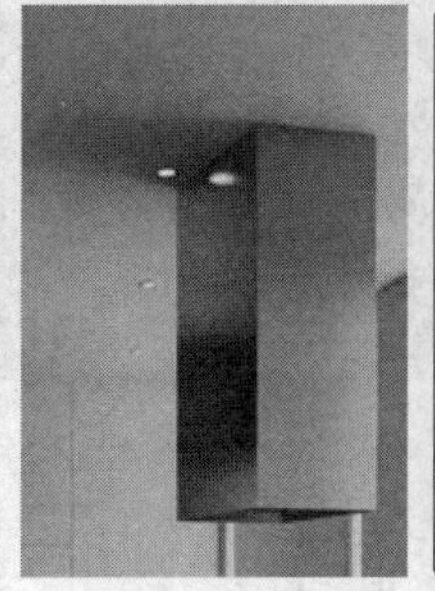

图 7-30 磨砂不锈钢材质效果

3. 亮面不锈钢

亮面不锈钢具有反射强、高光范围小的特点。

Steps 01 切换材质球为“VRayMtl”材质类型，设置 Diffuse（漫反射）颜色的 Value（明度）值为 50。

Steps 02 在 Reflection（反射）选项组中设置 Reflect（反射）颜色的 Value（明度）值为 180，Hilight glossiness（高光光泽度）值为 0.6，Refl.glossiness（反射光泽度）值为 0.95，如图 7-31 所示。

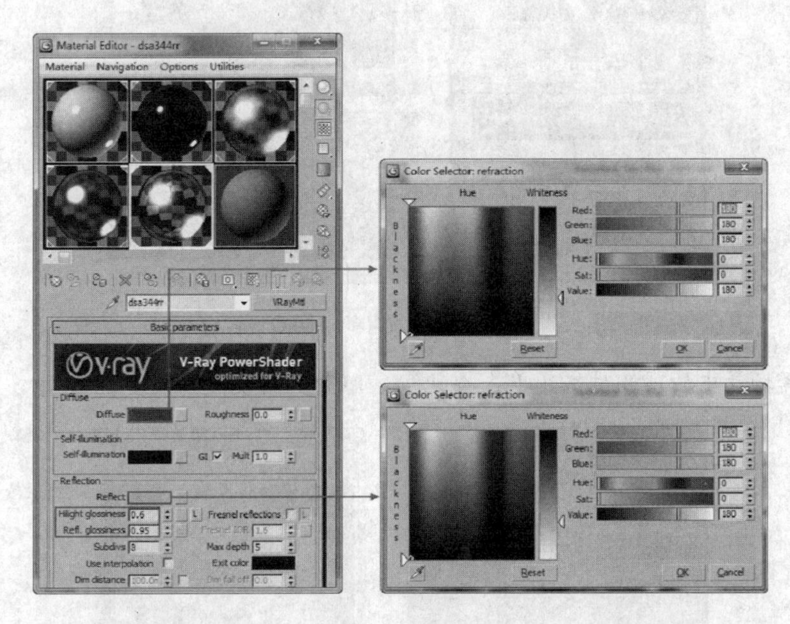

图 7-31 设置基本参数

Steps 03 选择场景中的亮面不锈钢对象，赋予其材质，图 7-32 所示为其材质效果。

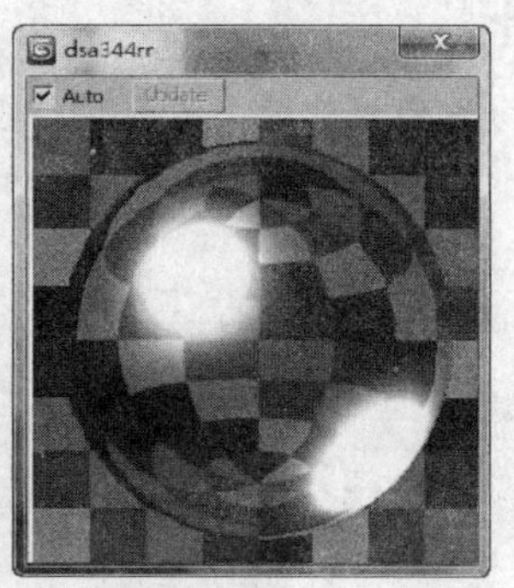

图 7-32 亮面不锈钢材质效果

7.4.4 乳胶漆材质

Steps 01 切换材质球为“VRayMtl”材质类型，设置 Diffuse（漫反射）颜色的 Value（明度）值为 245，Reflect（反射）的颜色值为 5，Refl.glossiness（反射光泽度）值为 0.35，如图 7-33 所示。

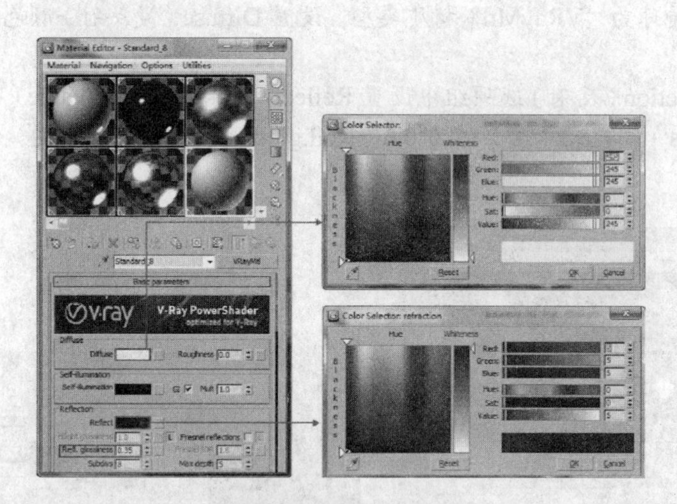

图 7-33 设置漫反射和反射参数

Steps 02 选择场景中的顶棚对象，单击按钮，赋予其材质，如图 7-34 所示。

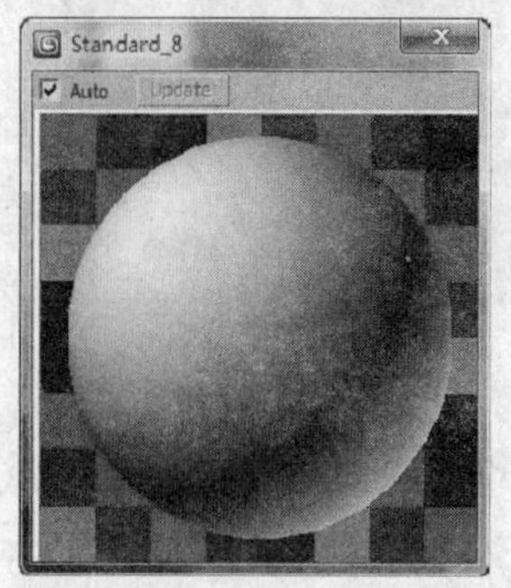

图 7-34 乳胶漆效果

7.4.5 墙面材质

Steps 01 切换材质为“VRayMtl”材质类型，单击 Reflect（反射）右侧的（贴图通道）按钮，为它添加一张 Falloff（衰减）贴图，设置衰减方式为 Fresnel（菲涅尔），调整 Front:Side（正前:侧边）颜色值。

Steps 02 设置 Hilight glossiness（高光光泽度）值为 0.65，Refl.glossiness（反射光泽度）值为 0.67，勾选 Fresnel reflections（菲涅尔反射）复选框，如图 7-35 所示。

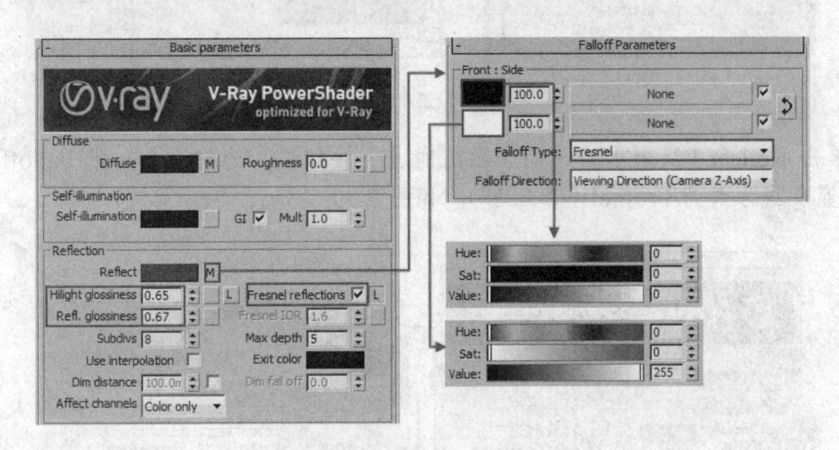

图 7-35 设置基础参数

Steps 03 展开 Maps（贴图）卷展栏，在 Diffuse（漫反射）和 Bump（凹凸）通道里分别添加一张贴图来模拟墙面材质的纹理及凹凸效果，如图 7-36 所示。

Steps 04 选择场景中的墙面对象，单击按钮赋予其材质，如图 7-37 所示。

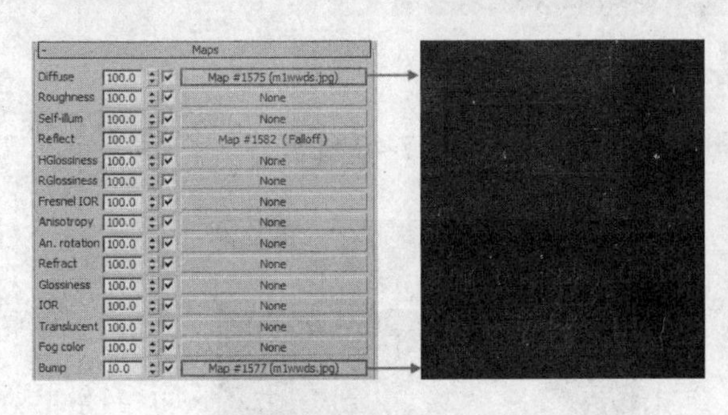

图 7-36 为漫反射和凹凸添加贴图

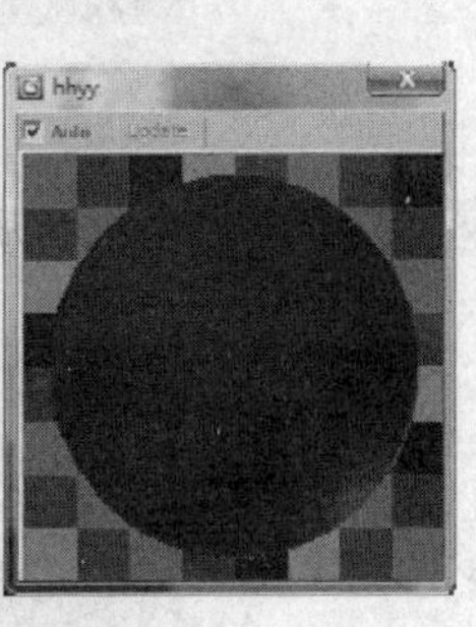

图 7-37 墙面材质

7.4.6 塑钢材质

塑钢是非常普遍的一种建筑材料，它表面光滑，带有菲涅耳反射，高光相对比较小。

Steps 01 选择一个空白材质球并切换为“VRayMtl”材质类型，设置 Diffuse（漫反射）颜色的 Value（明度）值为 220，如图 7-38 所示。

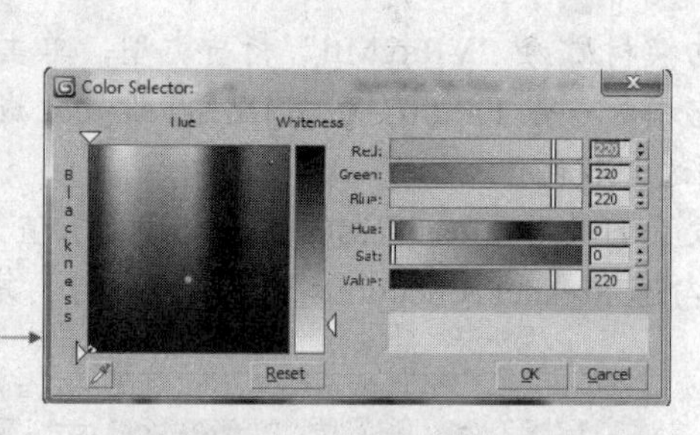

图 7-38 设置漫反射颜色

Steps 02 单击 Reflect（反射）右侧的（贴图通道）按钮 ，为它添加一张 Falloff（衰减）贴图，设置衰减方式为 Fresnel（菲涅尔），如图 7-39 所示。

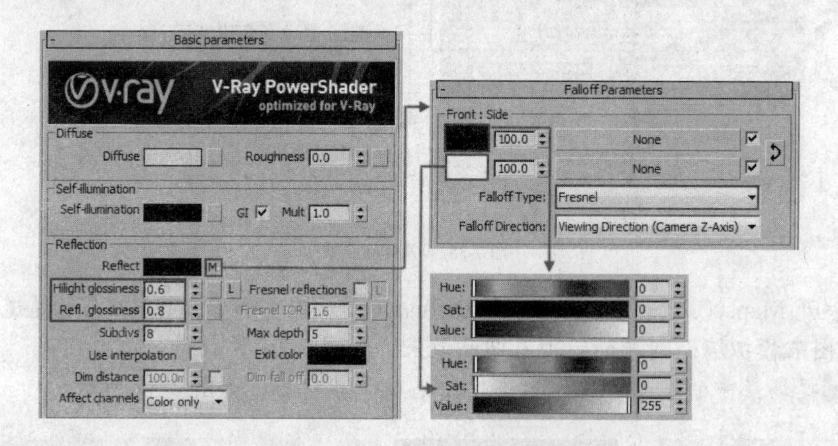

图 7-39 设置反射组参数

Steps 03 完成塑钢材质的设置后单击按钮 赋予其材质，如图 7-40 所示。

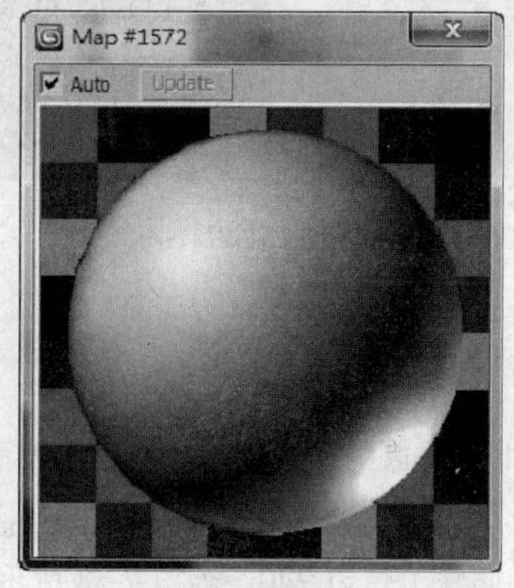

图 7-40 塑钢材质效果

7.5 灯光设置

7.5.1 灯光布置分析

本场景表现的是一个阴天现代厨房，其有一处大型落地窗，家具造型时尚前卫。阴天的表现只有一个光源，就是被云层阻挡散射的光，所产生的光线与阴影都比较柔和，对比度较低，色彩饱和度也不高，表现区域一目了然。图 7-41 所示为厨房顶面布置图。

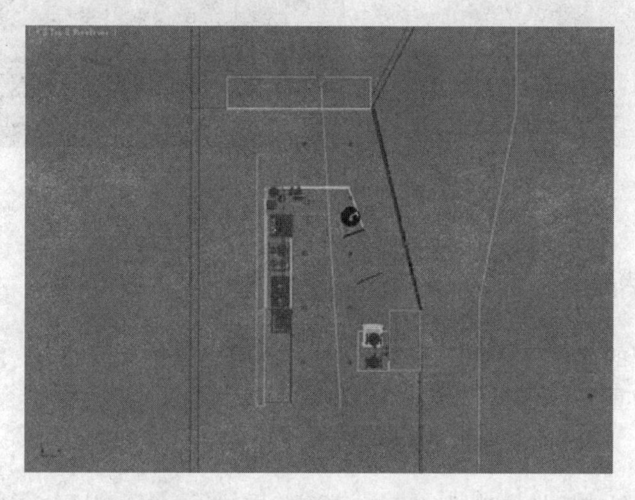

图 7-41 厨房顶面布置图

根据上面的分析，可以确定，场景以阴天光照比较充足的时候表现为佳，加以室内光源对整个场景的补光即可完成表现。

7.5.2 设置背景

Steps 01 按“M”键打开材质编辑器，选择一个空白材质球，单击 Standard 按钮将材质切换为 VRayLightMtl（VRay 灯光材质）材质类型。单击 Color（颜色）右侧的贴图通道，添加一张位图贴图来控制背景光，如图 7-42 所示。

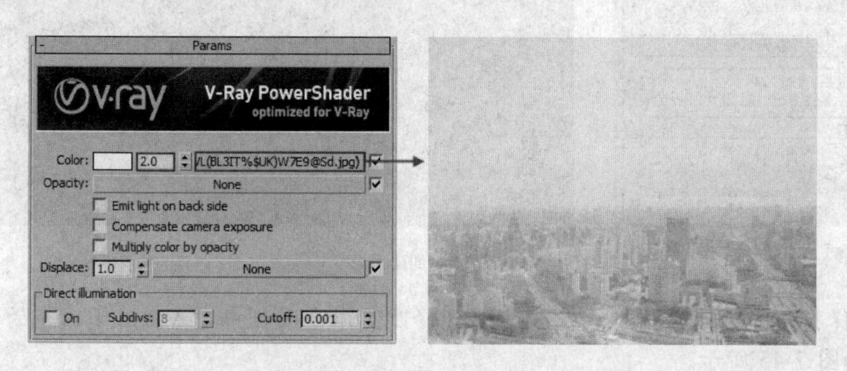

图 7-42 设置 VRay 灯光材质

Steps 02 将设置好的背景材质赋予场景中的对象，切换到摄影机视图，在 Modify（修改）命令面板中为它添加 UVWmap（UVW 贴图）修改器，调整好外景的位置，如图 7-43 所示。

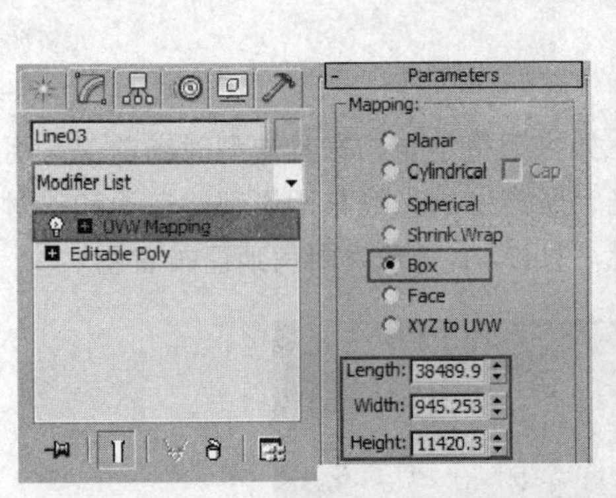

图 7-43 调整背景

7.5.3 设置自然光

场景中有大型的落地窗，这是光线透过窗户照亮场景的重要部分，所以设置好自然光对本案例来说尤为重要。

1. 创建天光

Steps 01 在灯光创建面板中选择 VRay 类型，单击 VRayLight 按钮，将灯光类型设置为 Dome（穹顶），在顶视图的任意位置处创建一盏 Dome（穹顶）类型的 VRayLight，如图 7-44 所示。

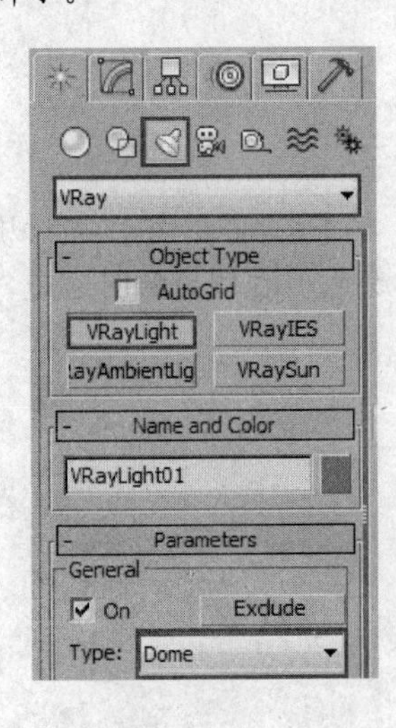

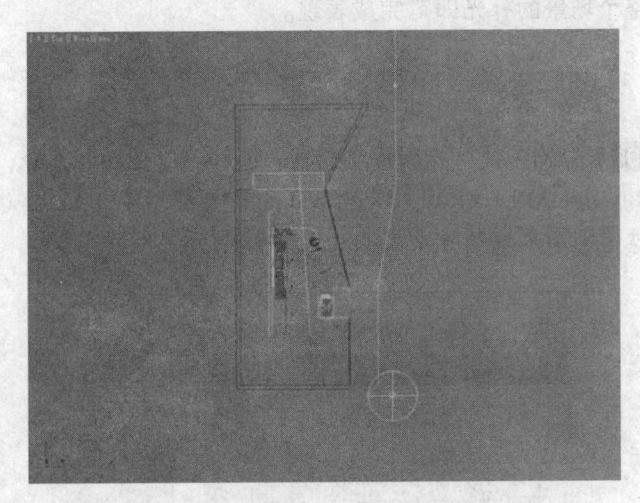

图 7-44 创建天光

Steps 02 保持灯光为选择状态，在 Modify（修改）命令面板中对 VRay 半球光的参数进行调整，如图 7-45 所示。

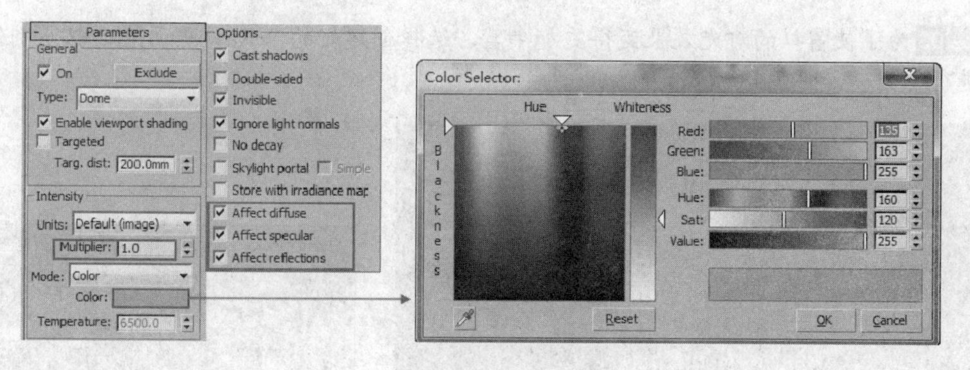

图 7-45 调整 VRay 半球光参数

2. 加强窗户天光效果

Steps 01 在 VRay 灯光创建面板中单击 VRayLight 按钮，将灯光类型设置为 Plane（平面）类型，然后在各视图窗户位置处创建面光源，如图 7-46 所示。

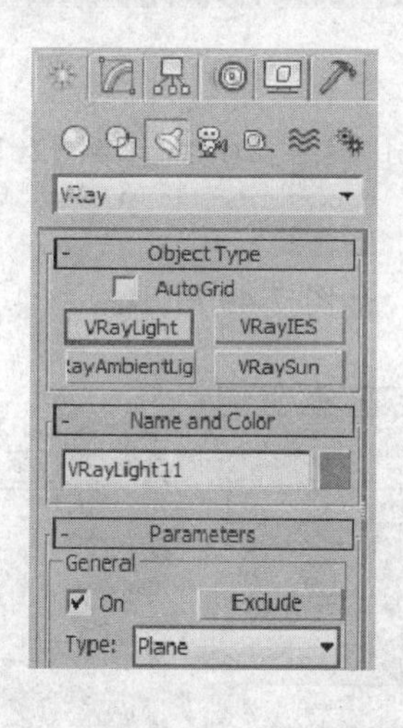

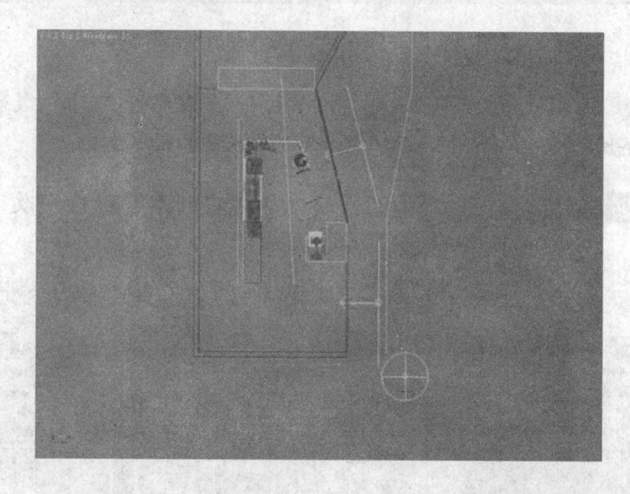

图 7-46 创建 VRay 平面光

Steps 02 在 Modify（修改）命令面板中对 VRay 平面光的参数进行调整，如图 7-47 所示。

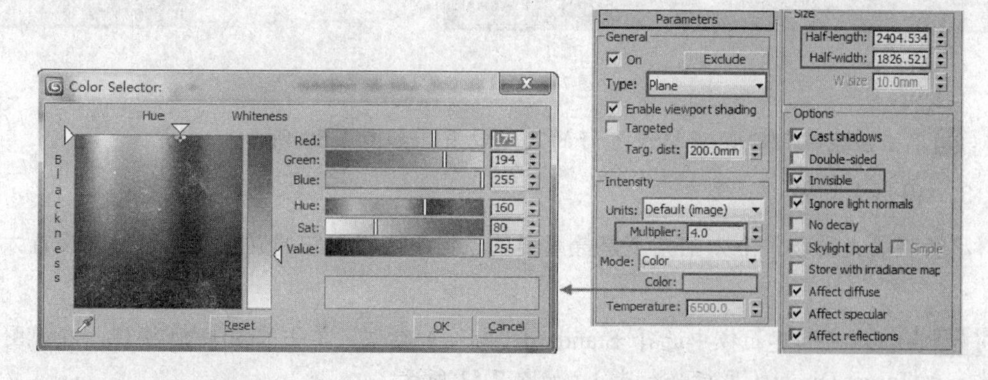

图 7-47 调整 VRay 平面光参数

Steps 03 为了使窗口的灯光效果变得更加丰富，选择创建好的 VRay 平面光，以复制的方式进行复制，如图 7-48 所示。

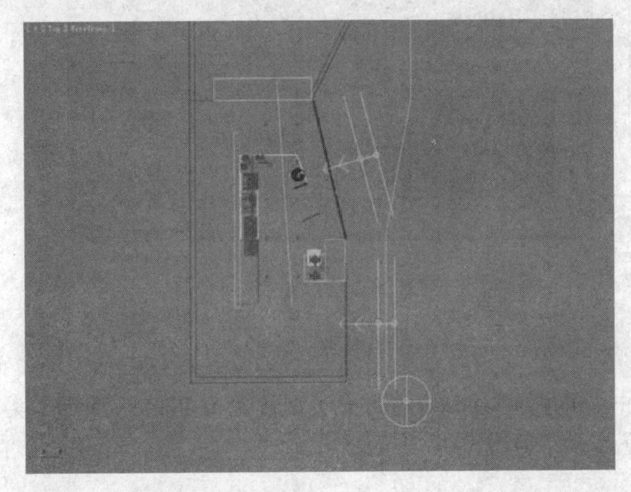

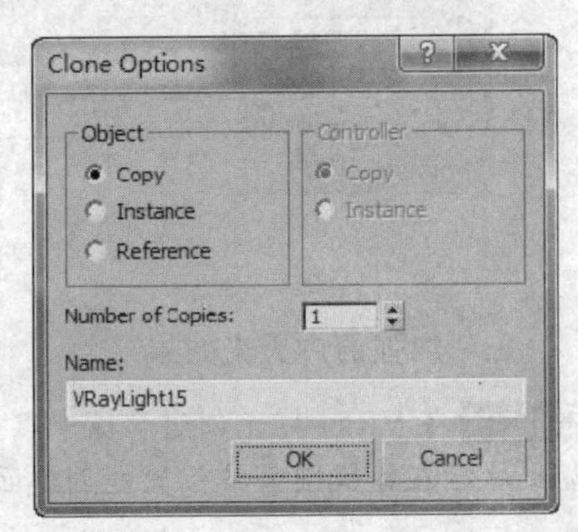

图 7-48 复制 VRay 平面光

提 示：创建好一盏平面光后，其他灯光以关联复制的方法进行复制，这样在对灯光参数进行调节的时候其他灯光参数将跟随变化，可以加快效果图的制作速度。

Steps 04 选择复制好的 VRay 平面光，对它的参数进行修改，如图 7-49 所示。

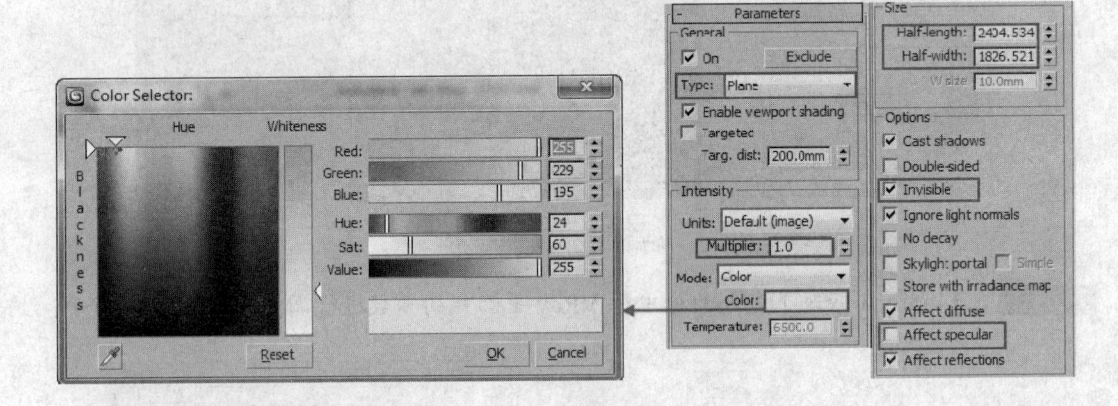

图 7-49 修改灯光参数

Steps 05 单击渲染按钮，观察设置好的天光效果，如图 7-50 所示。

3. 设置太阳光

尽管在柔光的场景中太阳光不是最重要的，但不可否认它的确存在，下面来设置太阳光。

Steps 01 在灯光创建面板中选择 Standard（标准）类型，单击 Target Direct 按钮，在视图中创建一盏 Target Direct（目标平行光），如图 7-51 所示。

图 7-50 天光效果

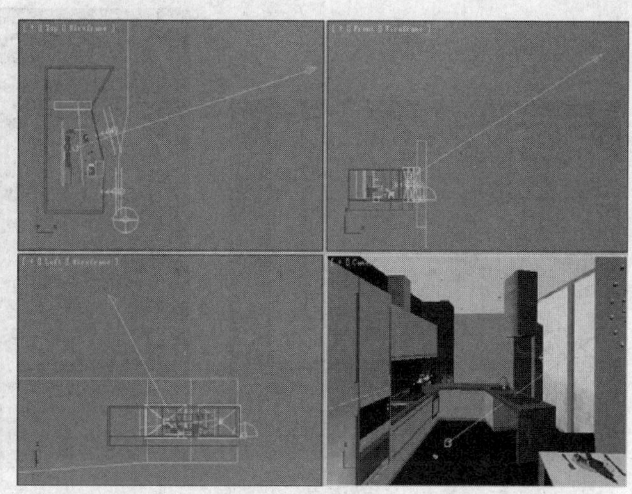

图 7-51 设置太阳光

Steps 02 选择创建好的太阳光，在修改命令面板中对它的参数进行调整，如图 7-52 所示。

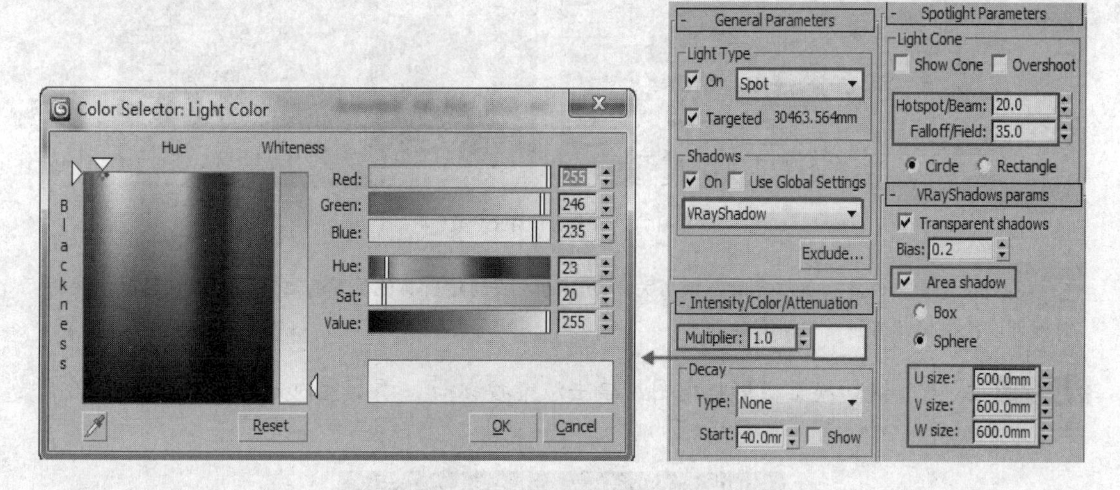

图 7-52 调整太阳光参数

Steps 03 按“C”键切换至摄影机视图，单击渲染按钮，添加太阳光后的效果如图 7-53 所示。

7.5.4 布置室内光源

室外的自然光布置完以后，我们可以看见室内区域并没有得到很好的光照，因此还需要对场景中添加光源进行照亮。

Steps 01 在灯光创建面板中选择 Photometric（光度学）类型，单击 Target Light 按钮，在视图中创建一个 Target Light（目标灯光），然后复制得到其他位置的灯光，如图 7-54 所示。

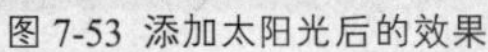

图 7-53 添加太阳光后的效果

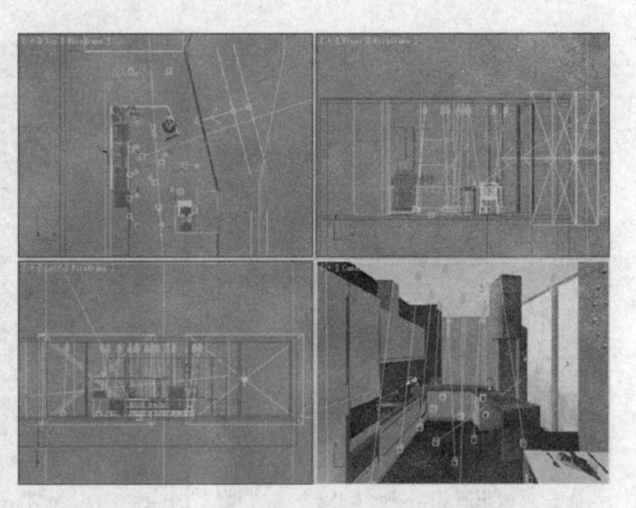

图 7-54 布置室内光源

Steps 02 选择一个 Target Light（目标灯光），对它的参数进行调整，如图 7-55 所示。

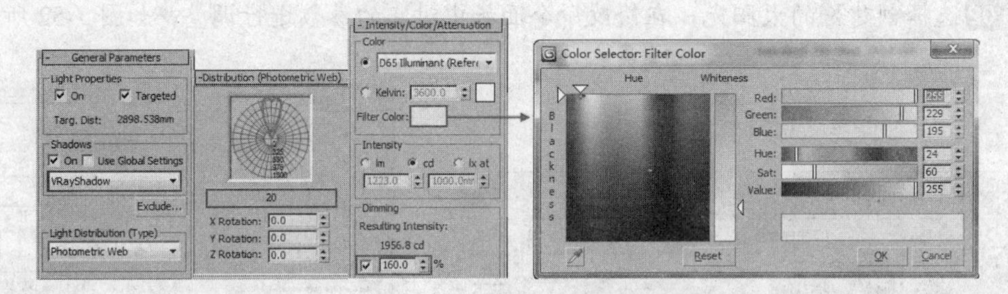

图 7-55 调整目标灯光参数

提 示：在场景中创建一盏灯光后，使用关联复制的方法创建出其他位置的灯光，可以在更改参数的时候可以很快修改好场景中所有的灯光。

Steps 03 按“C”键切换至摄影机视图，单击渲染按钮，添加室内光的效果如图 7-56 所示。

图 7-56 室内灯光效果

7.6 创建光子图

在材质和灯光效果得到确认后，下面将为场景的最终渲染做准备。

7.6.1 提高细分值

Steps 01 首先进行材质细分的调整，将材质细分设置相对高一些可以避免光斑、噪波等现象的产生，因此对讲解到的主要材质 Reflection（反射）选项组中的 Subdivs（细分）值进行增大，一般设置为 20~24 即可，如图 7-57 所示。

Steps 02 同样，将场景内所有 VRay 灯光类型中 Sampling 选项组中的 Subdivs（细分）的值以及其他灯光类型中的 VRayShadows params 选项组中的 Subdivs（细分）的值设置为 24，如图 7-58 所示。

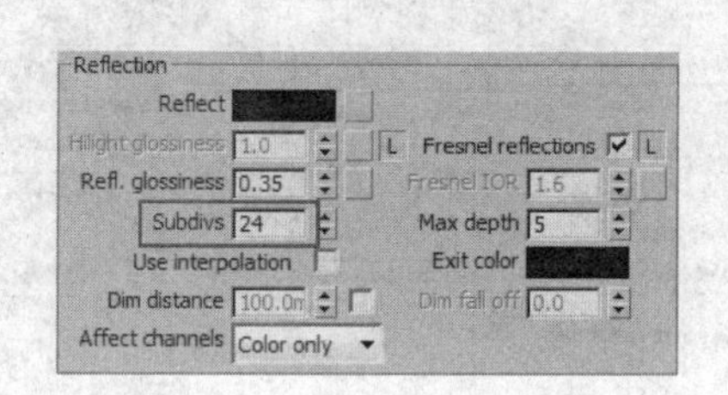

图 7-57 提高材质细分设置

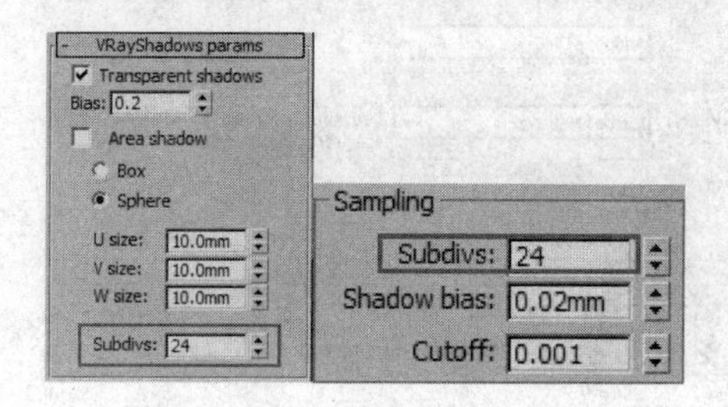

图 7-58 提高灯光细分

7.6.2 调整渲染参数

下面来调节光子图的渲染参数。

Steps 01 按“F10”键打开“渲染面板”，在 Common（公用）选项卡中设置 Output Size（输出尺寸）的参数，如图 7-59 所示。

Steps 02 在 V-Ray 选项卡中展开 V-Ray::Global switches（全局开关）卷展栏，取消勾选 Hidden lights（隐藏灯光），勾选 Don`t render final image（不渲染最终图像）复选框，如图 7-60 所示。

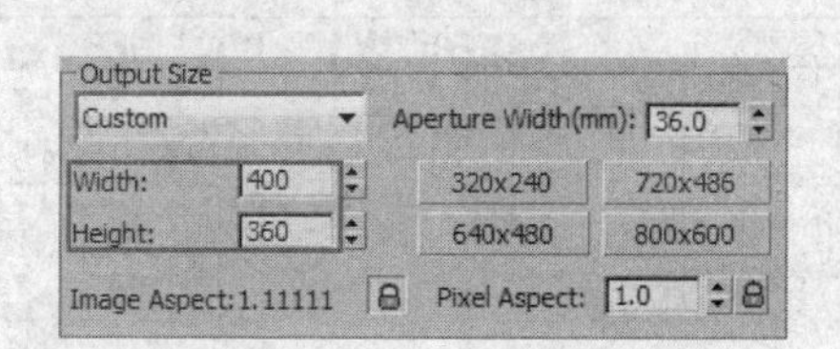

图 7-59 设置输出尺寸

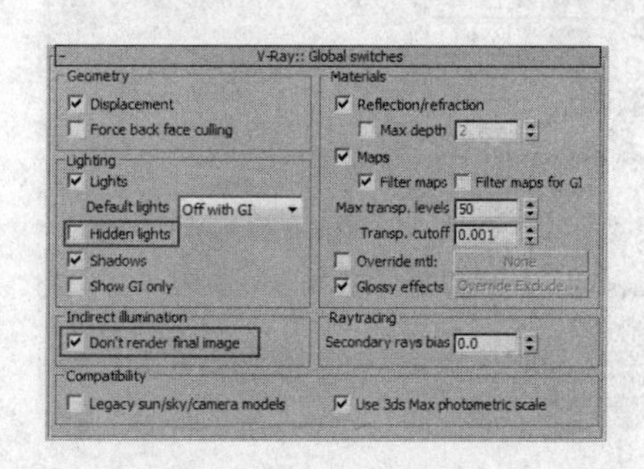

图 7-60 设置全局开关参数

提示：一般要求光子图尺寸不小于成图尺寸的四分之一，例如成图如果准备渲染成1600×1200，则光子图尺寸设置为400×300比较合适。

Steps 03 切换至 V-Ray::Image sampler（Antialiasing）（Vray 图像采样（抗锯齿））卷展栏，设置类型为 Adaptive DMC（自适应 DMC）采样器，勾选 Antialiasing filter（抗锯齿过滤器）选项，并设置为 Mitchell-Netravali，如图 7-61 所示。

Steps 04 展开 V-Ray::Irradiance map（发光贴图）卷展栏，设置 Current preset（当前预置）为 Medium（中等），调节 HSph.subdivs（半球细分）的参数为 60，勾选 Show calc.phase（显示计算相位）和 Show direct light（显示直接照明）两个选项，再勾选 On render end（渲染结束后）选项组中的所有选项，如图 7-62 所示。

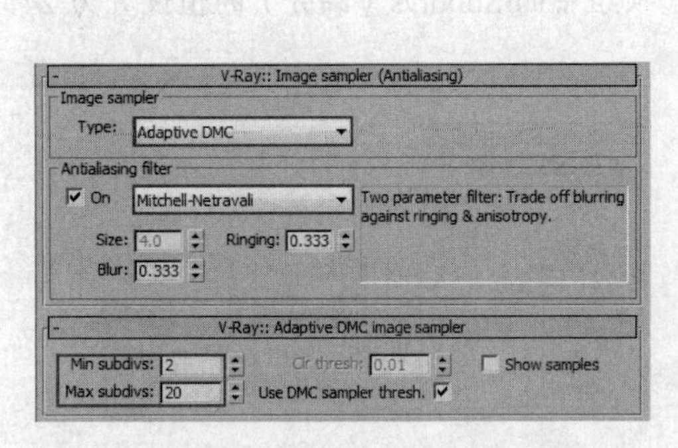

图 7-61 设置 V-Ray 图像采样参数

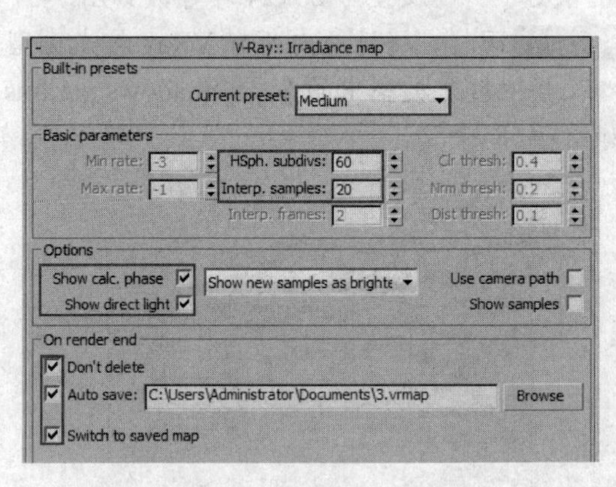

图 7-62 设置发光贴图参数

提示：单击 On render end（渲染结束后）选项组中的 Browse 按钮可以设置光子保存的路径。

Steps 05 展开 V-Ray::Light cache（灯光缓存）卷展栏，设置 Subdivs（细分值）为 1200，勾选 Show calc phase（显示计算状态）复选框，如图 7-63 所示。

Steps 06 展开 V-Ray::DMC Sampler（V-RayDMC 采样器）卷展栏，设置 Adaptive amount（自适应数量）值为 0.75，Noise threshold（噪波极限）值为 0.005，Min samples（最小采样）值为 30，如图 7-64 所示。

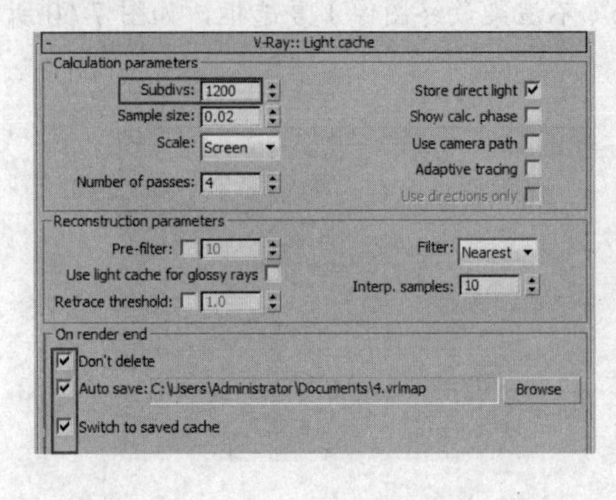

图 7-63 设置灯光缓存参数

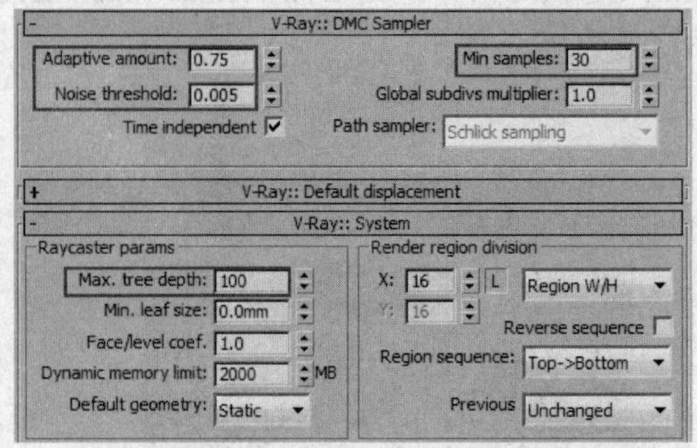

图 7-64 设置系统卷展栏参数

Steps 07 光子图渲染参数调整完成后，返回摄影机视图进行光子图渲染，渲染完成后打开“发光贴图”与“灯光缓存”卷展栏参数，查看是否成功保存并已经调用了计算完成的光子图，如图 7-65 所示。

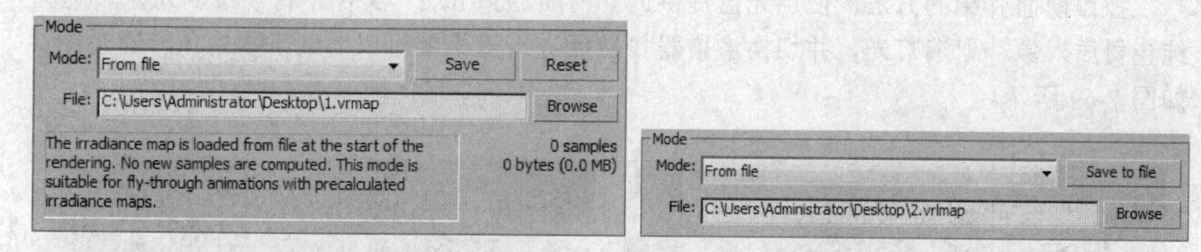

图 7-65　发光贴图和灯光缓存光子图的调用

7.7 最终输出渲染

光子图渲染完成后，下面将对整个场景做最终输出渲染。

Steps 01 按“F10”键打开“渲染设置”对话框，在 Common（公用）选项卡中设置 Output Size（输出尺寸）的参数为 1600 × 1440，如图 7-66 所示。

Steps 02 展开 V-Ray::Global switches（全局开关）卷展栏，取消 Don`t render final image（不渲染最终图像）的勾选，如图 7-67 所示。

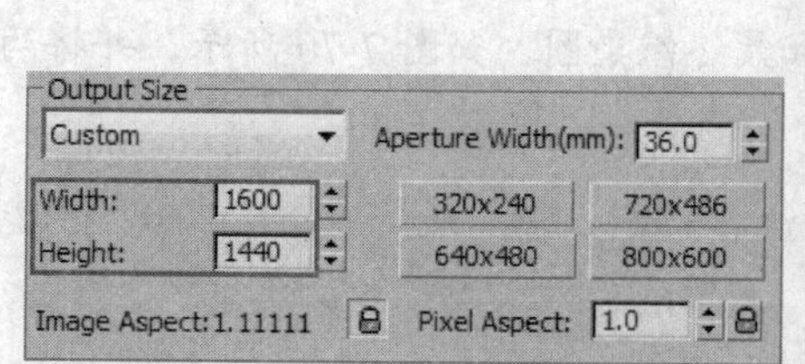

图 7-66　设置输出尺寸

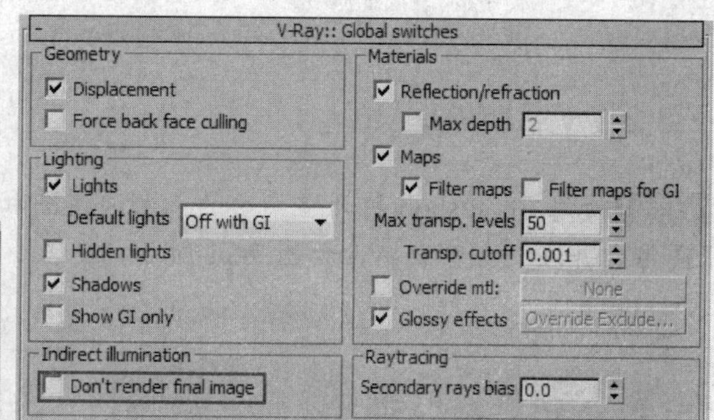

图 7-67　取消不渲染图像复选框

其他的参数保持渲染光子图阶段的设置即可，接下来就可以直接渲染成图了，经过几个小时的渲染，最终渲染效果如图 7-68 所示。

7.8 Photoshop 后期处理

在渲染完毕以后，下面就需要将不合理的地方进行后期处理并对效果图做最后的调整。仔细观察最终渲染的效果，可以发现，整个图像效果有点灰，对比度不是很高，亮度不够、局部饱和度较高。这些可以通过 Photoshop 来进行处理。

7.8.1 色彩通道图

按照前面介绍的方法，使用光盘提供的“材质通道.mse”文件，将场景的对象转化为纯色材质对象，取消灯光，并切换渲染器，然后进行渲染就可以得到所需的色彩通道图，如图 7-69 所示。

图 7-68 最终渲染效果

图 7-69 色彩通道图

7.8.2 PS 后期处理

Steps 01 使用 Photoshop 打开渲染后的色彩通道图和最终渲染图，如图 7-70 所示，并将两张图像合并在一个窗口中，如图 7-71 所示。

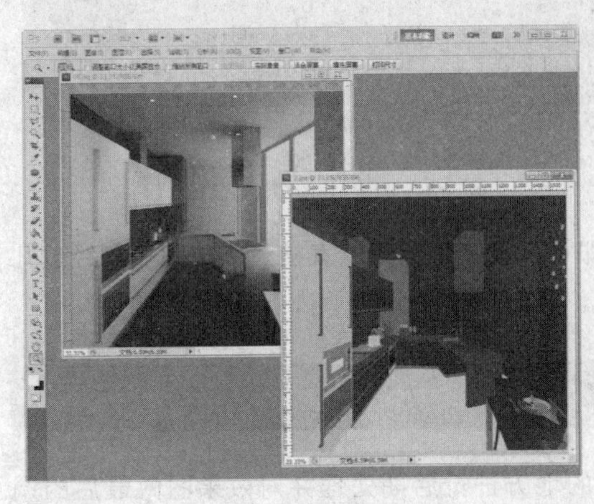

图 7-70 打开图像文件

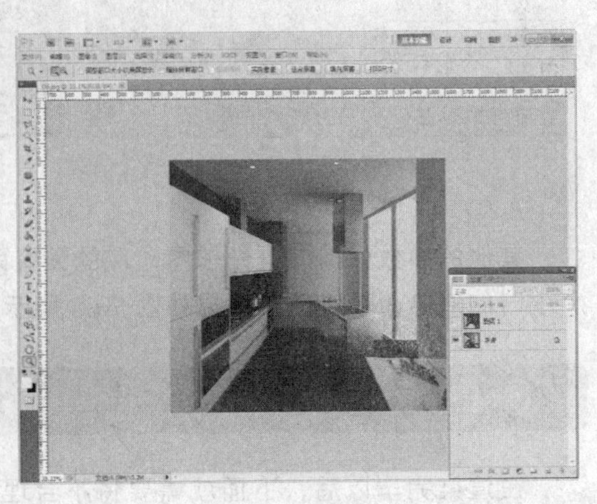

图 7-71 合并图像

Steps 02 选择“背景”图层，按“Ctrl+J”组合键将其复制一份，并关闭“色彩通道”所在的图层 1，如图 7-72 所示。

Steps 03 选择“背景副本”图层，按“Ctrl+M”组合键打开“曲线”对话框，调整它的亮度，如图 7-73 所示。

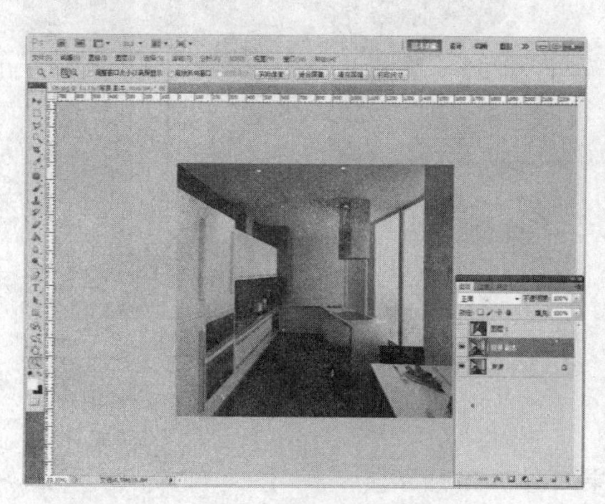
图 7-72　复制图像文件

图 7-73　调整背景副本亮度

Steps 04 执行“图像”→“调整”→“亮度/对比度”命令，在弹出来的对话框中设置对比度的值为 30，如图 7-74 所示。

Steps 05 在“图层 1”中用“魔棒”工具选择墙面区域，再返回“背景副本”图层中，按“Ctrl+J”组合键复制到新的图层，再按“Ctrl+U”组合键打开“色相/饱和度”对话框，降低它的饱和度，如图 7-75 所示。

图 7-74　调整对比度

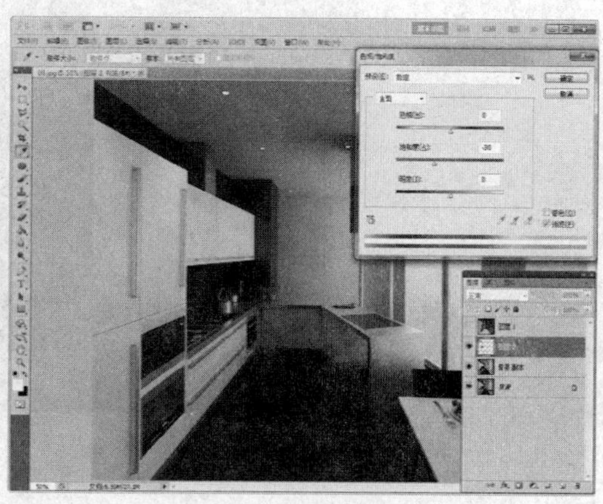
图 7-75　调整墙面饱和度

Steps 06 接下来需要给场景的户外换一个更合适的外景图片，在 Photoshop 中打开光盘提供的“背景”图像文件，并将其合并到效果图图像窗口中，如图 7-76 所示。

Steps 07 在色彩通道的“图层 1”中选择窗户区域，再返回到新合并的背景图像图层中，单击 “添加图层蒙版”按钮 ，为它添加一个区域图层蒙版，并调整好背景的位置，如所图 7-77 示。

提 示：多选的区域可以使用减选工具选择多余的部分，在蒙版层填充为黑色就可以减去不需要的部分。

图 7-76 调人背景图像

图 7-77 合并背景图像

到这里本场景的制作就结束了，最终效果如图 7-78 所示。

图 7-78 最终效果

第 8 章 黄昏欧式书房

本章重点：

- 项目分析
- 创建摄影机并检查模型
- 设置场景主要材质
- 灯光设置
- 最终输出渲染
- Photoshop 后期处理

欧式风格强调以华丽的装饰、浓烈的色彩及精美的造型来达到雍容华贵的装饰效果。精致而又崇尚自然的欧式风格书房装修最能彰显书房装修风格的浪漫情怀。时下，追求健康环保、人性化以及个性化空间审美观念盛行，欧式书房的装修恰恰契合这种潮流而成为很多人热衷的一种书房装修方式，如图 8-1 所示为欧式书房最终效果。

图 8-1　最终效果图

8.1 项目分析

书房的设计给予了家庭中一个独立的思考空间，在沉稳的书房中不需要太多豪华的装饰物，简约就能体现出它的作用。书房简单实用，但软装颇为丰富，即使是装饰品，这些东西也足以为书房的风格加分。对于比较大的空间，能搭配的元素也更丰富，这样可以使书房更加有生活化意味。

如图 8-1 所示，本例是一个十分有情调的欧式书房，以白色和蓝色为主的色调，搭配欧式的结构造型以及装饰物，为场景营造出了简约而不简单、精致而不失浪漫的感觉。下面是一些著名设计师设计的欧式书房效果，如图 8-2 所示。

图 8-2　参考效果

8.2 创建摄影机并检查模型

8.2.1 创建摄影机

Steps 01 打开本书配套光盘中的“黄昏欧式书房白模.max”，在 Top（顶视图）中创建一个目标摄影机，放置好相机的位置，如图 8-3 所示。

Steps 02 再按“L”键切换至侧视图，调整摄影机的高度，如图 8-4 所示。

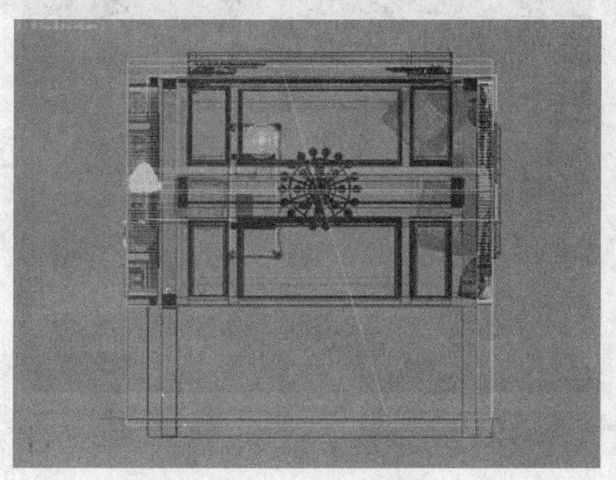
图 8-3 创建摄影机

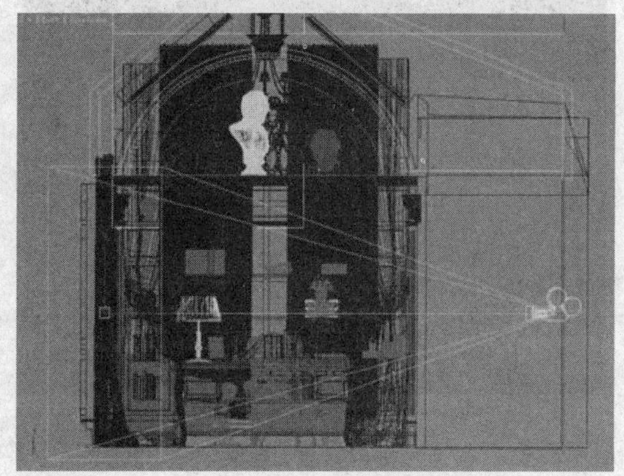
图 8-4 调整摄影机高度

Steps 03 在 Modify（修改）面板中对摄影机的参数进行修改，如图 8-5 所示。

这样，目标摄影机就放置好了，切换到摄影机视图，效果如图 8-6 所示。

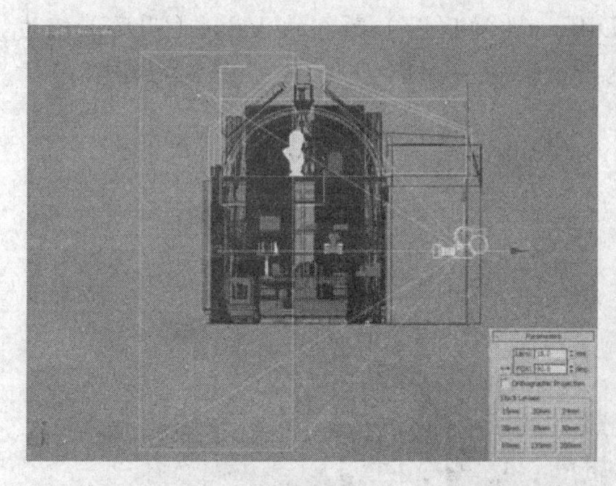
图 8-5 修改摄影机参数

图 8-6 摄影机视图

8.2.2 模型检查

在设定好摄影机后，接着需要检查模型是否有问题。这一点在前面的章节已经有过介绍，这里就不再具体讲解检查模型的过程。场景最后的检查效果如图 8-7 所示。

仔细观察渲染的测试图，模型没有大问题，出现斑点了和锯齿是由于渲染参数比较低的原因。

8.3 设置场景主要材质

本例主要对书房中的地面、墙面以及部分家具材质进行表现。图 8-8 所示为材质制作顺序。

图 8-7　模型检查

图 8-8　材质制作顺序

8.3.1 白漆材质

屋顶墙面材质是常用的白漆材质，具体参数设置如下。

Steps 01 将材质球切换为“VRayMtl”，设置 Diffuse（漫反射）颜色的 Value（明度）值为 255，Reflect（反射）的颜色值为 5，Refl.glossiness（反射光泽度）值为 0.35，如图 8-9 所示。

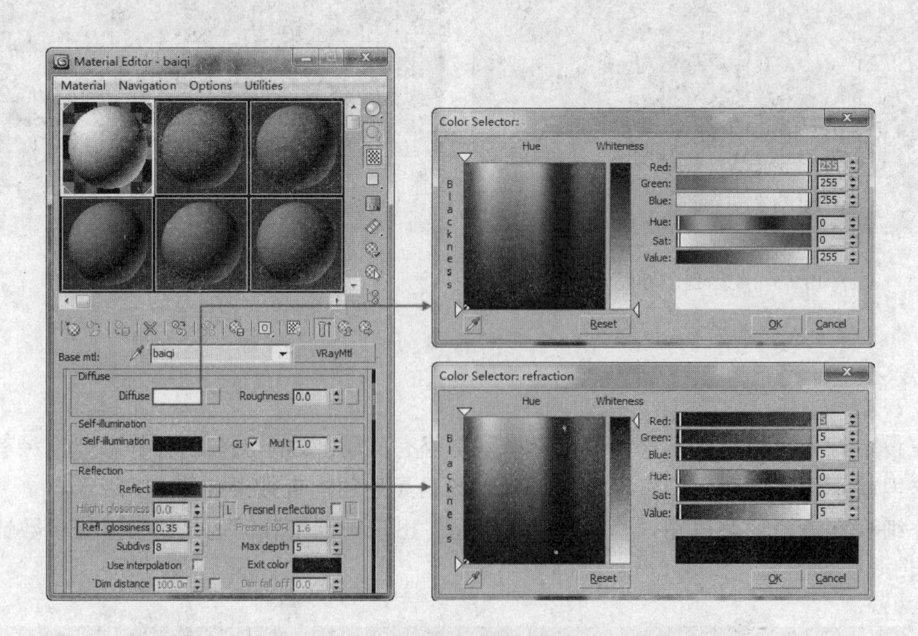

图 8-9　设置漫反射和反射参数

Steps 02 取消 Trace Reflection（反射跟踪）复选框的勾选，如图 8-10 所示。

Steps 03 最终屋顶墙面的材质效果如图 8-11 所示。

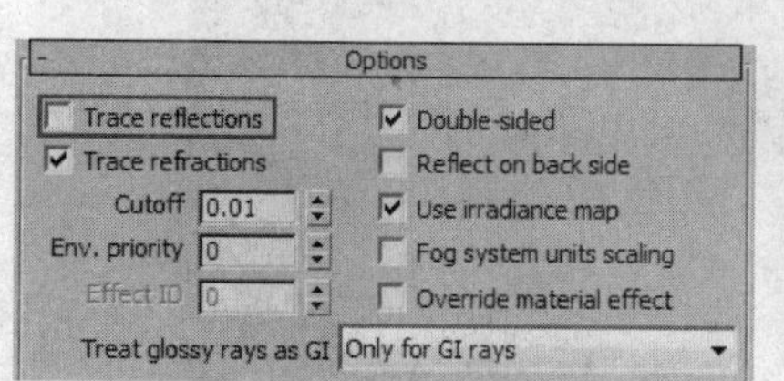

图 8-10　取消反射跟踪

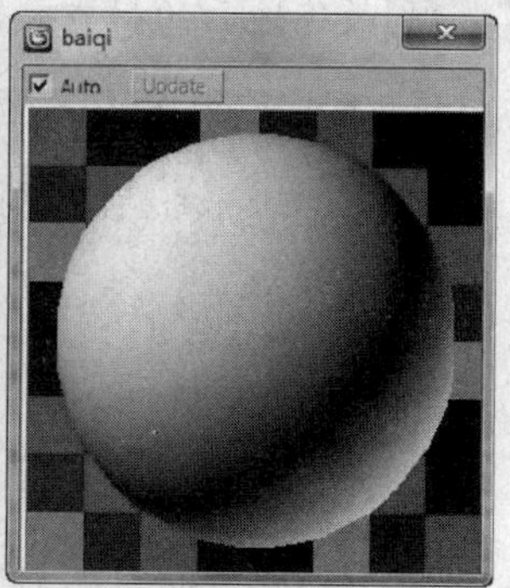

图 8-11　乳胶漆效果

8.3.2 地砖材质

本例中的地砖材质具有较强反射且相对光滑的特点，具体参数设置如下。

Steps 01 将材质球切换为“VRayMtl”，为 Diffuse（漫反射）添加 Bitmap（位图）贴图，如图 8-12 所示。

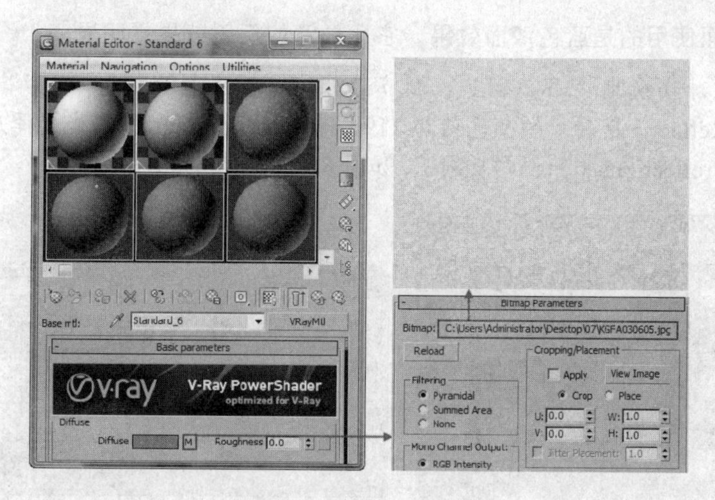

图 8-12　添加漫反射贴图

Steps 02 为 Reflect（反射）添加 Falloff（衰减）贴图，设置衰减方式为 Perpendicular/Parallel（垂直/平行），Refl.glossiness（反射光泽度）值为 0.98，勾选 Fresnel reflections（菲涅尔反射），如图 8-13 所示。

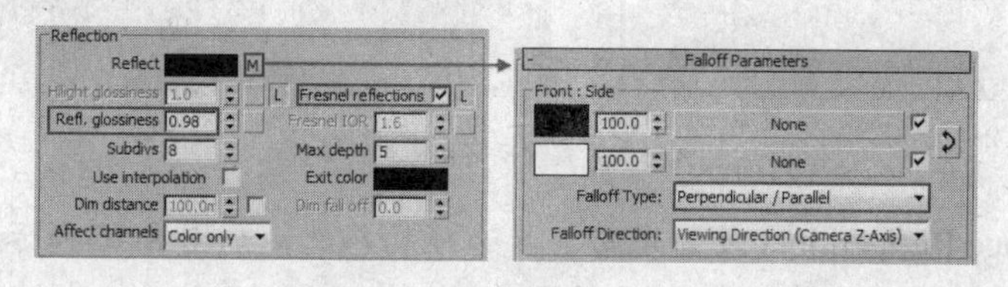

图 8-13　设置反射组参数

Steps 03 最终地面的材质效果如图 8-14 所示。

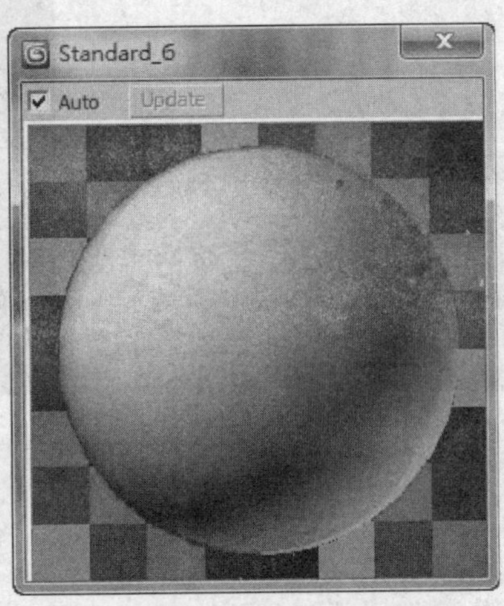

图 8-14 地面的材质效果

8.3.3 墙面材质

本例中墙面使用的是蓝色漆面效果，它比白漆的反射效果更明显。

Steps 01 将材质球切换为 “VRayMtl”，调节 Diffuse（漫反射）颜色。

Steps 02 设置 Reflect（反射）的颜色值为 119，Hilight glossiness（高光光泽度）值为 0.61，并勾选 Fresnel reflections（菲涅尔反射），如图 8-15 所示。

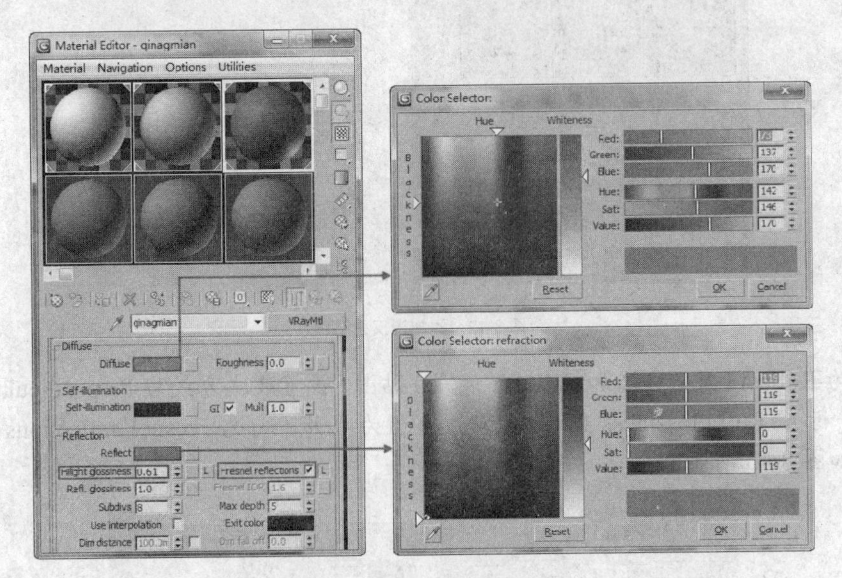

图 8-15 设置漫反射和反射组参数

Steps 03 取消 Trace Reflection（反射跟踪）复选框的勾选，如图 8-16 所示。

Steps 04 最终墙面的材质效果如图 8-17 所示。

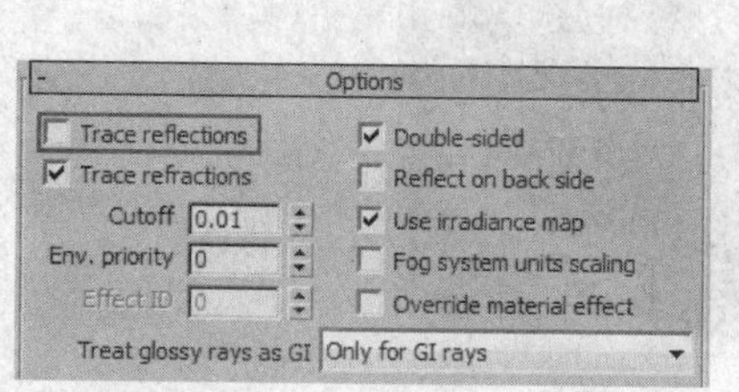

图 8-16　取消反射跟踪

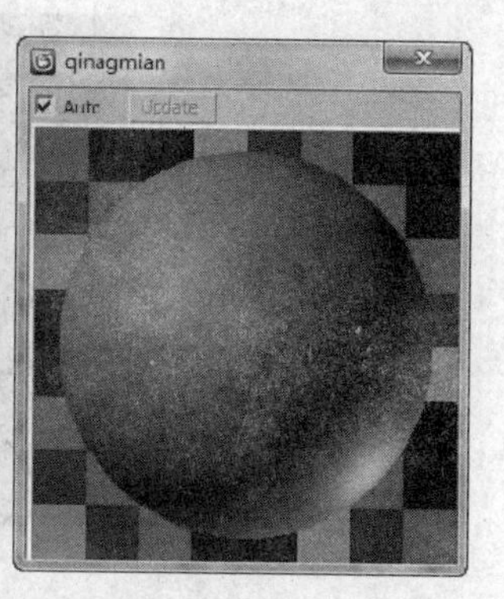

图 8-17　墙面漆材质效果

8.3.4 漆面材质

本例中使用的白色漆面材质具有表面相对光滑、材质反射较弱及高光较小的特点。

Steps 01 选择“VRayMtl”材质球，设置 Diffuse（漫反射）颜色的 Value（明度）值为 245，Reflect（反射）的颜色的 Value（明度）值为 180。

Steps 02 调节 Hilight glossiness（高光光泽度）值为 0.8，Refl.glossiness（反射光泽度）值为 0.86，勾选 Fresnel reflections（菲涅尔反射）复选框，如图 8-18 所示。

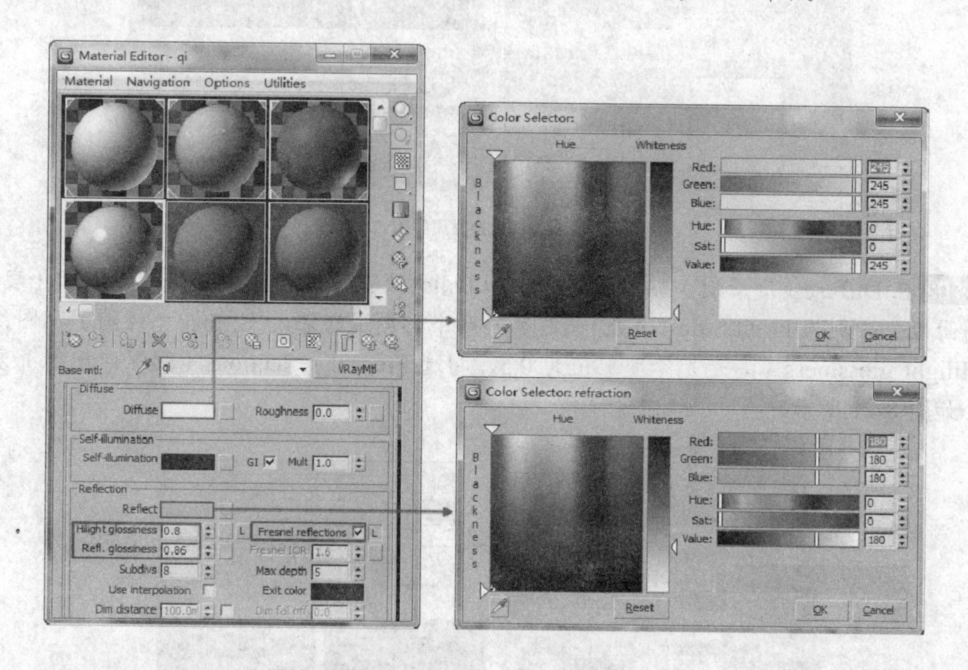

图 8-18　设置漫反射和反射组参数

Steps 03 最终漆面的材质效果如图 8-19 所示。

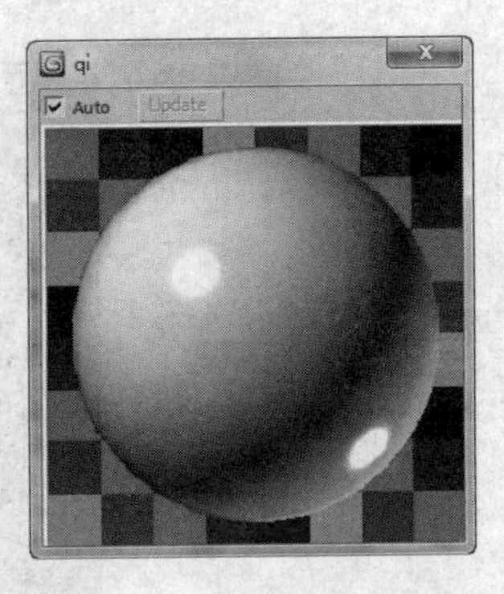

图 8-19　漆面材质效果

8.3.5 沙发材质

本例中的沙发材质使用了混合材质来进行表现，具体设置方法如下。

Steps 01 切换材质为 Blend（混合），单击 Material 1 右侧通道，将默认的标准材质切换为 VRayMtl 材质球类型，如图 8-20 所示。

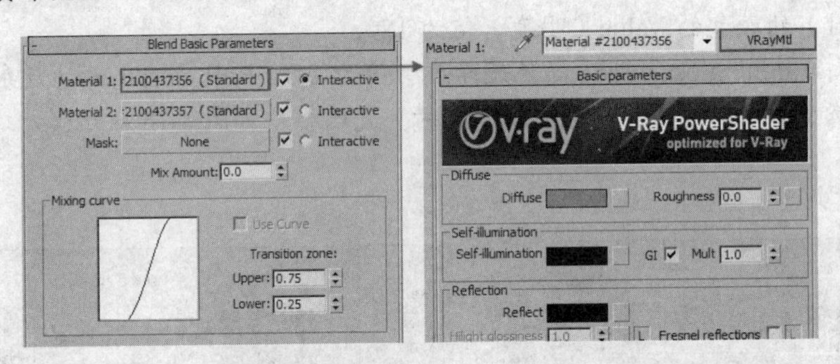

图 8-20　切换材质类型

Steps 02 在 Diffuse（漫反射）贴图通道，添加 Falloff（衰减）贴图。并进入 Falloff（衰减）贴图面板，分别为 Front:Side（正前:侧边）的两个贴图通道添加 Bitmap（位图）贴图，设置 Hilight glossiness（高光光泽度）值为 0.5，勾选 Fresnel reflections（菲涅尔反射）复选框，如图 8-21 所示。

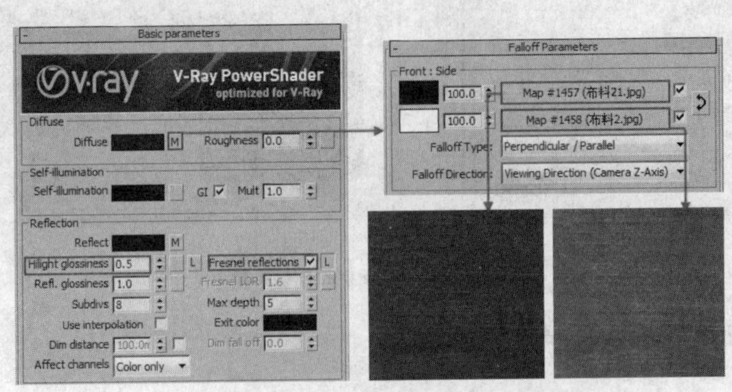

图 8-21　设置漫反射和反射组参数

Steps 03 取消 Trace Reflection（反射跟踪）复选框的勾选，如图 8-22 所示。

Steps 04 展开 Maps（贴图）卷展栏，在 Reflect（反射）和 Bump（凹凸）通道里添加贴图用来模拟材质的反射强度和凹凸感，如图 8-23 所示。

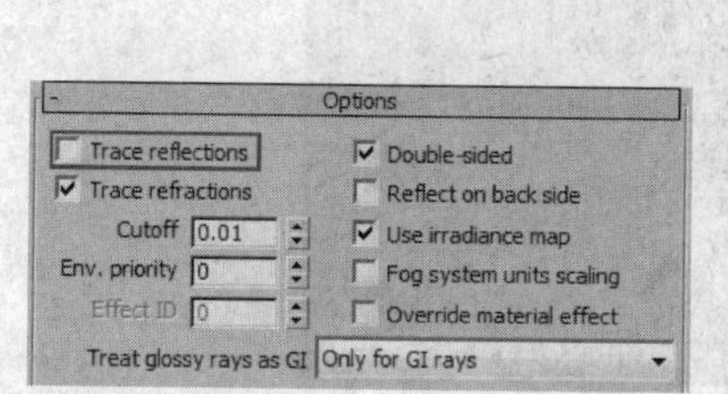

图 8-22 取消反射跟踪

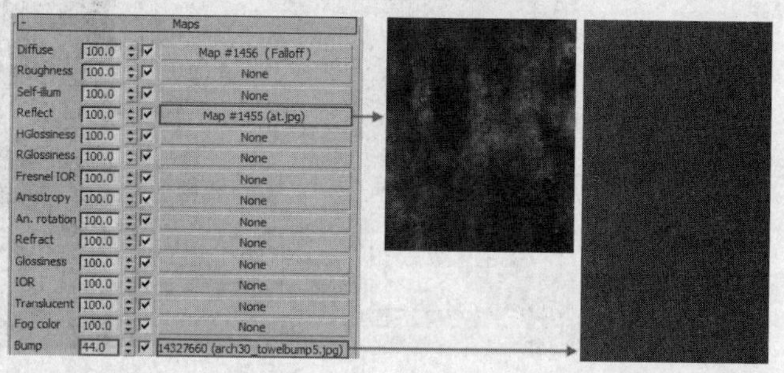

图 8-23 添加贴图

Steps 05 返回上一层，单击 Material 2 右侧通道，将默认的标准材质切换为 VRayMtl 材质球类型，为 Diffuse（漫反射）添加一张 Falloff（衰减）贴图并设置它的参数，调整 Hilight glossiness（高光光泽度）值为 0.4，勾选 Fresnel reflections（菲涅尔反射），如图 8-24 所示。

Steps 06 取消 Trace Reflections（反射跟踪）复选框的勾选，如图 8-25 所示。

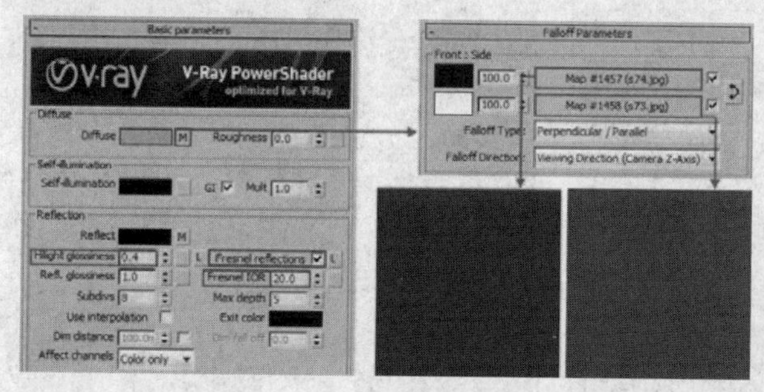

图 8-24 设置漫反射和反射组参数

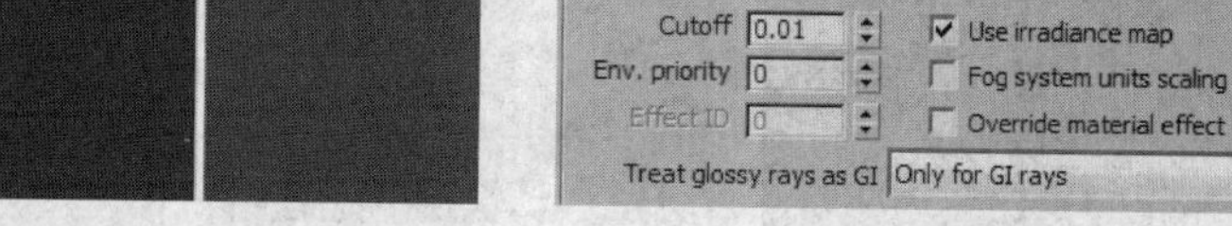

图 8-25 取消反射跟踪

Steps 07 展开 Maps（贴图）卷展栏，在 Reflect（反射）和 Bump（凹凸）通道里添加贴图用来模拟材质的反射强度和凹凸感，如图 8-26 所示。

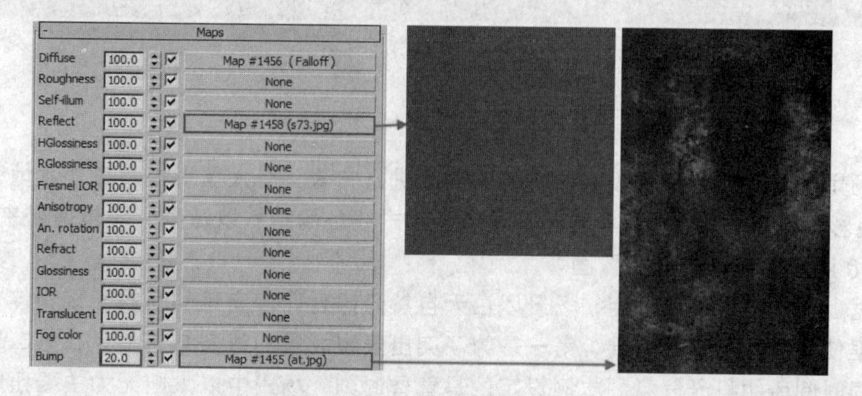

图 8-26 添加贴图

Steps 08 再次返回最上层的 Blend（混合）材质面板，单击 Mask（遮罩）右侧的贴图通道，添加位图来控制它们的混合量，如图 8-27 所示。

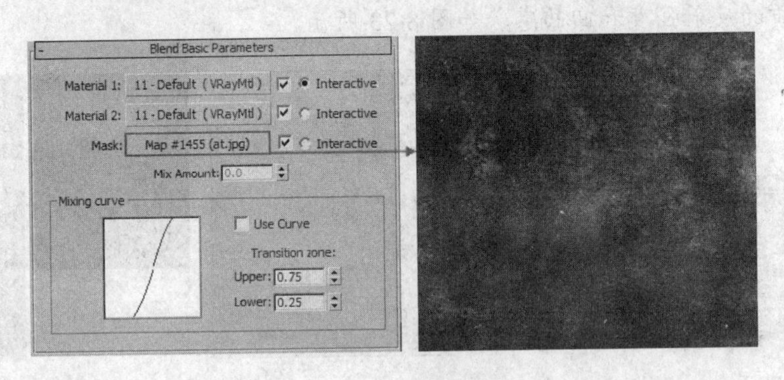

图 8-27　添加遮罩贴图

Steps 09 至此，沙发材质的设置完成，沙发最终的材质效果如图 8-28 所示。

到这里本例主要材质的介绍就设置完成了，其他的相关材质请读者参考案例源文件进行设置。图 8-29 所示为本例最终材质效果。

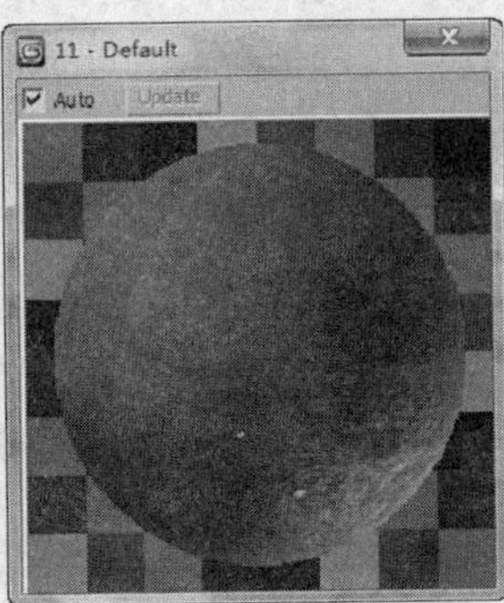

图 8-28　沙发材质效果

图 8-29　最终材质效果

8.4 灯光设置

8.4.1 灯光布置分析

本场景中的欧式书房一般以对称的布局来进行布置，有大型书柜及二处落地窗，格调清新，色彩简单，富有情调，其主要表现出了欧式线条的结构以及整个场景所带来的气氛。如图 8-30 所示为场景顶面布置图。

根据上面的分析可以确定，场景以白天自然光照射比较充足的时候表现为佳，但是笔者在这里使用黄昏来进行表现，第一是为了突出表现场景的线条结构关系，第二是营造出场景不同时间段的灯光气氛。本例设定的是黄昏时刻，场景中以太阳光为主要照明，加以天光辅助，室内光源以书柜及吊灯为主要照明，再添加适当的补光源便可完成整个场景的灯光布置。

提 示：因为场景会使用大量的黄色光源来进行表现，因此可能会出现场景溢色现象，这种情况可以通过为材质添加 VRayMtlWrapper（VRay 材质包裹器）、VRayOverrideMtl（VRay 替代材质）或者 ColorCorrect（色彩校正）来进行解决，笔者为了减少渲染时间，本例使用 Photoshop 来进行处理。

8.4.2 设置自然光

场景中两个大型的落地窗是光线透过窗户照亮场景的重要组成部分，所以设置好自然光对本案例来说尤为重要。

1. 创建太阳光

Steps 01 在视图中创建一盏 Target Spot（目标聚光灯），灯光的位置如图 8-31 所示。

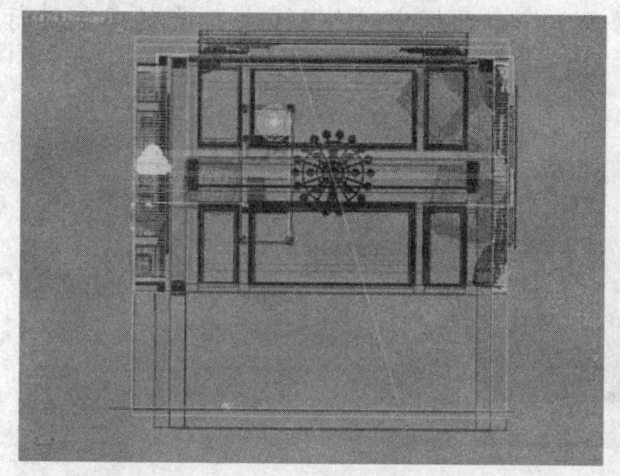

图 8-30　顶面布置图

图 8-31　灯光位置

Steps 02 选择太阳光，在修改命令面板中对它的参数进行调整，如图 8-32 所示。

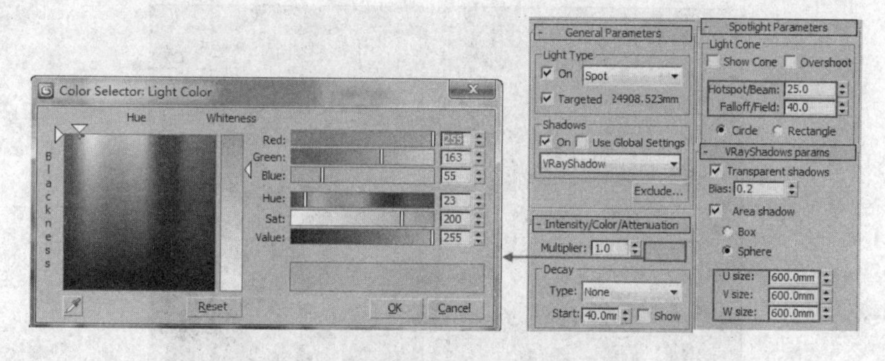

图 8-32　调整太阳光参数

2. 创建天光

Steps 01 在视图中创建一盏 Dome（穹顶）类型的 VRayLight，灯光的位置如图 8-33 所示。

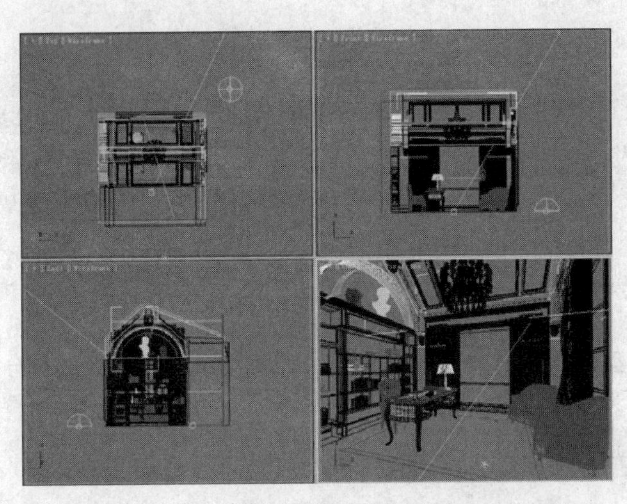

图 8-33　灯光位置

Steps 02 保持灯光为选择状态，在 Modify（修改）命令面板中对 VRay 半球光的参数进行调整，如图 8-34 所示。

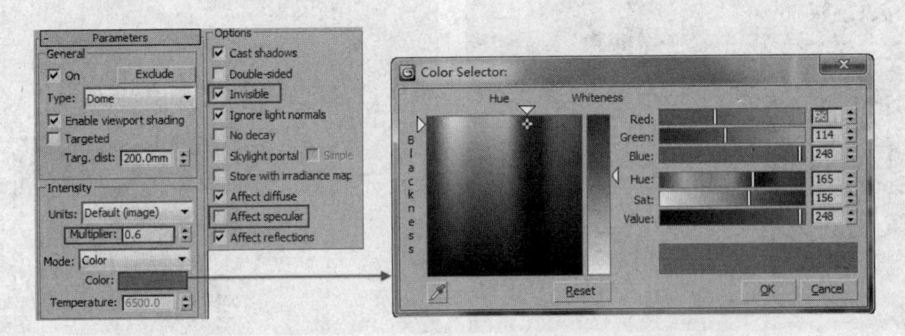

图 8-34　设置天光参数

Steps 03 在场景中的两个窗口处分别添加一个 VRay 平面光来加强天光效果，如图 8-35 所示。

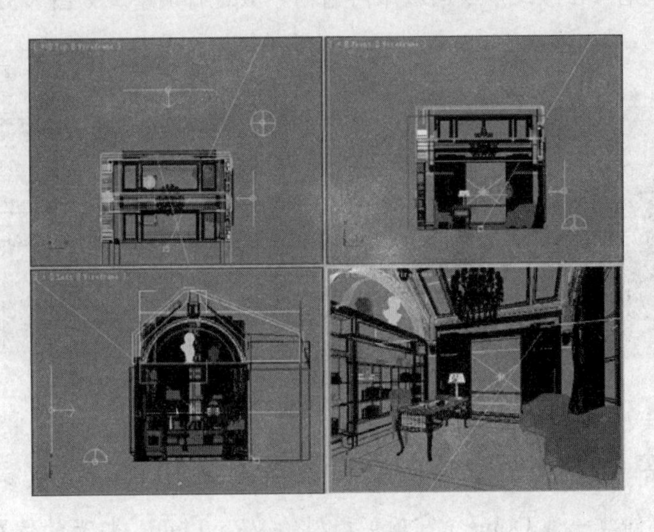

图 8-35　添加平面光

Steps 04 调整平面光的参数，如图 8-36 所示。

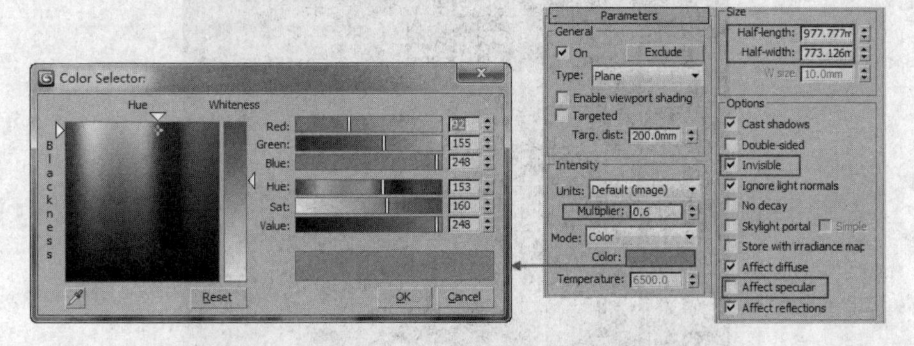

图 8-36　调整平面光参数

Steps 05 选择创建好的 VRay 平面光，以复制的方式复制出一盏平面光，如图 8-37 所示。

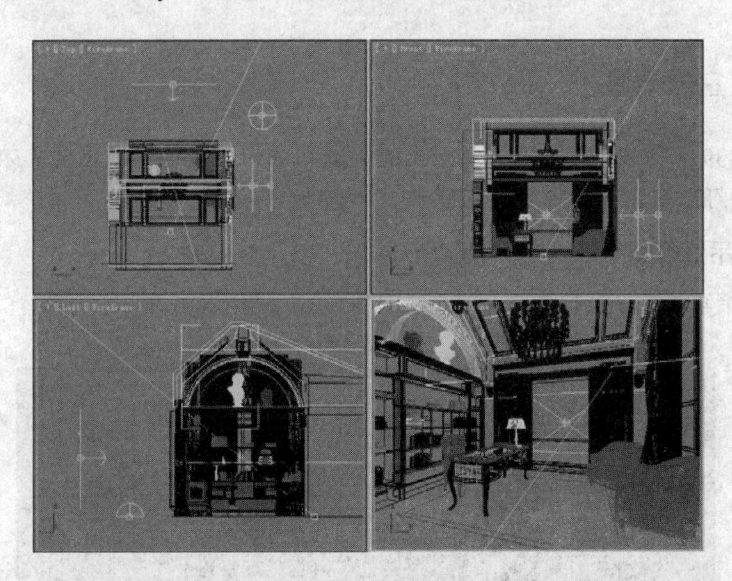

图 8-37　复制平面光

Steps 06 在修改面板中对复制的平面光参数进行调整，如图 8-38 所示。

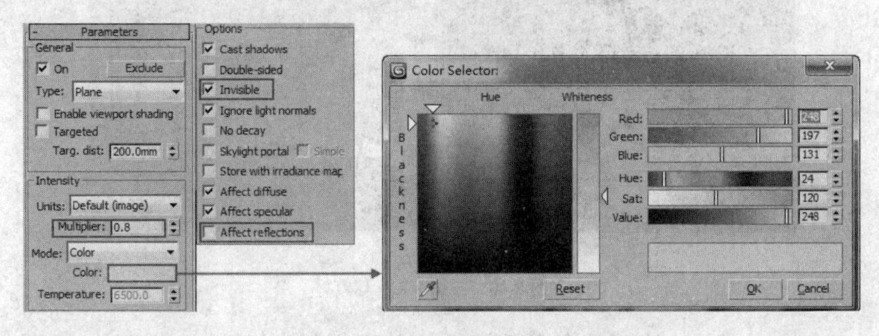

图 8-38　调整参数

Steps 07 切换回摄影机，自然光照的效果如图 8-39 所示。

图 8-39　自然光照的效果

8.4.3 布置室内光源

通过图 8-39 可以发现，太阳光及天光的亮度和效果已经达到了想要的效果。下面为室内增添适当的灯光来完善室内氛围的需求。

1. 创建吊灯灯光

Steps 01 这里采用 VRay 球灯来模拟吊灯灯光，位置如图 8-40 所示。

图 8-40　布置 VRay 球灯

Steps 02 选择 VRay 球灯，在修改命令面板中对它的参数进行调整，如图 8-41 所示。

Steps 03 在摄影机视图中观察吊灯灯光的效果，如图 8-42 所示。

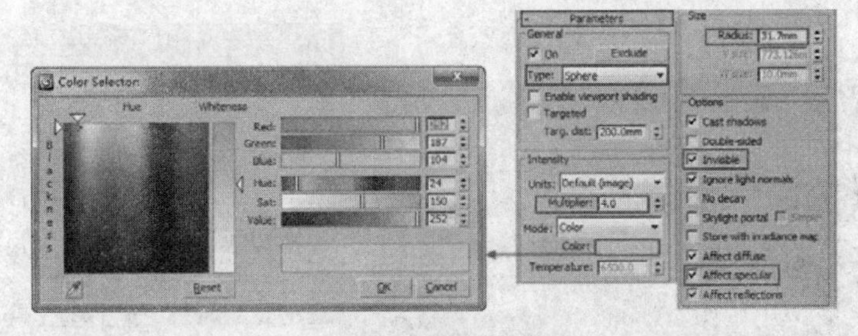

图 8-41　调整球灯参数

图 8-42　吊灯灯光效果

2．创建书柜灯光

Steps 01 在书柜的藏灯位置处创建 VRay 平面光，其位置如图 8-43 所示。

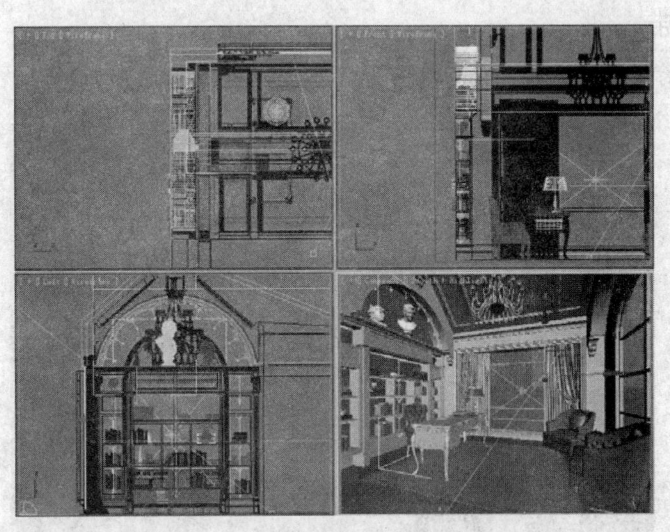

图 8-43　创建书柜平面光

提 示：场景中所布置的吊灯灯光和书柜平面光均使用关联复制的方法进行制作，书柜平面光在复制后使用缩放工具调整灯光到合适的长度即可。

Steps 02 选择 VRay 平面光，在修改命令面板中对它的参数进行调整，如图 8-44 所示。

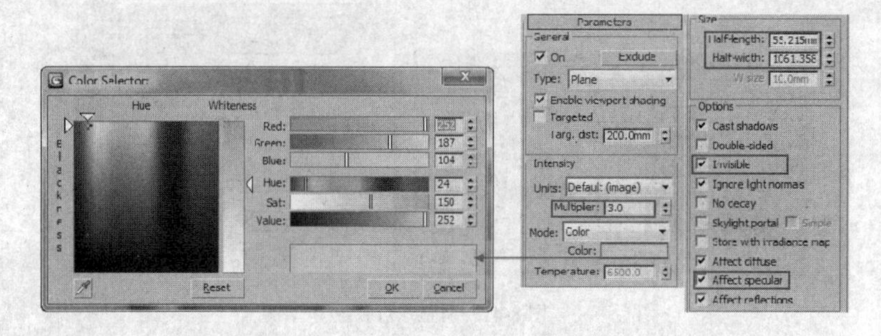

图 8-44　调整 VRay 平面光参数

Steps 03 返回摄影机视图，书柜灯光的效果如图 8-45 所示。

图 8-45　书柜灯光效果

3. 创建灯带

Steps 01 在屋顶灯带位置创建 VRay 平面光，其位置如图 8-46 所示。

图 8-46　创建灯带灯光

Steps 02 在修改命令面板中调整灯带灯光的参数，如图 8-47 所示。

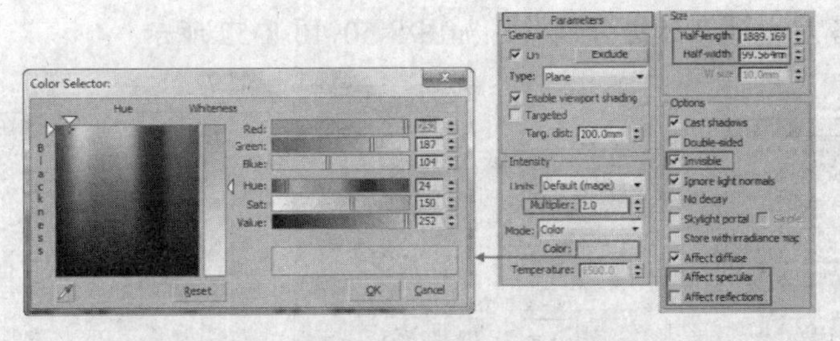

图 8-47　调整灯带灯光参数

Steps 03 在摄影机视图中观察灯带灯光的效果，如图 8-48 所示。

图 8-48　灯带灯光效果

8.4.4 局部补光

仔细观察图 8-48，可以发现沙发和书桌区域亮度比较暗，其他部分已经符合我们的要求。下面来添加补光来完成场景的灯光效果。

Steps 01 在如图 8-49 所示的位置分别创建 Target Light（目标灯光）、VRay 球灯以及 VRay 平面光。

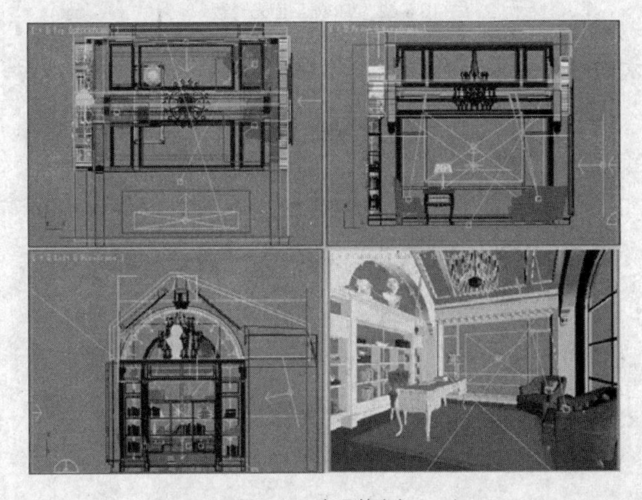

图 8-49　布置补光灯

Steps 02 分别对各灯光的参数进行调整，如图 8-50~图 8-52 所示。

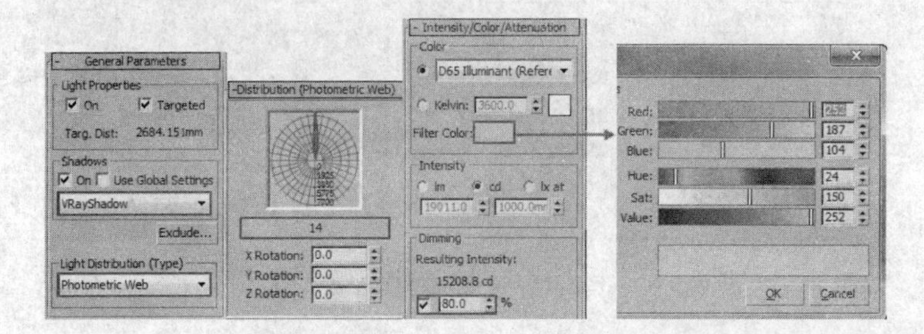

图 8-50　目标灯光参数

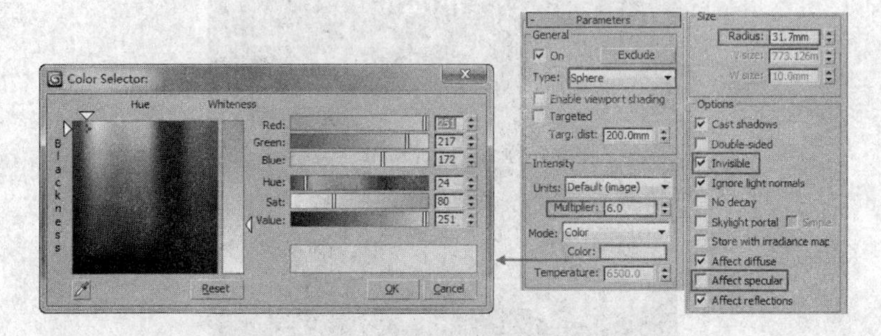

图 8-51　VRay 球灯参数

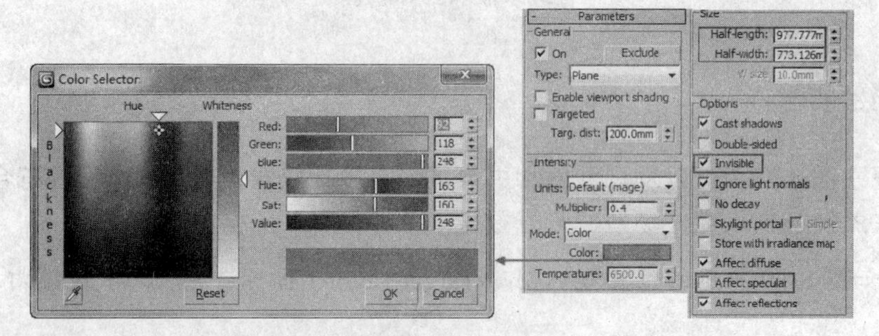

图 8-52　VRay 平面光参数

Steps 03 到这里场景的灯光效果就已经基本体现出来了，如图 8-53 所示。

图 8-53　灯光效果

8.5 最终输出渲染

灯光设置好以后，还需要提高灯光材质的细分参数和渲染参数。设置好参数后便可以渲染大图了。

8.5.1 提高细分值

Steps 01 首先进行材质细分的调整，将材质细分设置相对高一些可以避免光斑、噪波等现象的产生，因此需要对讲解到的主要材质 Reflection（反射）选项组中的 Subdivs（细分）值进行增大，一般设置为 20~24 即可，如图 8-54 所示。

Steps 02 同样将场景内所有 V-Ray 灯光类型 Sampling 选项组中的 Subdivs（细分）以及其他灯光类型 VRayShadows params 选项组中的 Subdivs（细分）的值设置为 24，如图 8-55 所示。

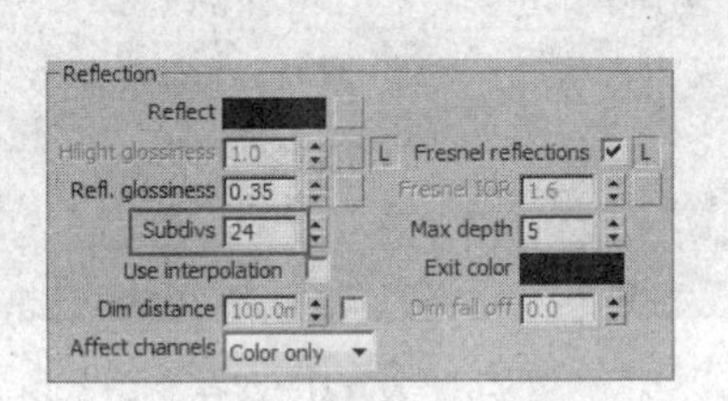

图 8-54　提高材质细分设置

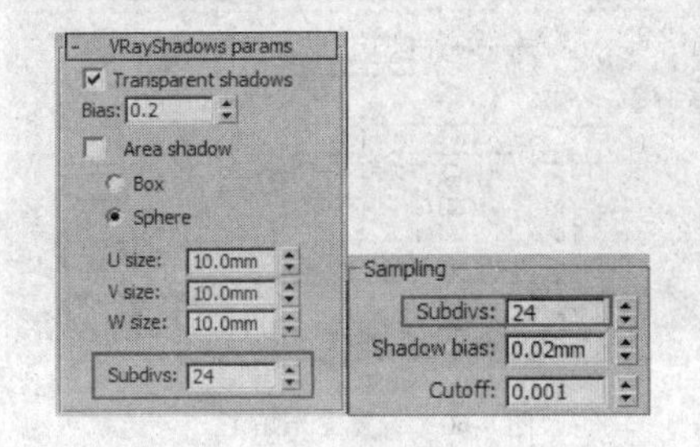

图 8-55　提高灯光细分设置

8.5.2 设置渲染参数

Steps 01 在“渲染设置”对话框中设置 Output Size（输出尺寸）为 1600 × 1200，如图 8-56 所示。

Steps 02 在 V-Ray::Image sampler(Antialiasing)(V-Ray 图像采样(抗锯齿))中选择 Adaptive DMC（自适应 DMC）方式，在 Antialiasing filter（抗锯齿过滤器）选项中选择 Mitchell-Netravali 过滤方式，如图 8-57 所示。

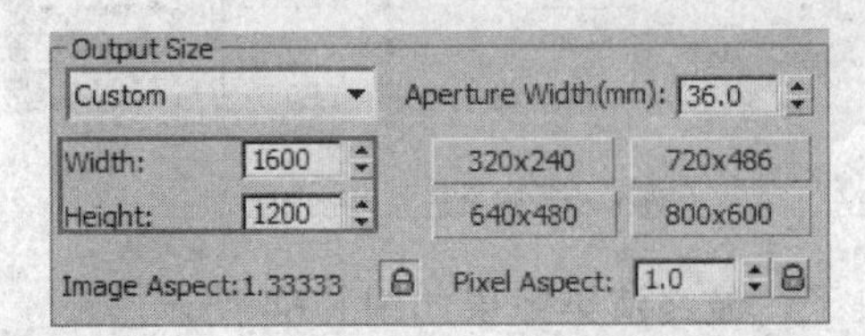

图 8-56　设置输出尺寸

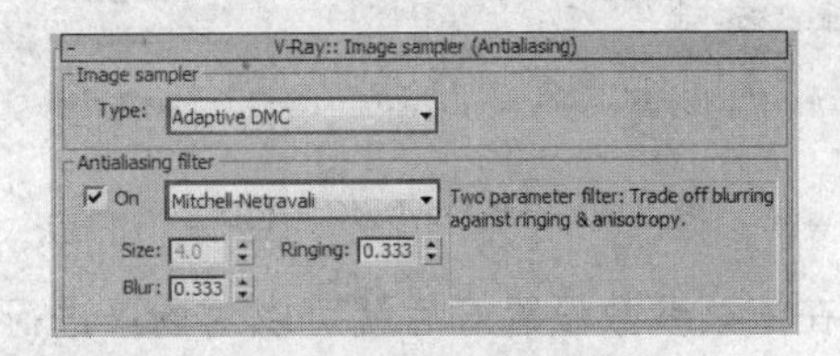

图 8-57　设置图像采样器

Steps 03 在 V-Ray::Color mapping（V-Ray 色彩映射）中选择 Linear multiply（线性倍增），设置 Dark multiplier（暗部倍增）值为 0.8，如图 8-58 所示。

Steps 04 在 Secondary bounces（二次反弹）里选择 Light cache（灯光缓存），设置 Multiplier（倍增）值为 0.96，如图 8-59 所示。

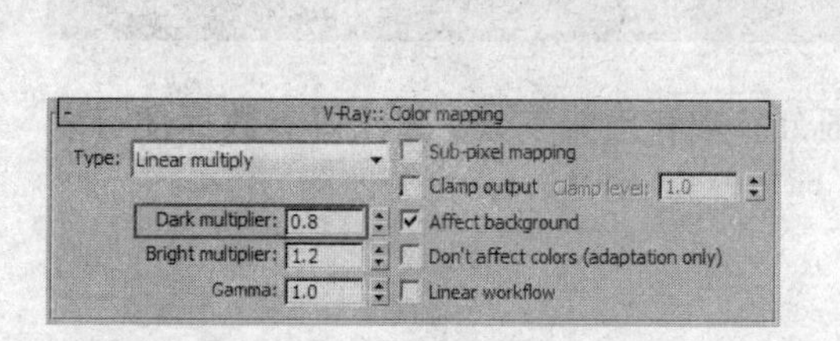

图 8-58　设置 Vray 色彩映射

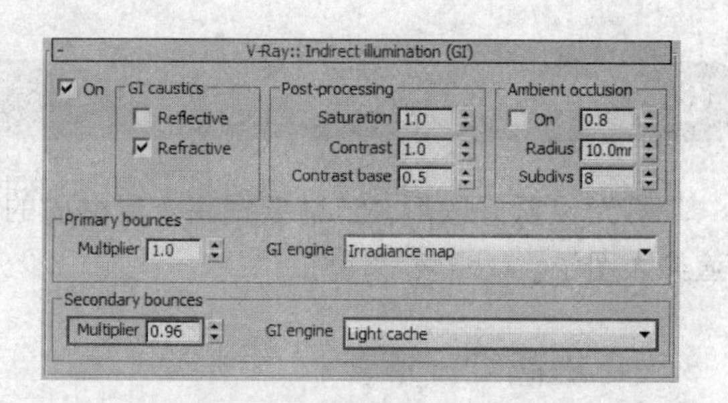

图 8-59　设置二次反弹倍增值

Steps 05 在 V-Ray::Irradiance map（发光贴图）里选择 Medium（中等），设置 HSph.subdivs（半球细分）为 60，如图 8-60 所示。

Steps 06 在 V-Ray::Light cache（灯光缓存）中设置 Subdivs（细分值）为 1200，取消勾选 Store direct light（保存直接光），如图 8-61 所示。

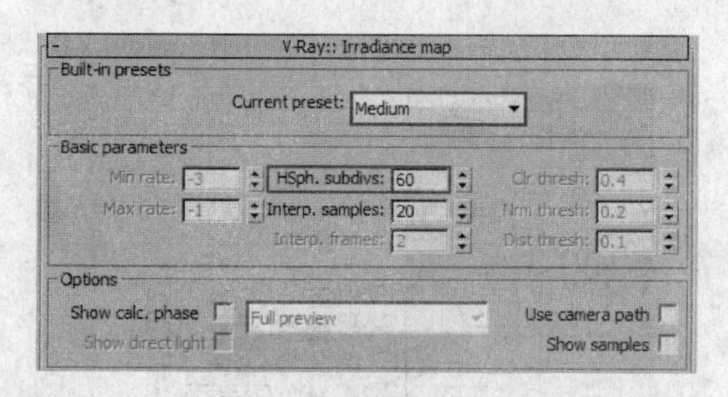

图 8-60　设置发光贴图

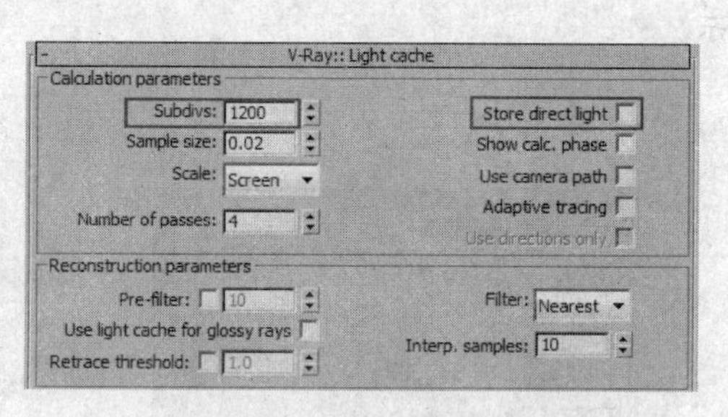

图 8-61　设置灯光缓存

Steps 07 在 V-Ray::DMC Sampler（V-RayDMC 采样器）中设置 Adaptive amount（自适应数量）值为 0.75，Noise threshold（噪波极限）值为 0.005，Min samples（最小采样）值为 30，如图 8-62 所示。

Steps 08 在 V-Ray::System（系统）中设置 Max.tree depth（最大树形深度）值为 100，其他参数保持不变，如图 8-63 所示。

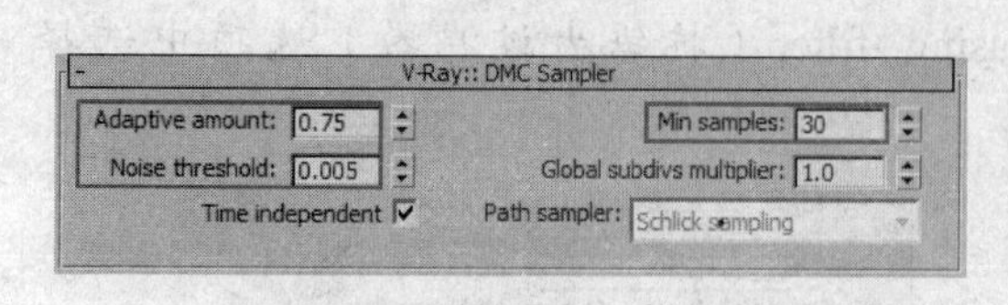

图 8-62　设置 VrayDMC 采样器

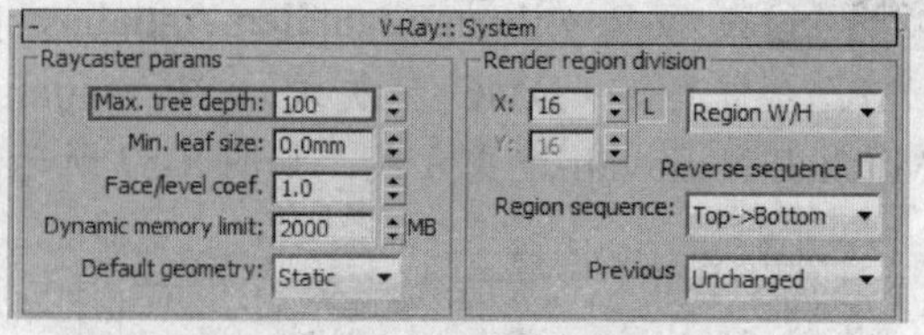

图 8-63　设置最大树形深度

在渲染参数设置好后就可以对场景进行渲染了，最终渲染效果如图 8-64 所示。

8.6 Photoshop 后期处理

通过对最终渲染效果的观察，可以发现，整个图像的效果亮度有点过亮，对比度不高、局部亮度曝光且饱和度较高。这些可以通过 Photoshop 来进行修正。

8.6.1 色彩通道图

按照前面介绍的方法，使用光盘提供的“材质通道.mse”文件，将场景的对象转化为纯色材质对象，取消灯光，并切换渲染器，然后进行渲染就可以得到所需的色彩通道图，如图 8-65 所示。

图 8-64　最终渲染效果

图 8-65　色彩通道图

8.6.2 PS 后期处理

Steps 01 用 Photoshop 打开渲染后的色彩通道图和最终渲染图，并合并两张图像，如图 8-66 所示。

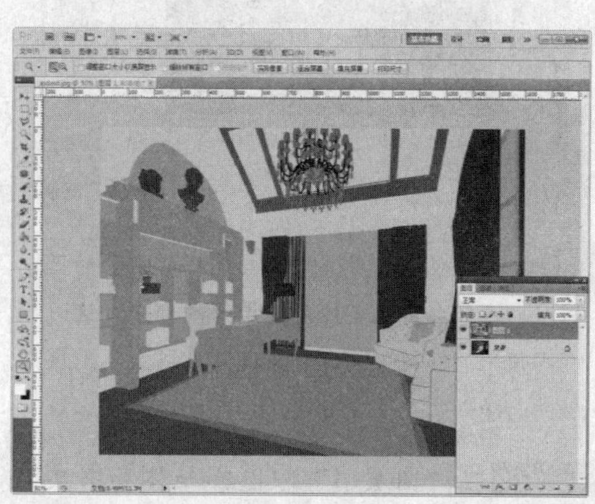

图 8-66　合并色彩通道图和最终渲染图

Steps 02 选择“背景”图层，按“Ctrl+J”组合键将其复制一份，并关闭“色彩通道”所在的图层 1，如图 8-67 所示。

Steps 03 选择“背景副本”图层，按“Ctrl+M” 组合键打开“曲线”对话框，调整它的亮度和对比度，如图 8-68 所示。

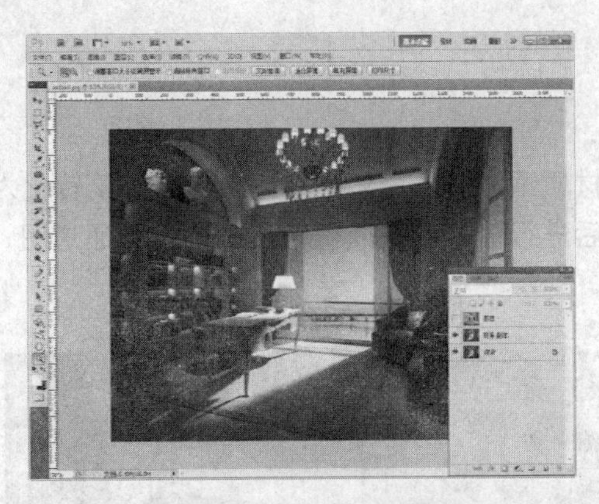

图 8-67 复制图像文件

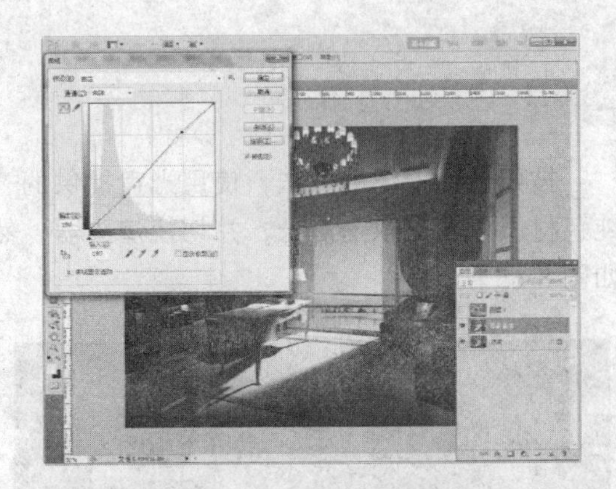

图 8-68 调整背景副本亮度对比度

提示：复制背景层是为了方便修改，即一旦操作失误还可以再一次使用背景图来修改。

Steps 04 在“图层 1”中用“魔棒”工具选择顶棚和墙面部分，再返回“背景副本”图层，按“Ctrl+J” 组合键复制到新图层，再使用“色相/饱和度”降低它的饱和度，如图 8-69 所示。

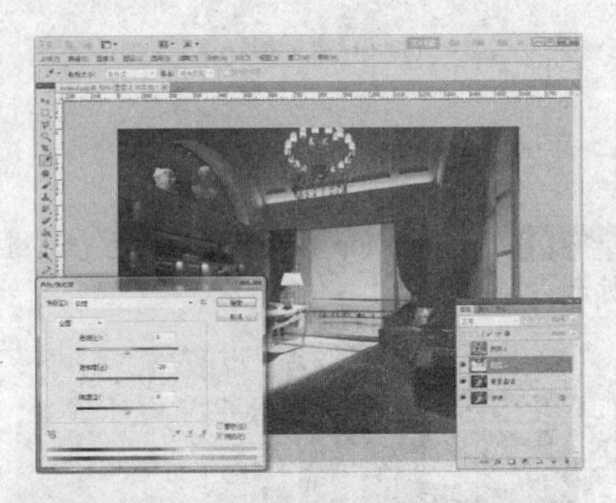

图 8-69 复制区域图层并调节饱和度

提示：在使用“魔棒”工具选择所需要的区域时，可能会多选其他不用调节的部分，这时可以使用“容差”或者“减选”来取消不用区域的选择。

Steps 05 在“图层 1”中选择柜体和书桌部分，返回“背景副本”，复制到新图层，再使用“色相/饱和度”降低它的饱和度，如图 8-70 所示。

图 8-70 降低柜体书桌饱和度

Steps 06 按照同样的方法选择地面区域，调整它的饱和度，如图 8-71 所示。

Steps 07 将书柜的背景墙部分选择出来并复制到新的图层，按“Ctrl+M” 组合键打开“曲线”对话框，调整它的亮度，如图 8-72 所示。

图 8-71 降低地面饱和度

图 8-72 调整背景墙亮度

Steps 08 复制“背景副本”到新的图层，调整位置到“图层 4”的上层，按“Ctrl+L” 组合键调整它的色阶，如图 8-73 所示。

Steps 09 单击“添加蒙版”按钮，为它添加一个蒙版效果，并使用“油漆桶”工具将其填充为黑色，如图 8-74 所示。

图 8-73 调整色阶

图 8-74 添加蒙版

Steps 10 使用“橡皮擦”工具涂抹场景中曝光的地方，使其达到降低局部曝光的效果，如图 8-75 所示。

到这里，书房的制作就结束了，如果读者对某些细节的效果还不满意，可以根据自己的要求再做调整。图 8-76 所示为最终效果。

图 8-75 降低局部曝光效果

图 8-76 最终效果

第 9 章 阳光卫浴

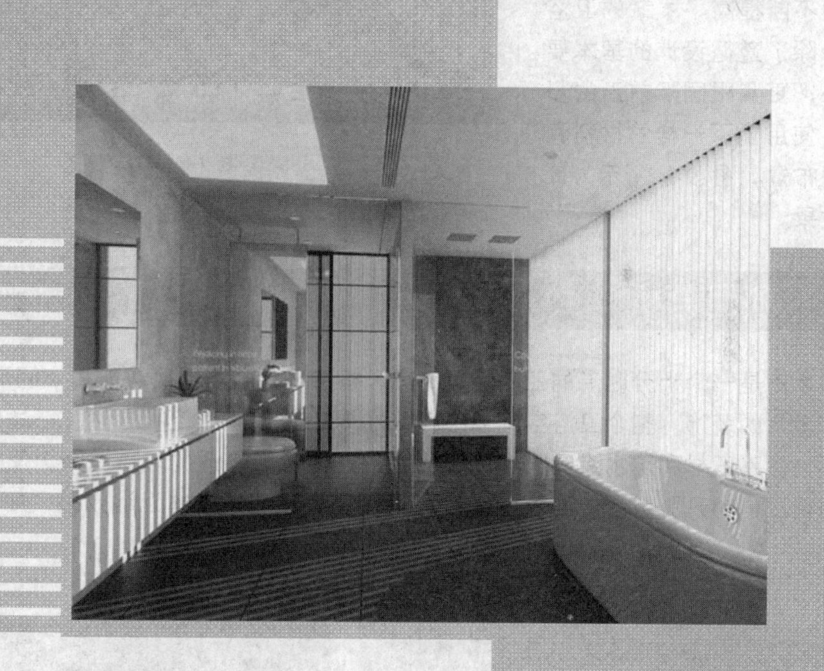

本章重点:

- 项目分析
- 创建摄影机
- 设置场景主要材质
- 灯光设置
- 最终输出渲染
- Photoshop 后期处理

卫浴设计是针对日常卫生活动的空间的设计。从马桶到浴缸，从水龙头到洗手盆，这一切都在发生着变革；而卫浴的功能也从如厕、盥洗发展到按摩浴、美容、休息，进而帮助人们消除疲劳，使身心得到放松。卫浴的发展让我们感受到了时代发展给我们带来的便利与生活品质的不断提高。本章的卫浴设计除了遵循设计的基本要求外，更紧跟国际前沿的步伐，使用了不一样的材料和空间布置。图 9-1 所示为最终效果。

图 9-1　最终效果

9.1 项目分析

本例是一个十分时尚的卫浴空间，其风格突破传统，重视功能和空间形式，造型简洁，没有多余的装饰。整个卫浴空间以线作为主题，着重体现空间自然、舒适的感觉。场景使用了自然系石材和防水涂料，加以栅格状的遮光帘和通透的玻璃隔断，使得卫浴空间格外时尚前卫、超凡脱俗。一些供读者参考的著名设计师设计的卫浴效果，如图 9-2 所示。

图 9-2　参考效果

9.2 创建摄影机

Steps 01 打开本书配套光盘中的“阳光卫浴白模.max”，在 Top（顶视图）中创建一个目标摄影机，位置如图 9-3 所示。

Steps 02 切换至 Left（左）视图，调整摄影机的高度，如图 9-4 所示。

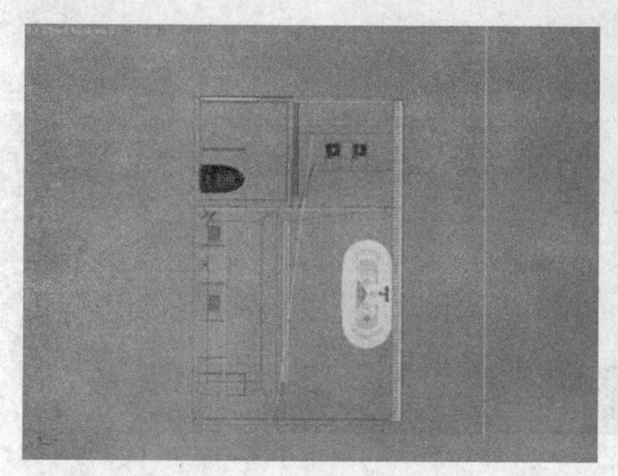

图 9-3　创建摄影机

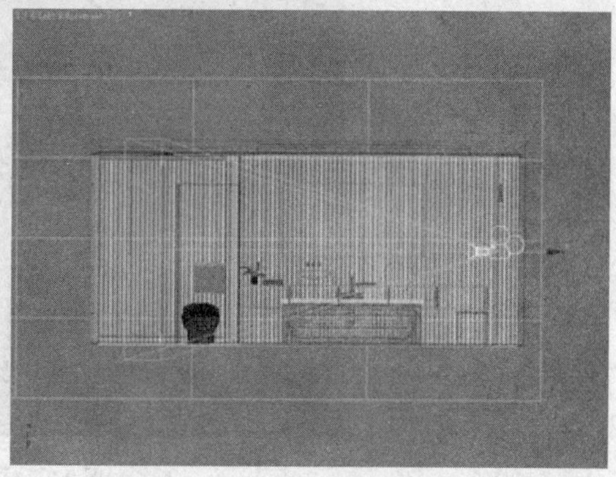

图 9-4　调整摄影机高度

Steps 03 在 Modify（修改）面板中对摄影机的参数进行修改，如图 9-5 所示。

Steps 04 这样，目标摄影机就放置好了，摄影机视图的效果如图 9-6 所示。

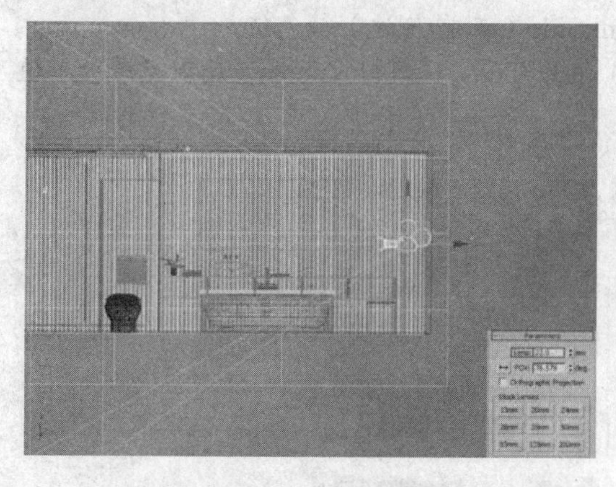

图 9-5　修改摄影机参数

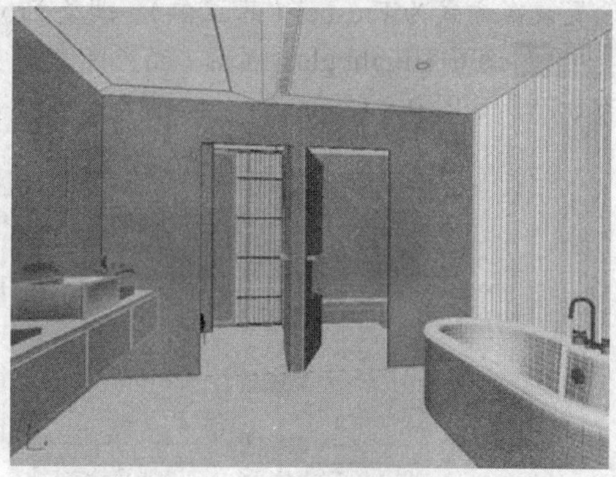

图 9-6　摄影机视图

设置好摄影机后就可以直接对场景中的材质进行调节了。

提示：在熟练掌握渲染的方式方法后，可以直接跳过各测试阶段，如模型检查、材质测试等。在灯光阶段，笔者还是建议对布置的灯光进行测试，因为每一个不同的场景灯光的强度大小都会产生变化。

9.3 设置场景主要材质

下面按照如图 9-7 所示的材质制作顺序编号逐个设置场景材质。

图 9-7 材质制作顺序

9.3.1 地砖材质

本例中的地砖是一种防滑的材质，其具有高光较大，反射较模糊且有微弱凹凸的特点。

Steps 01 将材质球切换为“VRayMtl”，为 Reflect（反射）添加一张 Falloff（衰减）贴图，设置衰减方式为 Fresnel（菲涅尔），调整 Front:Side（正前:侧边）颜色值。

Steps 02 设置 Hilight glossiness（高光光泽度）值为 0.68，Refl.glossiness（反射光泽度）值为 0.75，如图 9-8 所示。

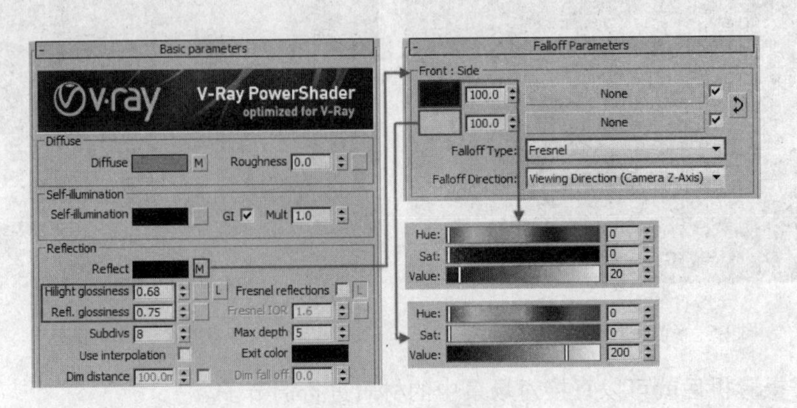

图 9-8 设置反射组参数

Steps 03 在 BRDF 卷展栏中选择 Ward（沃德）方式，如图 9-9 所示。

Steps 04 在 Maps（贴图）卷展栏中为 Diffuse（漫反射）和 Bump（凹凸）通道添加一张贴图来模拟地砖的纹理及凹凸效果，如图 9-10 所示。

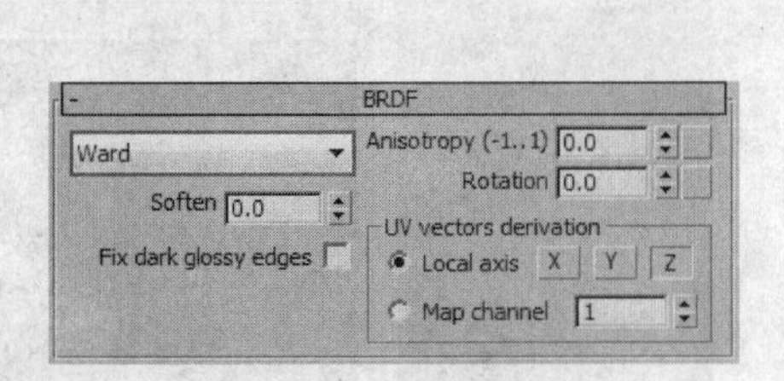

图 9-9　设置沃德方式

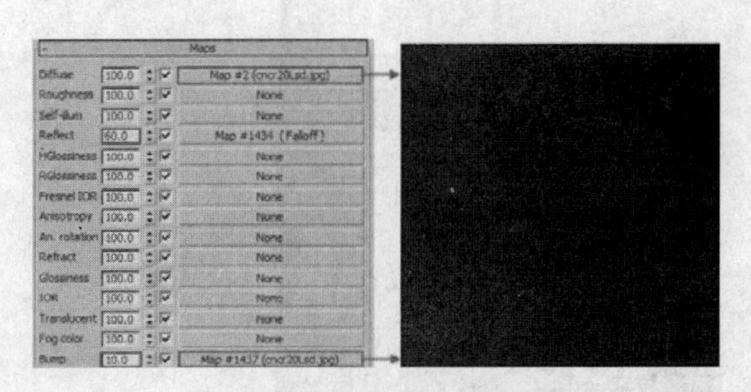

图 9-10　添加漫反射和凹凸贴图

Steps 05 完成设置后的地砖材质效果如图 9-11 所示。

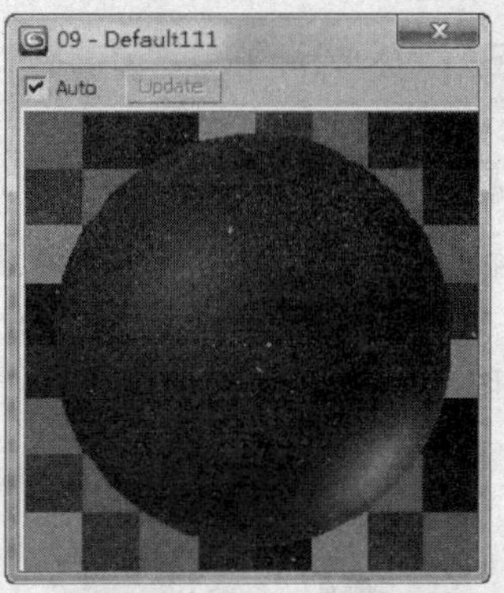

图 9-11　地砖材质效果

9.3.2 石材材质

本例中的石材具有自然纹理效果，高光较小和反射较弱的特点。

Steps 01 选择“VRayMtl”材质球，设置 Reflect（反射）颜色，调节 Hilight glossiness（高光光泽度）值为 0.82，Refl.glossiness（反射光泽度）值为 0.86，勾选 Fresnel reflections（菲涅尔反射）复选框，如图 9-12 所示。

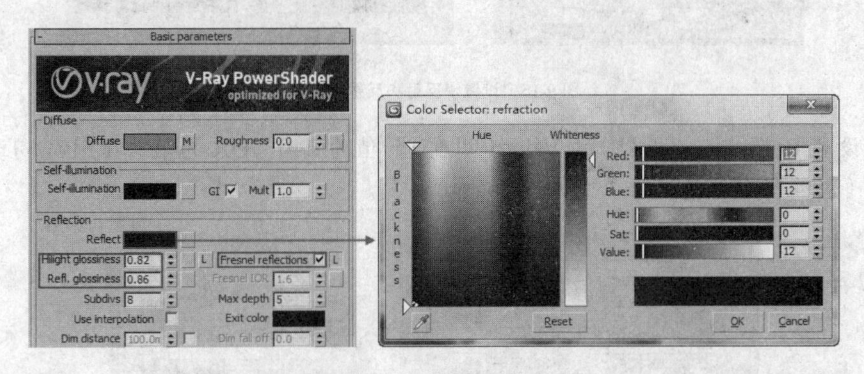

图 9-12　设置反射组参数

Steps 02 在贴图通道里为 Diffuse（漫反射）添加 Bitmap（位图）贴图，如图 9-13 所示。

Steps 03 完成设置后的石材材质效果如图 9-14 所示。

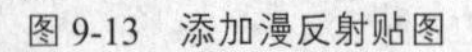

图 9-13　添加漫反射贴图

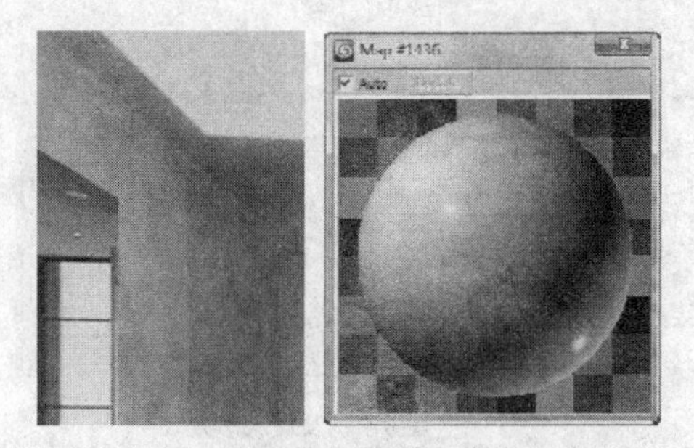

图 9-14　最终地砖材质效果

9.3.3 玻璃材质

玻璃材质具体参数设置如下。

Steps 01 选择“VRayMtl”材质球，设置 Diffuse（漫反射）的颜色，调整 Reflect（反射）的颜色值为 20，Hilight glossiness（高光光泽度）为 0.88，Refl.glossiness（反射光泽度）为 0.95，如图 9-15 所示。

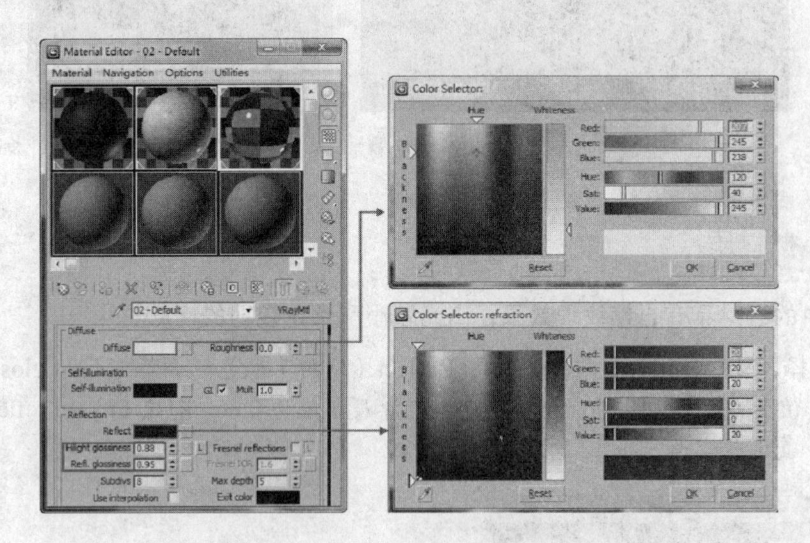

图 9-15　设置漫反射和反射组参数

Steps 02 设置 Refraction（折射）的 Value（明度）的值为 240，IOR 的值为 1.517，勾选 Affect shadows（影响阴影）复选框，如图 9-16 所示。

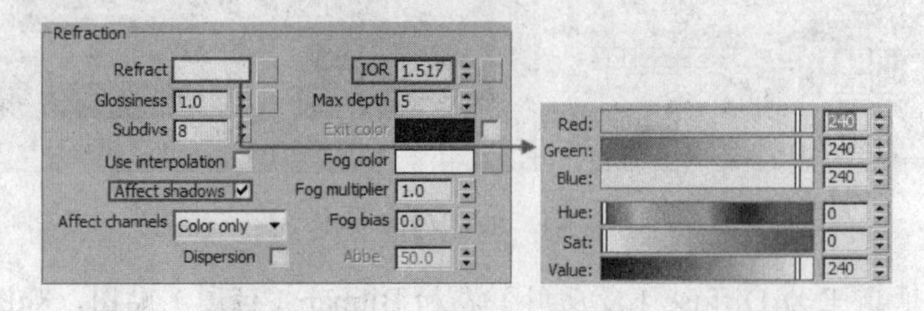

图 9-16　调整折射组参数

9.3.4 白瓷材质

白瓷表面相对光滑且具有较强的反射效果和较小的高光。

Steps 01 选择“VRayMtl”材质球，设置 Diffuse（漫反射）的颜色值为 235，调整 Reflect（反射）的颜色值为 35，Refl.glossiness（反射光泽度）为 0.98，如图 9-17 所示。

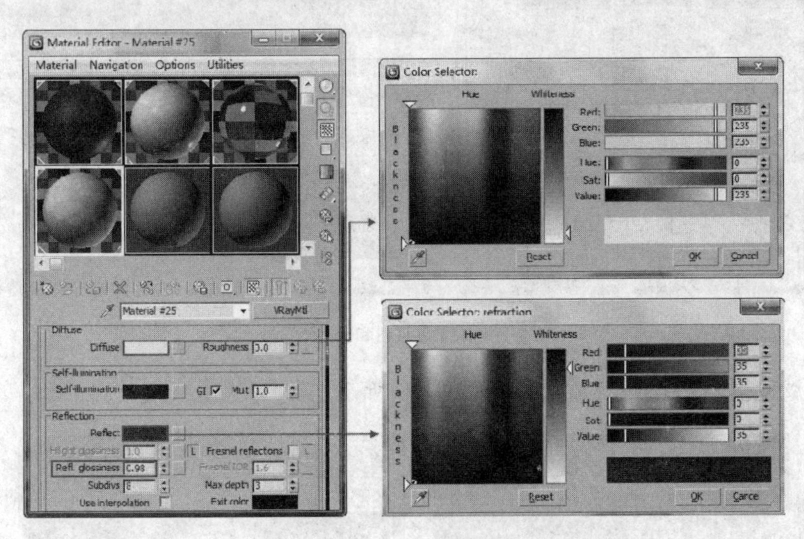

图 9-17　设置参数

Steps 02 选择场景中的瓷器对象并赋予材质，效果如图 9-18 所示。

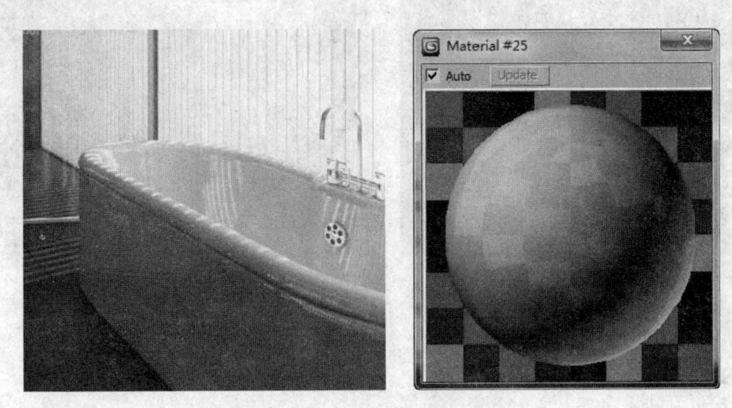

图 9-18　白瓷材质效果

9.3.5 漆面材质

Steps 01 选择“VRayMtl”材质球，设置 Diffuse（漫反射）颜色的 Value（明度）值为 245，Reflect（反射）的颜色的 Value（明度）值为 200。

Steps 02 调节 Hilight glossiness（高光光泽度）值为 0.86，Refl.glossiness（反射光泽度）值为 0.88，勾选 Fresnel reflections（菲涅尔反射）复选框，如图 9-19 所示。

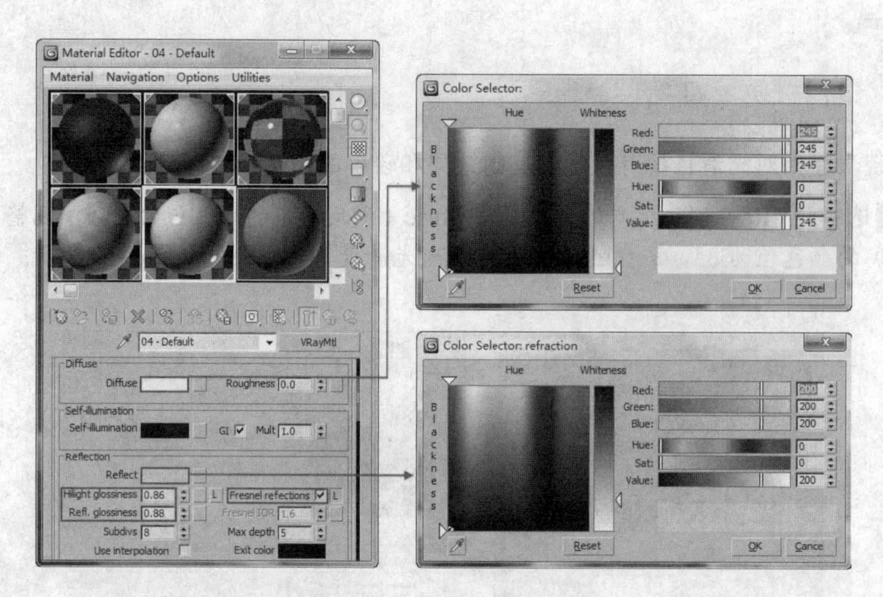

图 9-19　设置漫反射和反射组参数

Steps 03 完成设置后的漆面材质效果如图 9-20 所示。

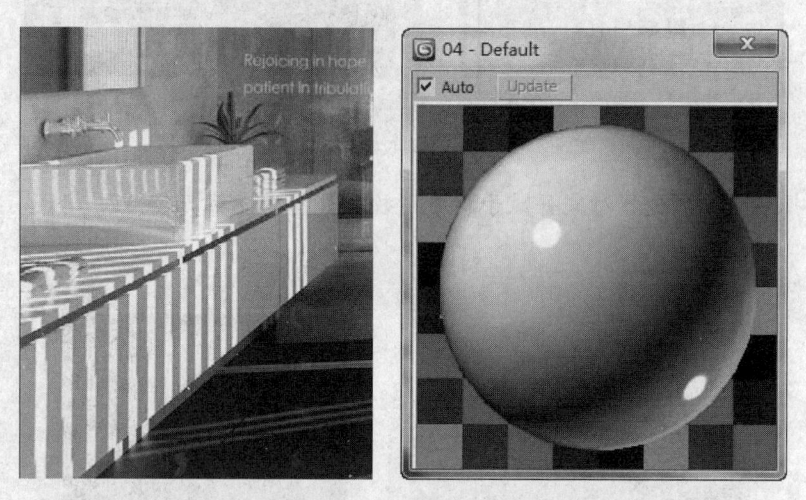

图 9-20　漆面材质效果

9.3.6 涂料材质

本例中使用的涂料材质具有防水效果，高光较大且反射相对模糊，有细小凹凸感。

Steps 01 将材质球切换为“VRayMtl”，设置 Hilight glossiness（高光光泽度）值为 0.65，Refl.glossiness（反射光泽度）值为 0.72，勾选 Fresnel reflections（菲涅尔反射），如图 9-21 所示。

Steps 02 在 Maps（贴图）卷展栏中为 Diffuse（漫反射）、Reflect（反射）和 Bump（凹凸）通道添加位图贴图，如图 9-22 所示。

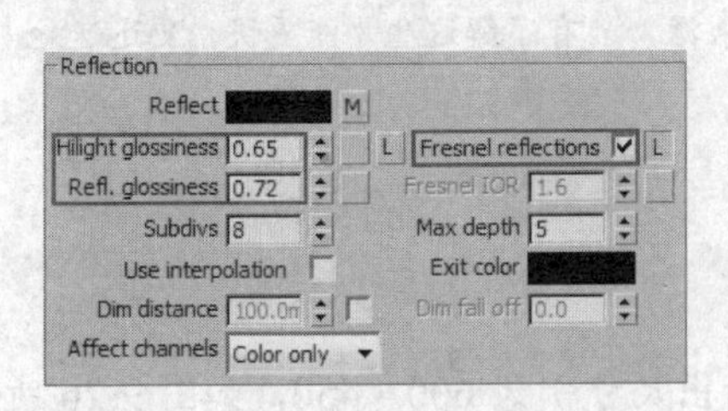

图 9-21 设置反射参数

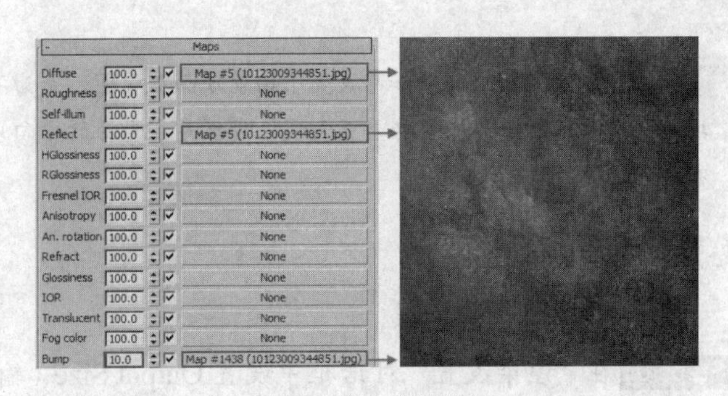

图 9-22 添加位图贴图

Steps 03 完成设置后的涂料材质效果如图 9-23 所示。

本例主要材质的设置到这里就介绍完了，其他的相关材质请读者参考案例源文件进行设置，如图 9-24 所示为本例最终材质效果。

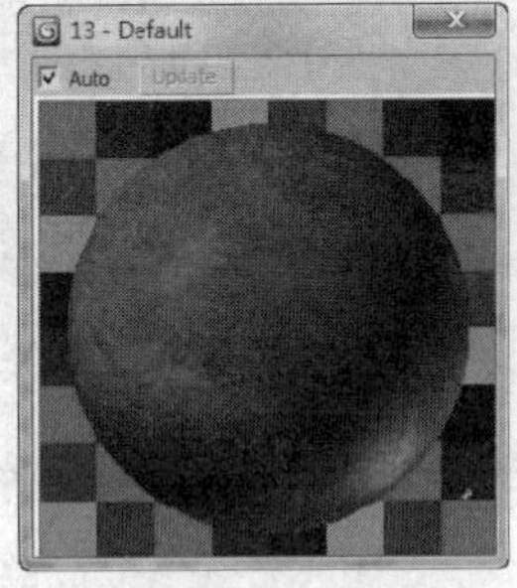

图 9-23 涂料材质效果

图 9-24 最终材质

9.4 灯光设置

9.4.1 灯光布置分析

本实例是一个卫浴空间，场景造型简洁，有栅格状的遮光帘和通透的玻璃，并且有两处大型落地窗。其设计要体现出空间自然、舒适的感觉。图 9-25 所示为场景顶面布置图。

根据上面的分析可以确定，场景以太阳光照射比较充足的时间段表现为佳，所以场景以太阳光为主要照明，再辅以简单的室内光源即可完成整个场景的灯光效果。

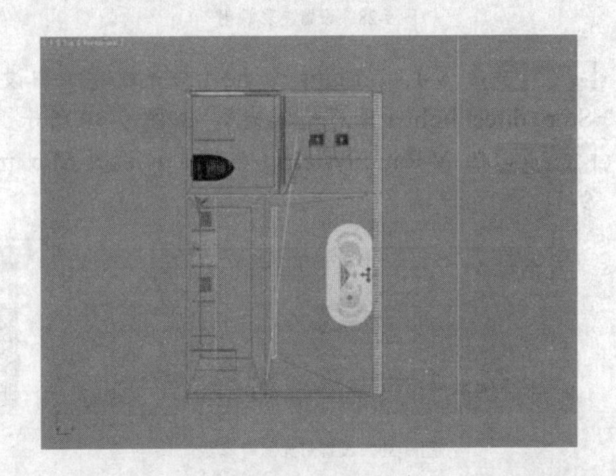

图 9-25 场景顶面布置图

提示：笔者之所以每章节都放置了场景顶面布置图，是为了让读者能清楚场景的布置情况，如整个场景有什么东西，哪些需要重点表现，哪里是主光源的方向来源，只有了解这些才能更快、更迅速地布置好场景的灯光。

9.4.2 设置测试参数

Steps 01 在“渲染设置”对话框中设置 Output Size（输出尺寸）为 600 × 450，如图 9-26 所示。

Steps 02 在 V-Ray::Image sampler（Antialiasing）（V-Ray 图像采样（抗锯齿））中选择 Fixed（固定）方式，关闭 Antialiasing filter（抗锯齿过滤器），如图 9-27 所示。

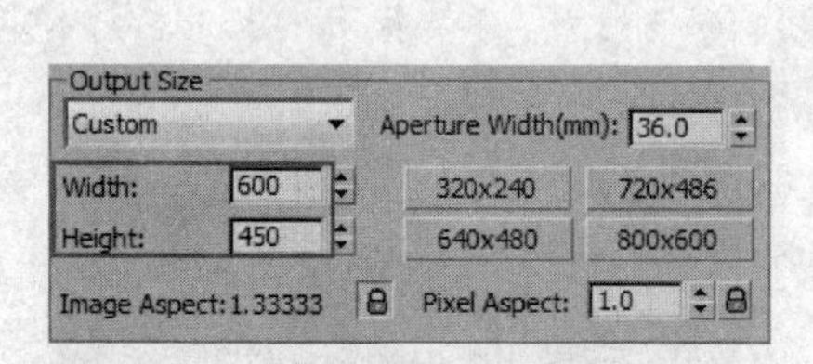

图 9-26　设置输出参数

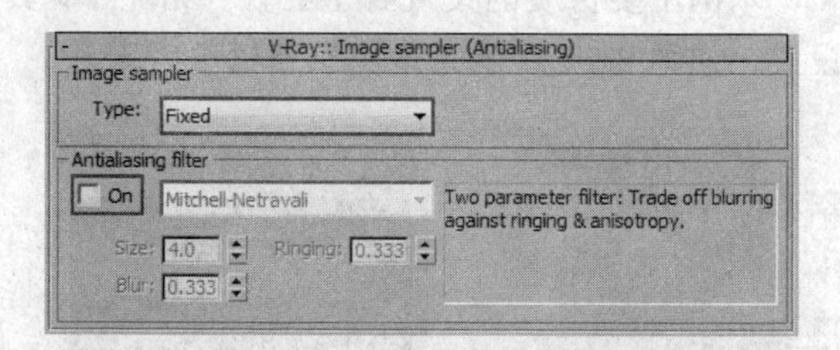

图 9-27　调用 V-Ray 渲染器

Steps 03 在 V-Ray::Color mapping（V-Ray 色彩映射）中选择 Exponential（指数），如图 9-28 所示。

Steps 04 在 V-Ray::Irradiance map（发光贴图）里选择 Very low（非常低），设置 HSph.subdivs（半球细分）为 20，如图 9-29 所示。

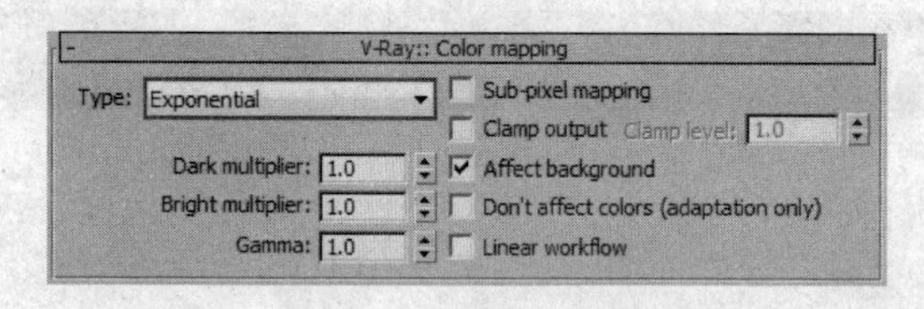

图 9-28　设置色彩映射

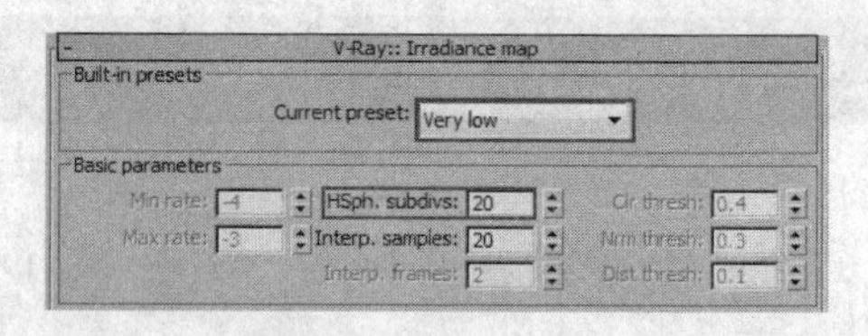

图 9-29　设置发光贴图参数

Steps 05 在 V-Ray::Light cache（灯光缓存）中设置 Subdivs（细分值）为 200，取消勾选 Store direct light（保存直接光），如图 9-30 所示。

Steps 06 在 V-Ray::System（系统）中设置 Max tree depth（最大树形深度）值为 60，如图 9-31 所示。

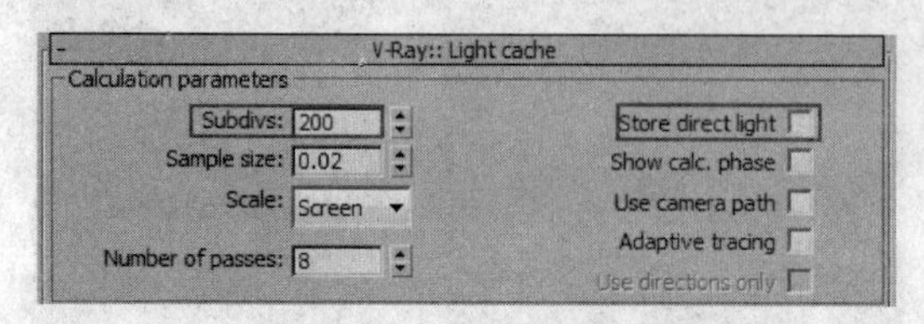

图 9-30　设置灯光缓存参数

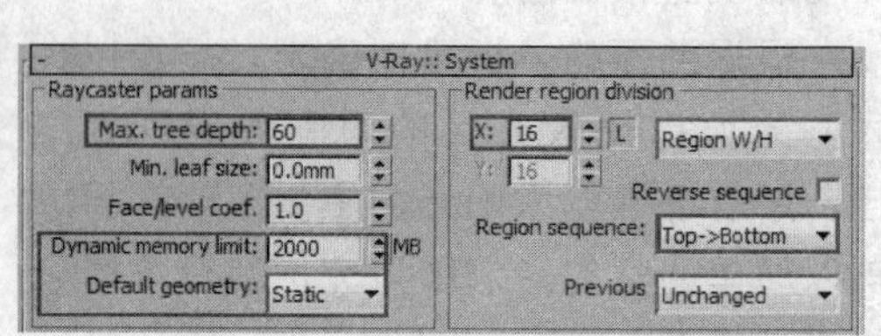

图 9-31　设置系统参数

9.4.3 设置自然光

下面来对场景的灯光进行布置。

1. 创建太阳光

Steps 01 在视图中创建一盏 Target Spot（目标聚光灯），灯光的位置如图 9-32 所示。

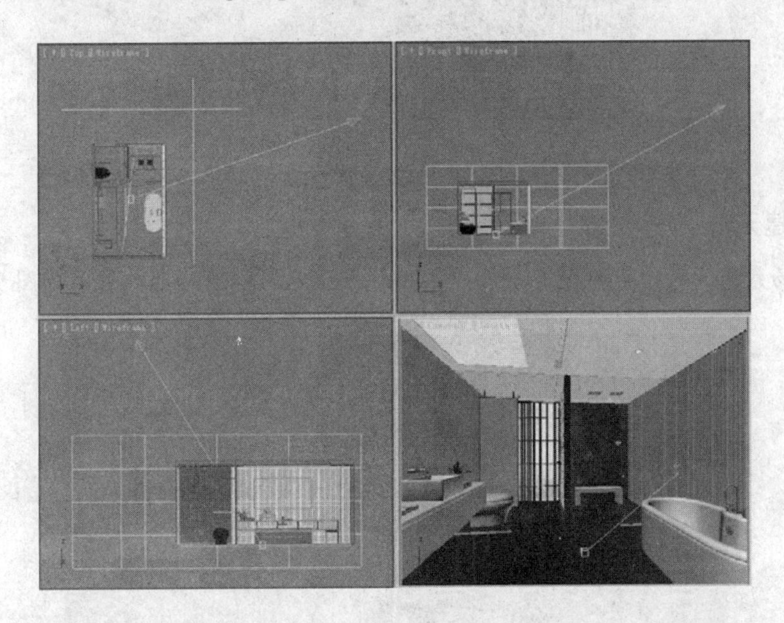

图 9-32　灯光位置

Steps 02 选择太阳光，在修改命令面板中对它的参数进行调整，如图 9-33 所示。

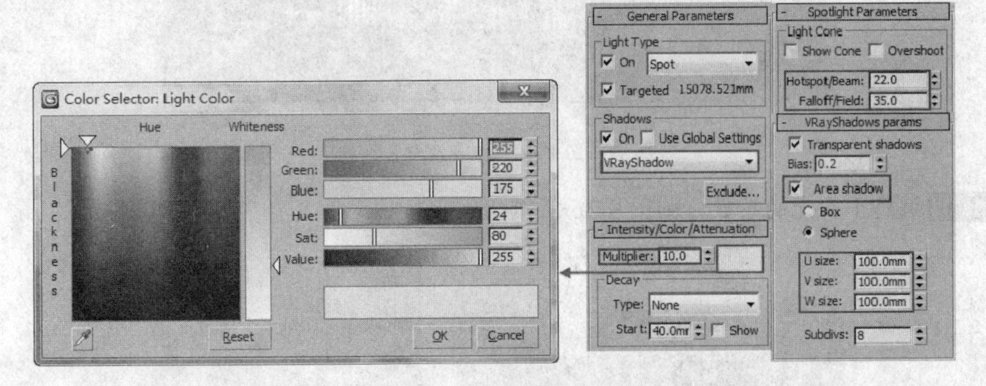

图 9-33　调整太阳光参数

Steps 03 太阳光设置好后，在摄影机视图中观察它的角度和效果，如图 9-34 所示。

提 示：主光是场景中最重要的灯光，只有确认好其灯光的强度、颜色和照射方向，才能更好地进行次要光源和补光源的布置，所以笔者建议在布置主要光源时要进行多次测试渲染。

图 9-34　太阳光效果

2. 创建天光

Steps 01 在场景中的两个窗口处分别添加 VRay 平面光来加强天光效果，如图 9-35 所示。

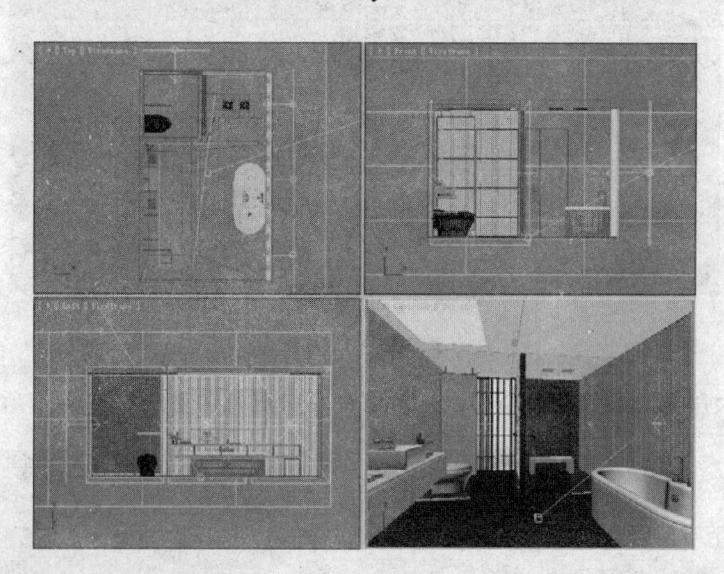

图 9-35　添加平面光

Steps 02 调整平面光的参数，如图 9-36 所示。

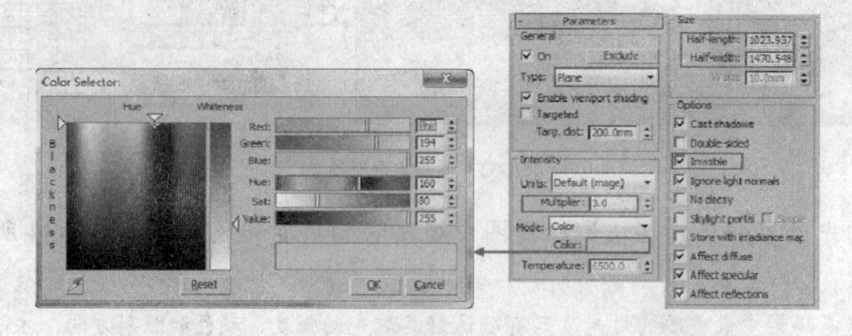

图 9-36　调整平面光参数

Steps 03 选择创建好的 VRay 平面光，以复制的方式复制出一盏平面光，如图 9-37 所示。

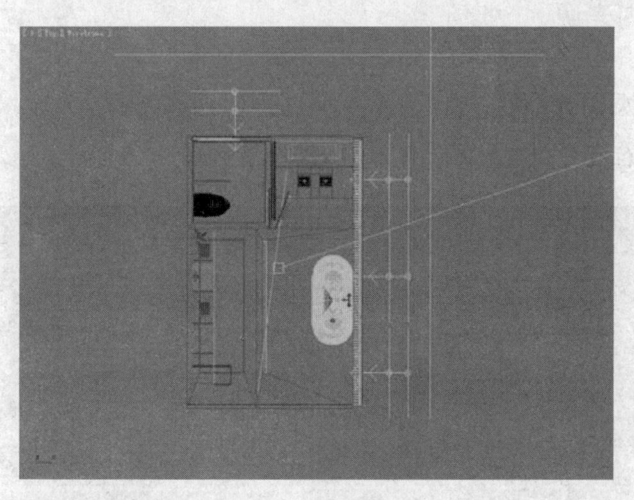

图 9-37　复制平面光

Steps 04 在修改面板中对复制的平面光参数进行调整，如图 9-38 所示。

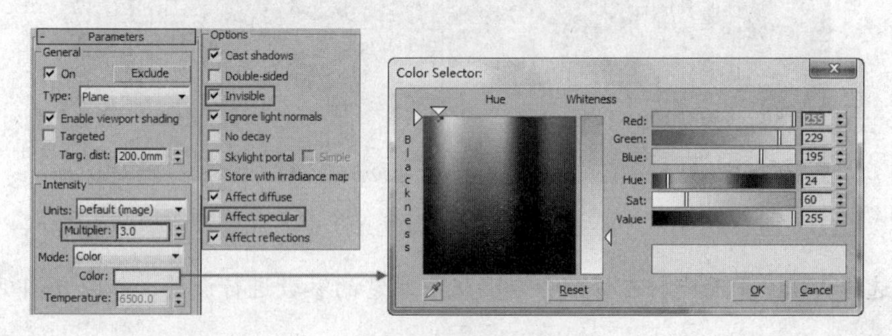

图 9-38　调整平面光参数

Steps 05 切换回摄影机，观察自然光照，效果如图 9-39 所示。

图 9-39　天光效果

9.4.4 布置室内光源

1. 创建吸顶灯灯光

Steps 01 在吸顶灯位置处创建 VRay 平面光，其位置如图 9-40 所示。

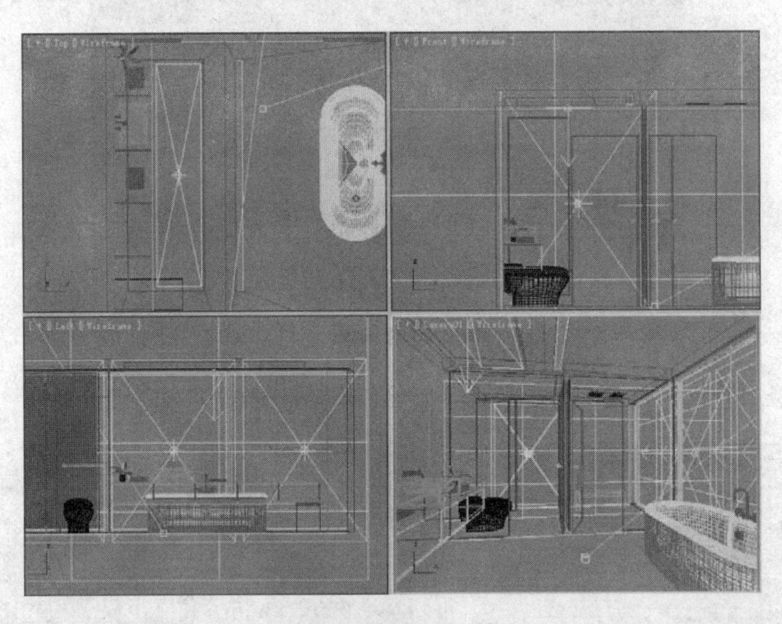

图 9-40 布置平面光

Steps 02 选择 VRay 平面光，在修改命令面板中对它的参数进行调整，如图 9-41 所示。

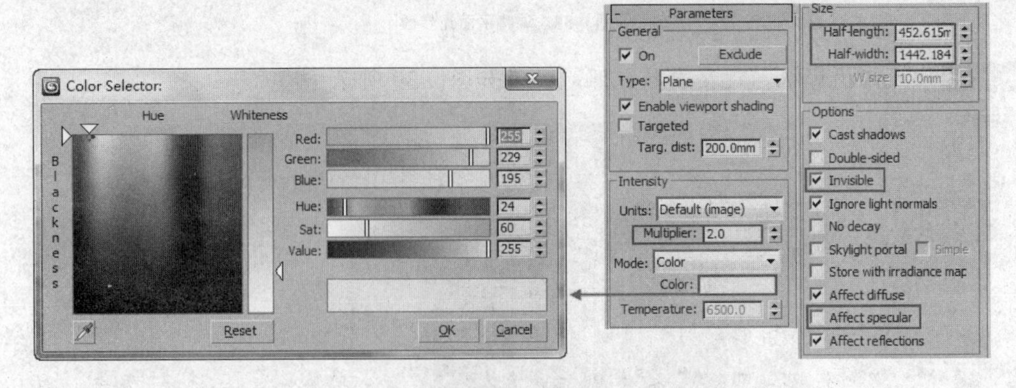

图 9-41 设置 VRay 平面光参数

2. 设置点光源

Steps 01 在如图 9-42 所示的位置处创建 Target Light（目标灯光）。

Steps 02 选择一个 Target Light（目标灯光），对它的参数进行调整，如图 9-43 所示。

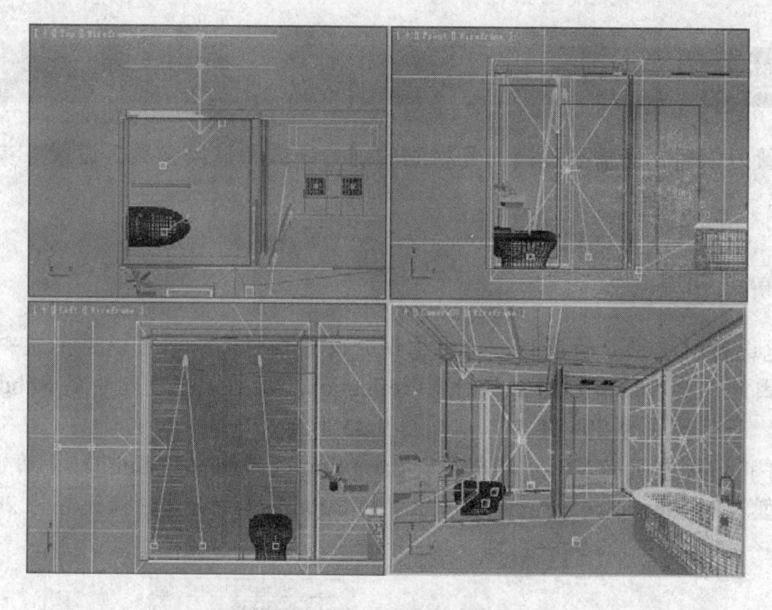

图 9-42　布置目标点光源

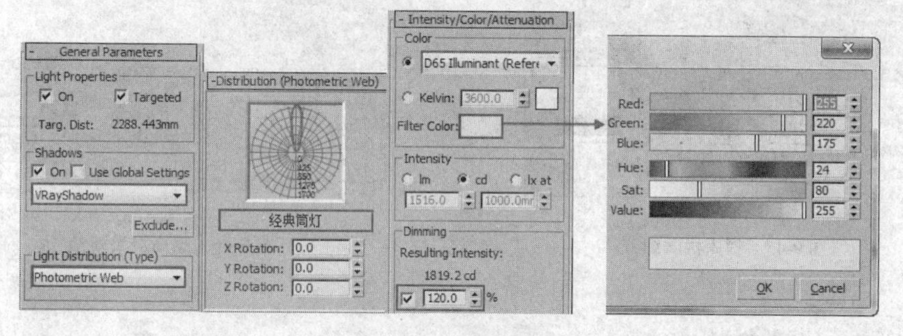

图 9-43　调整目标灯光参数

Steps 03 到这里，场景的灯光布置就已经完成了，效果如图 9-44 所示。

图 9-44　灯光效果

9.5 最终输出渲染

灯光设置好以后，还需要提高灯光材质的细分参数和渲染参数，设置好参数后便可以渲染大图了。

9.5.1 提高细分值

Steps 01 首先进行材质细分的调整，将材质细分设置相对高一些可以避免光斑、噪波等现象的产生，因此需要对讲解到的主要材质 Reflection（反射）选项组中的 Subdivs（细分）值进行增大，一般设置为 20~24 即可，如图 9-45 所示。

Steps 02 同样将场景内所有 VRay 灯光类型 Sampling 选项组中的 Subdivs（细分）的值以及其他灯光类型 VRayShadows params 选项组中的 Subdivs（细分）的值设置为 24，如图 9-46 所示。

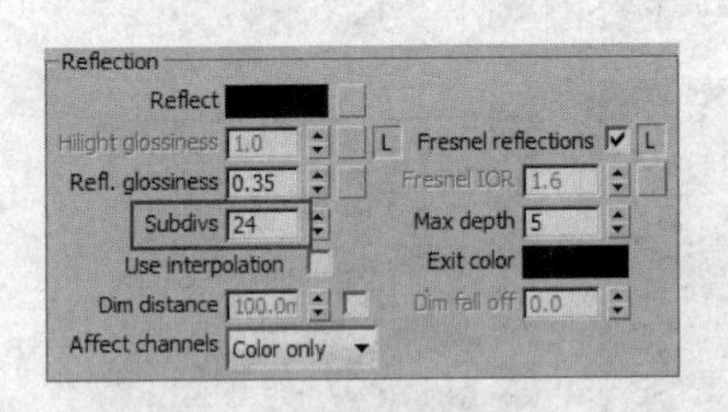

图 9-45　提高材质细分

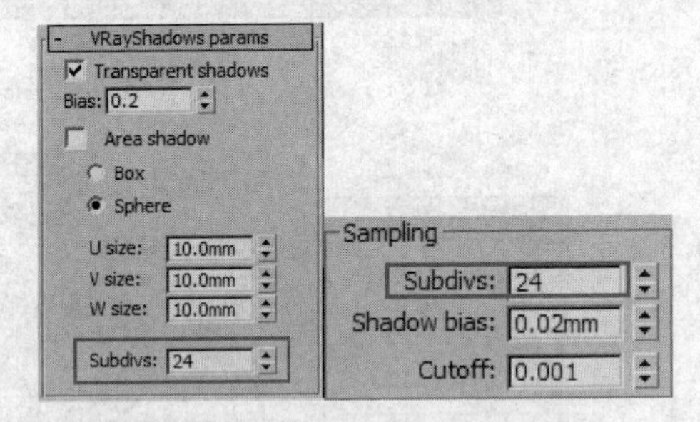

图 9-46　提高灯光细分

9.5.2 设置渲染参数

Steps 01 在"渲染设置"对话框中设置 Output Size（输出尺寸）为 1600 × 1200，如图 9-47 所示。

Steps 02 在 V-Ray::Image sampler(Antialiasing)(V-Ray 图像采样(抗锯齿))中选择 Adaptive DMC（自适应 DMC）方式，在 Antialiasing filter（抗锯齿过滤器）选项中选择 Mitchell-Netravali 过滤方式，如图 9-48 所示。

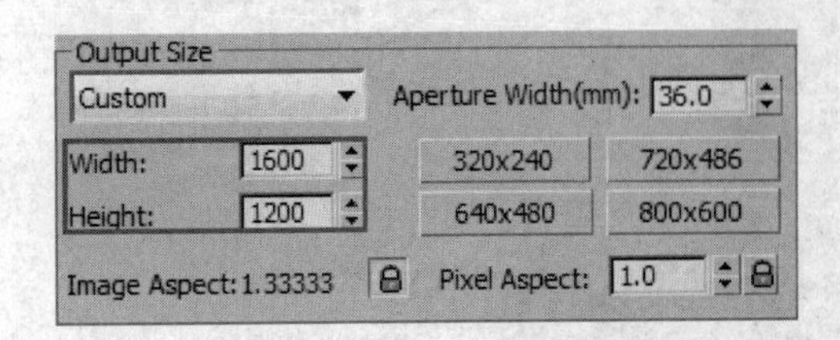

图 9-47　设置输出尺寸

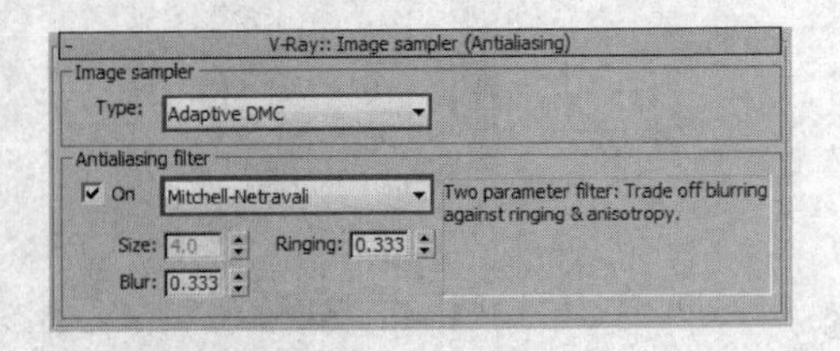

图 9-48　设置图像采样器

Steps 03 在 V-Ray::Indirect illumination（GI）(V-Ray 间接照明(全局光))中设置 Secondary bounces（二次反弹）的 Multiplier（倍增）值为 0.96，如图 9-49 所示。

Steps 04 在 V-Ray::Irradiance map（发光贴图）里选择 Medium（中等），设置 HSph.subdivs（半球细分）为 60，如图 9-50 所示。

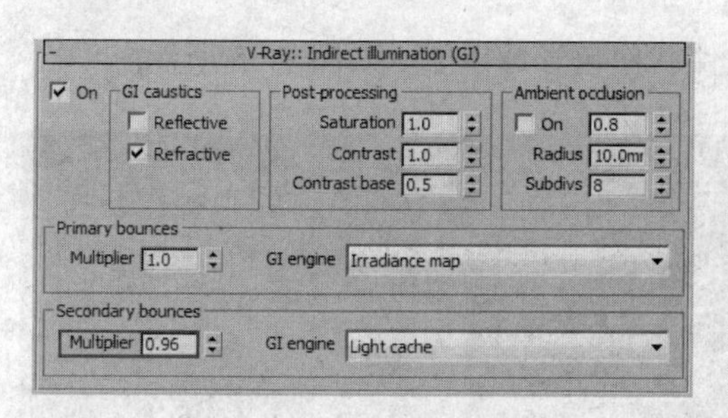

图 9-49　设置二次反弹倍增值

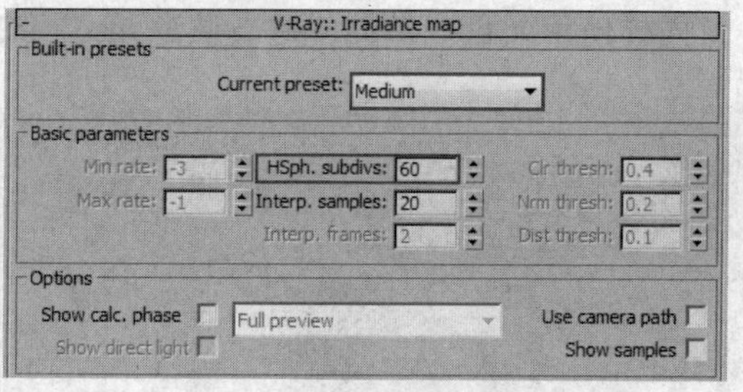

图 9-50　设置发光贴图预设值

Steps 05 在 V-Ray::Light cache（灯光缓存）中设置 Subdivs（细分值）为 1200，取消勾选 Store direct light（保存直接光），如图 9-51 所示。

Steps 06 在 V-Ray::DMC Sampler（V-RayDMC 采样器）中设置 Adaptive amount（自适应数量）值为 0.75，Noise threshold（噪波极限）值为 0.005，Min samples（最小采样）值为 30，如图 9-52 所示。

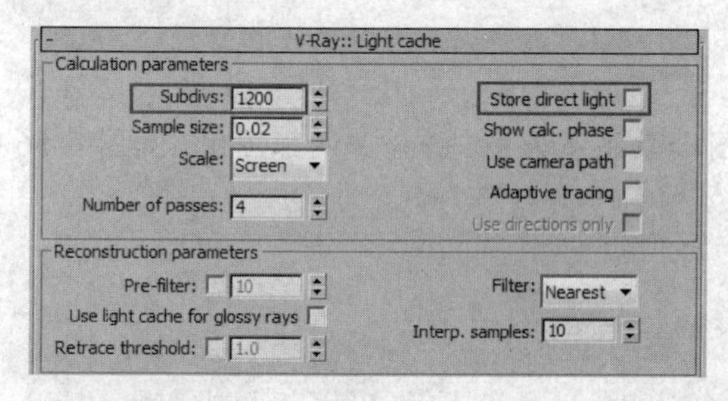

图 9-51　设置灯光缓存参数

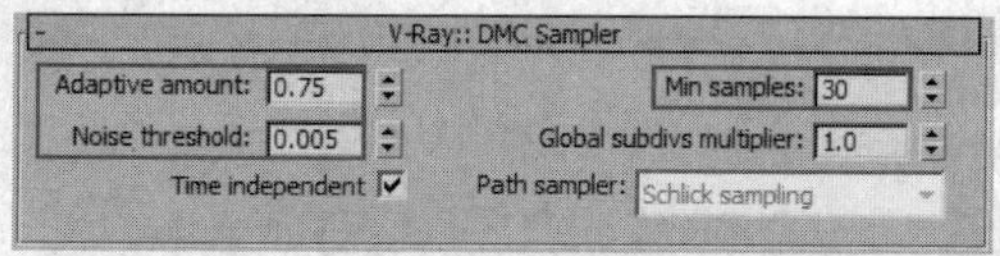

图 9-52　设置 VrayDMC 采样器

Steps 07 在 V-Ray::System（系统）中设置 Max.tree depth（最大树形深度）值为 80，其他参数保持不变，如图 9-53 所示。

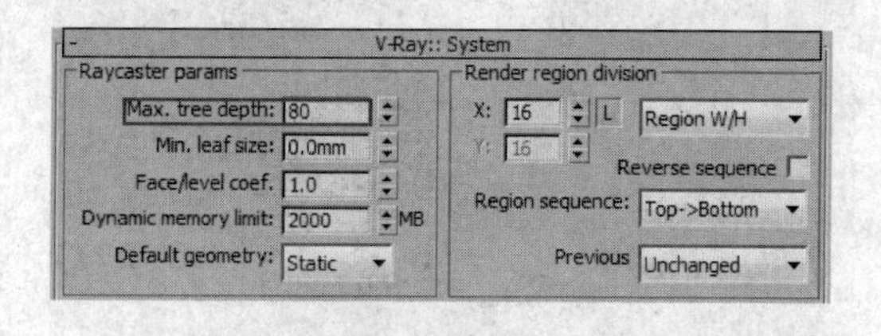

图 9-53　设置系统参数

在渲染参数设置好后，就可以对场景进行渲染了，最终渲染效果如图 9-54 所示。

9.6 Photoshop 后期处理

观察渲染效果，可以发现其整个光线效果基本上已经达到我们的要求，只要对场景的对比度和局部亮度做些微调就可以完成整体最终效果。

9.6.1 色彩通道图

同样使用光盘提供的“材质通道.mse”文件制作色彩通道图，如图 9-55 所示。

图 9-54　最终渲染效果

图 9-55　色彩通道图

9.6.2 Photoshop 后期处理

Steps 01 用 Photoshop 打开渲染后的色彩通道图和最终渲染图，并合并两张图像，如图 9-56 所示。

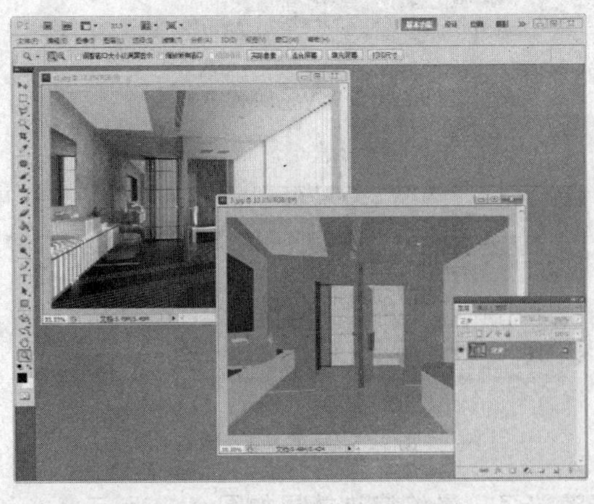

图 9-56　合并色彩通道图和最终渲染图

Steps 02 选择“背景”图层，按“Ctrl+J”组合键将其复制一份，并关闭“色彩通道”所在的图层 1，如图 9-57 所示。

Steps 03 执行“图像”→“调整”→“亮度/对比度”命令，在弹出来的对话框中设置对比度的值为 40，如图 9-58 所示。

图 9-57　复制图像文件

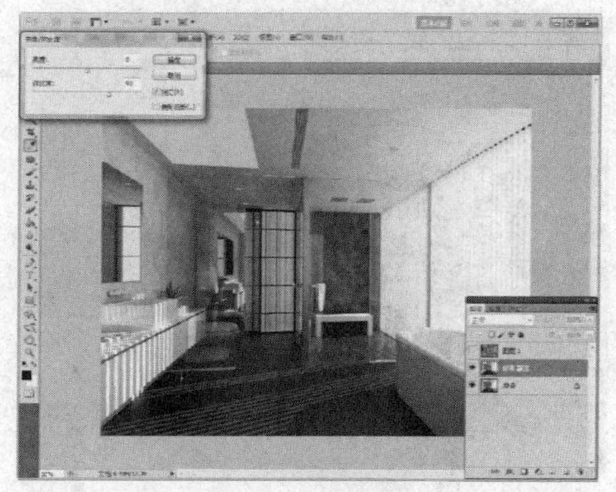

图 9-58　调整背景副本对比度

Steps 04 在“图层 1”中用“魔棒”工具选择吸顶灯部分，再返回“背景副本”图层，按“Ctrl+J”组合键复制到新图层，再使用“曲线”提高它的亮度，如图 9-59 所示。

图 9-59　调整吸顶灯亮度

Steps 05 双击“图层 2”，在图层样式中选择“外发光”和“内发光”两个样式，如图 9-60 所示。

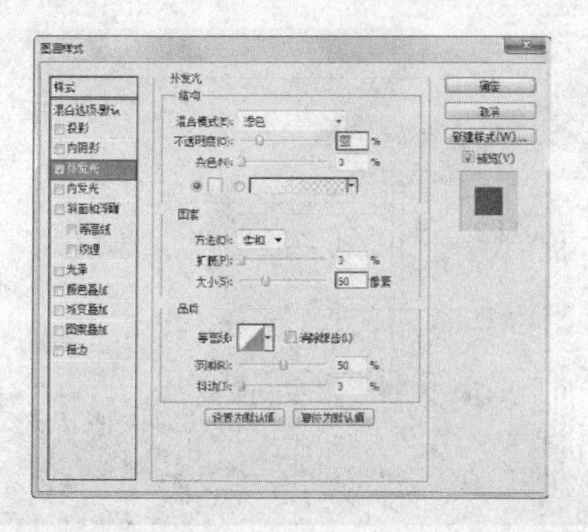

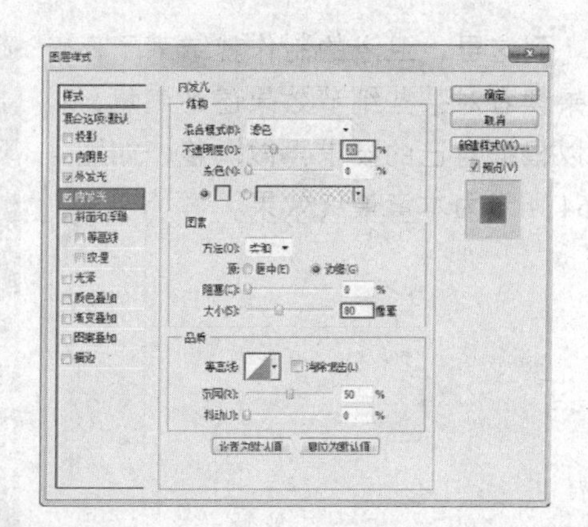

图 9-60　添加图层样式

Steps 06 选择卫生间区域，使用“曲线”提高它的亮度，如图 9-61 所示。

图 9-61 提高卫生间区域亮度

提 示：在调整区域亮度后，选择边亮度会出现明显的分界线，这时可使用“橡皮擦”工具进行磨边处理，或者在选择的时候用“羽化”。

Steps 07 最后为玻璃对象添加两段文字，完成整个效果的制作，如图 9-62 与图 9-63 所示。

图 9-62 添加左侧文字

图 9-63 添加右侧文字

到这里，卫浴的制作就结束了，如果读者对某些细节效果还不满意，可以根据自己的要求再做调整，如图 9-64 所示为本章最终效果。

图 9-64 最终效果

第10章 乡村阳光客厅

本章重点：

- 项目分析
- 创建摄影机
- 设置场景主要材质
- 灯光设置
- 最终输出渲染
- Photoshop 后期处理

乡村风格主要起源于 18 世纪各地拓荒者居住的房子，色彩及造型较为含蓄保守，以舒适机能为导向，兼具古典的造型与现代的线条、人体工学与装饰艺术的家具风格充分显现出自然质朴的特性。本例介绍的是一个阳光乡村客厅效果图的制作，如何表现出乡村风格的沉稳、舒适又带着一份自然的气息是本章学习的重点，如图 10-1 所示为最终效果。

10.1 项目分析

本例是一个乡村风格的客厅，其自然色的家具、花纹系地毯与轻薄的淡黄色墙面形成相互映衬，层次分明，整个客厅看起来具有和谐的视觉聚合力，一种内在的魅力油然而生。选择自然色进行体现，墙、门框、沙发甚至地毯都可给空间创造出温暖的感觉，纯天然的地板则更多地给空间带来暖意。一些供读者参考的乡村风格效果，如图 10-2 所示。

图 10-1　最终效果

图 10-2　参考效果

10.2 创建摄影机

Steps 01 打开本书配套光盘中的“乡村阳光客厅白模.max”，在 Top（顶视图）中创建一个目标摄影机，位置如图 10-3 所示。

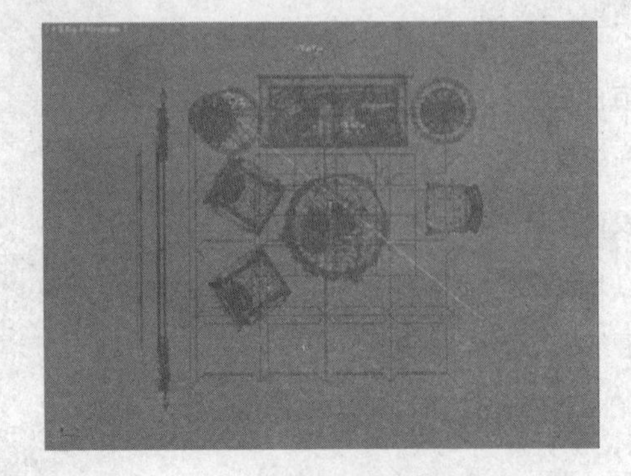

图 10-3　创建摄影机

Steps 02 切换至 Front（前）视图，调整摄影机的高度，如图 10-4 所示。

Steps 03 在 Modify(修改)面板中对摄影机的参数进行修改，并添加 Apply Camera Correction Modifier（应用摄影机校正）修正摄影机的角度偏差，如图 10-5 所示。

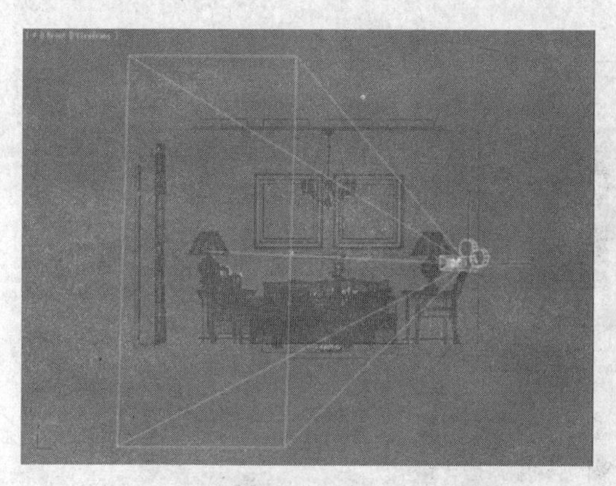

图 10-4　调整摄影机高度

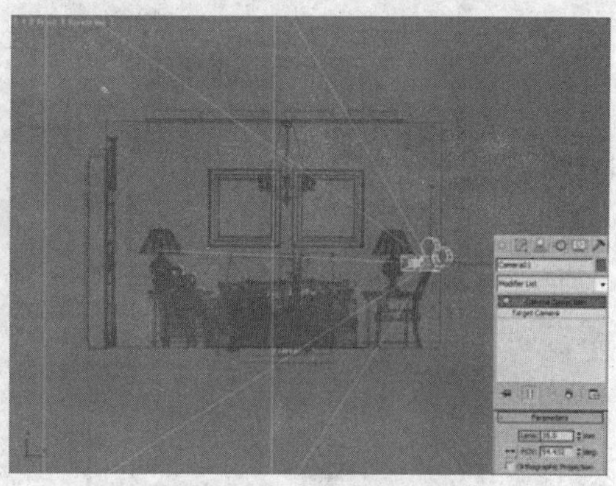

图 10-5　修改摄影机参数

Steps 04 这样，目标摄影机就放置好了，摄影机视图的效果如图 10-6 所示。

设置好摄影机后就可以直接对场景中的材质进行调节。

10.3 设置场景主要材质

下面按照如图 10-7 所示的材质制作顺序编号逐个设置场景材质。

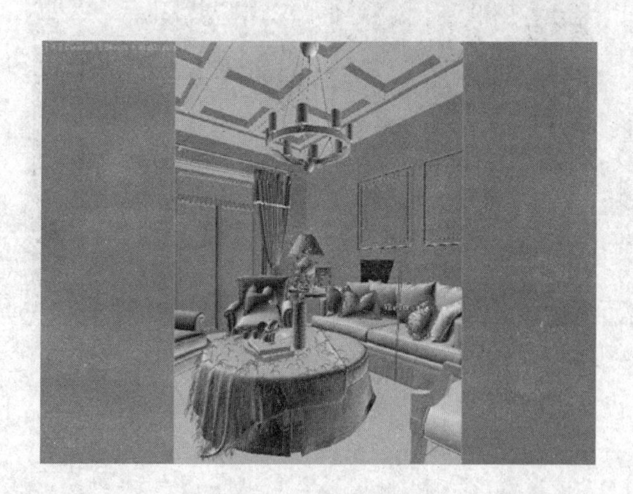

图 10-6　摄影机视图

图 10-7　材质制作顺序

10.3.1 墙面材质

墙面材质的调节方法同前面章节白漆材质的调节方法基本一致。

Steps 01 将材质球切换为“VRayMtl”，设置 Diffuse（漫反射）和 Reflect（反射）的颜色值，

并设置 Hilight glossiness（高光光泽度）值为 0.65，并勾选 Fresnel reflections（菲涅尔反射），如图 10-8 所示。

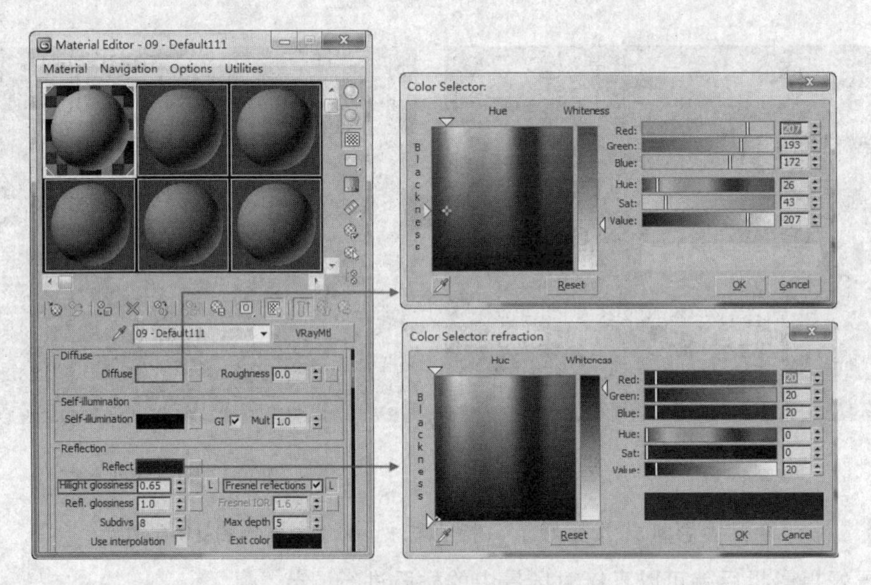

图 10-8　设置漫反射和反射组参数

Steps 02 取消 Trace Reflections（反射跟踪）复选框的勾选，如图 10-9 所示。

Steps 03 完成设置后的墙面材质效果如图 10-10 所示。

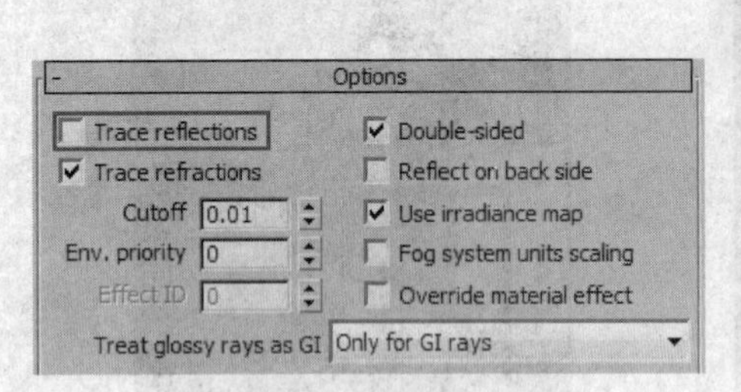

图 10-9　取消反射跟踪

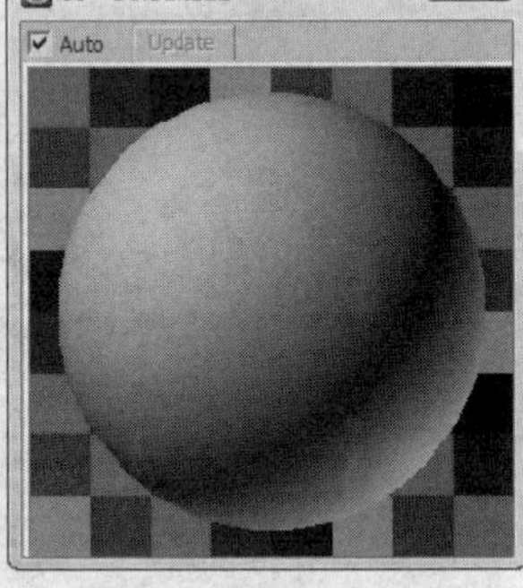

图 10-10　墙面材质效果

10.3.2 木纹材质

Steps 01 选择“VRayMtl”材质球，为 Reflect（反射）添加 Falloff（衰减）贴图，设置衰减方式为 Fresnel（菲涅尔），并调整 Front:Side（正前:侧边）颜色值。

Steps 02 设置 Hlight glossiness（高光光泽度）值为 0.65，Refl.glossiness（反射光泽度）值为 0.8，并勾选 Fresnel reflections（菲涅尔反射），设置 Fresnel IOR 值为 6.0，如图 10-11 所示。

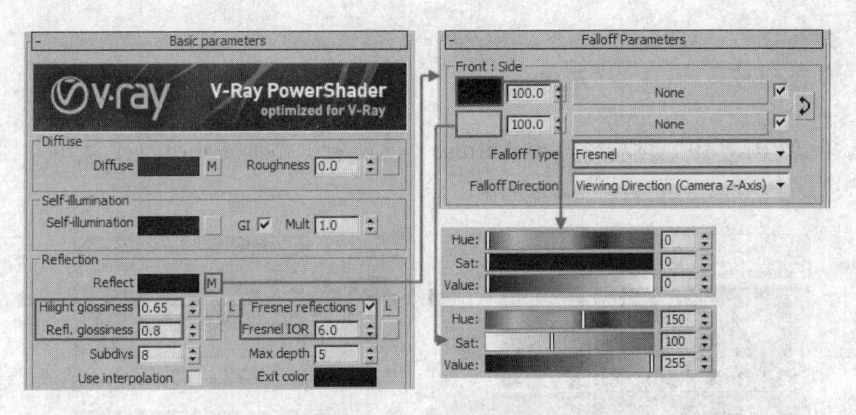

图 10-11 设置反射组参数

Steps 03 展开 Maps（贴图）卷展栏，在 Diffuse（漫反射）和 Bump（凹凸）通道里分别添加一张贴图来模拟木纹的纹理及凹凸效果，如图 10-12 所示。

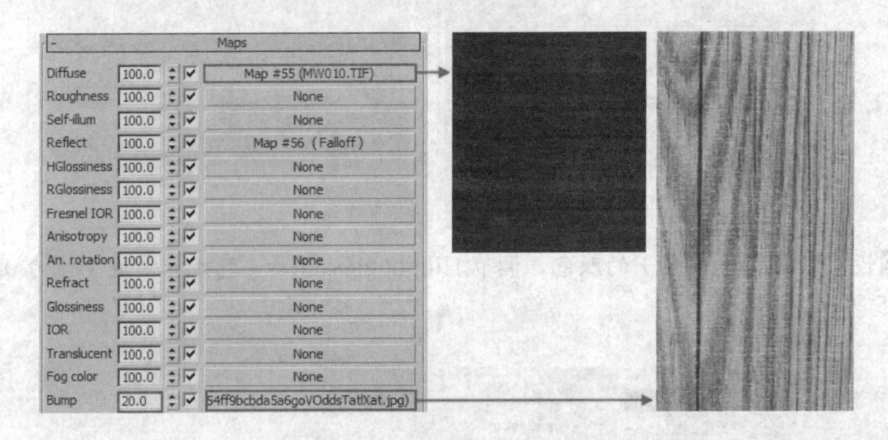

图 10-12 添加贴图

Steps 04 完成设置后的木纹材质效果如图 10-13 所示。

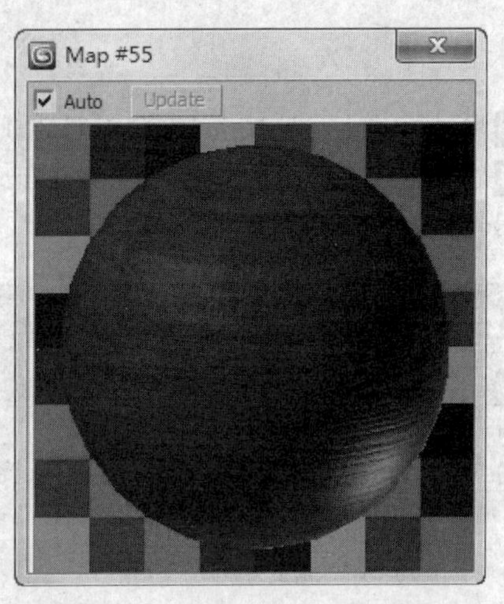

图 10-13 木纹材质效果

10.3.3 沙发材质

Steps 01 选择“VRayMtl”材质球，为 Diffuse（漫反射）添加 Falloff（衰减）贴图，如图 10-14 所示。

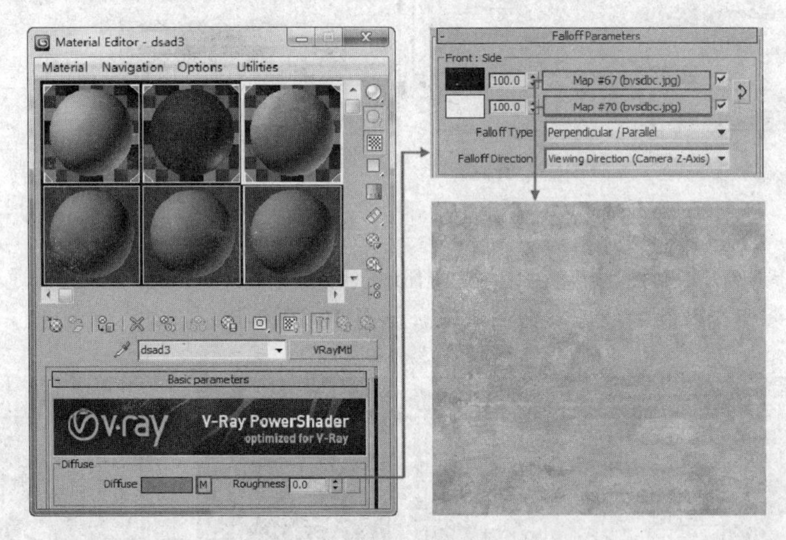

图 10-14 添加衰减贴图

Steps 02 设置 Reflect（反射）的颜色，调节 Hilight glossiness（高光光泽度）值为 0.23，如图 10-15 所示。

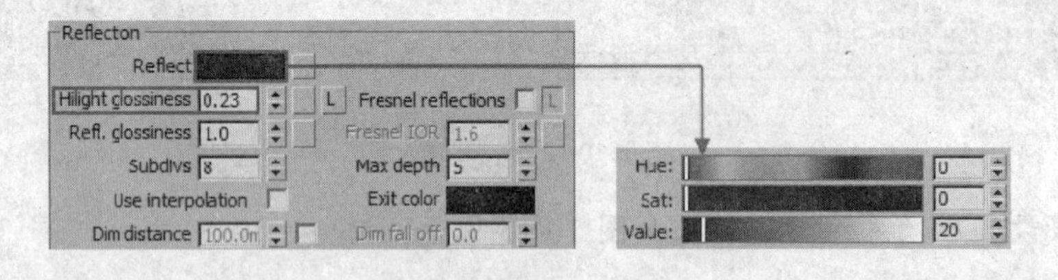

图 10-15 设置反射参数

Steps 03 取消 Trace reflections（反射跟踪）复选框的勾选，如图 10-16 所示。

Steps 04 在 Maps（贴图）卷展栏中为 Bump（凹凸）通道添加一张贴图来控制沙发的凹凸效果，如图 10-17 所示。

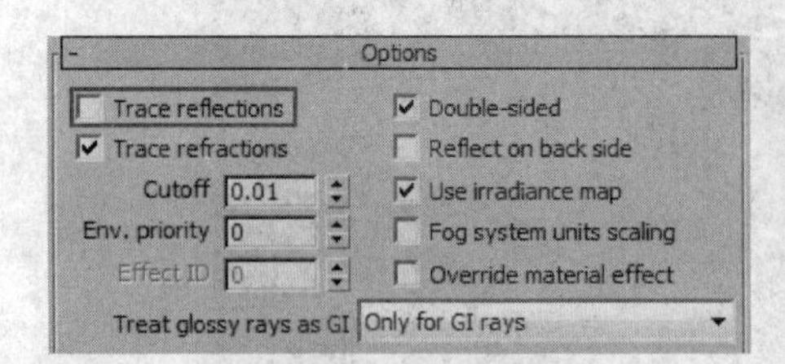

图 10-16 取消反射跟踪

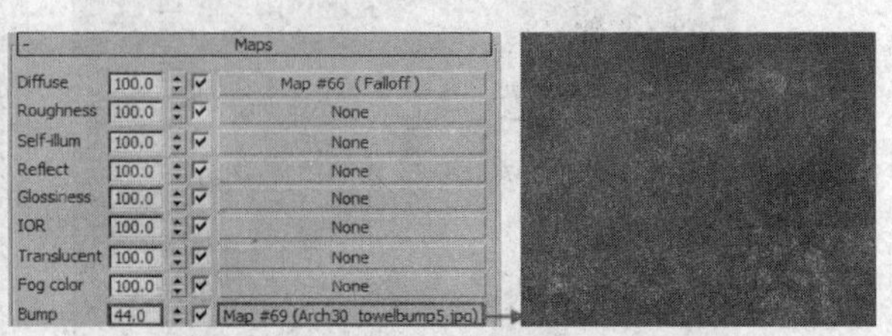

图 10-17 添加凹凸贴图

Steps 05 选择场景中的沙发对象并赋予其材质，效果如图 10-18 所示。

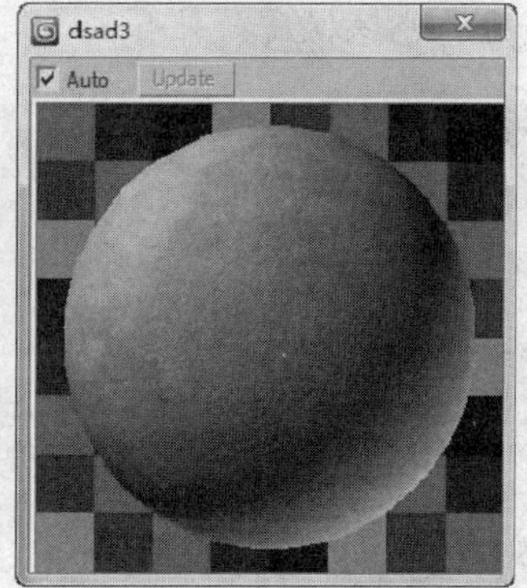

图 10-18　沙发材质效果

10.3.4 地毯材质

本例中的地毯制作十分简单，主要是通过位图来表现地毯的纹理效果，再配合适当参数即可完成材质的制作。

Steps 01 选择“VRayMtl”材质球，设置 Reflect（反射）颜色，调节 Hilight glossiness（高光光泽度）值为 0.35，Refl.glossiness（反射光泽度）值为 0.56，勾选 Fresnel reflections（菲涅尔反射）复选框，如图 10-19 所示。

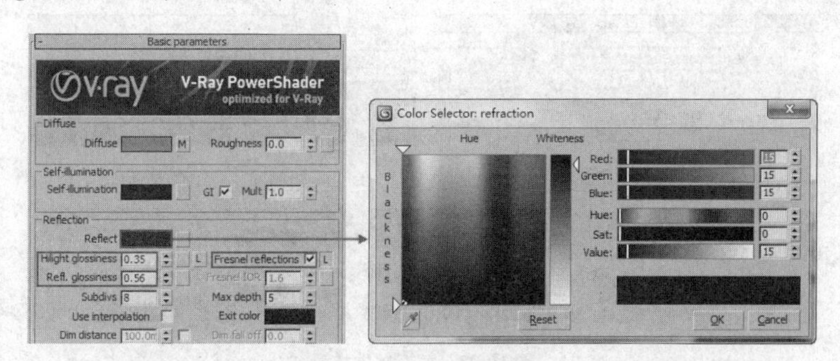

图 10-19　设置反射组参数

Steps 02 在贴图通道里为 Diffuse（漫反射）和 Bump（凹凸）通道添加 Bitmap（位图）贴图，如图 10-20 所示。

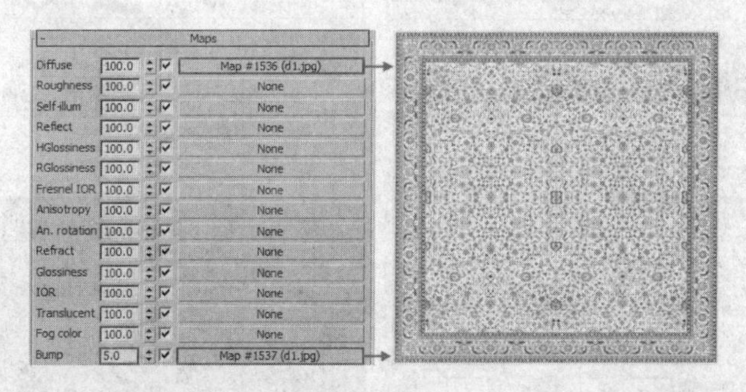

图 10-20　添加位图贴图

Steps 03 完成设置后的地毯材质效果如图 10-21 所示。

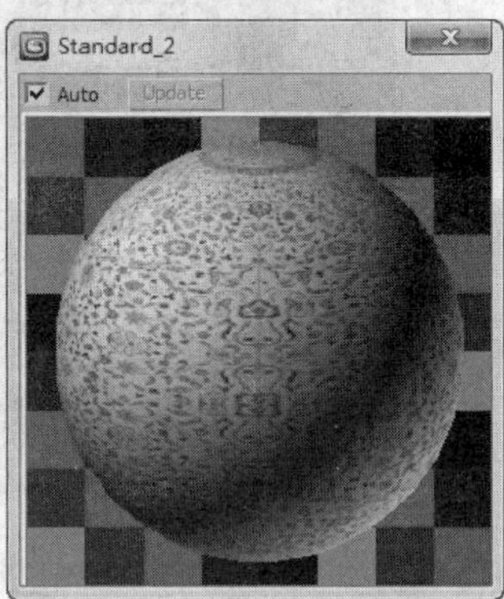

图 10-21　地毯材质效果

10.3.5 布纹材质

本例中的布纹材质使用了混合材质来进行表现，具体设置方法如下。

Steps 01 切换材质为 Blend（混合），单击 Material 1 右侧通道，将默认的标准材质切换为 VRayMtl 材质球类型，如图 10-22 所示。

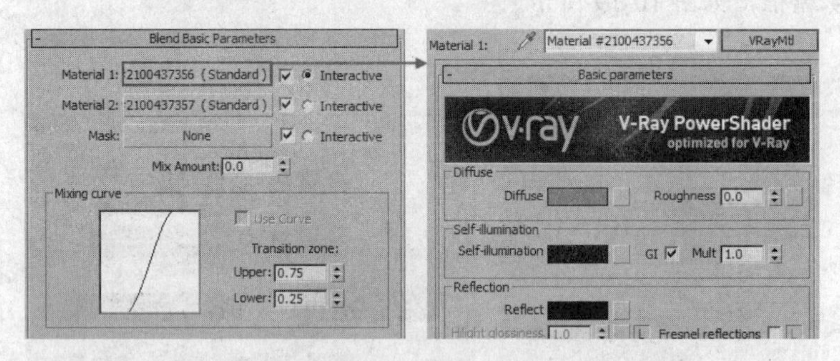

图 10-22　切换材质类型

Steps 02 在 Diffuse（漫反射）贴图通道中添加 Falloff（衰减）贴图，其他参数保持不变，如图 10-23 所示。

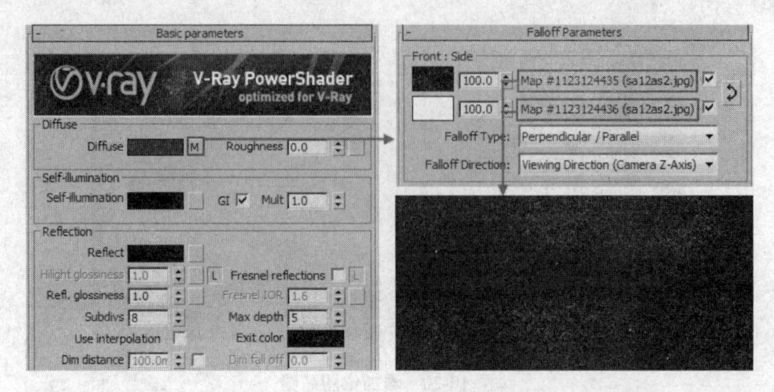

图 10-23　设置衰减贴图

Steps 03 返回上一层，单击 Material 2 右侧通道，将默认的标准材质切换为 VRayMtl 材质球类型，为 Diffuse（漫反射）添加一张 Falloff（衰减）贴图，如图 10-24 所示。

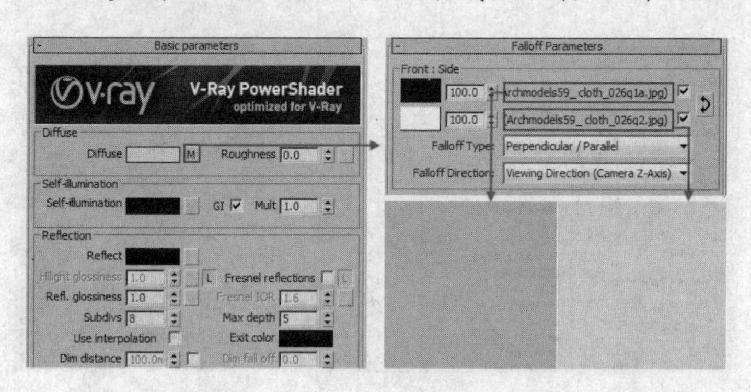

图 10-24　添加衰减贴图

Steps 04 再次返回最上层的 Blend（混合）材质面板，单击 Mask（遮罩）右侧的贴图通道，添加位图来控制它们的混合量，如图 10-25 所示。

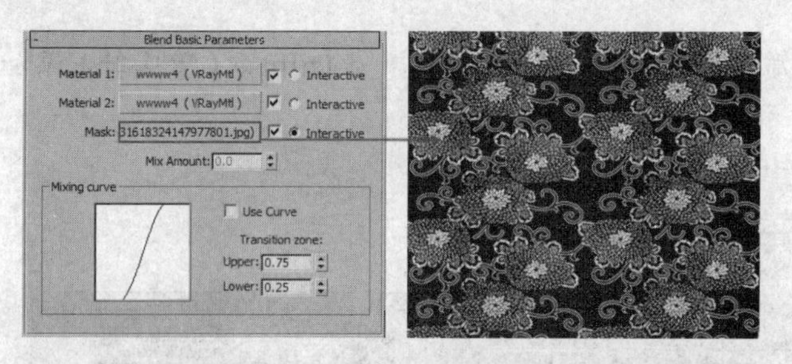

图 10-25　添加遮罩贴图

Steps 05 这样就完成了布纹材质的设置，布纹材质效果如图 10-26 所示。

图 10-26　布纹材质效果

10.3.6 茶几材质

本例中的茶几用了多种材质，每种材质都代表不一样的纹理，所以笔者这里使用“多维/子对象”材质类型来进行表达。

Steps 01 在材质编辑器中将标准材质球切换为 Multi/Sub-Object（多维/子对象）材质类型，如图 10-27 所示。

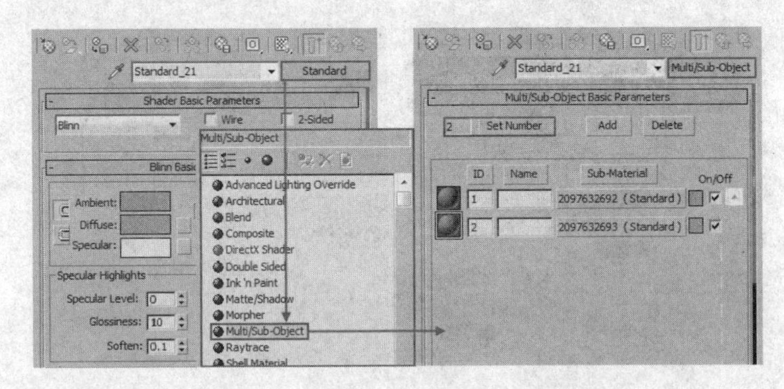

图 10-27 切换材质类型

提 示：笔者在设置材质的时候已经设定好模型的 ID 序号。在设置 ID 序号时，需先选择模型的“多边形”对象，然后再设置序号。

Steps 02 将 ID1 材质类型切换为“VRayMtl”，为 Diffuse（漫反射）添加 Falloff（衰减）贴图，如图 10-28 所示。

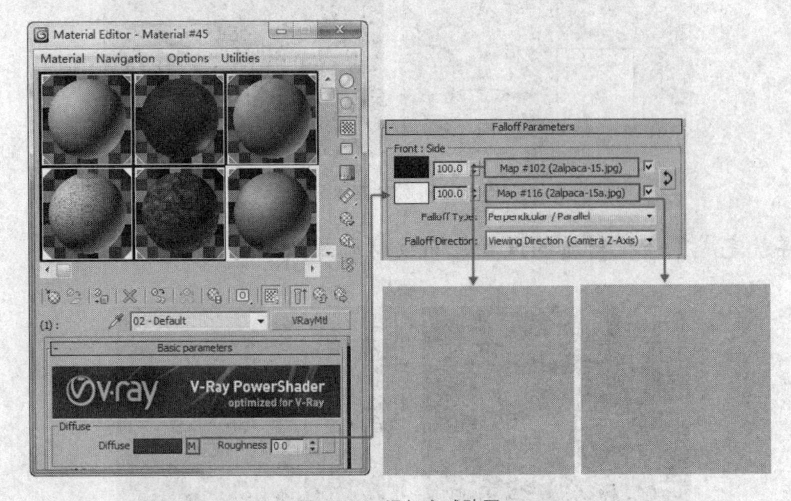

图 10-28 添加衰减贴图

Steps 03 设置 Reflect（反射）的颜色，调节 Hilight glossiness（高光光泽度）值为 0.35，如图 10-29 所示。

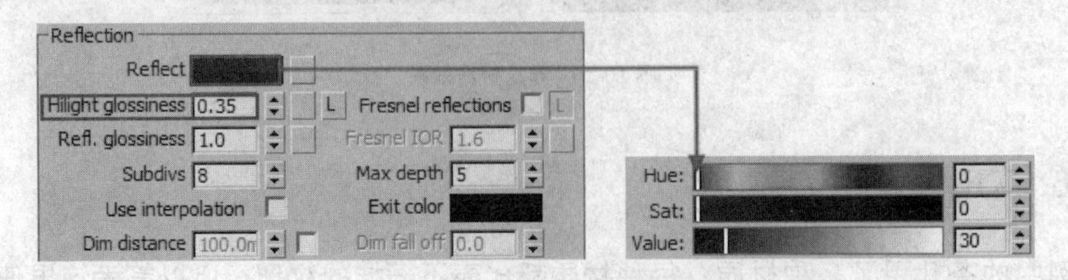

图 10-29 设置反射组参数

Steps 04 取消 Trace reflection（反射跟踪）复选框的勾选，如图 10-30 所示。

Steps 05 返回最上层，将 ID2 材质类型切换为“VRayMtl”，为 Diffuse（漫反射）添加 Falloff（衰减）贴图，其他参数保持不变，如图 10-31 所示。

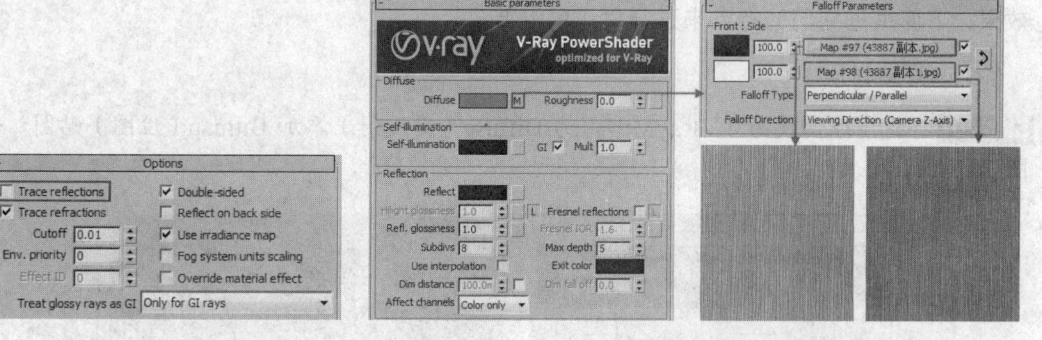

图 10-30　取消反射跟踪　　　　图 10-31　添加衰减贴图

Steps 06 在 Maps（贴图）卷展栏中为 Bump（凹凸）通道添加一张贴图来模拟沙发的凹凸效果，如图 10-32 所示。

Maps			
Diffuse	100.0	✓	Map #96 (Falloff)
Roughness	100.0	✓	None
Self-illum	100.0	✓	None
Reflect	100.0	✓	None
HGlossiness	100.0	✓	None
RGlossiness	100.0	✓	None
Fresnel IOR	100.0	✓	None
Anisotropy	100.0	✓	None
An. rotation	100.0	✓	None
Refract	100.0	✓	None
Glossiness	100.0	✓	None
IOR	100.0	✓	None
Translucent	100.0	✓	None
Fog color	100.0	✓	None
Bump	-55.0	✓	99 (archmodels_26_texture_42.jpg)

图 10-32　添加凹凸贴图

Steps 07 完成设置后的茶几材质效果如图 10-33 所示。

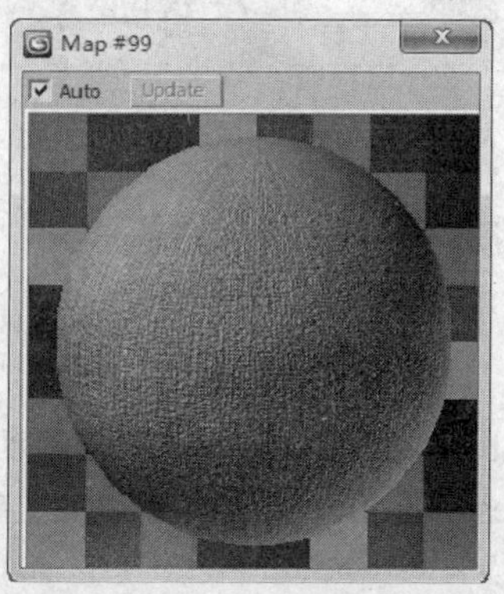

图 10-33　茶几材质效果

10.3.7 台灯材质

本例中的台灯由灯罩和灯座两个部分组成，灯罩有半透明效果，而灯座具有金属材质效果，下面根据它们的特点来进行材质的调节。

1. 灯罩材质

Steps 01 将材质球切换为“VRayMtl”，为 Diffuse（漫反射）添加 Bitmap（位图）贴图，如图 10-34 所示。

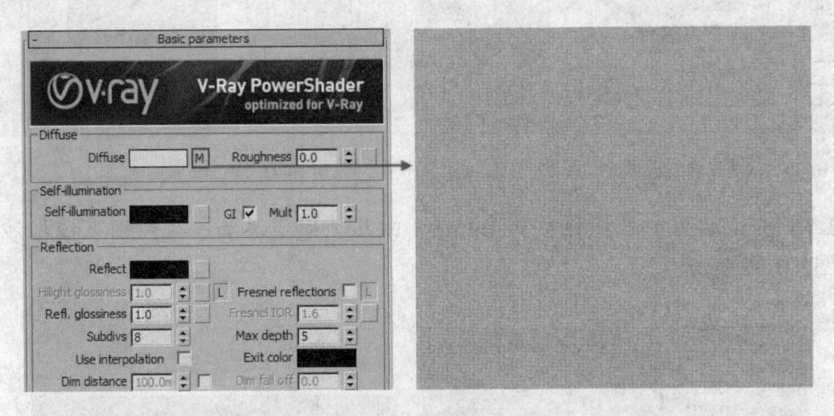

图 10-34 添加位图贴图

Steps 02 为 Refraction（折射）添加 Falloff（衰减）贴图，设置 Glossiness（模糊度）值为 0.7，勾选 Affect shadows（影响阴影），如图 10-35 所示。

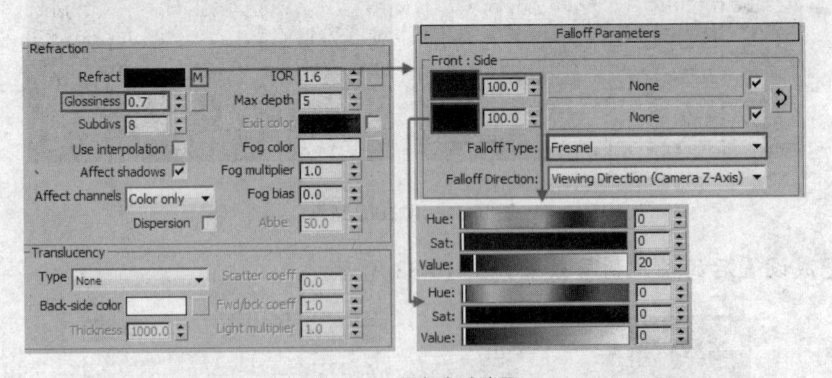

图 10-35 添加衰减贴图

2. 灯座材质

Steps 01 选择“VRayMtl”材质球，为 Diffuse（漫反射）和 Reflect（反射）添加 Bitmap（位图）贴图。

Steps 02 设置 Hilight glossiness（高光光泽度）值为 0.65，Refl.glossiness（反射光泽度）值为 0.7，勾选 Fresnel reflections（菲涅尔反射），设置 Fresnel IOR 值为 0.1，如图 10-36 所示。

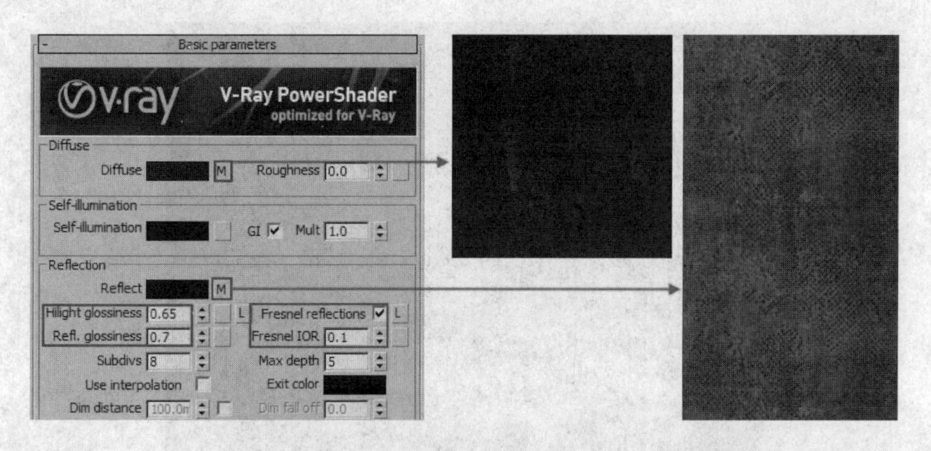

图 10-36　设置漫反射和反射组参数

Steps 03 完成台灯材质的制作，效果如图 10-37 所示。

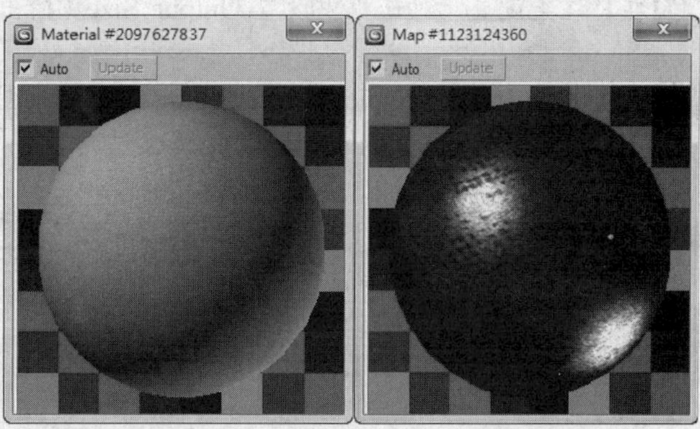

图 10-37　台灯材质效果

10.4 灯光设置

10.4.1 灯光布置分析

本例是一个乡村风格的客厅，其特点主要在华美的布艺以及纯手工的制作上，布面花色秀丽，多以纷繁的花卉图案为主。场景具有一处落地窗，整个色调都是自然色系，其表现重点就是突出乡村的纯朴自然、天人合一的境界。图 10-38 所示为场景顶面布置图。

根据客厅的风格和场景布置图可以确定，场景以太阳光照射比较充足的时间段表现为佳，所以场景应以太阳光为主要照明，再辅以简单的室内光源即可完成整个场景的灯光效果。

10.4.2 设置测试参数

在进行灯光布置的时候需先为场景设置测试参数，这样可以更快捷地预览布置的灯光效果。

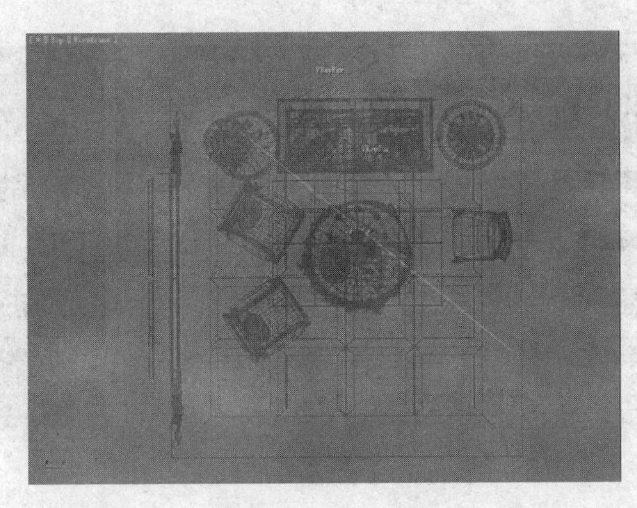

图 10-38　场景顶面布置图

Steps 01 在“渲染设置”对话框中设置 Output Size（输出尺寸）为 420 × 600，如图 10-39 所示。

Steps 02 在 V-Ray::Image sampler（Antialiasing）（V-Ray 图像采样（抗锯齿））中选择 Fixed（固定）方式，关闭 Antialiasing filter（抗锯齿过滤器），如图 10-40 所示。

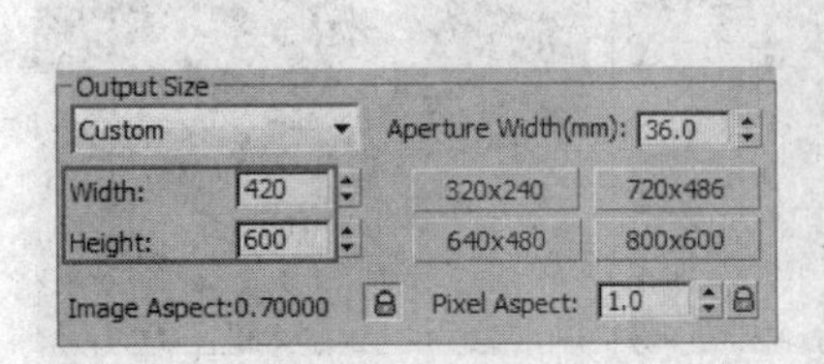

图 10-39　设置输出参数

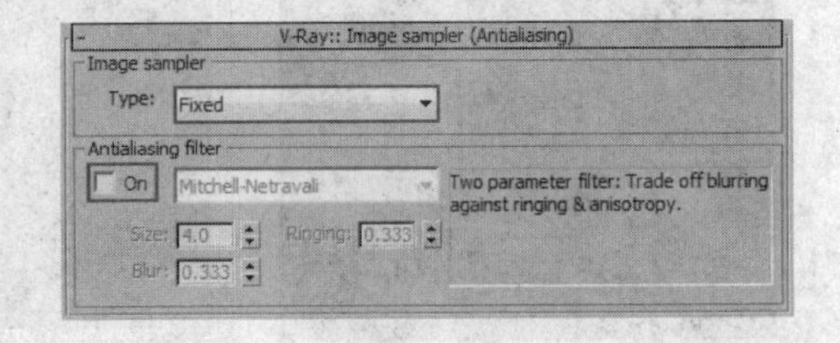

图 10-40　调用 VRay 渲染器

Steps 03 在 V-Ray::Color mapping（V-Ray 色彩映射）中选择 Exponential（指数），如图 10-41 所示。

Steps 04 在 V-Ray::Irradiance map（发光贴图）里选择 Very low（非常低），设置 HSph.subdivs（半球细分）为 20，如图 10-42 所示。

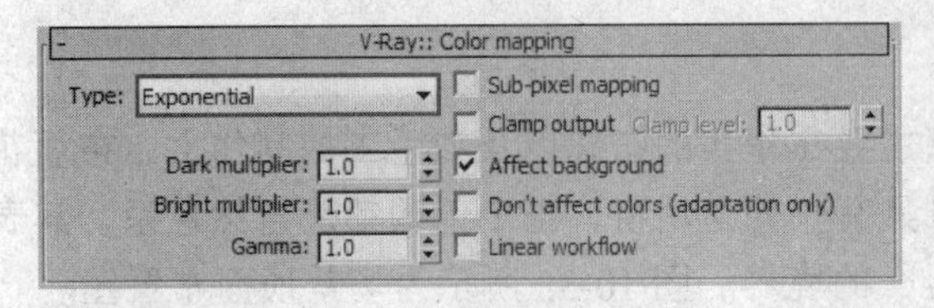

图 10-41　设置色彩映射

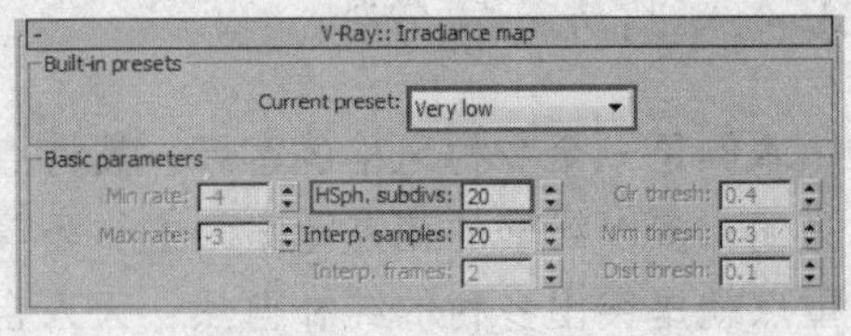

图 10-42　设置发光贴图参数

Steps 05 在 V-Ray::Light cache（灯光缓存）中设置 Subdivs（细分值）为 200，取消勾选 Store direct light（保存直接光），如图 10-43 所示。

Steps 06 在 V-Ray::System（系统）中设置 Max.tree depth（最大树形深度）值为 60，如图 10-44 所示。

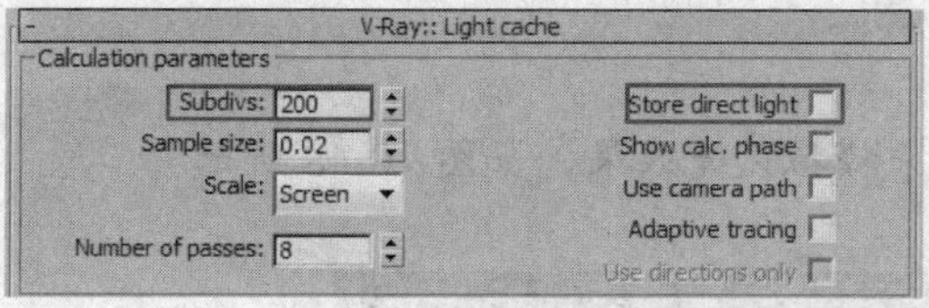

图 10-43　设置灯光缓存参数

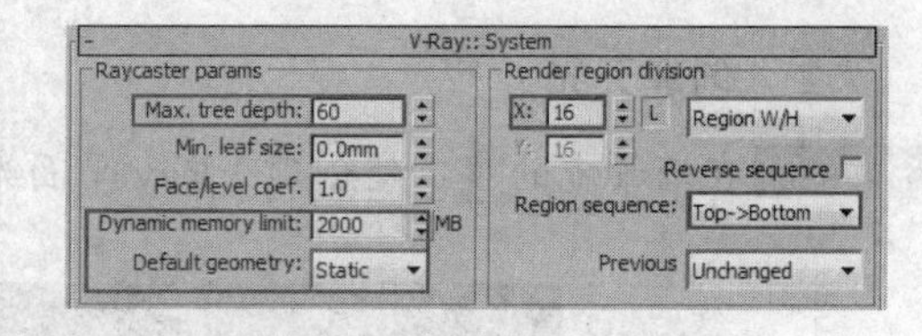

图 10-44　设置系统参数

10.4.3 设置自然光

下面来对场景的灯光进行布置。

1. 创建太阳光

Steps 01 在视图中创建一盏 Target Spot（目标聚光灯），灯光的位置如图 10-45 所示。

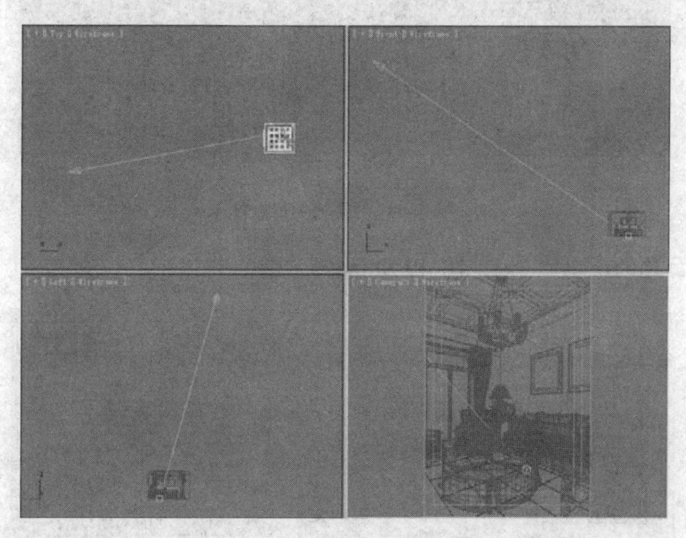

图 10-45　灯光位置

Steps 02 选择太阳光，在修改命令面板中对它的参数进行调整，如图 10-46 所示。

Steps 03 太阳光设置好后，在摄影机视图中观察它的角度和效果，如图 10-47 所示。

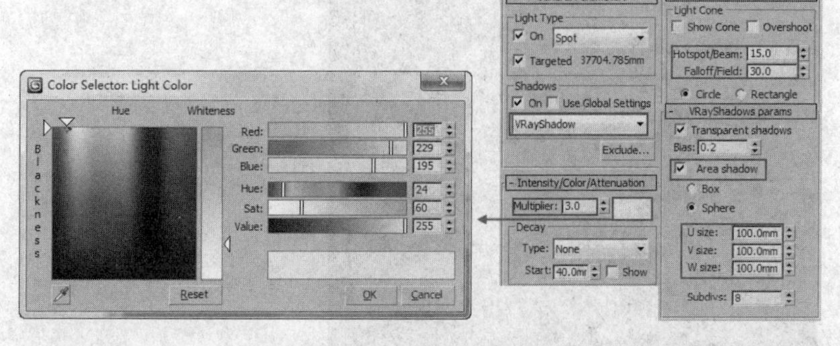

图 10-46　调整太阳光参数

图 10-47　太阳光效果

2. 创建天光

Steps 01 在场景中的窗口处创建 VRay 平面光来模拟天光效果，如图 10-48 所示。

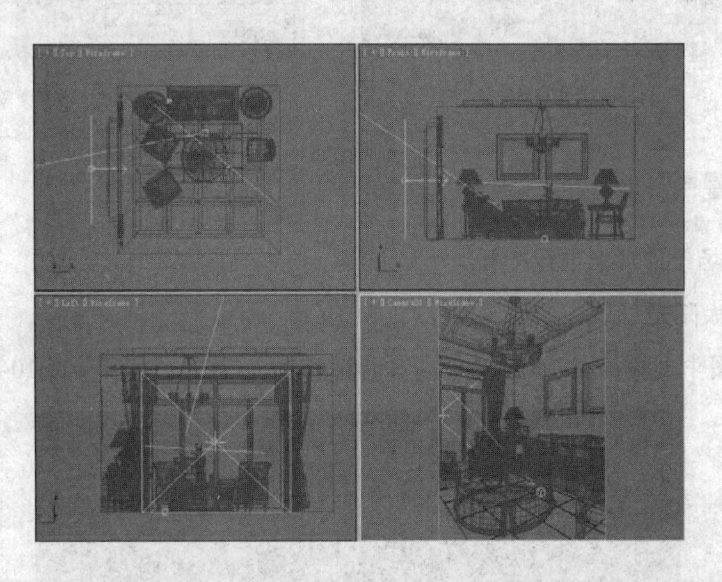

图 10-48　平面光创建位置

Steps 02 调整平面光的参数，如图 10-49 所示。

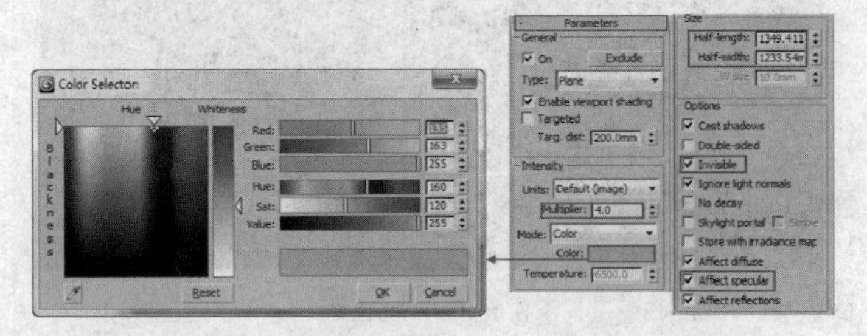

图 10-49　调整平面光参数

Steps 03 选择创建好的 VRay 平面光，以复制的方式复制出一盏平面光，如图 10-50 所示。

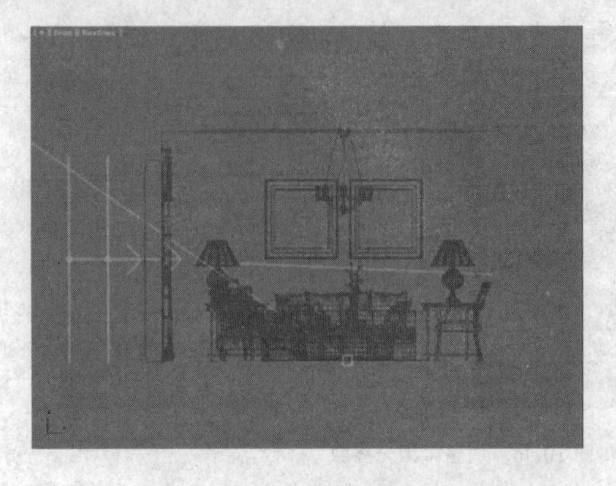

图 10-50　复制平面光

Steps 04 在修改面板中对复制的平面光参数进行调整，如图 10-51 所示。

Steps 05 切换回摄影机视图，观察自然光照，效果如图 10-52 所示。

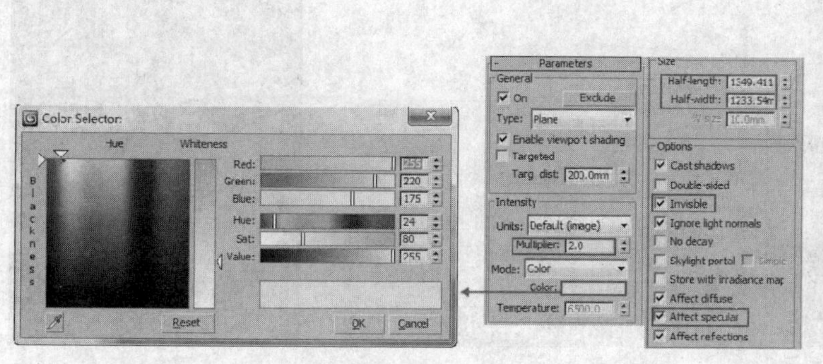

图 10-51　调整平面光参数

图 10-52　自然光效果

10.4.4 布置室内光源

由图 10-52 可以发现，虽然设置了太阳光和自然光，但室内环境还是比较暗。下面来添加灯光提亮室内。

1. 布置目标点光源

Steps 01 在如图 10-53 所示的位置处创建 Target Light（目标灯光）。

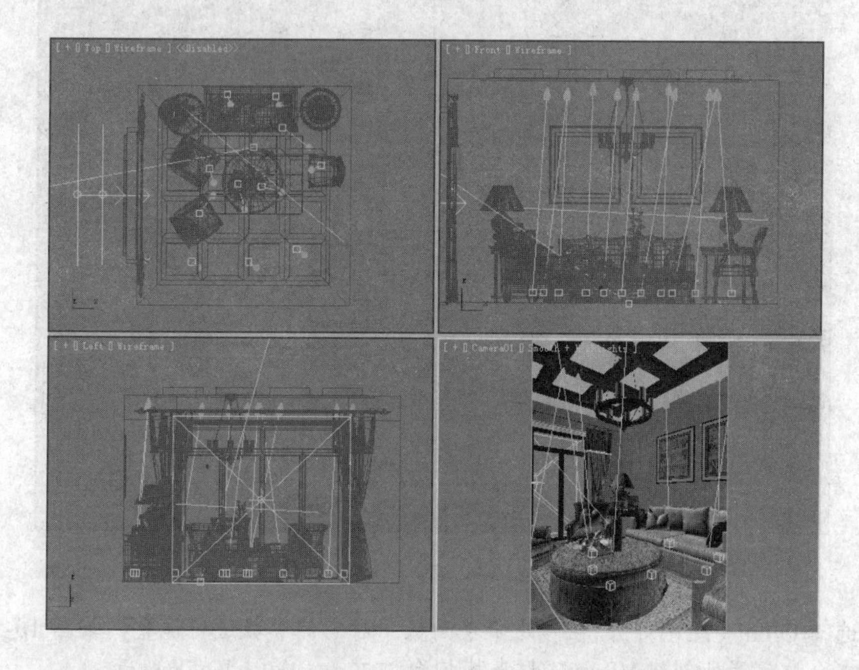

图 10-53　目标灯光源位置

Steps 02 选择一个 Target Light（目标灯光），对它的参数进行调整，如图 10-54 所示。

Steps 03 添加了室内灯光后的效果如图 10-55 所示。

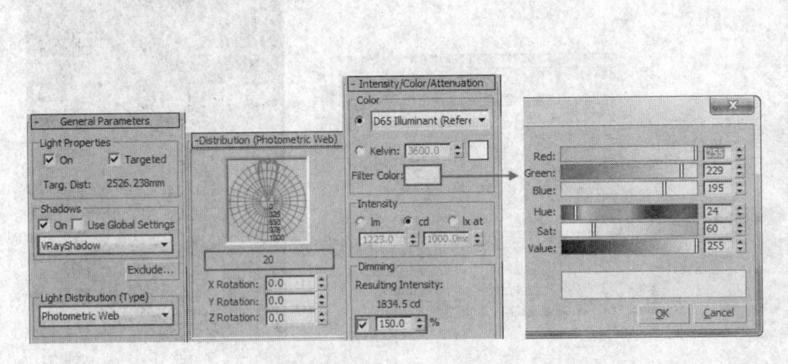

图 10-54 调整目标灯光参数

图 10-55 目标灯光效果

可以发现，场景中的灯光已经基本符合我们的要求，接下来只要把吊灯和台灯亮起来就可完成整个灯光的布置。

2. 布置吊灯和台灯灯光

Steps 01 这里采用 Omni（泛光灯）来模拟吊灯灯光，位置如图 10-56 所示。

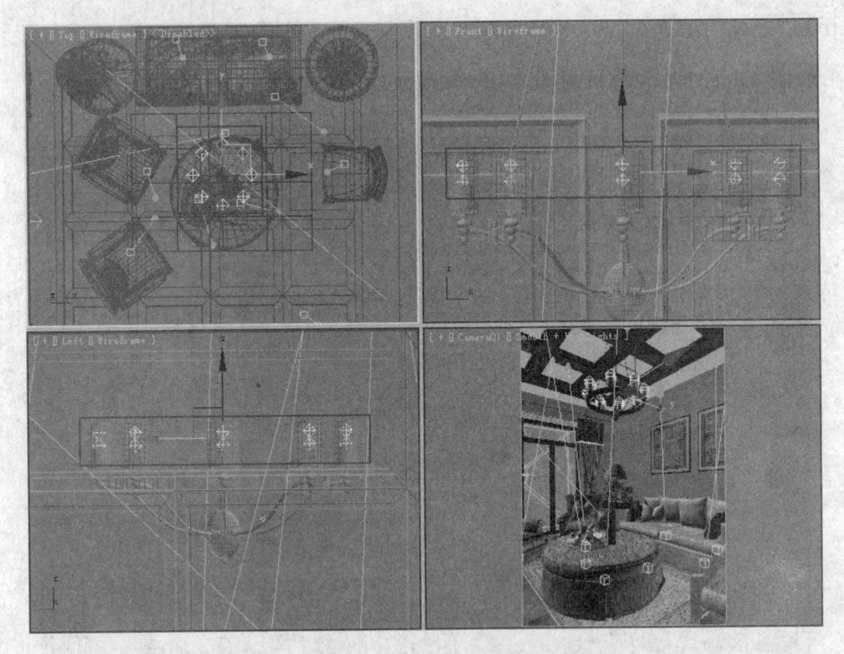

图 10-56 吊灯灯光位置

Steps 02 选择 Omni（泛光灯），在修改命令面板中对它的参数进行调整，如图 10-57 所示。

Steps 03 在台灯位置处创建 VRay 球灯来模拟台灯灯光，如图 10-58 所示。

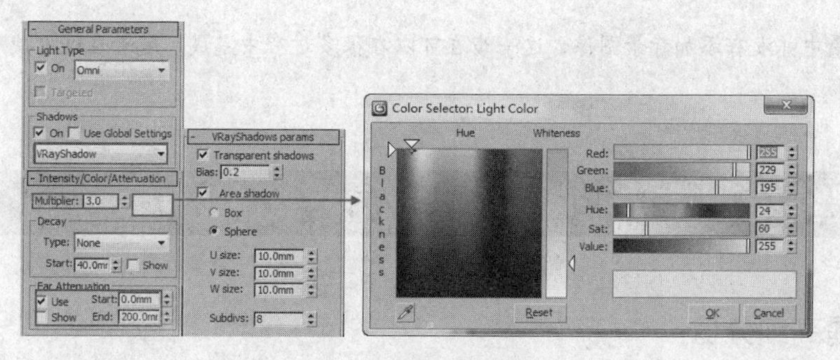

图 10-57 调整泛光灯参数

图 10-58 创建 VRay 球灯

Steps 04 调整 VRay 球灯参数，如图 10-59 所示。

这样场景中的灯光就已经全部创建完毕，在摄影机视图中观察，整个灯光效果如图 10-60 所示。

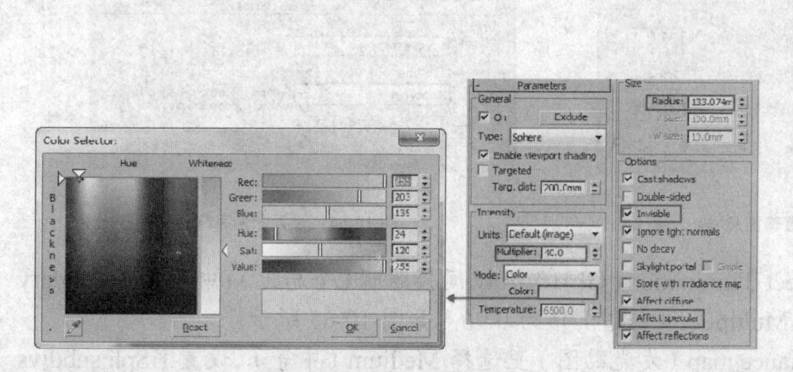

图 10-59 调整 VRay 球灯参数

图 10-60 整体灯光效果

提示：场景中并没有添加背景图像，这一步在可以在很多过程中完成，笔者在这里使用 Photoshop 后期来完成。

10.5 最终输出渲染

10.5.1 提高细分值

Steps 01 将材质 Reflection（反射）选项组中的 Subdivs（细分）值进行增大，一般设置为20~24 即可，如图 10-61 所示。

Steps 02 同样，将场景内所有 VRay 灯光类型中 Sampling 选项组中的 Subdivs（细分）的值以及其他灯光类型 VRayShadows params 选项组中的 Subdivs（细分）的值设置为 24，如图 10-62 所示。

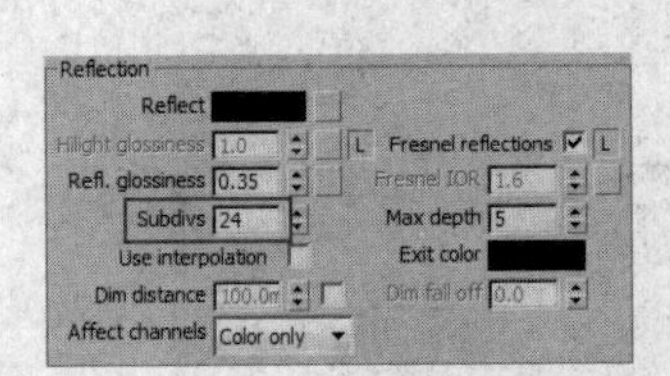

图 10-61 提高材质细分

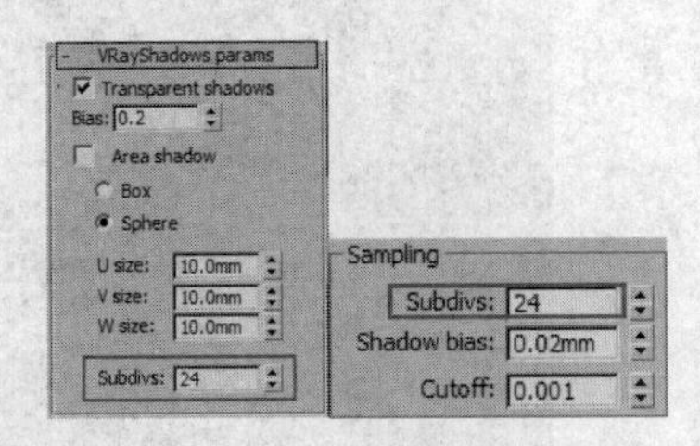

图 10-62 提高灯光细分

10.5.2 设置渲染参数

Steps 01 在“渲染设置”对话框中设置 Output Size（输出尺寸）为 1120 × 1600，如图 10-63 所示。

Steps 02 在 V-Ray::Image sampler(Antialiasing)(V-Ray 图像采样(抗锯齿))中选择 Adaptive DMC（自适应 DMC）方式，在 Antialiasing filter（抗锯齿过滤器）选项中选择 Mitchell-Netravali 过滤方式，如图 10-64 所示。

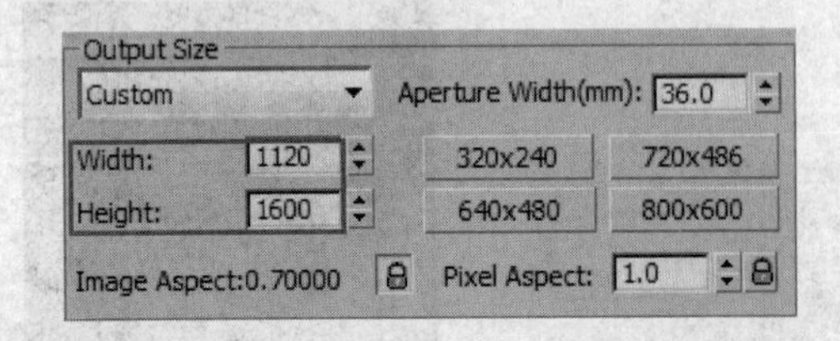

图 10-63 设置输出尺寸

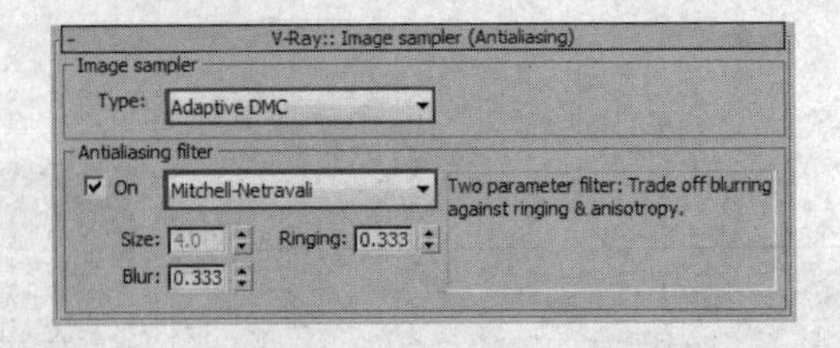

图 10-64 设置图像采样器

Steps 03 在 V-Ray::Indirect illumination（GI）（V-Ray 间接照明（全局光））中设置 Secondary bounces（二次反弹）的 Multiplier（倍增）值为 0.96，如图 10-65 所示。

Steps 04 在 V-Ray::Irradiance map（发光贴图）里选择 Medium（中等），设置 HSph.subdivs（半球细分）为 60，如图 10-66 所示。

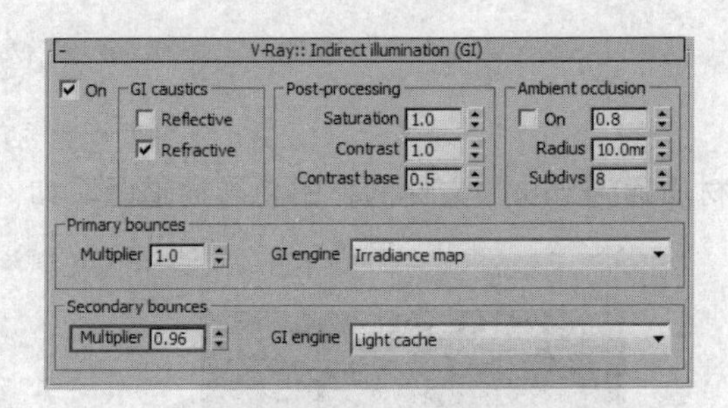

图 10-65　设置二次反弹倍增值

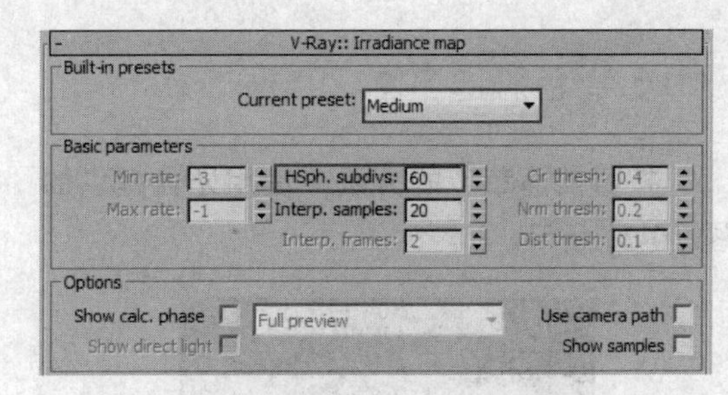

图 10-66　设置发光贴图参数

Steps 05 在 V-Ray::Light cache（灯光缓存）中设置 Subdivs（细分值）为 1200，取消勾选 Show direct light（保存直接光），如图 10-67 所示。

Steps 06 在 V-Ray::DMC Sampler（V-RayDMC 采样器）中设置 Adaptive amount（自适应数量）值为 0.75，Noise threshold（噪波极限）值为 0.005，Min samples（最小采样）值为 30，如图 10-68 所示。

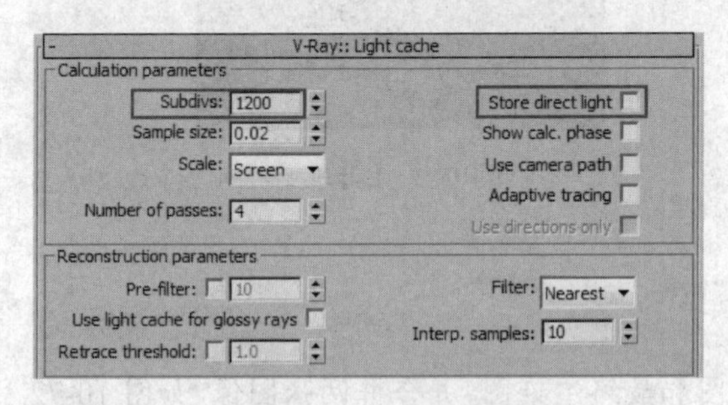

图 10-67　设置灯光缓存参数

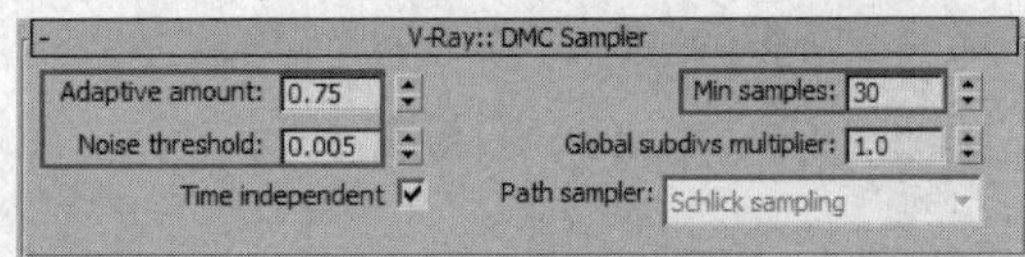

图 10-68　设置 V-RayDMC 采样器

Steps 07 在 V-Ray::System（系统）中设置 Max.tree depth（最大树形深度）值为 100，其他参数保持不变，如图 10-69 所示。

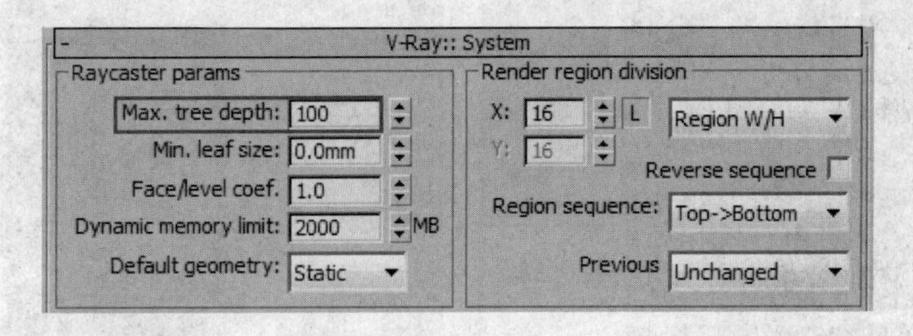

图 10-69　设置系统参数

最终渲染效果如图 10-70 所示。

10.6 Photoshop 后期处理

观察渲染效果，可以发现图 10-69 缺少一背景，整体有点偏灰，且亮度不够，局部饱和度过高，下面通过 Photoshop 来完成这些缺陷的改进。

10.6.1 色彩通道图

按照前面章节的方法，使用光盘提供的“材质通道.mse”文件制作出色彩通道图，如图 10-71 所示。

图 10-70 最终渲染效果

图 10-71 色彩通道图

10.6.2 Photoshop 后期处理

Steps 01 用 Photoshop 打开渲染后的色彩通道图和最终渲染图，并合并两张图像，如图 10-72 所示。

图 10-72 合并色彩通道图和最终渲染图

Steps 02 选择“背景”图层，按“Ctrl+J”组合键将其复制一份，并关闭“色彩通道”所在的图层 1，如图 10-73 所示。

Steps 03 执行“图像”→“调整”→“亮度/对比度”命令，在弹出来的对话框中设置对比度的值为 40，如图 10-74 所示。

图 10-73 复制图像文件

图 10-74 调整背景副本对比度

Steps 04 按“Ctrl+M” 组合键，使用“曲线”调整整体的亮度，如图 10-75 所示。

Steps 05 在“图层 1”中用“魔棒”工具选择顶棚部分，返回“背景副本”图层，按“Ctrl+J”复制到新图层，再使用“色相/饱和度”降低顶棚的饱和度，如图 10-76 所示。

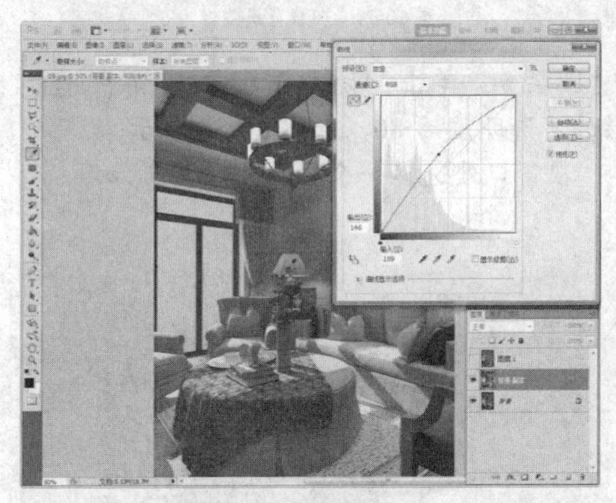

图 10-75 提升整体亮度

图 10-76 降低顶棚饱和度

Steps 06 在“图层 1”中选择墙面部分，返回“背景副本”复制到新图层，再使用“色相/饱和度”降低墙面的饱和度，如图 10-77 所示。

图 10-77 降低墙面饱和度

Steps 07 在“图层 1”中选择茶几和地毯部分，返回“背景副本”复制到新图层，再使用“曲线”降低茶几和地毯的亮度，如图 10-78 所示。

Steps 08 接下来需要给场景的户外添加一个外景图片，在 Photoshop 中打开光盘提供的“背景”图像文件，并将其合并到效果图图像窗口中，如图 10-79 所示。

图 10-78　降低茶几和地毯亮度

图 10-79　加载背景图像

Steps 09 在“图层 1”中选择窗户区域，再返回“图层 5”，单击 “添加图层蒙版”按钮 ，为它添加一个区域图层蒙版，并设置当前图层的不透明度为 80，如图 10-80 所示。

Steps 10 创建一个新的图层，使用“矩形工具”在窗口处选择一个区域，使用“油漆桶”工具将它填充为白色，如图 10-81 所示。

图 10-80　添加蒙版

图 10-81　选择区域

提 示：在添加了蒙版后，添加了蒙版的当前图层图像内容会同当前图像层相关联，这时可以单击按钮取消关联，选择图像框单独调整它的大小和位置。

Steps 11 执行“滤镜”→“模糊”→“高斯模糊”命令，设置半径值为 150，并设置它所在图层的不透明度为 20，如图 10-82 所示。

图 10-82　执行高斯模糊

到这里，客厅的制作就完成了，最终效果如图 10-83 所示。

图 10-83　最终效果

第11章 晚间现代中式餐厅

本章重点：

- 项目分析
- 创建摄影机
- 设置场景主要材质
- 灯光设置
- 最终输出渲染
- Photoshop 后期处理

随着人们的生活水平日益提高，生活的品质也相应提高，而餐厅也日益成为生活的重要场所。餐厅不仅可以提供丰盛的佳肴，好的就餐环境也能给人带来赏心悦目的感受。而中国有着浓厚的文化底蕴，中国人也有着固有的中国情结，因此在设计中，需运用中国元素，将传统的文化跟现代的时尚加以结合，以打造出新的现代中式风格。本例介绍的是一个晚间现代中式餐厅效果图的制作，如何表现出现代中式的成熟、稳重而又自然不失现代感是本章学习的重点。图 11-1 所示为最终效果。

图 11-1　最终效果

11.1 项目分析

现代中式餐厅的空间文化在继承中国传统文化“道法自然，天人合一”精髓的基础上，融合了外来空间设计的优点，随着时代观念的改变，中式餐厅的室内设计也逐渐呈现出“中西合璧，共融互通”的现象。在本例中，栅格元素和家具虽然造型传统，但为了体现现代感，在材质上将其处理成亚光经典色。灰色机理漆的低调、黑色烤漆玻璃的现代感均是体现现代中式时尚儒雅必不可少的元素。一些供读者参考的乡村风格效果如图 11-2 所示。

11.2 创建摄影机

Steps 01 打开本书配套光盘中的“晚间现代中式餐厅白模.max”，在 Top（顶视图）中创建一个目标摄影机，位置如图 11-3 所示。

图 11-2　参考图片

图 11-3　创建摄影机

Steps 02 切换至 Front（前）视图，调整摄影机的高度，如图 11-4 所示。

Steps 03 在 Modify（修改）面板中对摄影机的参数进行修改，如图 11-5 所示。

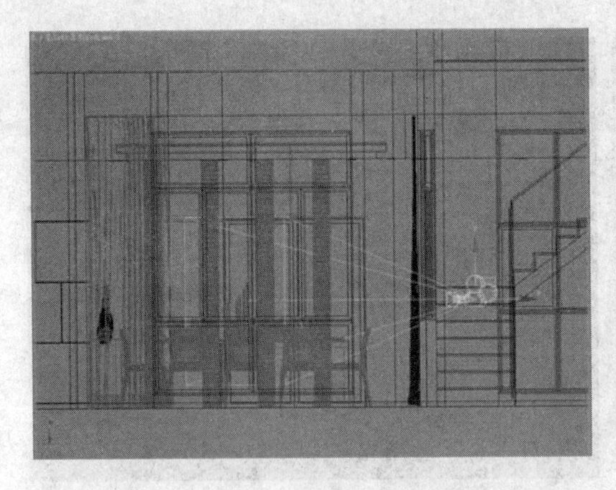

图 11-4 调整摄影机高度

图 11-5 修改摄影机参数

Steps 04 这样，目标摄影机就放置好了，摄影机视图的效果如图 11-6 所示。

11.3 设置场景主要材质

下面按照如图 11-7 所示的材质制作顺序编号逐个设置场景材质。

图 11-6 摄影机视图

图 11-7 材质制作顺序

11.3.1 地砖材质

本例中的地砖采用的是一种仿古的材质，其具有较小反射效果、高光较小的特点。

Steps 01 选择 “VRayMtl” 材质球，设置 Reflect（反射）颜色，调节 Hilight glossiness（高光光泽度）值为 0.82，Refl.glossiness（反射光泽度）值为 0.86，如图 11-8 所示。

Steps 02 在贴图通道里为 Diffuse（漫反射）添加 Bitmap（位图）贴图，如图 11-9 所示。

Steps 03 完成设置后的地砖材质效果如图 11-10 所示。

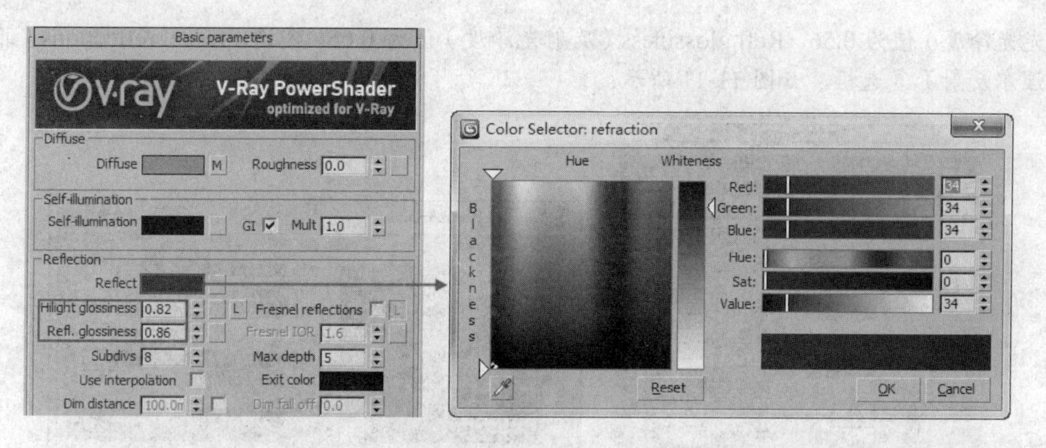

图 11-8 设置反射组参数

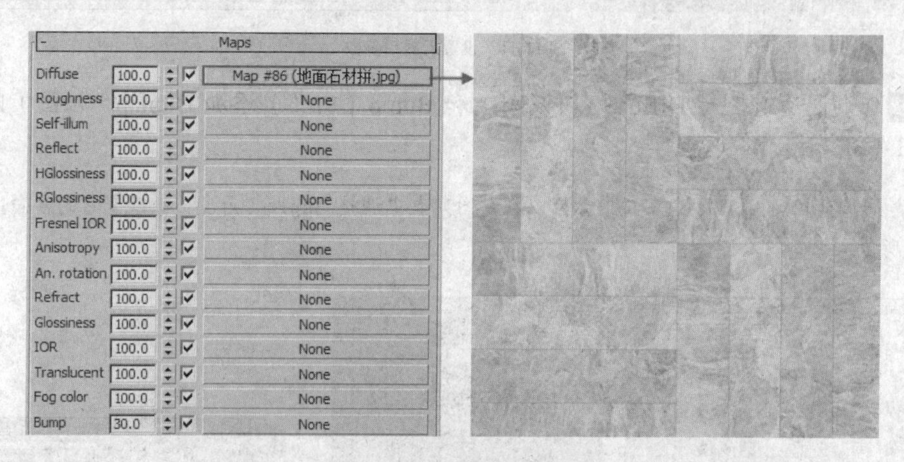

图 11-9 添加漫反射贴图

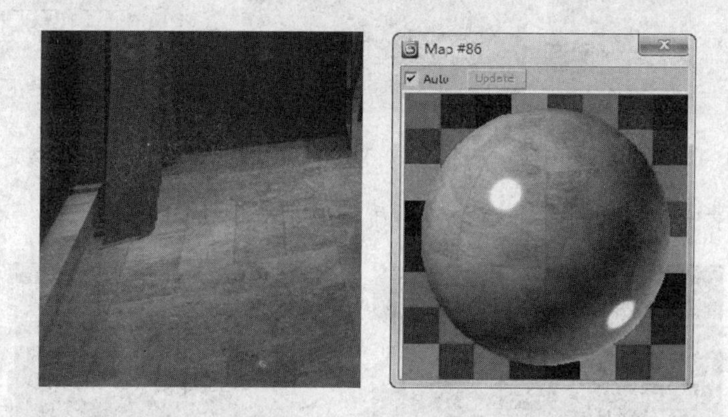

图 11-10 地砖材质效果

11.3.2 墙面材质

本例中的墙面使用的是一种壁纸，它几乎没有什么反射，而且高光范围比较大。

Steps 01 选择“VRayMtl”材质球，设置 Reflect（反射）颜色，调节 Hilight glossiness（高

光光泽度）值为 0.56，Refl.glossiness（反射光泽度）值为 0.65，勾选 Fresnel reflections（菲涅尔反射）复选框，如图 11-11 所示。

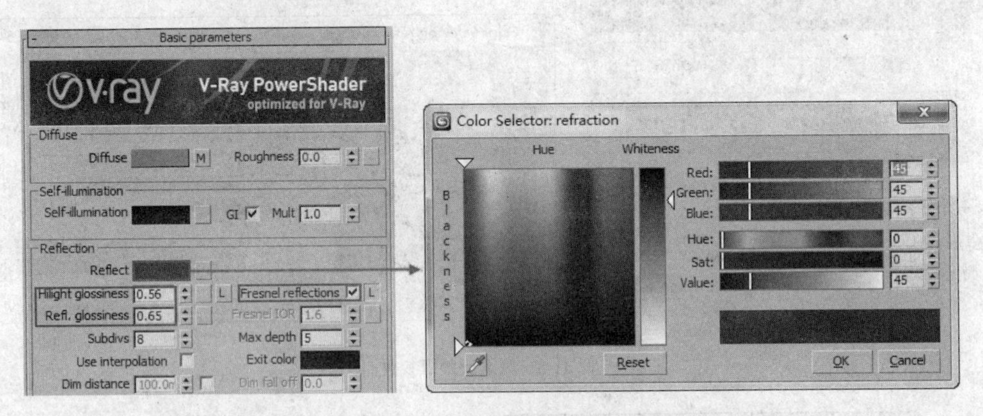

图 11-11 设置反射组参数

Steps 02 在贴图通道里为 Diffuse（漫反射）和 Bump（凹凸）添加 Bitmap（位图）贴图，如图 11-12 所示。

提 示：如果墙面的纹理方向不正确，可以在贴图列表中调整 Angle（角度）来改变它的方向，如图 11-13 所示。

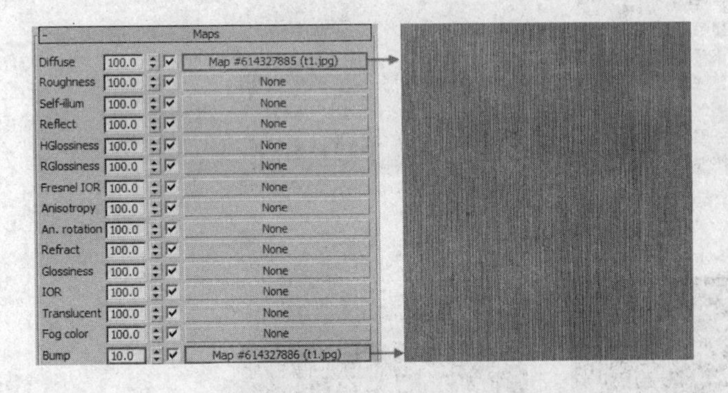

图 11-12 添加漫反射贴图

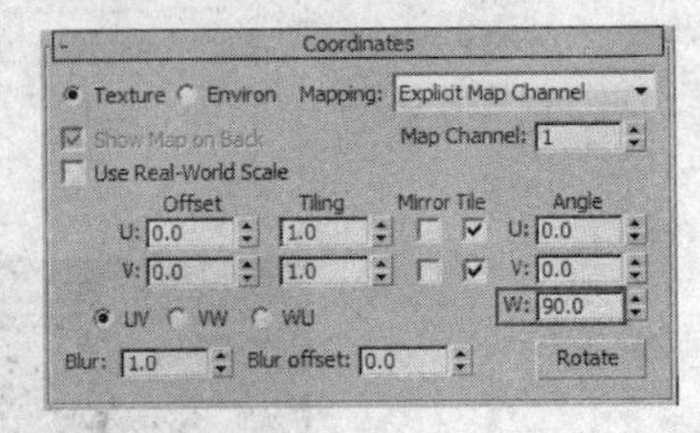

图 11-13 纹理角度

Steps 03 选择场景中的墙面对象并赋予其材质，效果如图 11-14 所示。

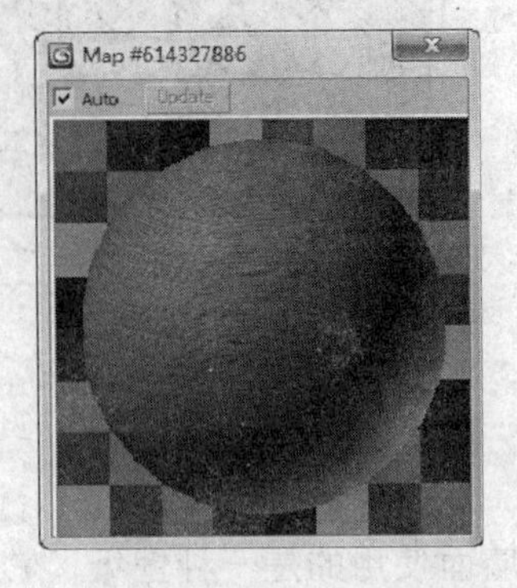

图 11-14 墙面材质效果

11.3.3 黑漆材质

黑漆材质同白色漆面材质一样，具有表面相对光滑、材质反射较弱且高光较小的特点。

Steps 01 将材质球切换为“VRayMtl”，为 Reflect（反射）添加一张 Falloff（衰减）贴图，调节 Hilight glossiness（高光光泽度）值为 0.6，Refl.glossiness（反射光泽度）值为 0.85，如图 11-15 所示。

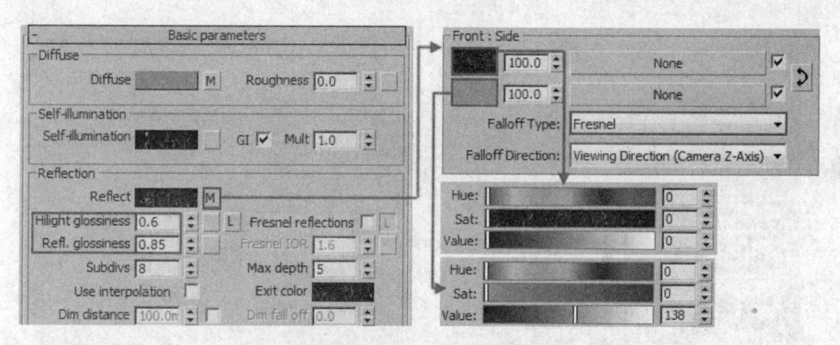

图 11-15　设置反射组参数

Steps 02 在贴图通道里为 Diffuse（漫反射）添加 Bitmap（位图）贴图，如图 11-16 所示。

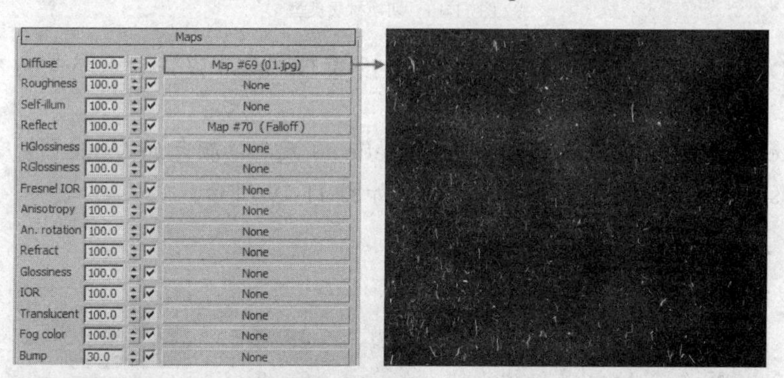

图 11-16　添加漫反射贴图

Steps 03 完成设置后的黑漆材质效果如图 11-17 所示。

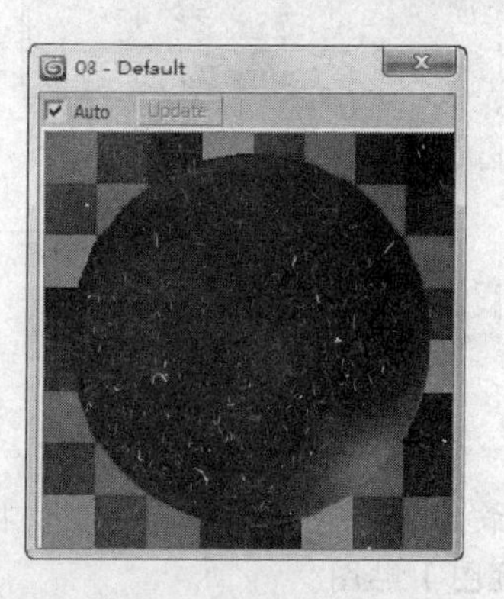

图 11-17　黑漆材质效果

11.3.4 餐桌材质

本例中的餐桌由桌面和钢架两个部分组成，其中桌面使用的是木纹材质，而钢架顾名思义使用的是不锈钢材质。下面根据它们的特点来进行材质的调节。

Steps 01 在材质编辑器中将标准材质球切换为 Multi/Sub-Object（多维/子对象）材质类型，如图 11-18 所示。

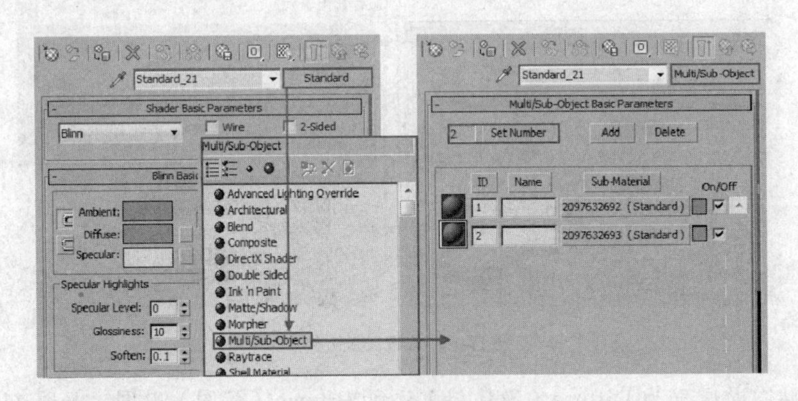

图 11-18 切换材质类型

Steps 02 将 ID1 材质类型切换为“VRayMtl”，设置 Diffuse（漫反射）颜色的 Value（灰度）值为 70。

Steps 03 在 Reflection（反射）选项组中设置 Reflect（反射）颜色的 Value（灰度）值为 200，Hilight glossiness（高光光泽度）值为 0.6，如图 11-19 所示。

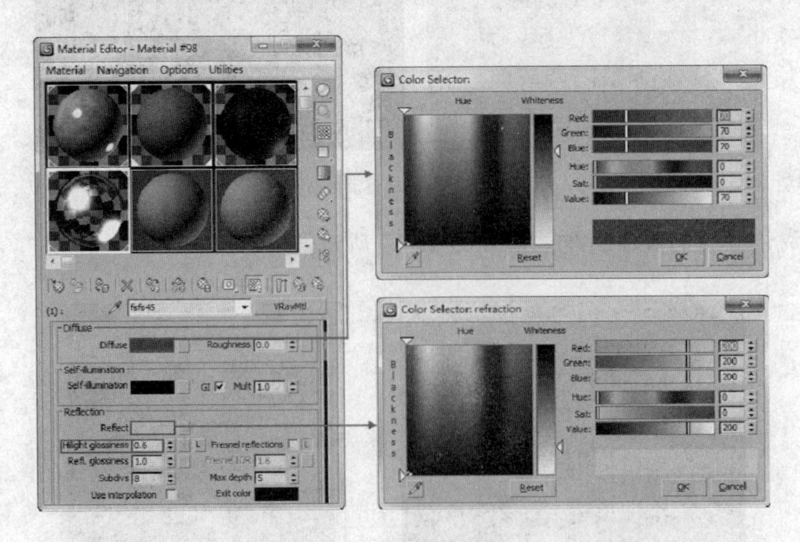

图 11-19 设置不锈钢材质参数

Steps 04 返回最上层，将 ID2 材质类型切换为“VRayMtl”，在 Diffuse（漫反射）通道中添加 Bitmap（位图）贴图。

Steps 05 设置 Reflect（反射）颜色，调节 Hilight glossiness（高光光泽度）值为 0.72，

Refl.glossiness（反射光泽度）值为 0.78，勾选 Fresnel reflections（菲涅尔反射）复选框，如图 11-20 所示。

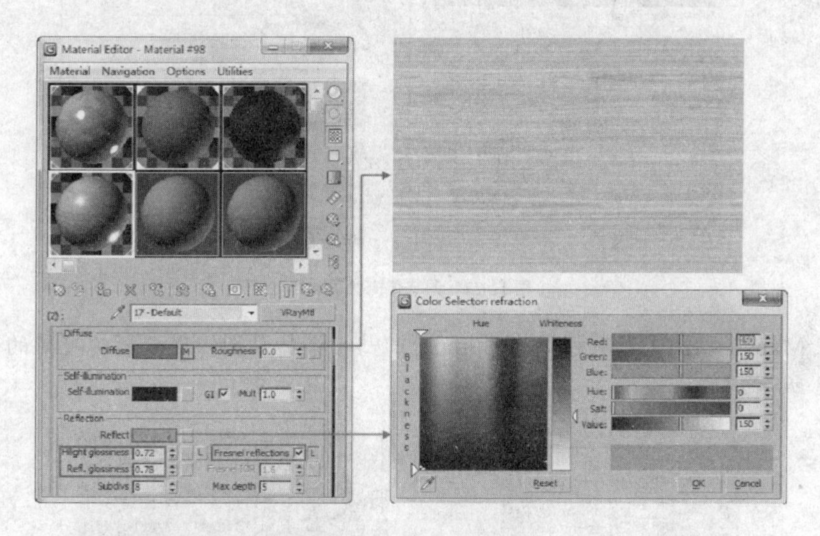

图 11-20　设置木纹材质参数

Steps 06 赋予材质给场景中的餐桌对象，效果如图 11-21 所示。

图 11-21　餐桌材质效果

11.3.5 餐椅材质

餐椅使用的是皮质材质来表现的，它具有微弱反射效果、高光较大及有凹凸纹理的特点。

Steps 01 选择“VRayMtl”材质球，为 Diffuse（漫反射）添加 Falloff（衰减）贴图，设置衰减方式为 Fresnel（菲涅尔），并调整 Front:Side（正前:侧边）的颜色值。

Steps 02 设置 Reflect（反射）颜色，调节 Hilight glossiness（高光光泽度）值为 0.65，Refl.glossiness（反射光泽度）值为 0.75，勾选 Fresnel reflections（菲涅尔反射）复选框，设置 Fresnel IOR 值为 2.0，如图 11-22 所示。

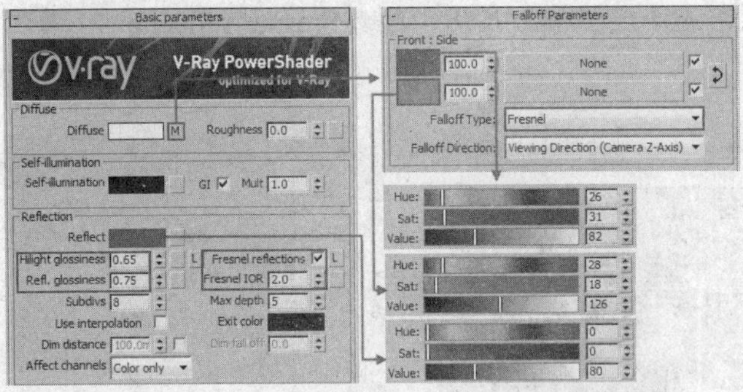

图 11-22　调节餐椅材质参数

Steps 03 在 Maps（贴图）卷展栏，为 Bump（凹凸）添加贴图，用来模拟皮质的凹凸效果，如图 11-23 所示。

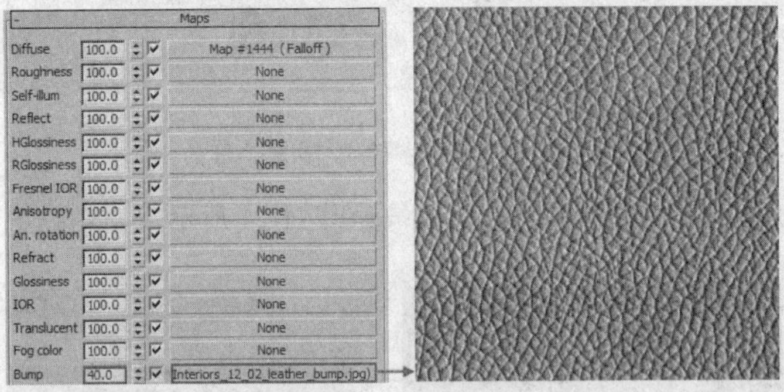

图 11-23　添加凹凸贴图

Steps 04 完成设置后的餐椅材质效果如图 11-24 所示。

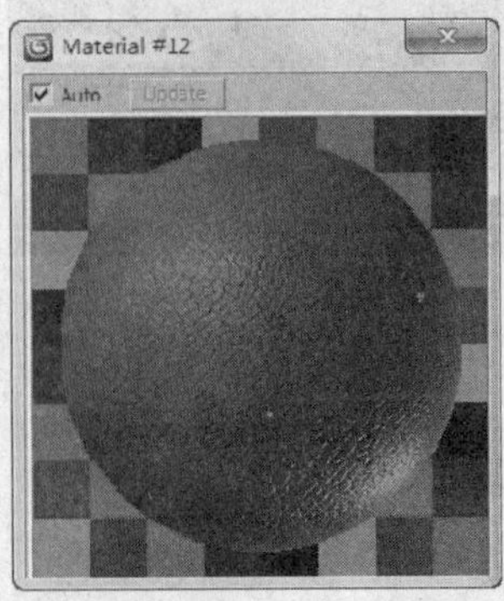

图 11-24　餐椅材质效果

11.3.6 灯面材质

Steps 01 将材质球切换为 “VRayMtl”，为 Diffuse（漫反射）添加 Bitmap（位图）贴图，如图 11-25 所示。

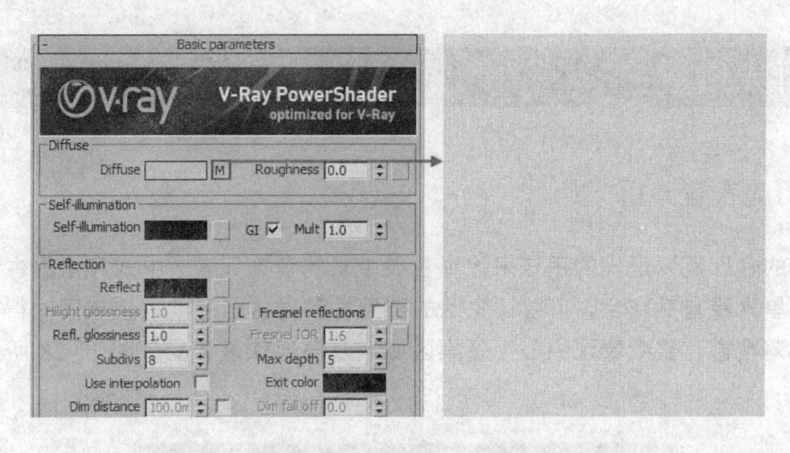

图 11-25　添加漫反射贴图

Steps 02 为 Refraction（折射）添加 Falloff（衰减）贴图，设置 Glossiness（模糊度）值为 0.6，勾选 Affect shadows（影响阴影），如图 11-26 所示。

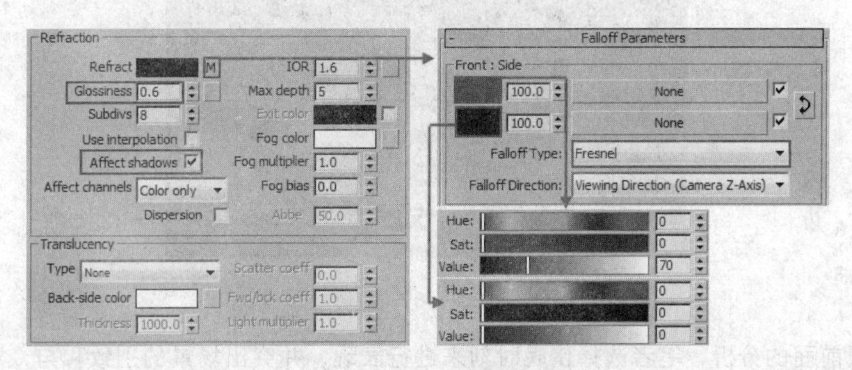

图 11-26　添加衰减贴图

Steps 03 赋予材质给场景中的灯面对象，效果如图 11-27 所示。

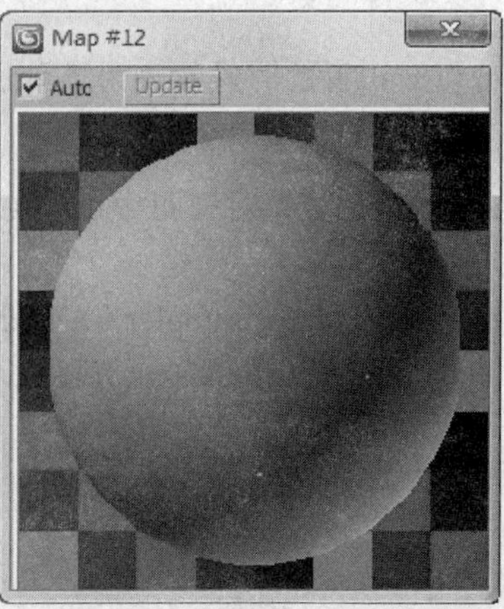

图 11-27　灯面材质效果

11.4 灯光设置

11.4.1 灯光布置分析

本例中的餐厅是以现代的手法来诠释古典中式的装饰元素，中式风格的古色古香与现代风格的简单素雅自然结合，可以让生活的实用性和对古老禅韵的追求同时得到满足。场景中有一处落地窗，整个表现中心为餐桌区域以及局部软装饰品。图 11-28 所示为场景布置图。

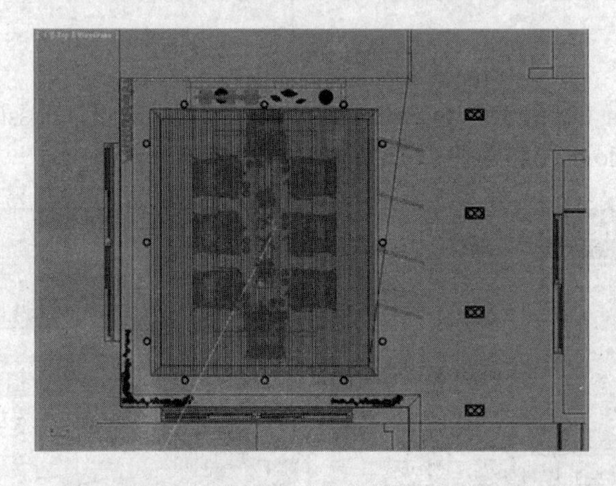

图 11-28 场景布置图

按照前面的分析，笔者选择傍晚时刻来进行表现，并突出场景的别致和与众不同。整个场景照明由室内点光源、吊灯以及天光来完成。

11.4.2 设置测试参数

在进行灯光布置的时候需先为场景设置测试参数，这样可以更为快捷地预览布置的灯光效果。

Steps 01 在“渲染设置”对话框中设置 Output Size（输出尺寸）为 600×450，如图 11-29 所示。

Steps 02 在 V-Ray::Image sampler（Antialiasing）（V-Ray 图像采样（抗锯齿））中选择 Fixed（固定）方式，关闭 Antialiasing filter（抗锯齿过滤器），如图 11-30 所示。

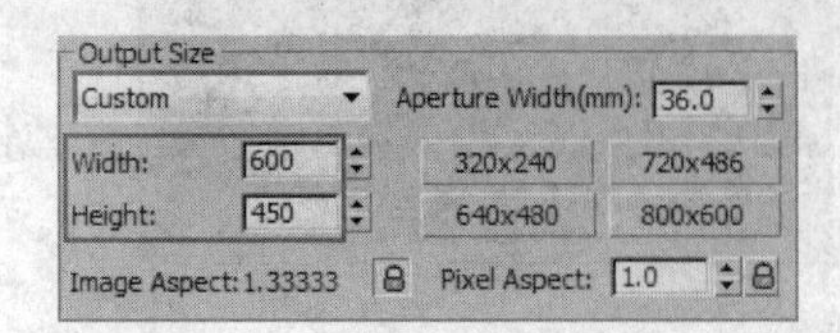

图 11-29 设置输出参数

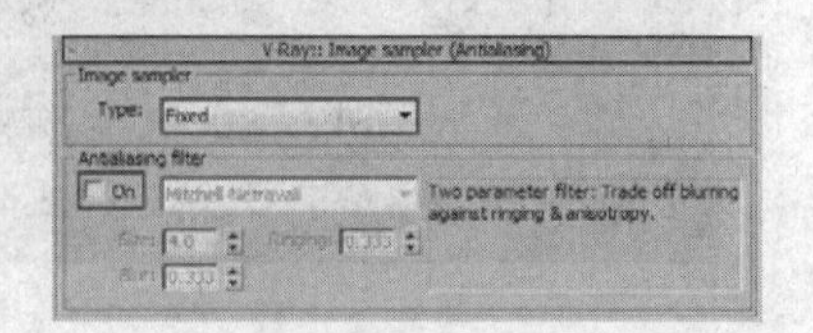

图 11-30 调用 VRay 渲染器

Steps 03 在 V-Ray::Irradiance map（发光贴图）里选择 Very low（非常低），设置 HSph.subdivs（半球细分）为 20，如图 11-31 所示。

Steps 04 在 V-Ray::Light cache（灯光缓存）中设置 Subdivs（细分值）为 200，取消勾选 Store direct light（保存直接光），如图 11-32 所示。

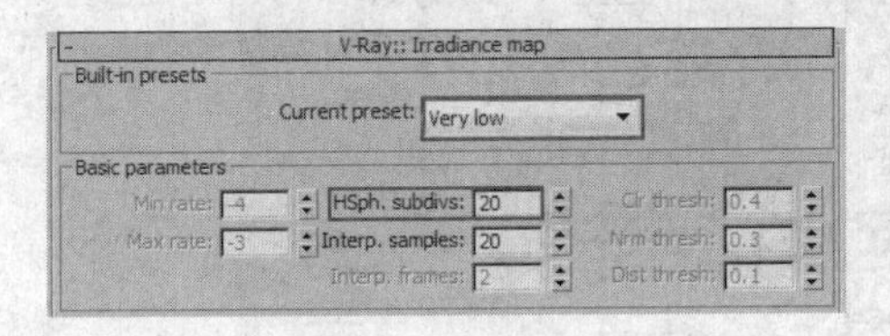

图 11-31　设置发光贴图参数

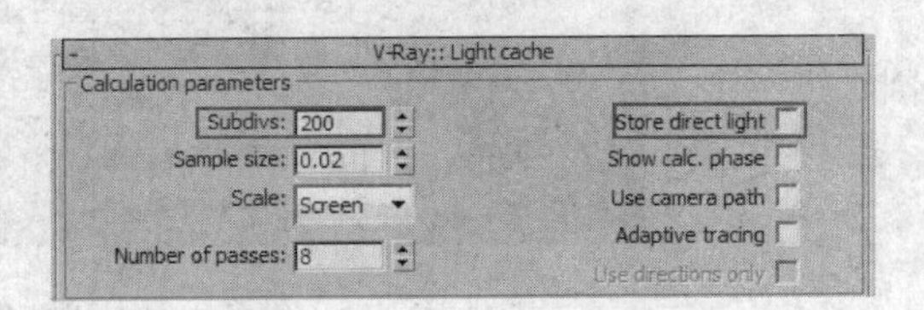

图 11-32　设置灯光缓存参数

Steps 05 在 V-Ray::System（系统）中设置 Max.tree depth（最大树形深度）值为 60，如图 11-33 所示。

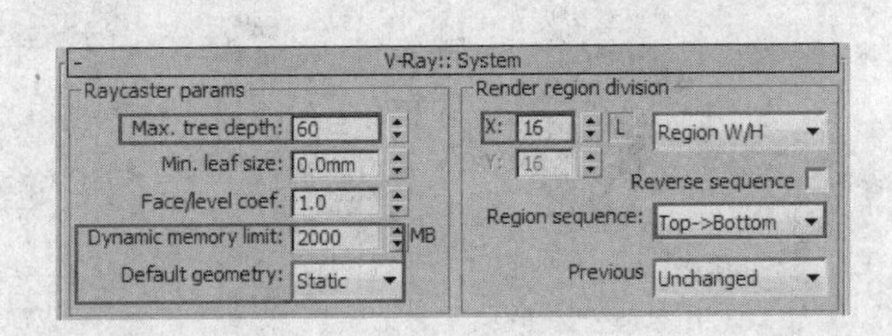

图 11-33　设置系统参数

下面来对场景的灯光进行布置。

11.4.3 创建天光

Steps 01 在场景中的窗口处创建 VRay 平面光来模拟天光效果，如图 11-34 所示。

图 11-34　平面光创建位置

Steps 02 调整平面光的参数，如图 11-35 所示。

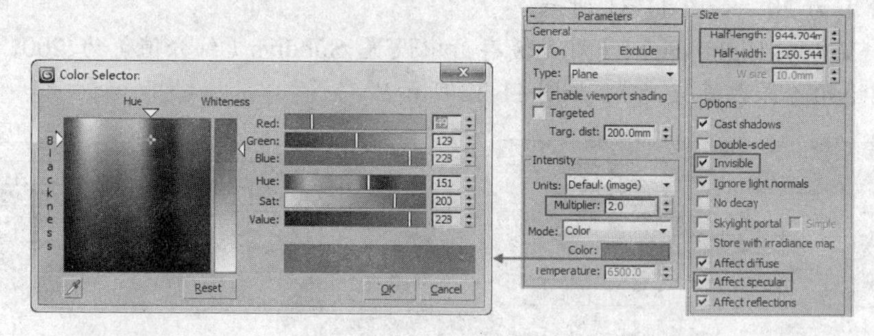

图 11-35 调整平面光参数

Steps 03 选择创建好的 VRay 平面光，以复制的方式复制出平面光，如图 11-36 所示。

图 11-36 复制平面光

Steps 04 在修改面板中对复制的平面光参数进行调整，如图 11-37 所示。

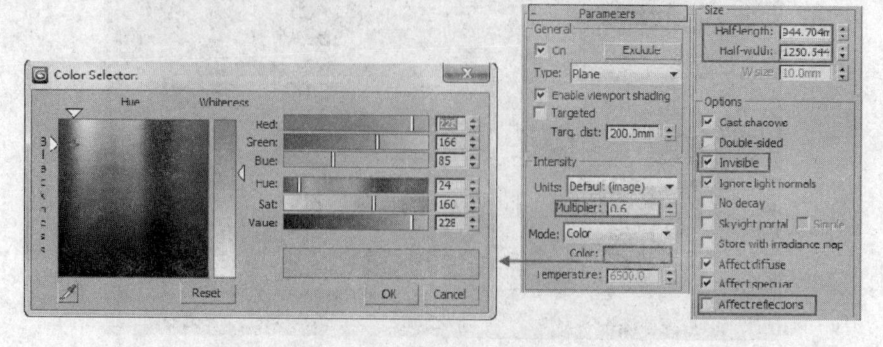

图 11-37 调整平面灯参数

Steps 05 在摄影机视图中观察天光，效果如图 11-38 所示。

图 11-38 天光效果

11.4.4 布置室内点光源

由图 11-38 可以发现，虽然为场景添加了天光来照明，但由于晚上天光的强度不足以照亮整个场景，所以还需布置室内光源来完善灯光效果。

1. 布置餐厅点光源

Steps 01 在如图 11-39 所示的位置处创建 Target Light（目标灯光）。

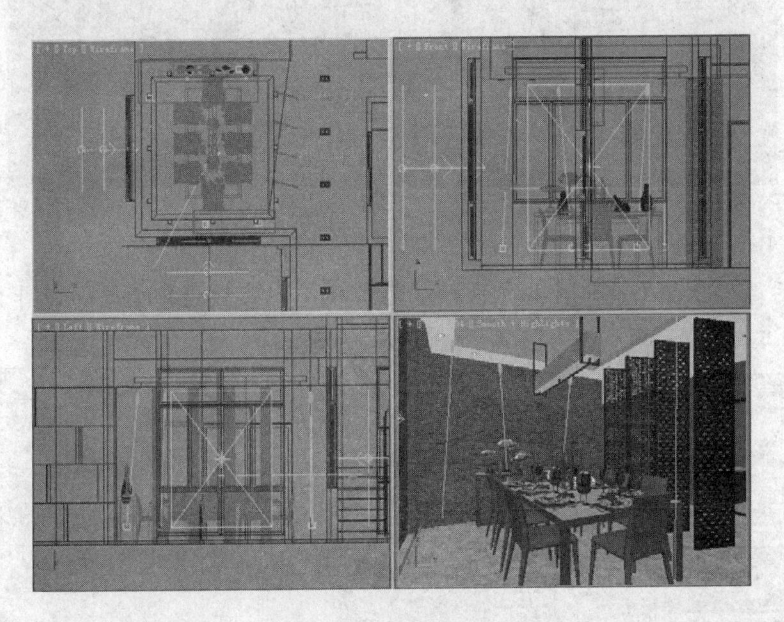

图 11-39 创建目标灯光

Steps 02 选择一个 Target Light（目标灯光），对它的参数进行调整，如图 11-40 所示。

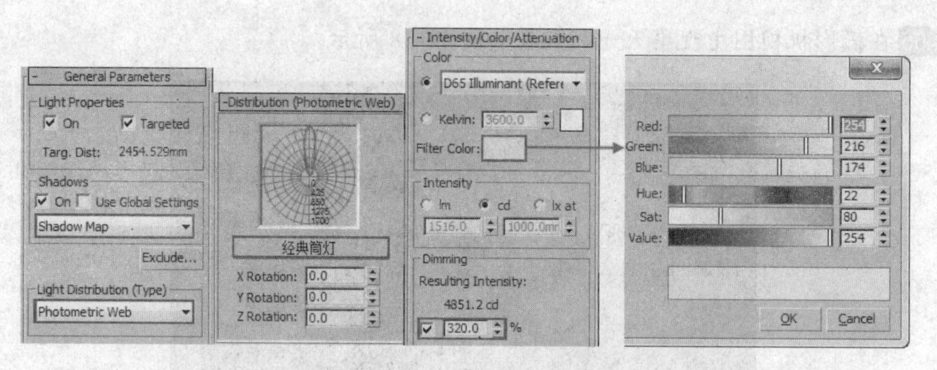

图 11-40 调整目标灯光参数

Steps 03 按照同样的方法，在如图 11-41 所示的位置处创建 Target Light（目标灯光）。

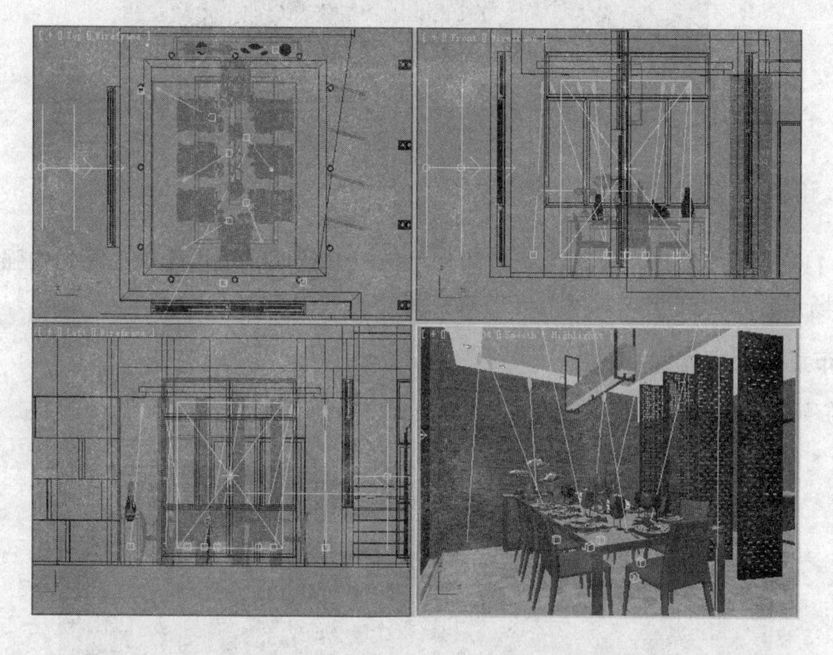

图 11-41 创建目标灯光

Steps 04 然后选择一个 Target Light（目标灯光），对它的参数进行调整，如图 11-42 所示。

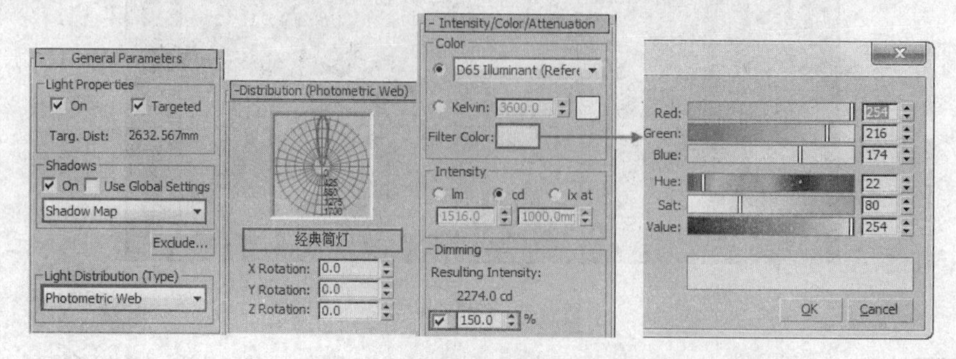

图 11-42 调整目标灯光参数

Steps 05 完成餐厅点光源布置后，在摄影机视图中观察灯光，效果如图 11-43 所示。

图 11-43　餐厅灯光效果

由图 11-43 可以看出，场景中餐厅部分的灯光效果已经出来了，但走廊和屏风位置等没有灯光的地方很暗，需要布置适当的灯光来照明。

2. 布置屏风和走廊点光源

Steps 01 在屏风位置处创建 Target Light（目标灯光），如图 11-44 所示。

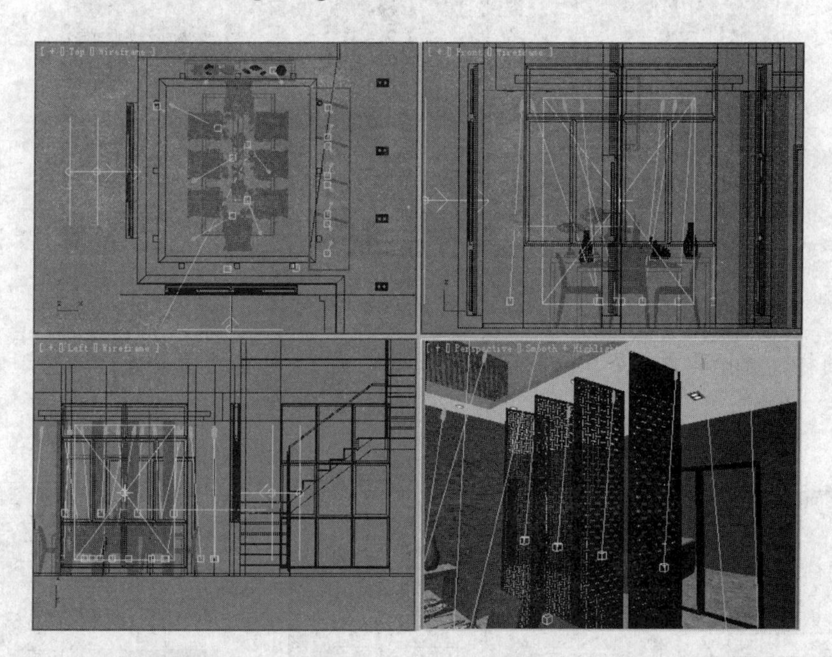

图 11-44　创建目标灯光

Steps 02 选择其中一个 Target Light（目标灯光），然后对它的参数进行调整，如图 11-45 所示。

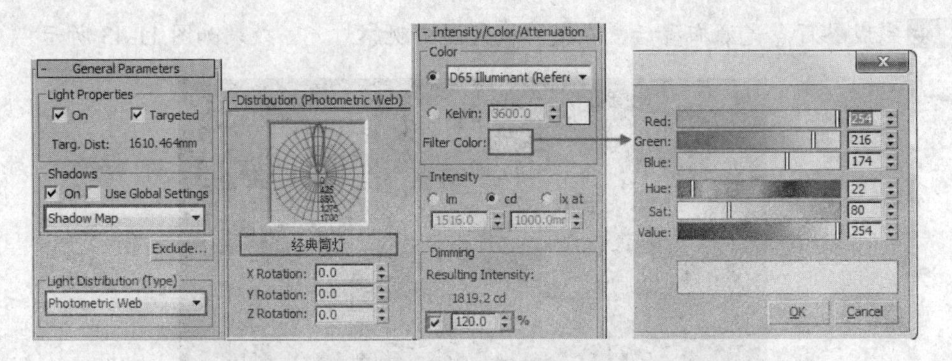

图 11-45　调整目标灯光参数

Steps 03 在走廊位置处创建 Target Light（目标灯光），如图 11-46 所示。

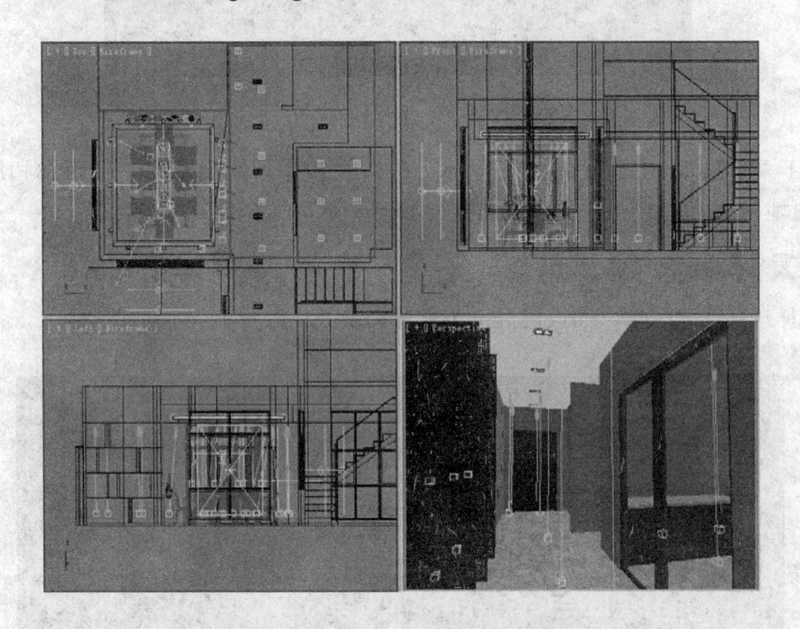

图 11-46　创建目标灯光

Steps 04 同样，选择其中一个 Target Light（目标灯光），对它的参数进行调整，如图 11-47 所示。

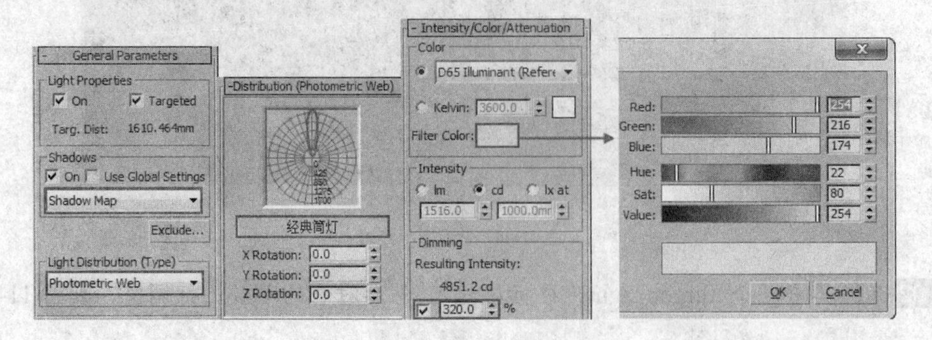

图 11-47　调整目标灯光参数

Steps 05 这样场景中的点光源就全部布置完成，灯光效果如图 11-48 所示。

图 11-48　点光源灯光效果

最后场景中的灯光布置已经基本完成，下面只要把灯带和吊灯灯光打开就可以观察整个场景的灯光效果。

11.4.5 创建灯带灯光

Steps 01 在屋顶藏灯位置创建 VRay 平面光，其位置如图 11-49 所示。

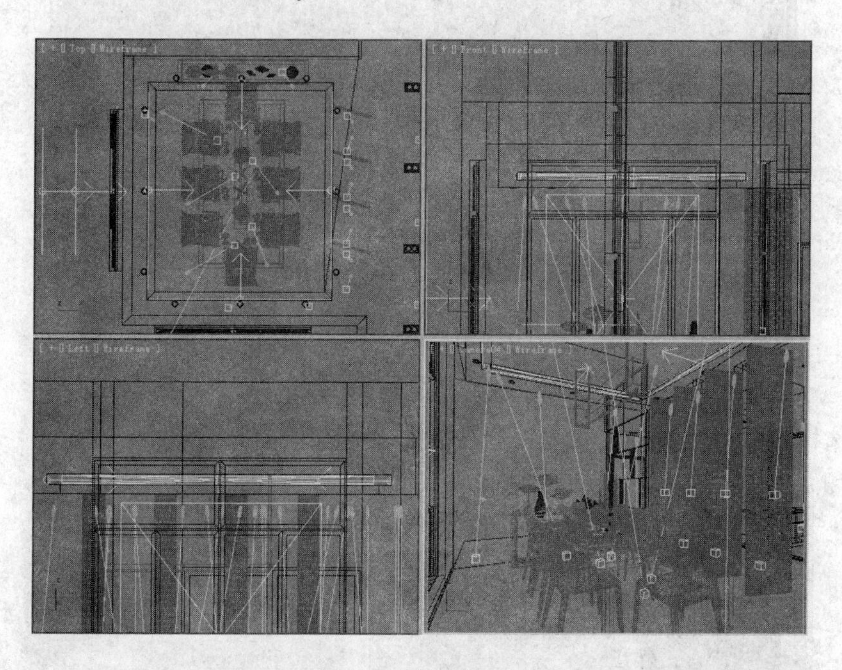

图 11-49　布置灯带平面光

Steps 02 在修改命令面板中调整灯带灯光的参数，如图 11-50 所示。

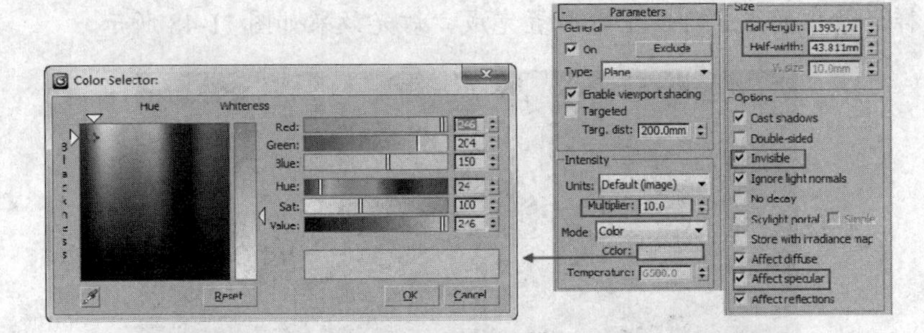

图 11-50　调整灯带灯光参数

11.4.6 创建吊灯灯光

本例中的吊灯是方形吊灯，这里使用 Omni（泛光灯）来进行模拟。

Steps 01 在吊灯位置创建 Omni（泛光灯），如图 11-51 所示。

图 11-51　布置泛光灯

Steps 02 选择其中一个 Omni（泛光灯），调整它的参数，如图 11-52 所示。

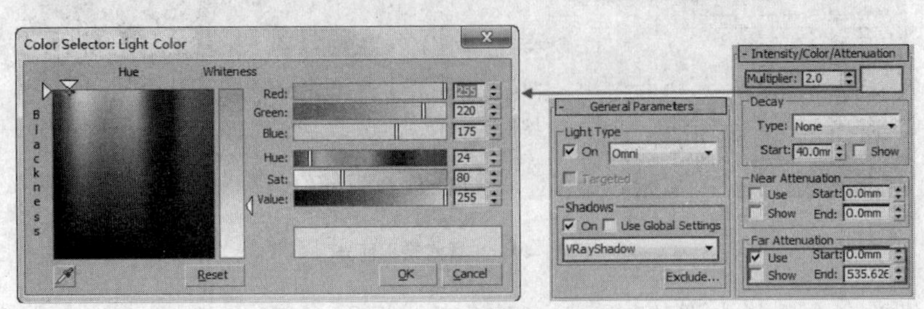

图 11-52　调整泛光灯参数

这样场景中的灯光就布置完成了，最终灯光效果如图 11-53 所示。

图 11-53　最终灯光效果

11.5 最终输出渲染

11.5.1 提高细分值

Steps 01 将材质 Reflection（反射）选项组中的 Subdivs（细分）值进行增大，一般设置为 20~24 即可，如图 11-54 所示。

Steps 02 同样将场景内所有 VRay 灯光类型中 Sampling 选项组中的 Subdivs（细分）的值以及其他灯光类型中的 VRayShadows params 选项组中的 Subdivs（细分）的值设置为 24，如图 11-55 所示。

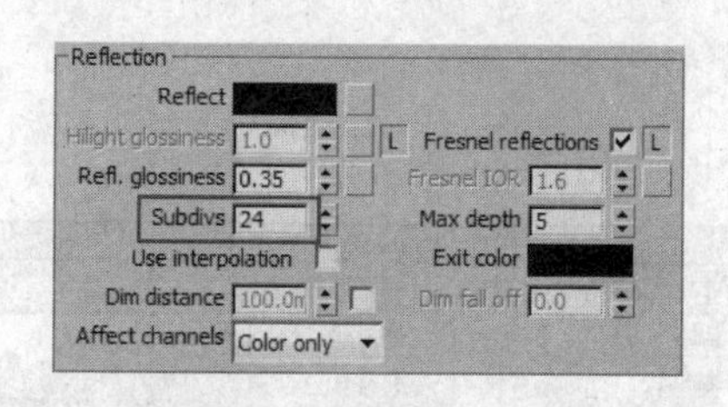

图 11-54　提高材质细分

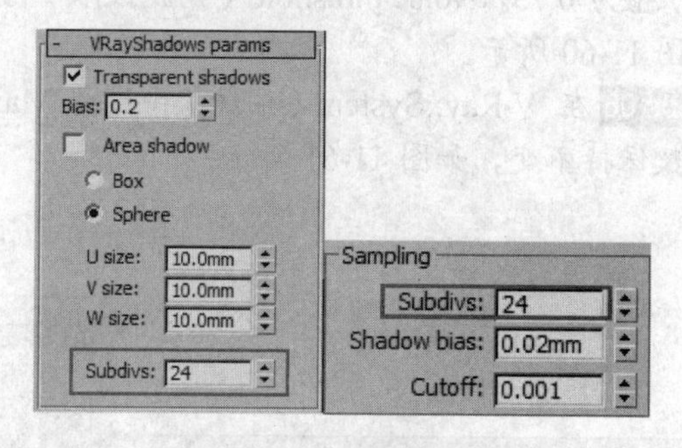

图 11-55　提高灯光细分

11.5.2 设置渲染参数

Steps 01 在“渲染设置”对话框中设置 Output Size（输出尺寸）为 1600 × 1200，如图 11-56 所示。

Steps 02 在 V-Ray::Image sampler（Antialiasing）（Vray 图像采样（抗锯齿））中选择 Adaptive DMC（自适应 DMC）方式，在 Antialiasing filter（抗锯齿过滤器）选项中选择 Mitchell-Netravali 过滤方式，如图 11-57 所示。

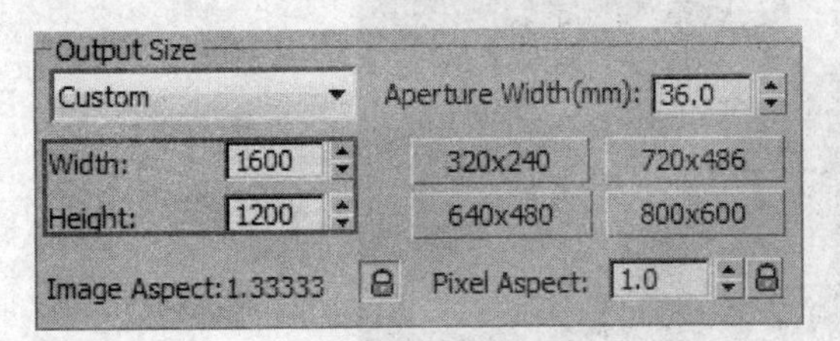

图 11-56 设置输出尺寸

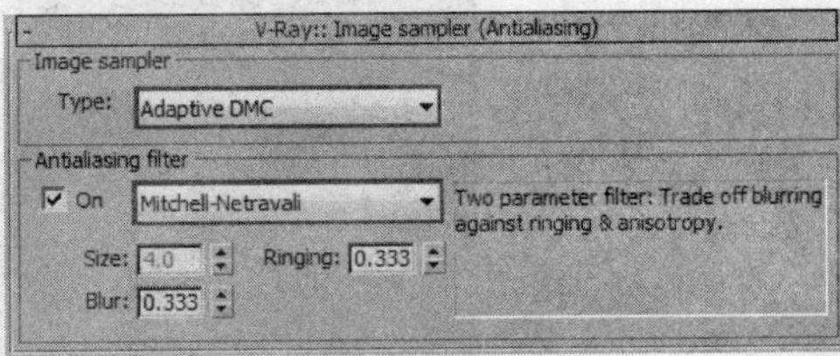

图 11-57 设置图像采样器

Steps 03 在 V-Ray::Irradiance map（发光贴图）里选择 Medium（中等），设置 HSph.subdivs（半球细分）为 60，如图 11-58 所示。

Steps 04 在 V-Ray:Light cache（灯光缓存）中设置 Subdivs（细分值）为 1200，取消勾选 Store direct light（保存直接光），如图 11-59 所示。

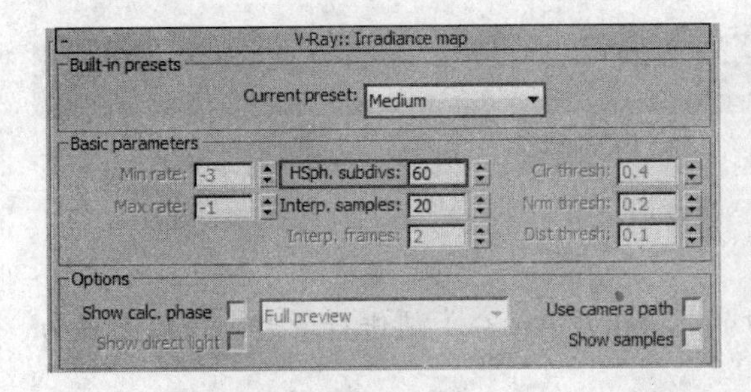

图 11-58 设置发光贴图参数

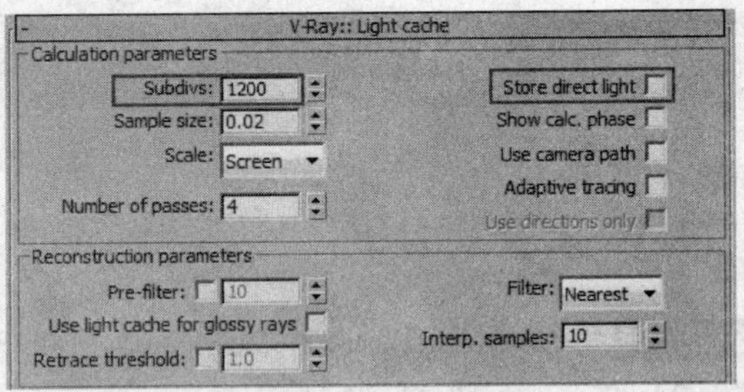

图 11-59 设置灯光缓存参数

Steps 05 在 V-Ray::DMC Sampler（V-RayDMC 采样器）中设置 Adaptive amount（自适应数量）值为 0.75，Noise threshold（噪波极限）值为 0.005，Min sampler（最小采样）值为 30，如图 11-60 所示。

Steps 06 在 V-Ray::System（系统）中设置 Max.tree depth（最大树形深度）值为 100，其他参数保持不变，如图 11-61 所示。

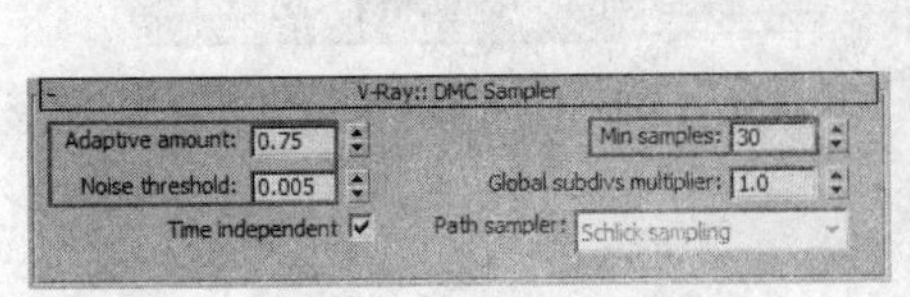

图 11-60 设置 DMC 采样参数

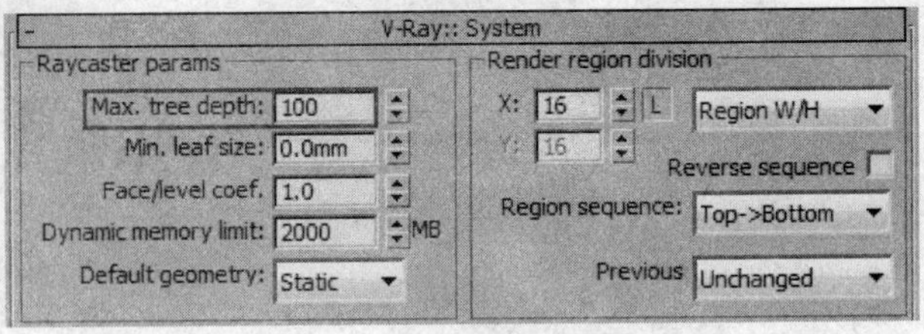

图 11-61 设置系统参数

最终渲染效果如图 11-62 所示。

11.6 Photoshop 后期处理

仔细观察最终渲染效果，可以发现场景基本上已经满足了我们的要求，但在效果图中晚间的表现要突出明暗的对比和冷暖的对比，以符合一般人的审美标准，所以笔者在这里为用增强对比度来完成最终效果。

Steps 01 用 Photoshop 打开最终渲染效果图，如图 11-63 所示。

图 11-62　最终渲染效果

图 11-63　打开渲染效果图

Steps 02 执行“图像”→“调整”→“亮度/对比度”命令，在弹出来的对话框中设置对比度的值为 40，如图 11-64 所示。

最终效果如图 11-65 所示。

图 11-64　调整对比度

图 11-65　最终效果

第12章 英伦风卧室

本章重点：

- 项目分析
- 创建摄影机
- 设置场景主要材质
- 灯光设置
- 最终输出渲染
- Photoshop 后期处理

英伦风属于欧式风格的一个分支，其主要以优雅、调和为主，整个家居沉稳、典雅，注重雕刻艺术，整个空间给人以美轮美奂的感觉。发展到现在，具有现代化的英式风格更加注重质朴、素雅的感觉，也注重家居的实用性。本例介绍的是一个英伦风卧室效果图的制作，如何表现出简洁、高雅的贵族气质是本章学习的重点。图 12-1 所示为最终效果。

图 12-1　最终效果

12.1 项目分析

英式卧室风格奢华却并不堆砌细节的精致，华丽中那一抹简洁尽显高贵中的淡定、从容、矜持。

本例卧室风格中，家具造型简洁大方，没有过多的装饰，柜子、床等家具色调比较单一，都是经典色彩，如白色、木原色。卧室内的材质大多是布面的，色彩简单，线条优美，注重面布的配色与对称之美。一些供读者参考的英伦风效果如图 12-2 所示。

图 12-2　参考图片

12.2 创建摄影机

Steps 01 打开本书配套光盘中的“英伦风卧室白模.max”，在 Top（顶视图）中，创建一个目标摄影机，位置如图 12-3 所示。

Steps 02 切换至 Front（前）视图，调整摄影机的高度，如图 12-4 所示。

图 12-3 创建摄影机

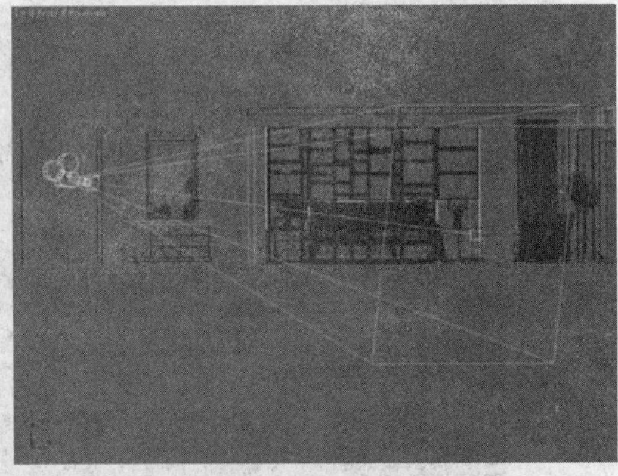

图 12-4 调整摄影机高度

Steps 03 在 Modify(修改)面板中对摄影机的参数进行修改，并添加 Apply Camera Correction Modifier（应用摄影机校正），修正摄影机角度偏差，如图 12-5 所示。

Steps 04 这样，目标摄影机就放置好了，摄影机视图的效果如图 12-6 所示。

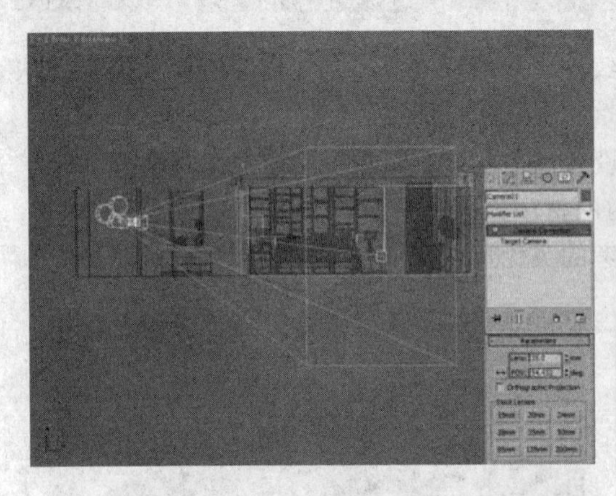

图 12-5 修改摄影机参数

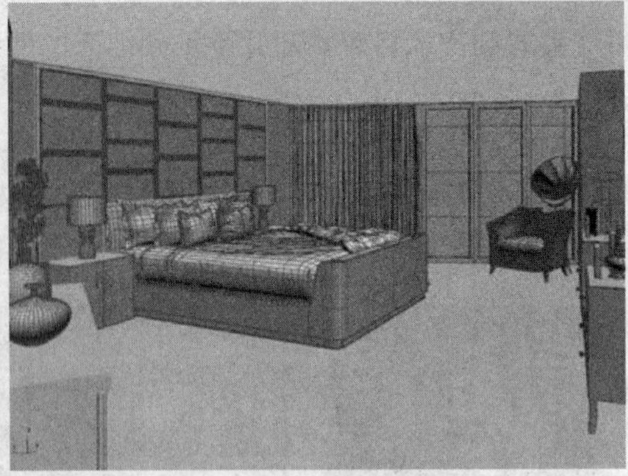

图 12-6 摄影机视图效果

12.3 设置场景主要材质

下面按照如图 12-7 所示的材质制作顺序编号逐个设置场景材质。

12.3.1 顶棚材质

顶棚材质常用的是乳胶漆材质，具体参数设置如下。

图 12-7 材质制作顺序

Steps 01 将材质球切换为“VRayMtl”，设置 Diffuse（漫反射）颜色的 Value（灰度）值为 245，Reflect（反射）的颜色值为 5，Refl.glossiness（反射光泽度）值为 0.35，如图 12-8 所示。

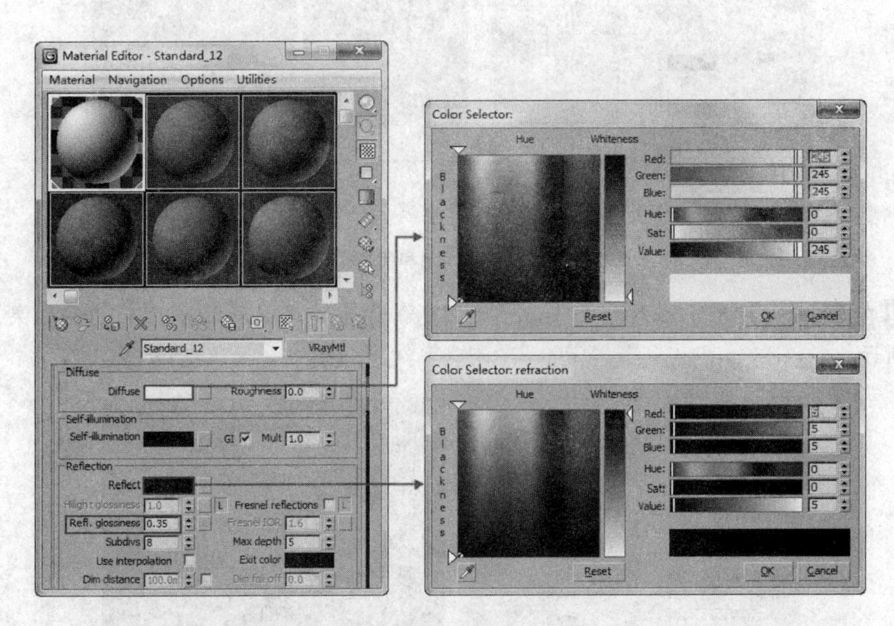

图 12-8 设置漫反射和反射参数

Steps 02 取消 Trace reflections（反射跟踪）复选框的勾选，如图 12-9 所示。

Steps 03 完成设置后的顶棚材质效果如图 12-10 所示。

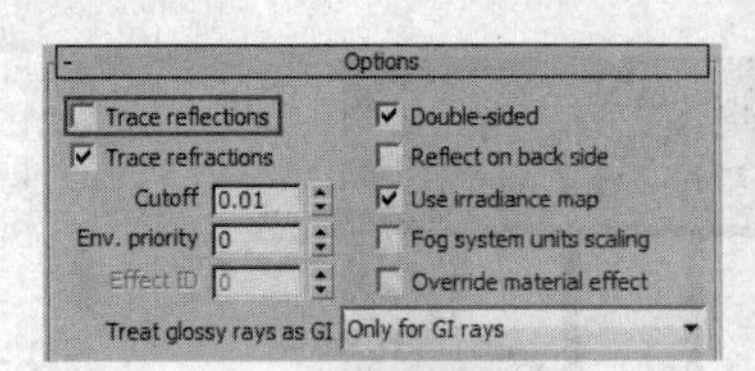

图 12-9 取消反射跟踪

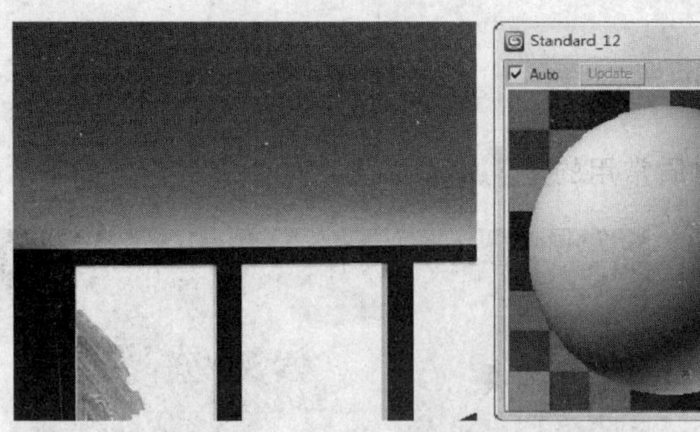

图 12-10 顶棚材质效果

12.3.2 地毯材质

该房间地面全部使用的是地毯，笔者这里使用纹理贴图来模拟。

Steps 01 将材质球切换为 “VRayMtl”，为 Diffuse（漫反射）和 Reflect（反射）添加 Bitmap（位图）贴图，调节 Hlight glossiness（高光光泽度）值为 0.62，Refl.glossiness（反射光泽度）值为 0.68，勾选 Fresnel reflections（菲涅尔反射），如图 12-11 所示。

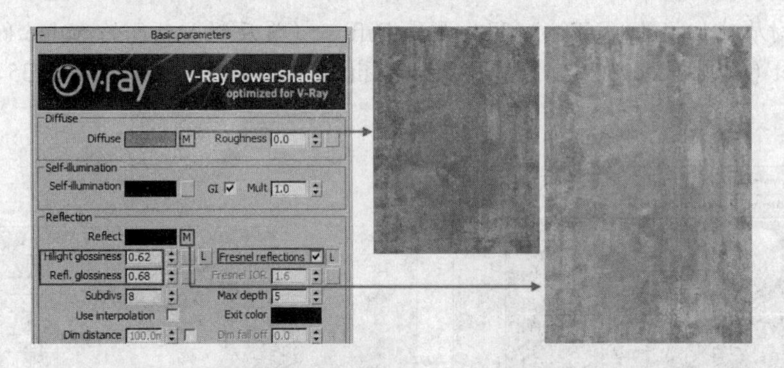

图 12-11 设置漫反射和反射组参数

Steps 02 在 Maps（贴图）卷展栏为 Bump（凹凸）添加贴图来模拟皮质的凹凸效果，如图 12-12 所示。

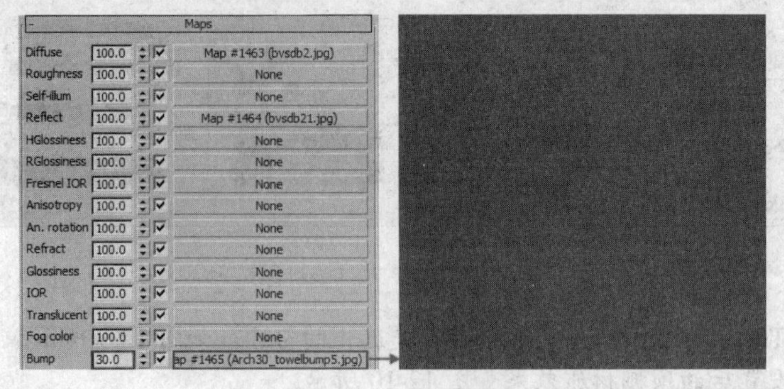

图 12-12 添加凹凸贴图

Steps 03 完成设置后的地面材质效果如图 12-13 所示。

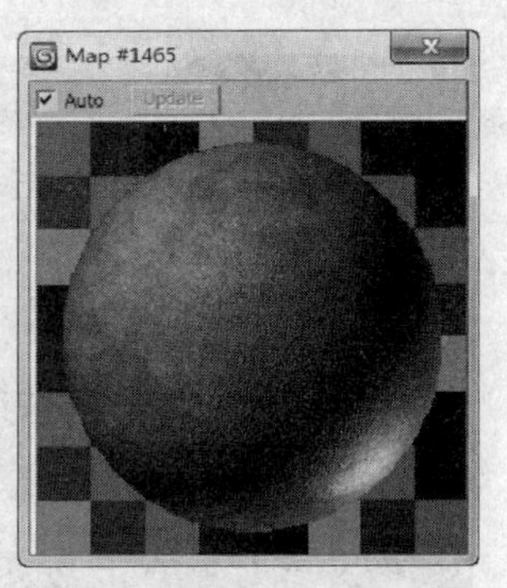

图 12-13 地面材质效果

12.3.3 软包材质

软包材质高光较大，有微弱菲涅尔反射效果。

Steps 01 将材质球切换为“VRayMtl”，为 Reflect（反射）添加一张 Falloff（衰减）贴图，调节 Hilight glossiness（高光光泽度）值为 0.6，Refl.glossiness（反射光泽度）值为 0.7，如图 12-14 所示。

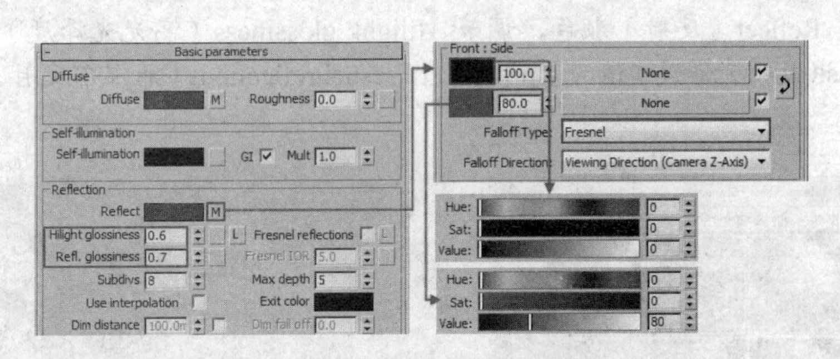

图 12-14 设置反射组参数

Steps 02 在贴图通道里为 Diffuse（漫反射）添加 Bitmap（位图）贴图，如图 12-15 所示。

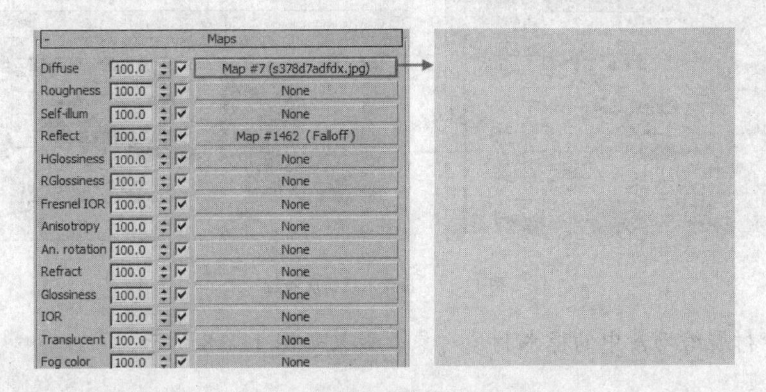

图 12-15 添加位图贴图

Steps 03 完成设置后的软包材质效果如图 12-16 所示。

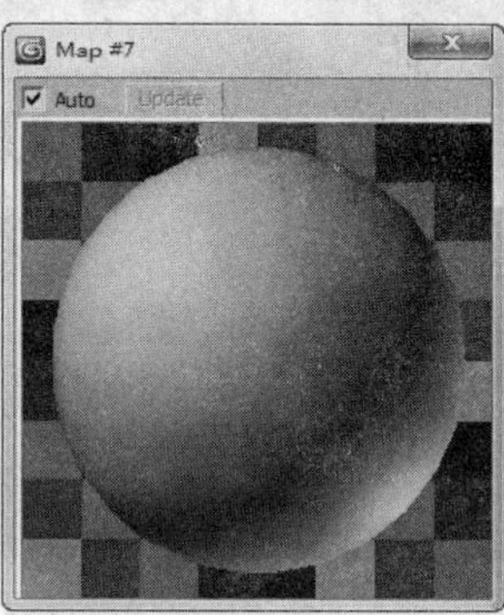

图 12-16　软包材质效果

12.3.4 橡木材质

橡木是木材的一种，具有同木纹材质一样的特点。

Steps 01 将材质类型切换为“VRayMtl”，在 Diffuse（漫反射）通道中添加 Bitmap（位图）贴图。

Steps 02 设置 Reflect（反射）颜色，调节 Hilight glossiness（高光光泽度）值为 0.65，Refl.glossiness（反射光泽度）值为 0.68，勾选 Fresnel reflections（菲涅尔反射），如图 12-17 所示。

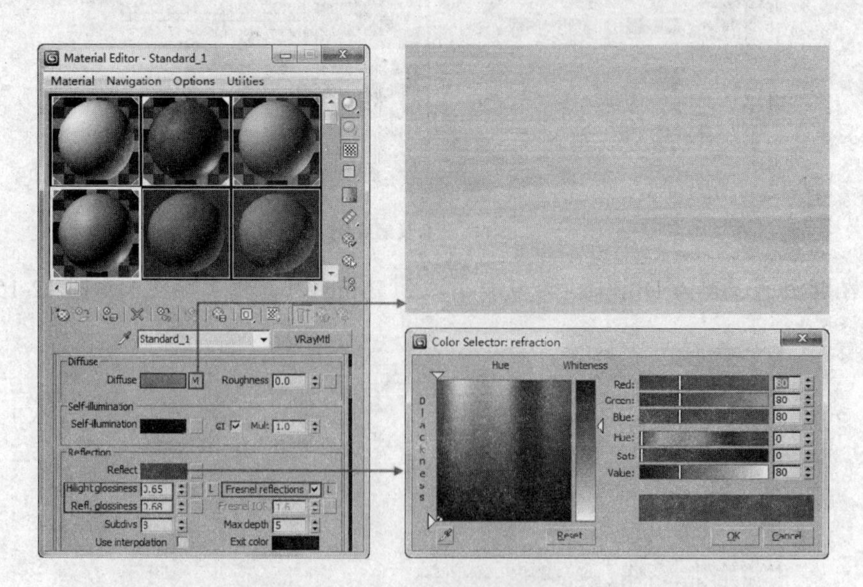

图 12-17　设置木纹材质参数

Steps 03 赋予材质给场景中的橡木材质对象，效果如图 12-18 所示。

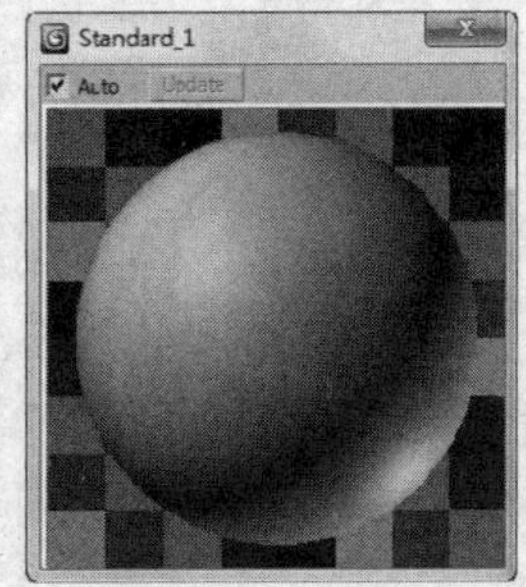

图 12-18　橡木材质效果

12.3.5 漆面材质

Steps 01 选择“VRayMtl”材质球，设置 Diffuse（漫反射）颜色的 Value（明度）值为 245，Reflect（反射）的颜色的 Value（明度）值为 200。

Steps 02 调节 Hilight glossiness（高光光泽度）值为 0.78，Refl.glossiness（反射光泽度）值为 0.82，勾选 Fresnel reflections（菲涅尔反射）复选框，如图 12-19 所示。

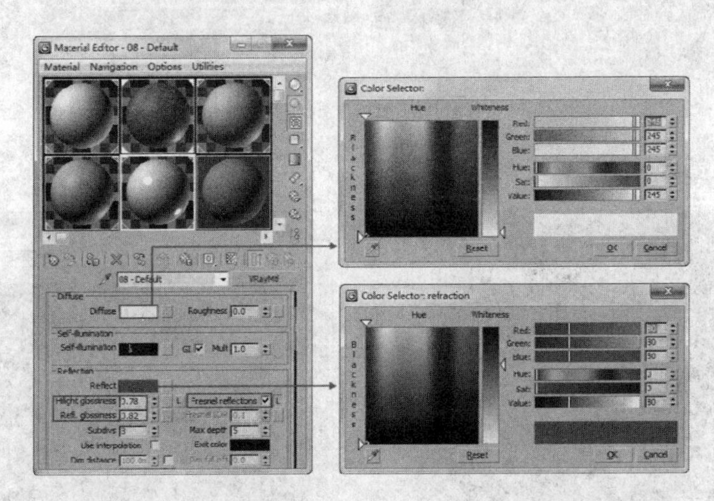

图 12-19　设置漫反射和反射参数

Steps 03 完成设置后的漆面材质效果如图 12-20 所示。

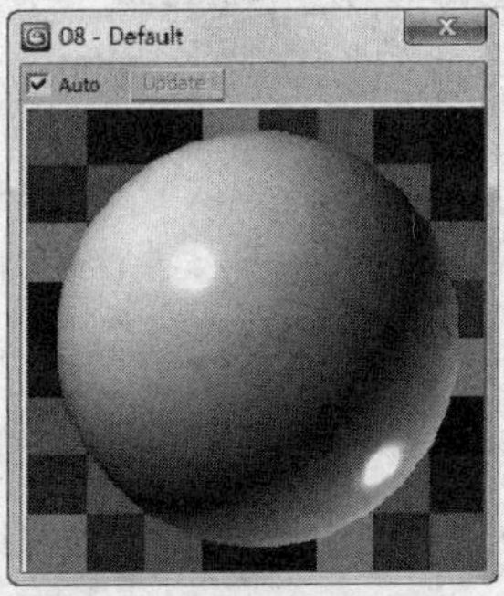

图 12-20　漆面材质效果

12.3.6 窗帘材质

Steps 01 选择“VRayMtl”材质球，为 Diffuse（漫反射）添加 Falloff（衰减）贴图，设置衰减方式为 Fresnel（菲涅尔），并调整 Front:Side（正前:侧边）颜色值。

Steps 02 设置 Reflect（反射）颜色，调节 Hilight glossiness（高光光泽度）值为 0.52，Refl.glossiness（反射光泽度）值为 0.65，勾选 Fresnel reflections（菲涅尔反射），如图 12-21 所示。

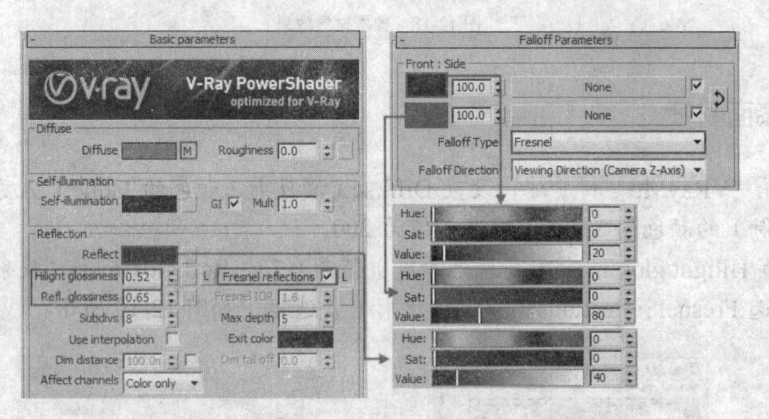

图 12-21 调节窗帘材质参数

Steps 03 完成设置后的窗帘材质效果如图 12-22 所示。

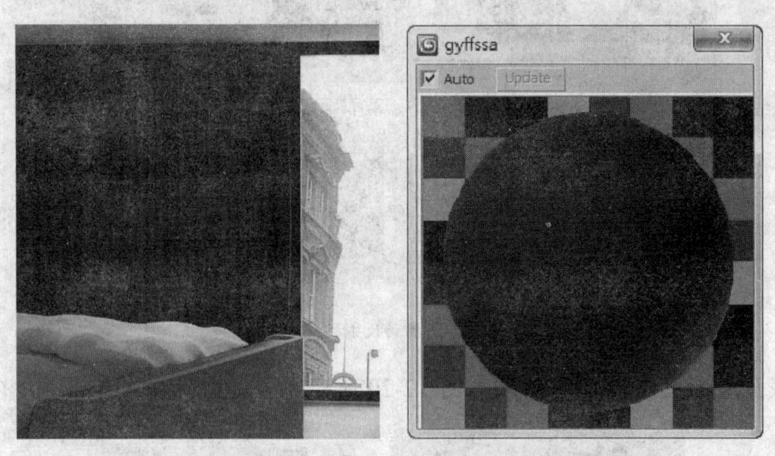

图 12-22 窗帘材质效果

12.3.7 布纹沙发材质

本例中使用的沙发材质十分简单，由于它距离摄影机较远，笔者这里只使用了漫反射衰减来进行表现。

Steps 01 将材质球切换为“VRayMtl”，为 Diffuse（漫反射）添加一张 Falloff（衰减）贴图，如图 12-23 所示。

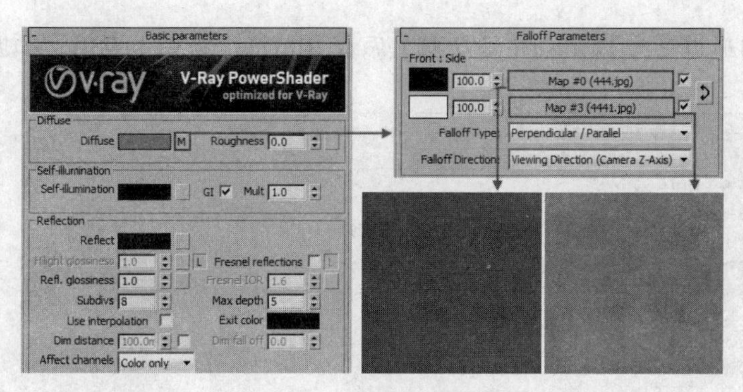

图 12-23　调整材质参数

Steps 02 完成设置后的布纹沙发材质效果如图 12-24 所示。

图 12-24　布纹沙发材质效果

12.3.8 石材材质

本例中的石材具有自然纹理效果，高光较小和反射较强的特点。

Steps 01 选择 “VRayMtl” 材质球，设置 Reflect（反射）颜色，调节 Hilight glossiness（高光光泽度）值为 0.82，Refl.glossiness（反射光泽度）值为 0.86，勾选 Fresnel reflections（菲涅尔反射）复选框，如图 12-25 所示。

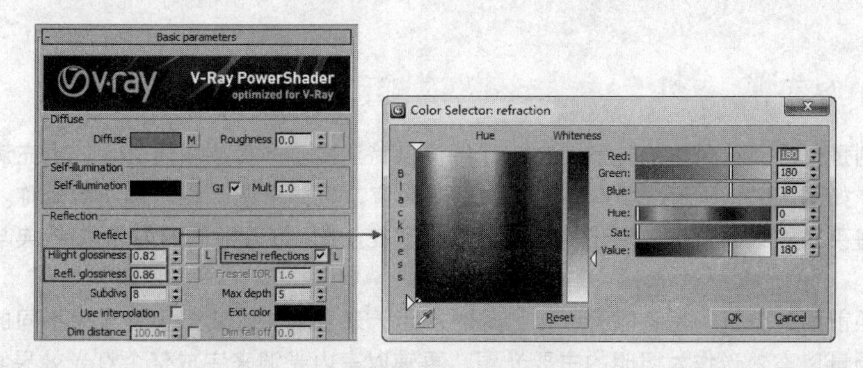

图 12-25　设置反射组参数

Steps 02 在贴图通道里为 Diffuse（漫反射）添加 Bitmap（位图）贴图，如图 12-26 所示。

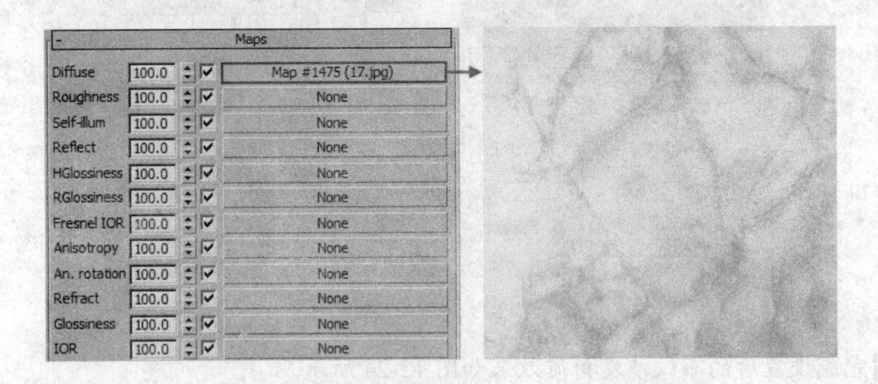

图 12-26　添加漫反射贴图

Steps 03 完成设置后的石材材质效果如图 12-27 所示。

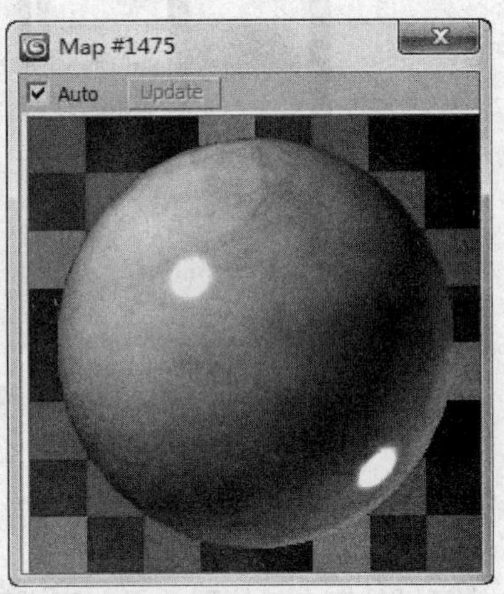

图 12-27　石材材质效果

12.4 灯光设置

12.4.1 灯光布置分析

本例是一个英伦风格的卧室，它在保持自己简洁高雅的贵族气质之余，也充满了变化和活力。如图 12-28 所示，场景有一处大型落地窗，整体格调高雅，且注重对称。设计的目的是将英式的经典高贵与现代的干净利落交融在一起，打造出低调与奢华\经典与现代的新风尚。

按照前面的分析，笔者以云层较稀薄时的阴天来表现，以突出场景与众不同的格调及氛围。场景以室外光作为照明的主要光源，再辅以室内光源来完成整个灯光效果。

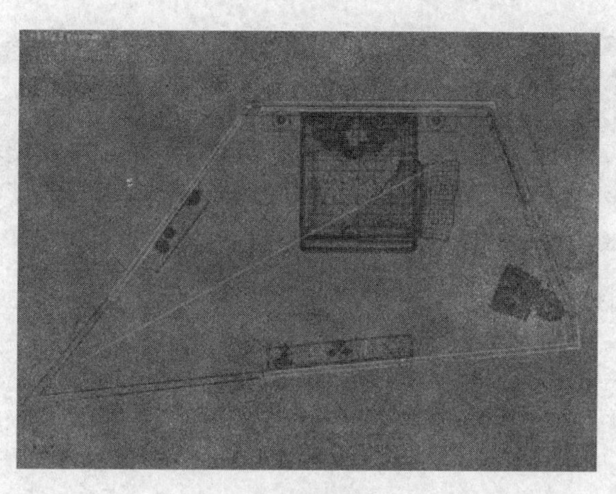

图 12-28　场景顶面布置图

12.4.2 设置测试参数

Steps 01 在“渲染设置”对话框中设置 Output Size（输出尺寸）为 600×365，如图 12-29 所示。

Steps 02 在 V-Ray::Image sampler（Antialiasing）（V-Ray 图像采样（抗锯齿））中选择 Fixed（固定）方式，关闭 Antialiasing filter（抗锯齿过滤器），如图 12-30 所示。

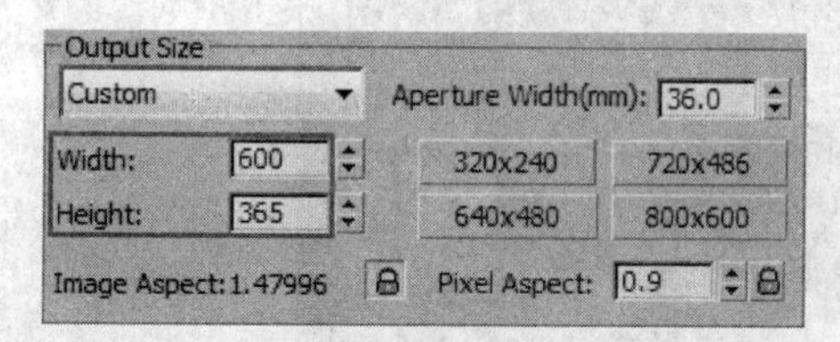

图 12-29　设置输出参数

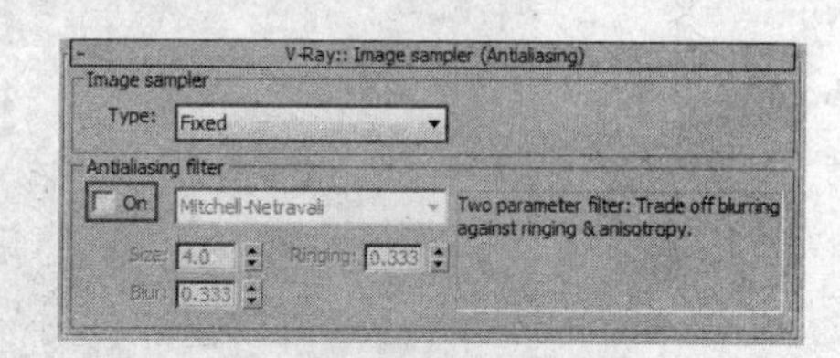

图 12-30　调用 VRay 渲染器

Steps 03 在 V-Ray::Color mapping（Vray 色彩映射）中选择 Exponential（指数），如图 12-31 所示。

Steps 04 在 V-Ray::Irradiance map（发光贴图）里选择 Very low（非常低），设置 HSph.subdivs（半球细分）为 20，如图 12-32 所示。

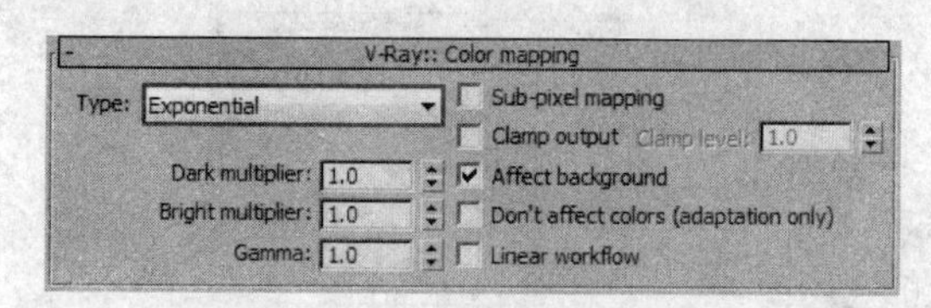

图 12-31　设置色彩映射

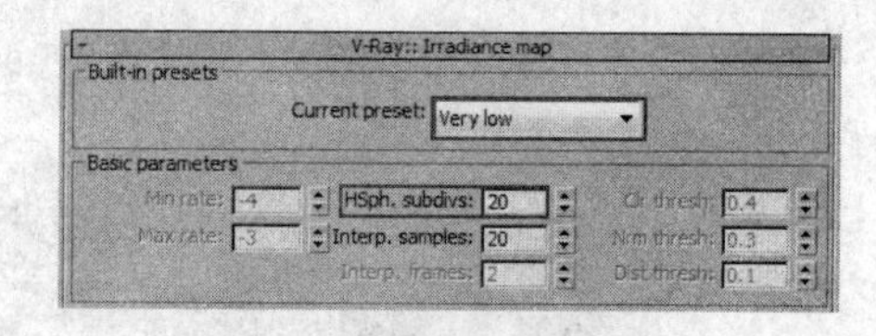

图 12-32　设置发光贴图参数

Steps 05 在 V-Ray::Light cache（灯光缓存）中设置 Subdivs（细分值）为 400，取消勾选 Store direct light（保存直接光），如图 12-33 所示。

Steps 06 在 V-Ray::System（系统）中设置 Max.tree depth（最大树形深度）值为 60，如图 12-34 所示。

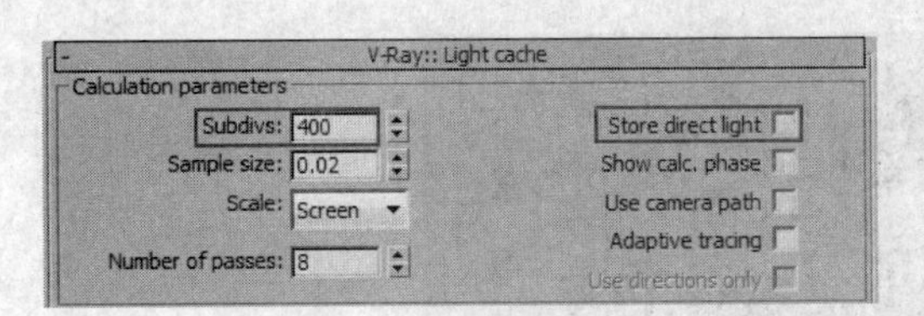

图 12-33　设置灯光缓存参数

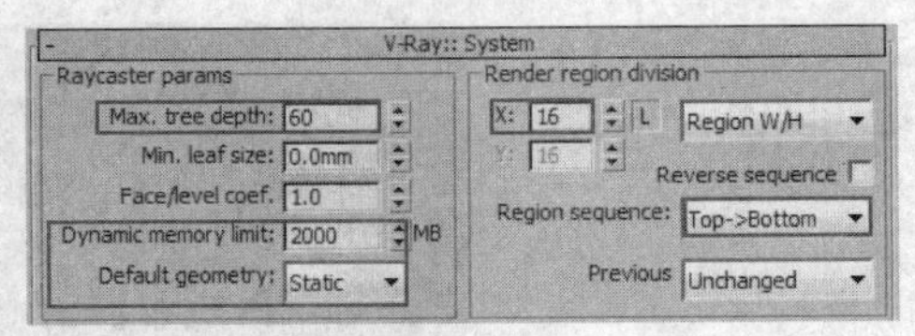

图 12-34　设置系统参数

下面来对场景的灯光进行布置。

12.4.3 设置自然光

1. 创建太阳光

Steps 01 在视图中创建一盏 Target Spot（目标聚光灯），灯光的位置如图 12-35 所示。

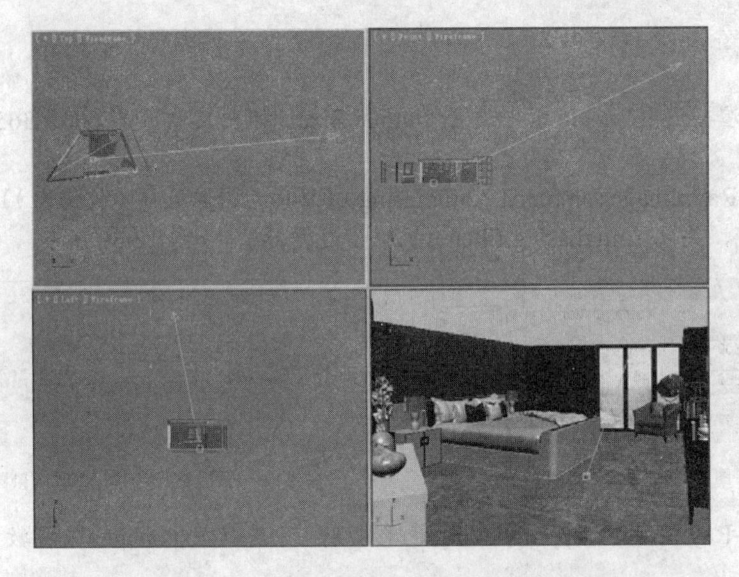

图 12-35　灯光位置

Steps 02 选择太阳光，在修改命令面板中对它的参数进行调整，如图 12-36 所示。

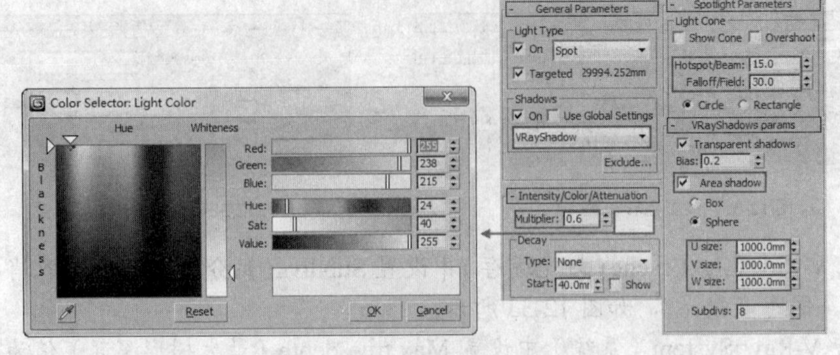

图 12-36　调整太阳光参数

Steps 03 太阳光设置好后，在摄影机视图中观察它的角度和效果，如图 12-37 所示。

图 12-37　太阳光效果

可以观察到，场景中新布置的太阳光角度、强度和明暗带都达到了理想的效果，下面接着布置天光，加强窗口的灯光效果。

2. 创建天光

Steps 01 在场景中的窗口处创建 VRay 平面光来模拟天光效果，如图 12-38 所示。

图 12-38　创建 VRay 平面光

Steps 02 调整平面光的参数，如图 12-39 所示。

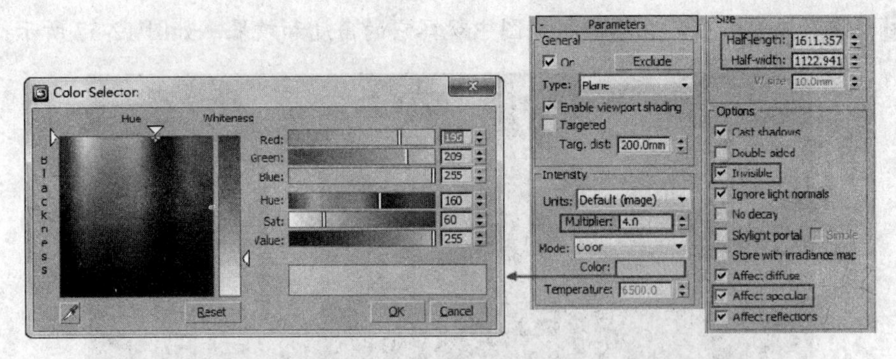

图 12-39 调整平面光参数

Steps 03 选择创建好的 VRay 平面光，以复制的方式复制出一盏平面光，如图 12-40 所示。

图 12-40 复制平面光

Steps 04 返回修改面板中，对复制的平面光参数进行调整，如图 12-41 所示。

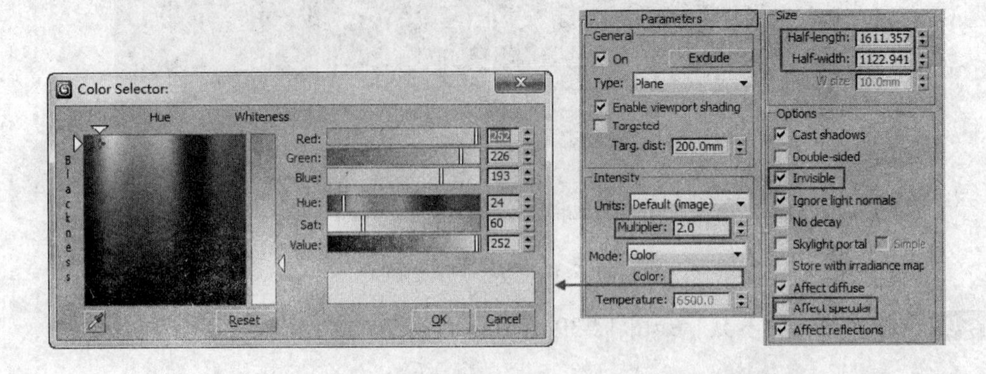

图 12-41 调整平面灯参数

Steps 05 切换回摄影机视图，观察自然光照，效果如图 12-42 所示。

图 12-42　自然光照效果

12.4.4 布置室内光源

为了避免室内环境光照太亮，笔者在这里控制室外光的强度不会过强。下面将为场景添加室内光源。

1. 布置目标点光源

Steps 01 在如图 12-43 所示的位置处创建 Target Light（目标灯光）。

图 12-43　创建目标灯光

Steps 02 选择其中一个 Target Light（目标灯光），对它的参数进行调整，如图 12-44 所示。

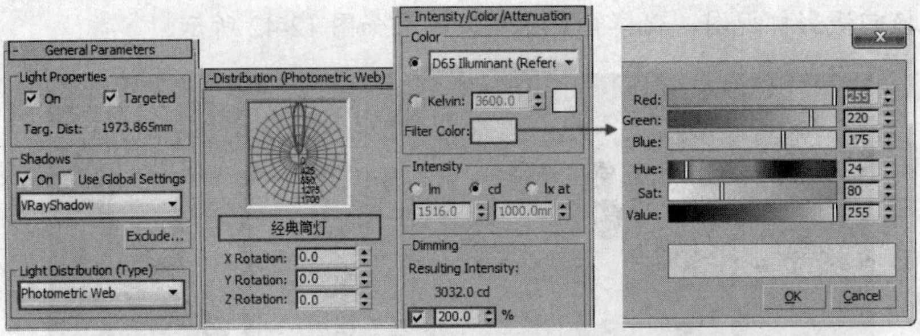

图 12-44　调整目标灯光参数

Steps 03 按照同样的方法，在如图 12-45 所示的位置处创建 Target Light（目标灯光）。

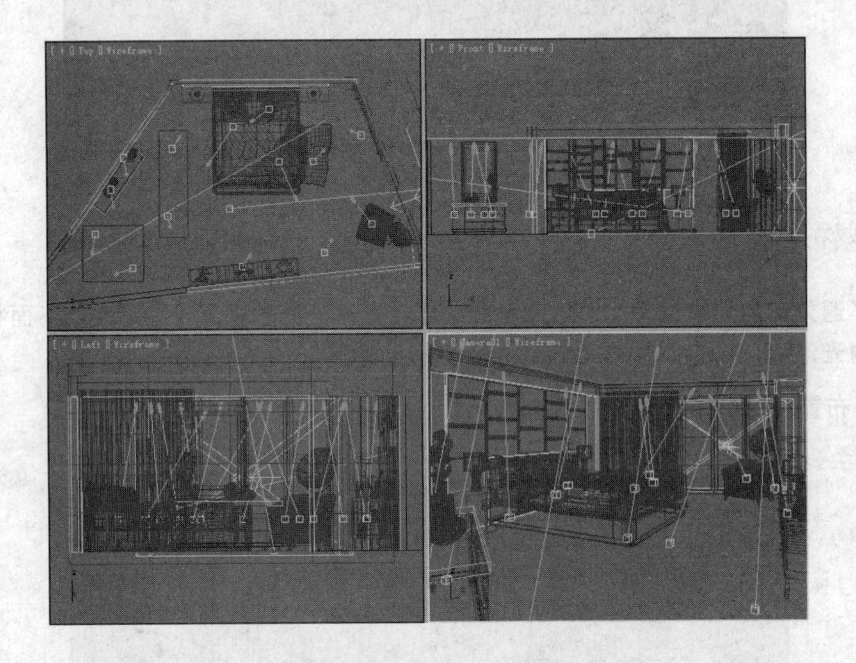

图 12-45　创建目标灯光

Steps 04 选择其中一个 Target Light（目标灯光），对它的参数进行调整，如图 12-46 所示。

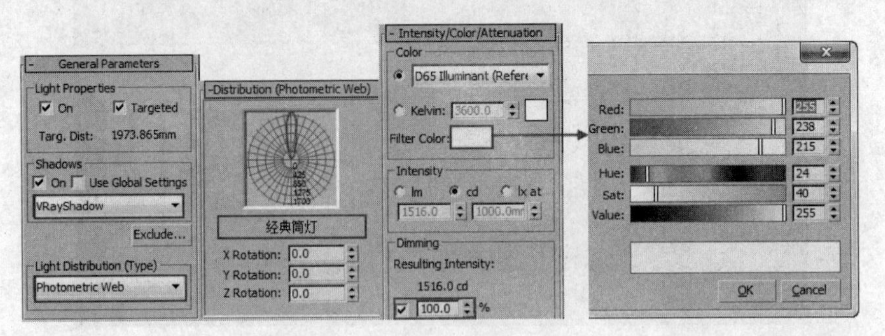

图 12-46　调整目标灯光参数

Steps 05 添加了室内目标灯光后的效果如图 12-47 所示。

图 12-47　目标灯光效果

2. 创建灯带灯光

Steps 01 在屋顶藏灯位置处创建 VRay 平面光，其位置如图 12-48 所示。

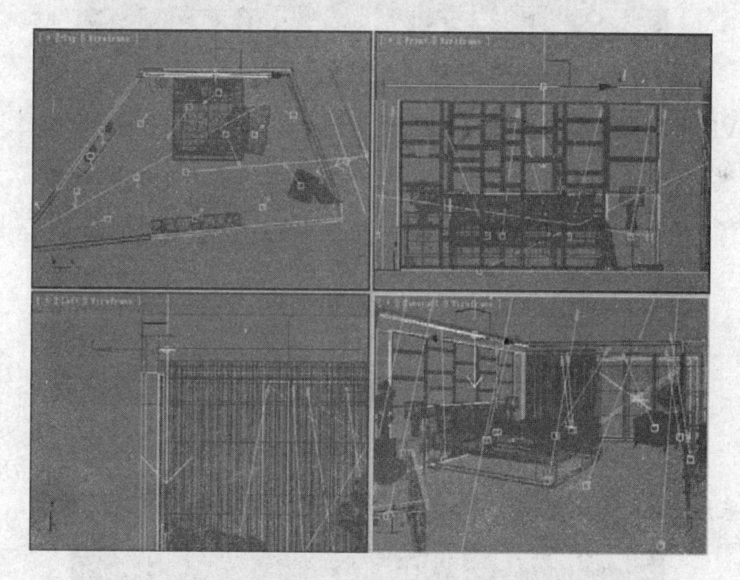

图 12-48　布置灯带平面光

Steps 02 在修改命令面板中调整灯带灯光的参数，如图 12-49 所示。

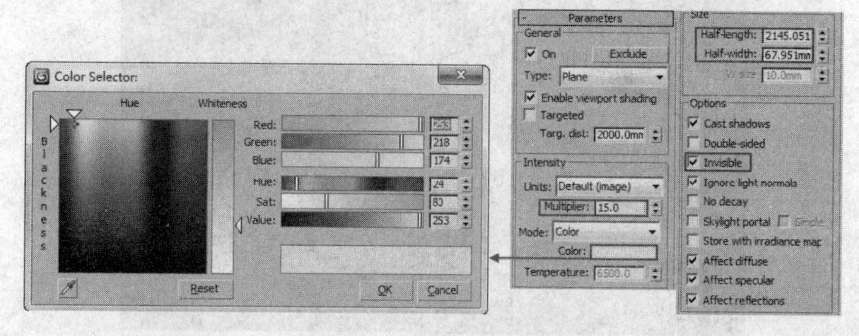

图 12-49　调整灯带灯光参数

3. 创建台灯和壁灯灯光

Steps 01 在台灯位置处创建 VRay 球灯来模拟台灯灯光，如图 12-50 所示。

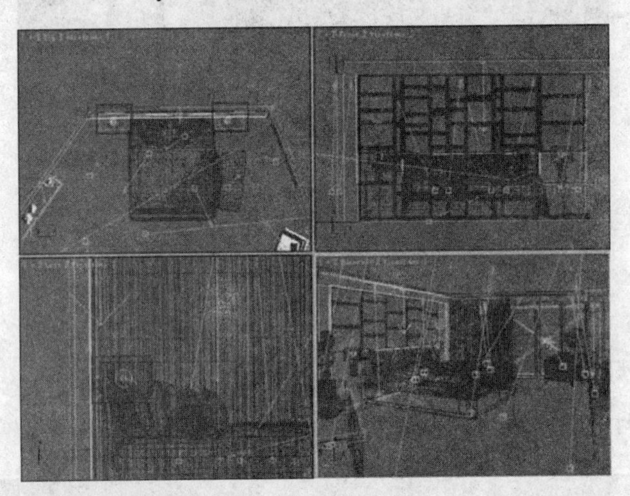

图 12-50 创建 VRay 球灯灯光

Steps 02 调整 VRay 球灯参数，如图 12-51 所示。

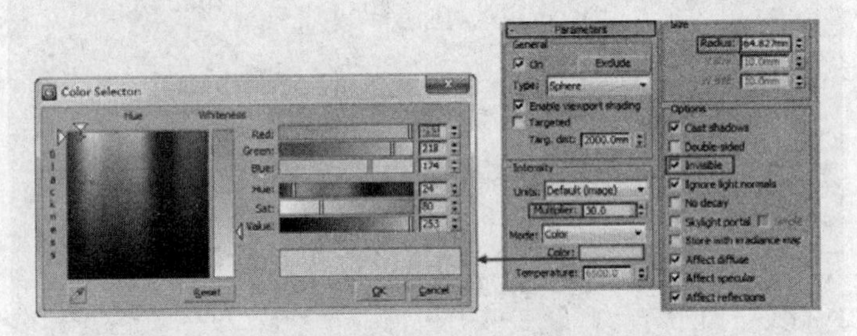

图 12-51 调整 VRay 球灯参数

Steps 03 这里采用 Omni（泛光灯）来模拟壁灯灯光，位置如图 12-52 所示。

图 12-52 创建壁灯灯光

Steps 04 选择 Omni（泛光灯），在修改命令面板中对它的参数进行调整，如图 12-53 所示。

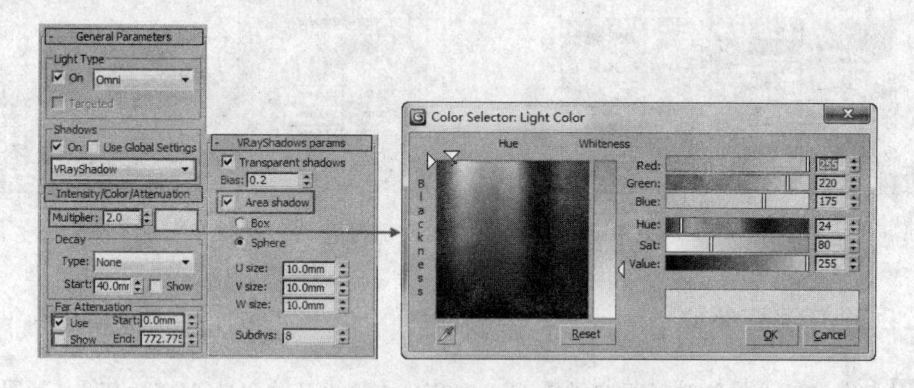

图 12-53　调整泛光灯参数

布置完室内灯光后的灯光效果如图 12-54 所示。

图 12-54　灯光效果

12.5 最终输出渲染

12.5.1 提高细分值

Steps 01 将材质 Reflection（反射）选项组中的 Subdivs（细分）值进行增大，一般设置为 20~24 即可，如图 12-55 所示。

Steps 02 同样，将场景内所有 VRay 灯光类型中 Sampling 选项组中的 Subdivs（细分）的值以及其他灯光类型 VRayShadows params 选项组中的 Subdivs（细分）的值设置为 24，如图 12-56 所示。

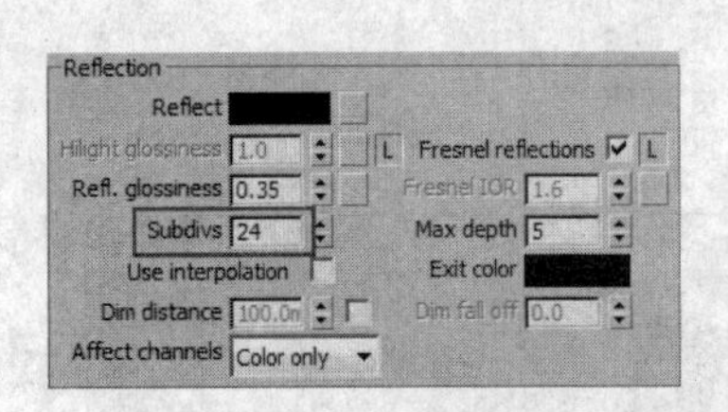

图 12-55　提高材质细分

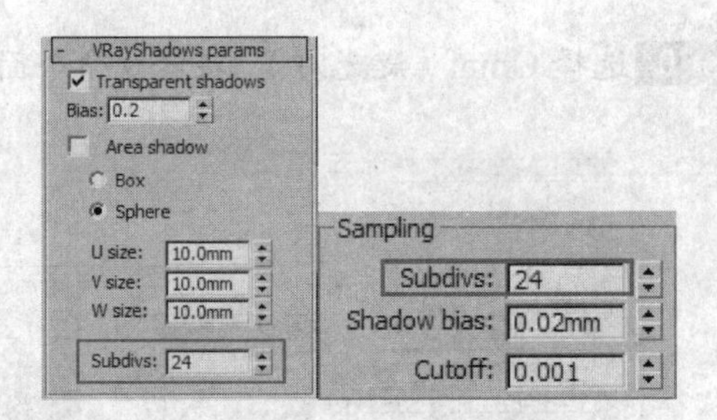

图 12-56　提高灯光细分

12.5.2 设置渲染参数

Steps 01 在“渲染设置”对话框中设置 Output Size（输出尺寸）为 1600 × 973，如图 12-57 所示。

Steps 02 在 V-Ray::Image sampler(Antialiasing)(V-Ray 图像采样(抗锯齿))中选择 Adaptive DMC（自适应 DMC）方式，在 Antialiasing filter（抗锯齿过滤器）选项中选择 Mitchell-Netravali 过滤方式，如图 12-58 所示。

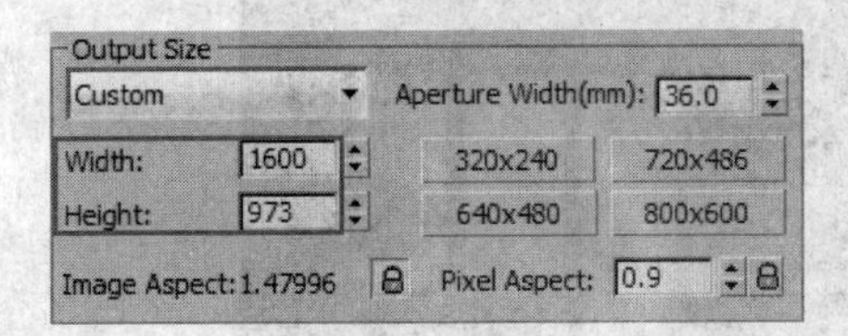

图 12-57　设置输出尺寸

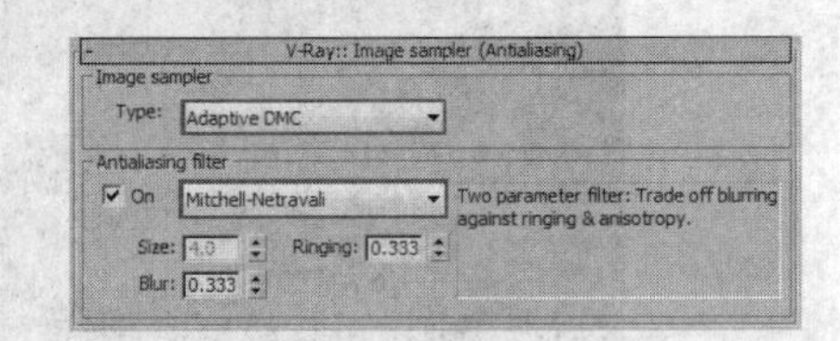

图 12-58　设置图像采样器

Steps 03 在 V-Ray::Irradiance map（发光贴图）里选择 Medium（中等），设置 HSph.subdivs（半球细分）为 60，如图 12-59 所示。

Steps 04 在 V-Ray::Light cache（灯光缓存）中设置 Subdivs（细分值）为 1200，取消勾选 Store direct light（保存直接光），如图 12-60 所示。

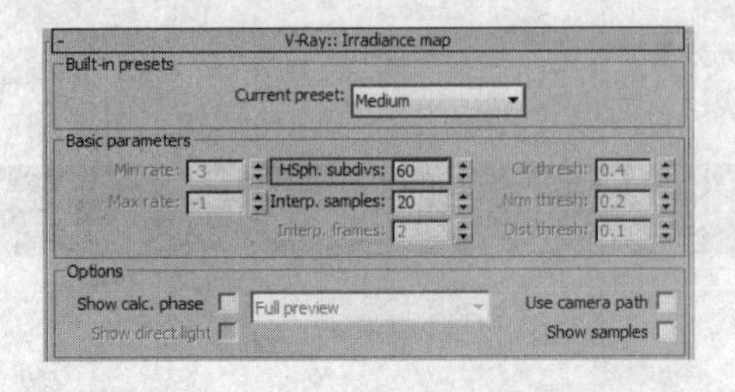

图 12-59　设置发光贴图预设值

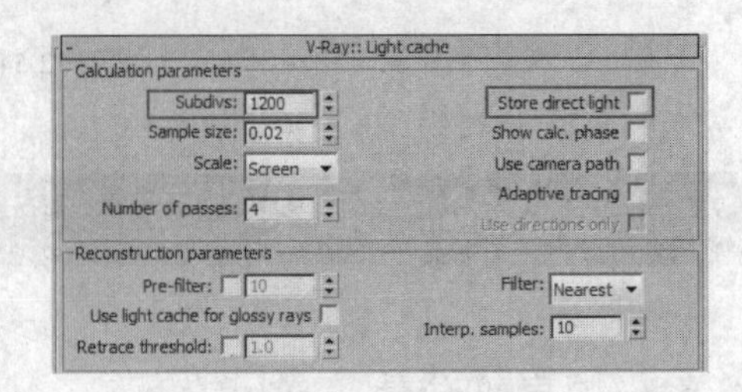

图 12-60　设置灯光缓存参数

Steps 05 在 V-Ray::DMC Sampler（V-RayDMC 采样器）中设置 Adaptive amount（自适应数量）值为 0.75，Noise threshold（噪波极限）值为 0.005，Min samples（最小采样）值为 30，如图 12-61 所示。

Steps 06 在 V-Ray:: System（系统）中设置 Max.tree depth（最大树形深度）值为 100，其他参数保持不变，如图 12-62 所示。

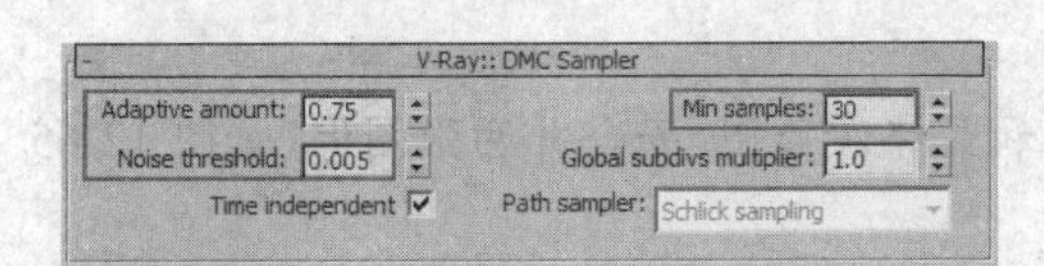

图 12-61　设置 DMC 采样参数

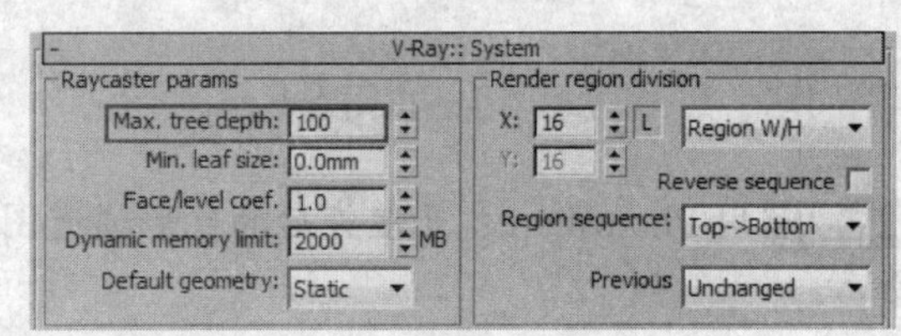

图 12-62　设置系统参数

最终渲染效果如图 12-63 所示。

图 12-63　最终渲染效果

12.6 Photoshop 后期处理

仔细观察最终渲染效果，发现其大体满足我们的要求，但整体对比度不够，局部饱和度过高。下面通过 Photoshop 来完成这些缺陷的改进。

12.6.1 色彩通道图

同样使用光盘提供的“材质通道.mse”文件制作出色彩通道图，如图 12-64 所示。

图 12-64　色彩通道图

12.6.2 Photoshop 后期处理

Steps 01 用 Photoshop 打开渲染后的色彩通道图和最终渲染图，并合并两张图像，如图 12-65 所示。

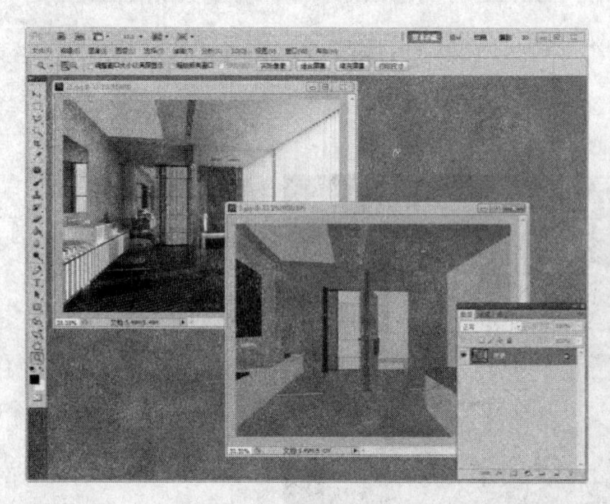
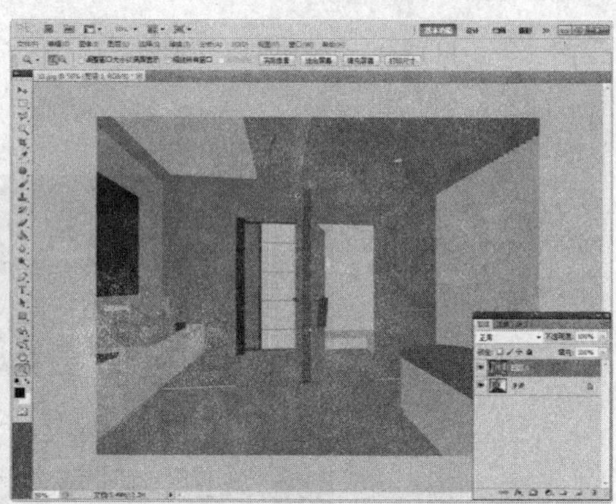

图 12-65　合并色彩通道图和最终渲染图

Steps 02 选择“背景”图层，按“Ctrl+J”组合键将其复制一份，并关闭“色彩通道”所在的图层 1，如图 12-66 所示。

Steps 03 执行“图像”→“调整”→“亮度/对比度”命令，在弹出来的对话框中设置对比度的值为 20，如图 12-67 所示。

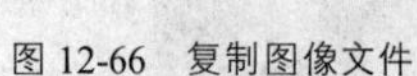

图 12-66　复制图像文件

图 12-67　调整背景副本对比度

Steps 04 按“Ctrl+M”组合键打开“曲线”对话框，调整它的亮度，如图 12-68 所示。

Steps 05 在“图层 1”中用“魔棒”工具选择软包、墙面和大理石部分，如图 12-69 所示。返回“背景副本”图层，按“Ctrl+J”组合键复制到新图层，再使用“色相/饱和度”降低它们的饱和度，如图 12-70 所示。

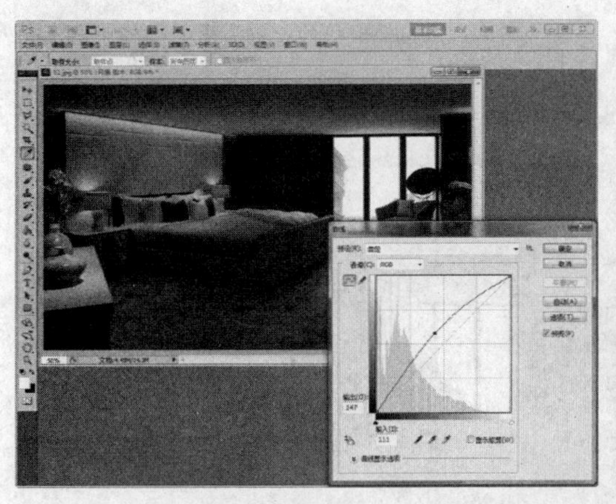

图 12-68 调整整体亮度

图 12-69 选择区域

图 12-70 降低区域饱和度

图 12-71 选择区域

Steps 06 再次用“魔棒”工具在“图层 1”中选择白色被褥、柜子和沙发部分，如图 12-71 所示。返回“背景副本”图层，按“Ctrl+J”组合键复制到新图层，再使用“色相/饱和度”降低它们的饱和度，如图 12-72 所示。

图 12-72 降低区域饱和度

Steps 07 最后用同样的方法降低顶棚的饱和度，完成整个后期的工作，如图 12-73 所示。

图 12-73　降低顶棚饱和度

到这里整个处理过程就完成了，最终效果如图 12-74 所示。

图 12-74　最终效果

第13章 时尚别墅空间

本章重点：

- 项目分析
- 创建摄影机并检查模型
- 设置场景主要材质
- 灯光设置
- 最终输出渲染
- Photoshop 后期处理

别墅除了需要有奢华的外表外，还需要有“内在美”。别墅的设计不仅能体现主人的品位，更能提升整个家的气质，所以别墅设计是最不可忽视的一环。精明的主人总会发挥别墅的空间最大的优势。精美时尚的别墅设计风格将会给人更舒适的家居享受，让人切身体会到做这个时尚城堡主人的快感。本例介绍的是一个别墅空间效果图的制作，如何表现空间的层次关系并使之相互关联是本章学习的重点。图13-1 所示为最终效果。

图 13-1　最终效果

13.1 项目分析

制作别墅客厅时需要考虑和注意的细节很多，既要满足主人便捷的生活方式，又要满足主人对高品质完美生活的追求。它不仅要考虑到主人生活的感受，体现空间的质感和品味，还要彰显设计师自己独特的风格。

整个客厅空间以白色调为主，黑色调为辅，并以大理石、淡咖啡色木纹作为主要装饰、相间方格及褐色镜面作为点缀，以笔直简约的线条同样能勾勒出豪华时尚的气息。一些供读者参考的别墅效果如图 13-2 所示。

图 13-2　参考图片

13.2 创建摄影机并检查模型

13.2.1 创建摄影机

Steps 01 打开本书配套光盘中的“时尚别墅空间白模.max”，在 Top（顶视图）中创建一个目标摄影机，位置如图 13-3 所示。

Steps 02 切换至 Front（前）视图，调整摄影机的高度，如图 13-4 所示。

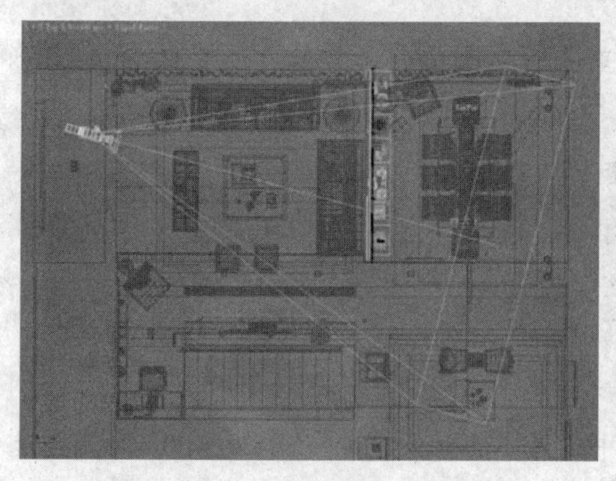

图 13-3 创建摄影机

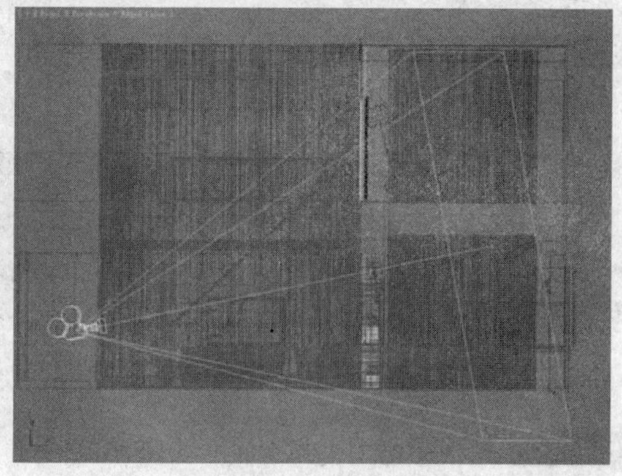

图 13-4 调整摄影机高度

Steps 03 在 Modify(修改)面板中对摄影机的参数进行修改，并添加 Apply Camera Correction Modifier（应用摄影机校正），修正摄影机角度偏差，如图 13-5 所示。

Steps 04 这样，目标摄影机就放置好了，摄影机视图的效果如图 13-6 所示。

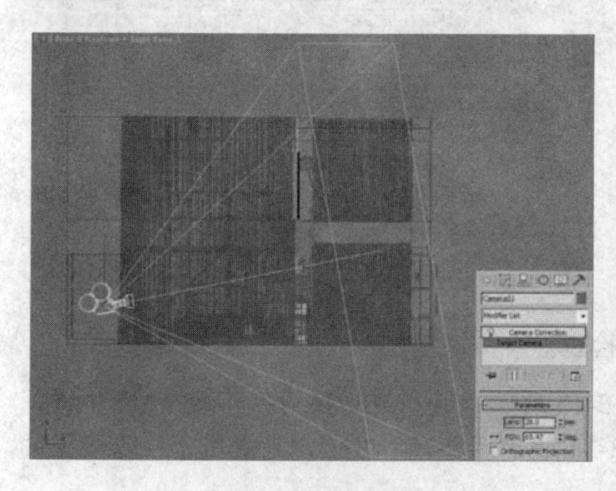

图 13-5 修改摄影机参数

图 13-6 摄影机视图

13.2.2 设置测试参数

Steps 01 在“渲染设置”对话框中设置 Output Size（输出尺寸）为 548 × 600，如图 13-7 所示。

Steps 02 在 V-Ray::Image sampler (Antialiasing)（V-Ray 图像采样（抗锯齿））中选择 Fixed（固定）方式，关闭 Antialiasing filter（抗锯齿过滤器），如图 13-8 所示。

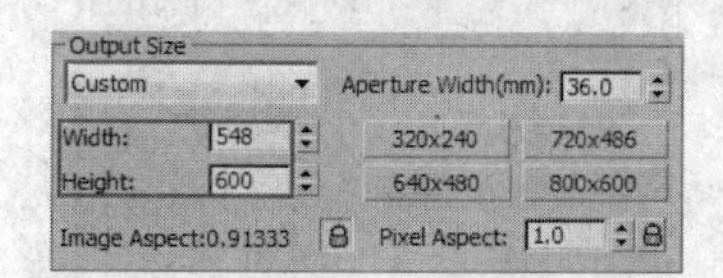

图 13-7 设置输出参数

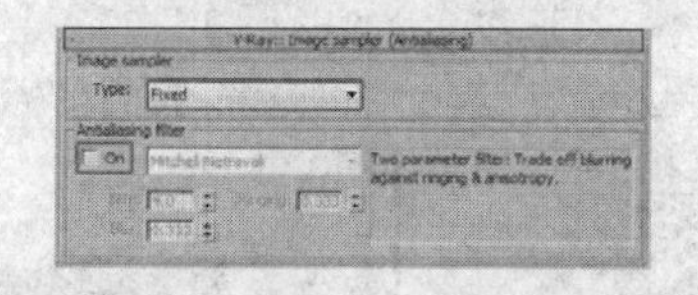

图 13-8 调用 VRay 渲染器

Steps 03 在 V-Ray::Color mapping（V-Ray 色彩映射）中选择 Exponential（指数），如图 13-9 所示。

Steps 04 在 V-Ray::Irradiance map（发光贴图）里选择 Very low（非常低），设置 HSph.subdivs（半球细分）为 20，如图 13-10 所示。

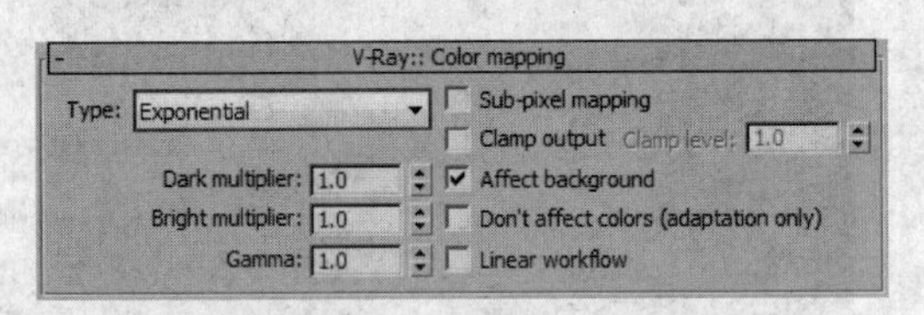

图 13-9 设置色彩映射

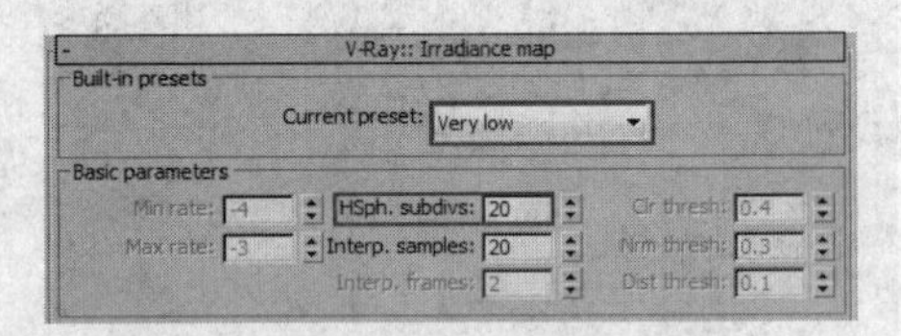

图 13-10 设置发光贴图参数

Steps 05 在 V-Ray::Light cache（灯光缓存）中设置 Subdivs（细分值）为 400，取消勾选 Store direct light（保存直接光），如图 13-11 所示。

Steps 06 在 V-Ray:: System（系统）中设置 Max.tree depth（最大树形深度）值为 60，如图 13-12 所示。

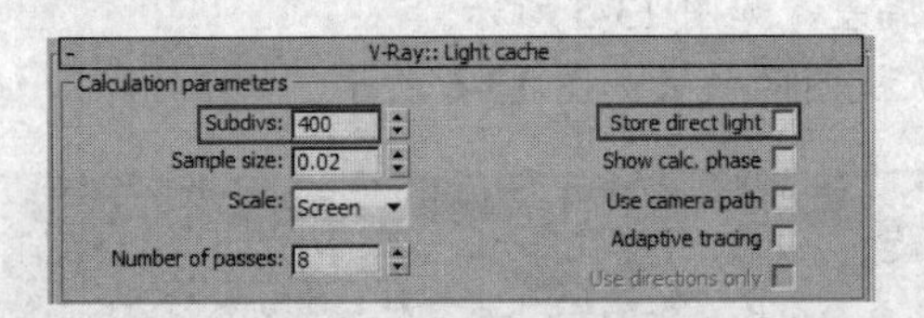

图 13-11 设置灯光缓存参数

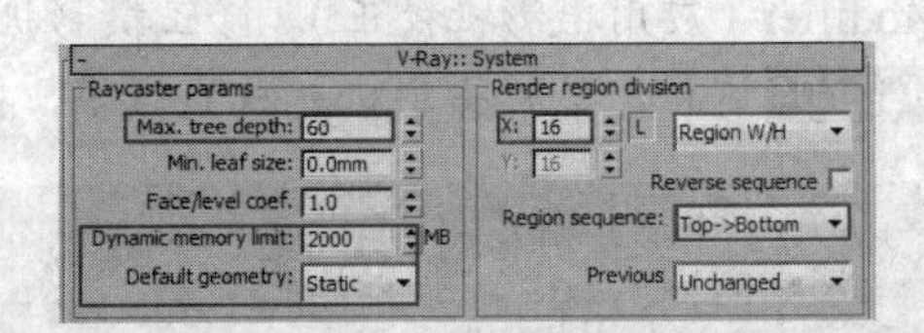

图 13-12 设置系统参数

13.2.3 模型检查

测试参数设置好后，下面对模型来进行检查。

Steps 01 按"M"键打开材质编辑器，如图 13-13 所示，将材质切换为"VRayMtl"材质，单击 Diffuse（漫反射）的颜色色块，如图 13-14 所示调整好参数值，完成用于检查模型的素白材质的制作。

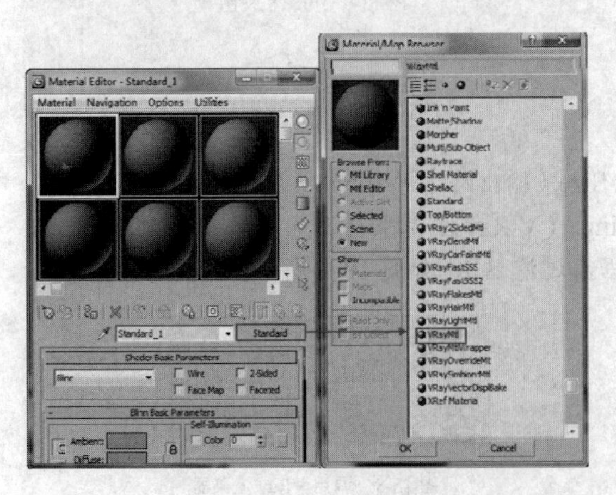

图 13-13 切换材质类型

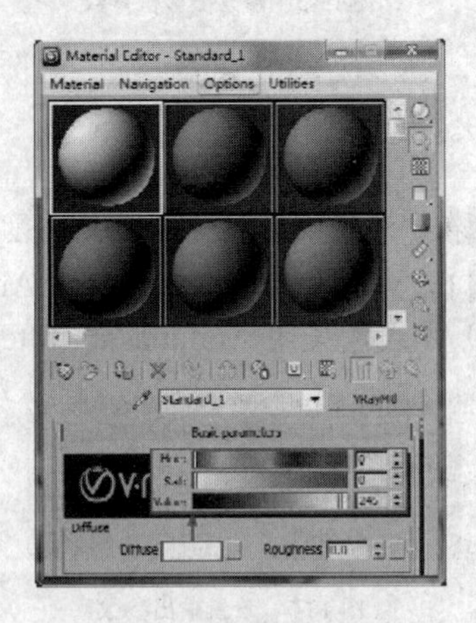

图 13-14 调整漫反射颜色

Steps 02 按“F10”键打开 Render Setup（渲染设置）面板并展开 Global switches（全局开关）卷展栏，如图 13-15 所示将材质拖曳关联复制到 Override mtl（全局替代材质）通道上。

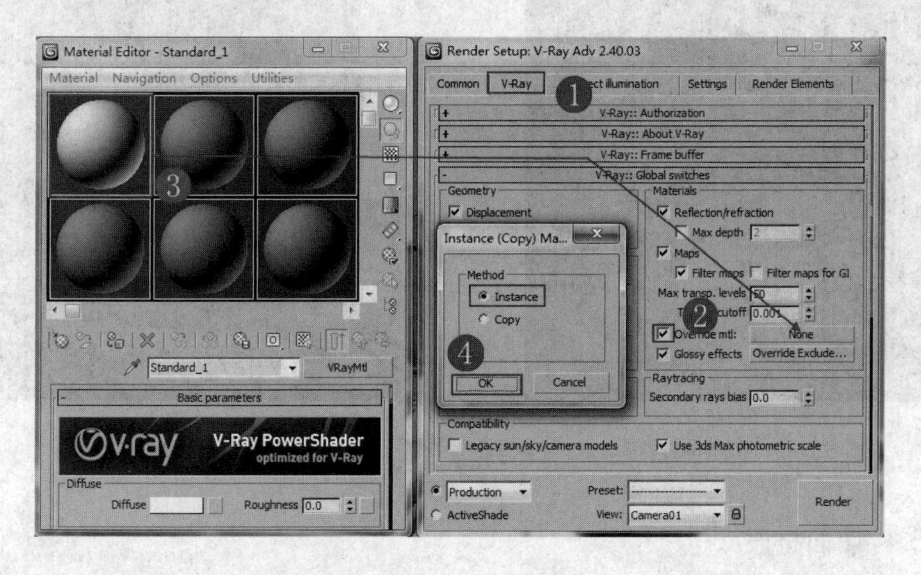

图 13-15　设置全局替代材质

Steps 03 在 V-Ray::Environment（V-Ray 环境）卷展栏中设置 GI Enviroment(skylight) override（全局照明环境（天光）覆盖）的 Multiplier（倍增值）为 1，如图 13-16 所示。

Steps 04 在 Common（公用）选项卡设置 Output Size（输出尺寸），如图 13-17 所示。

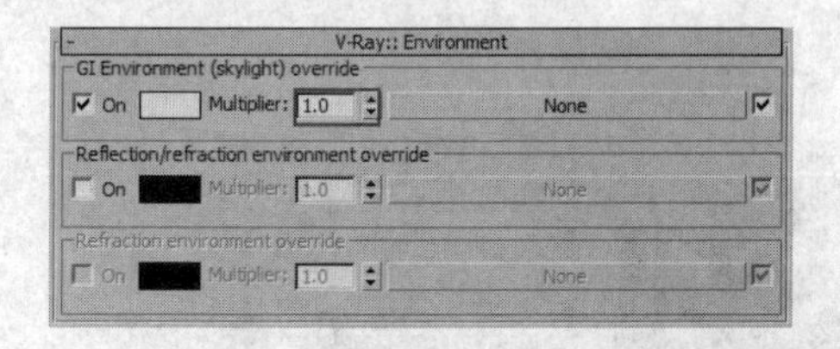

图 13-16　设置 V-Ray 环境

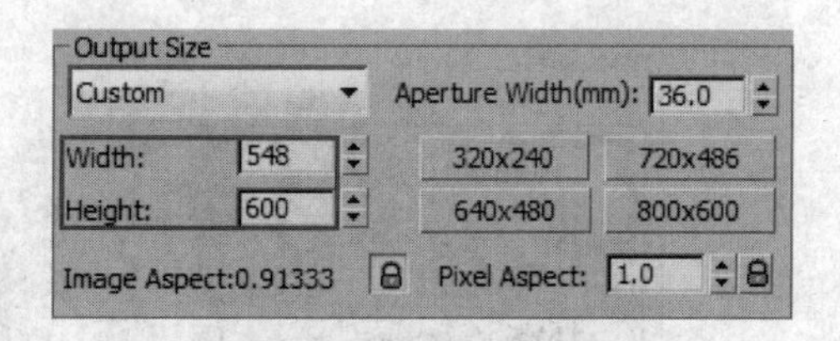

图 13-17　设置输出参数

这样，场景的基本材质以及渲染参数就设置完成了，接下来单击渲染按钮进行渲染，如图 13-18 所示。

提 示：在做模型检查的时候，要把窗帘和窗户玻璃模型隐藏掉，让天光能够照射进来。

13.3 设置场景主要材质

本案例主要对客厅中的大面积的材质以及部分局部材质进行表现，其余材质的设置读者可以根据光盘提供的源文件进行学习，如图 13-19 所示为材质制作顺序。

图 13-18　场景测试渲染结果

图 13-19　场景材质制作顺序

13.3.1 墙面材质

墙面材质常用的是乳胶漆材质，具体参数设置如下。

Steps 01 将材质球切换为 “VRayMtl”，设置 Diffuse（漫反射）颜色的 Value（灰度）值为 240，Reflect（反射）的颜色值为 80，Refl.glossiness（反射光泽度）值为 0.65，如图 13-20 所示。

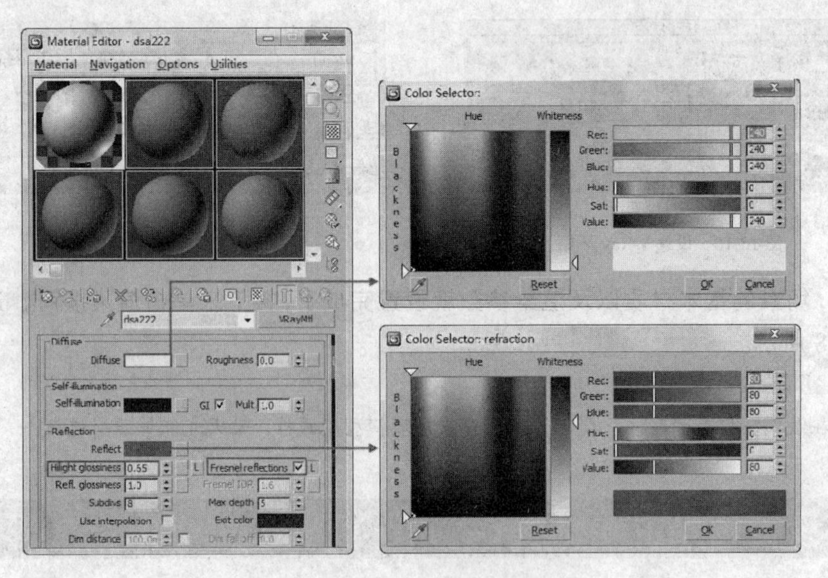

图 13-20　设置漫反射和反射组参数

Steps 02 取消 Trace reflections（反射跟踪）复选框的勾选，如图 13-21 所示。

Steps 03 完成设置后的墙面材质效果如图 13-22 所示。

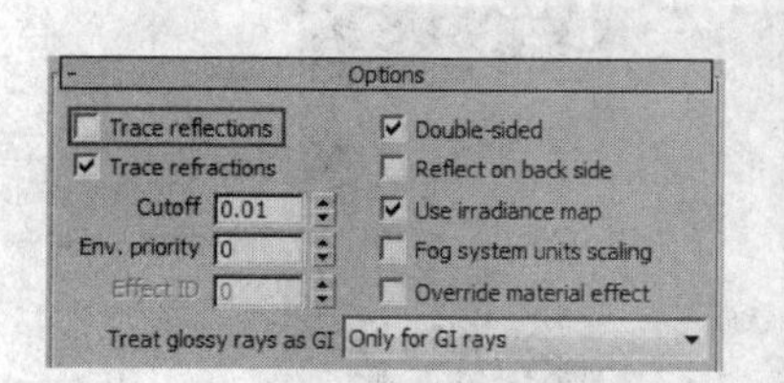

图 13-21　取消反射跟踪

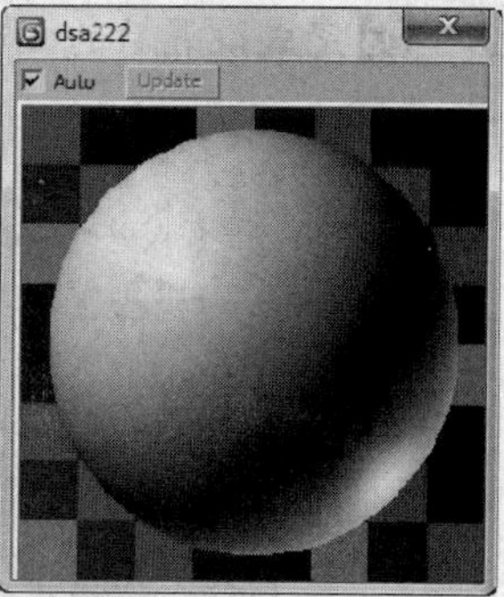

图 13-22　墙面材质效果

13.3.2 大理石材质

大理石材质在客厅背景墙、厨房餐厅区域都有大面积的使用，它具有表面相对光滑、有一定的反射且表面有特殊纹理的特点。

Steps 01 选择“VRayMtl”材质球，设置 Reflect（反射）颜色，调节 Hilight glossiness（高光光泽度）值为 0.82，Refl.glossiness（反射光泽度）值为 0.86，勾选 Fresnel reflections（菲涅尔反射），如图 13-23 所示。

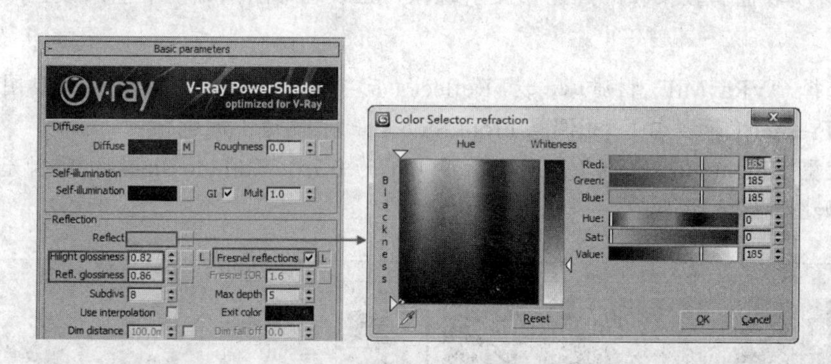

图 13-23　设置反射组参数

Steps 02 在贴图通道里为 Diffuse（漫反射）添加 Bitmap（位图）贴图，如图 13-24 所示。

Maps			
Diffuse	100.0	✓	Map #1998 (1-1012051U408.jpg)
Roughness	100.0	✓	None
Self-illum	100.0	✓	None
Reflect	100.0	✓	None
HGlossiness	100.0	✓	None
RGlossiness	100.0	✓	None
Fresnel IOR	100.0	✓	None
Anisotropy	100.0	✓	None
An. rotation	100.0	✓	None
Refract	100.0	✓	None
Glossiness	100.0	✓	None
IOR	100.0	✓	None

图 13-24　添加漫反射贴图

Steps 03 完成设置后的大理石材质效果如图 13-25 所示。

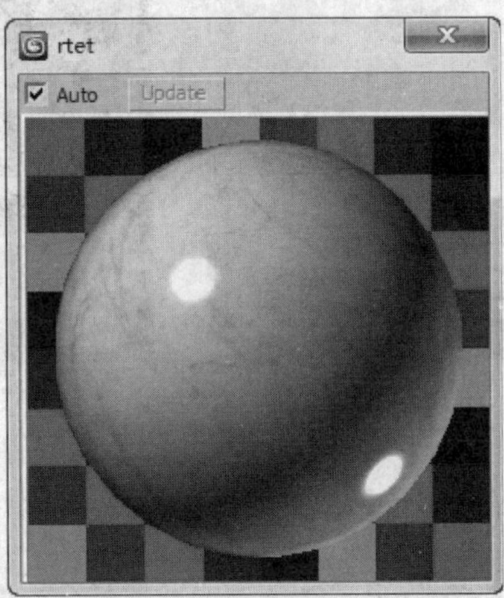

图 13-25 大理石材质效果

13.3.3 木纹材质

木纹材质表面有较柔和的高光和反射现象，且纹理非常清晰。下面来设置木纹材质的参数。

Steps 01 选择“VRayMtl”材质球，为 Reflect（反射）添加 Falloff（衰减）贴图，设置衰减方式为 Fresnel（菲涅尔），并调整 Front:Side（正前:侧边）颜色值。

Steps 02 设置 Hilight glossiness（高光光泽度）值为 0.75，Refl.glossiness（反射光泽度）值为 0.82，如图 13-26 所示。

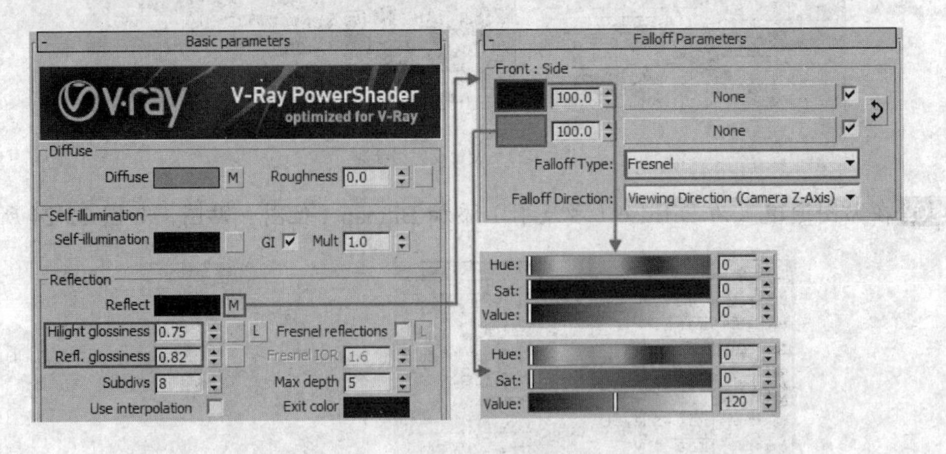

图 13-26 设置反射组参数

Steps 03 在 Maps（贴图）卷展栏中为 Diffuse（漫反射）和 Bump（凹凸）添加位图贴图用来模拟木纹的纹理及凹凸效果，如图 13-27 所示。

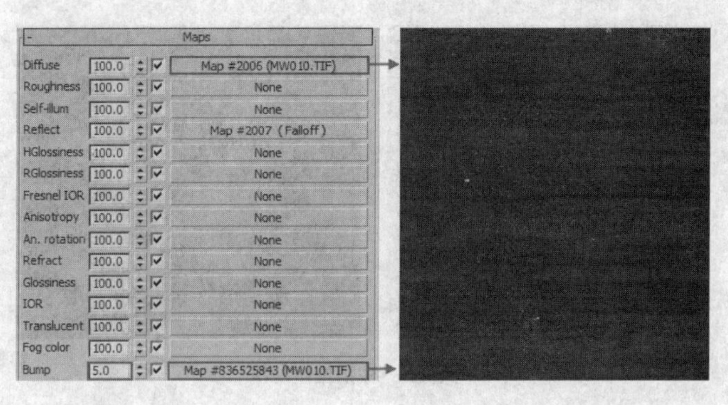

图 13-27　添加贴图

Steps 04 完成设置后的木纹材质效果如图 13-28 所示。

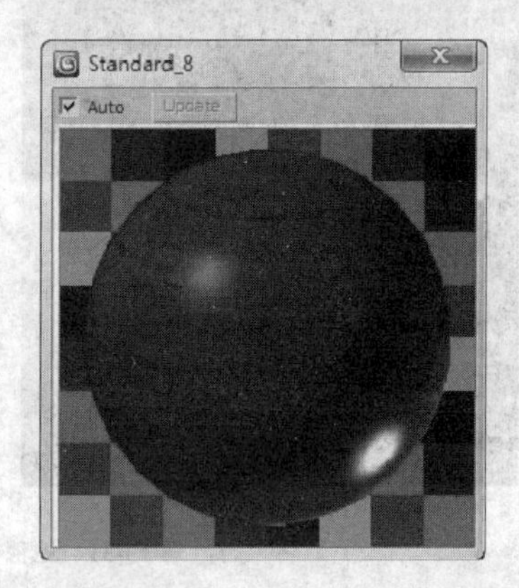

图 13-28　木纹材质效果

13.3.4 地毯材质

Steps 01 选择“VRayMtl”材质球，设置 Reflect（反射）颜色，调节 Hilight glossiness（高光光泽度）值为 0.65，Refl.glossiness（反射光泽度）值为 0.72，勾选 Fresnel reflections（菲涅尔反射），如图 13-29 所示。

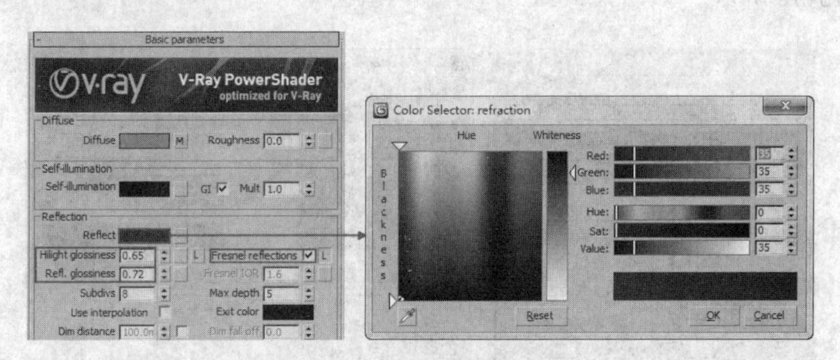

图 13-29　设置反射组参数

Steps 02 在贴图通道里为 Diffuse（漫反射）和 Bump（凹凸）通道，添加 Bitmap（位图）贴图，如图 13-30 所示。

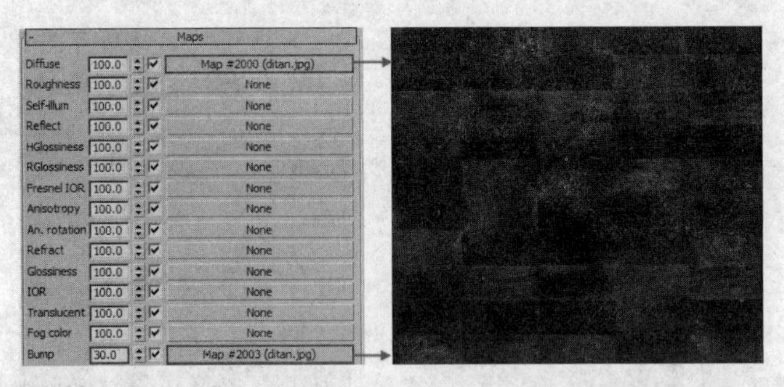

图 13-30　添加位图贴图

Steps 03 完成设置后的地毯材质效果如图 13-31 所示。

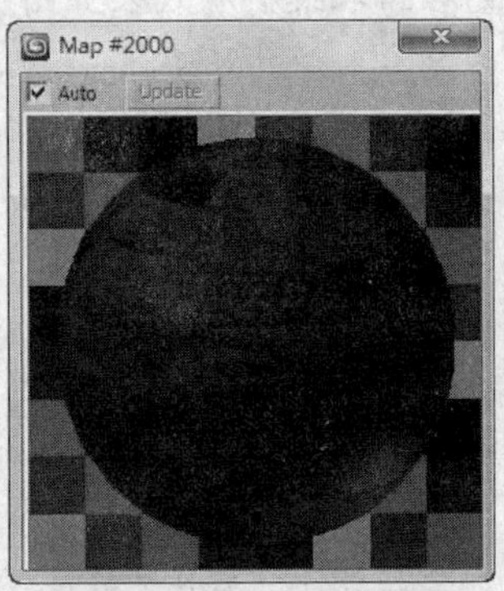

图 13-31　地毯材质效果

13.3.5 茶几材质

茶几材质的表面十分光滑且具有较强的反射效果，同白色漆的调节方法一样。

Steps 01 选择 “VRayMtl” 材质球，设置 Diffuse（漫反射）颜色的 Value（明度）值为 10，为 Reflect（反射）添加 Falloff（衰减）贴图，调节 Hilight glossiness（高光光泽度）值为 0.85，如图 13-32 所示。

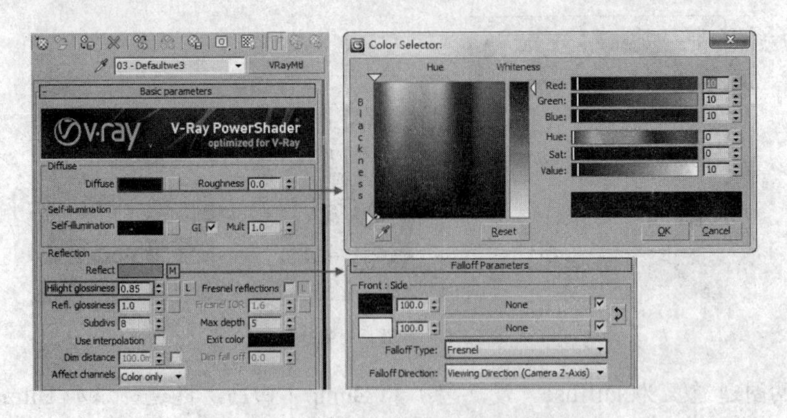

图 13-32　设置漫反射和反射组参数

Steps 02 完成设置后的茶几材质效果如图 13-33 所示。

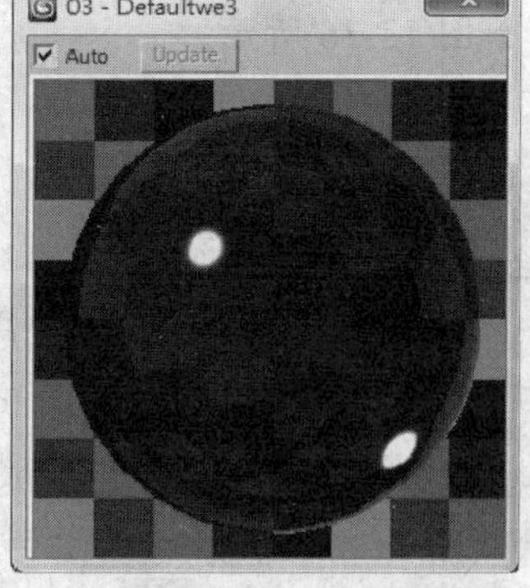

图 13-33　茶几材质效果

13.3.6 沙发材质

本例中使用混合材质来模拟布纹沙发的效果，具体方法如下。

Steps 01 切换材质为 Blend（混合），单击 Material 1 右侧通道，将默认的标准材质切换为 VRayMtl 材质球类型，如图 13-34 所示。

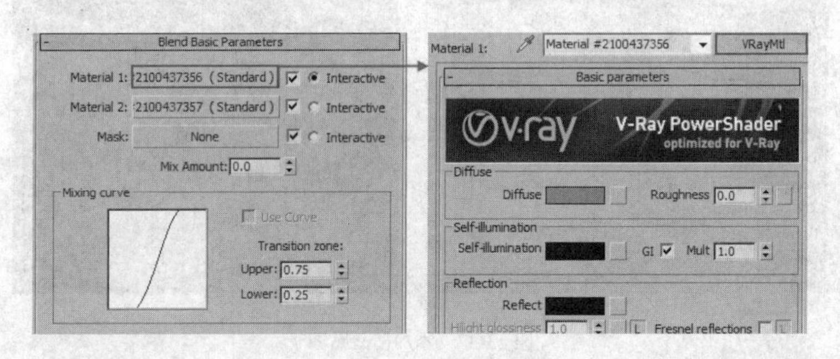

图 13-34　切换材质类型

Steps 02 为 Diffuse（漫反射）添加一张 Falloff（衰减）贴图，如图 13-35 所示。

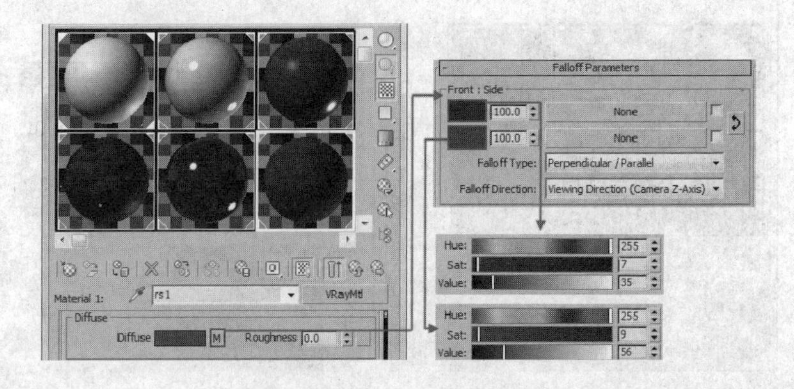

图 13-35　添加漫反射贴图

Steps 03 设置 Reflect（反射）颜色，调节 Hilight glossiness（高光光泽度）值为 0.4，Refl.glossiness（反射光泽度）值为 0.75，勾选 Fresnel reflections（菲涅尔反射），设置 Fresnel IOR 值为 2.0，如图 13-36 所示。

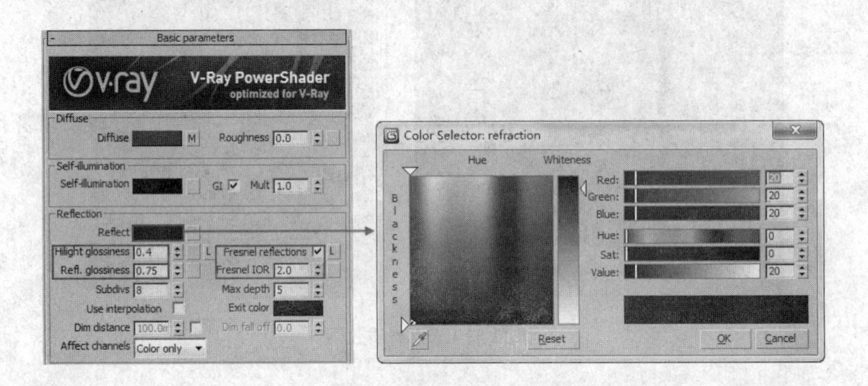

图 13-36 设置反射组参数

Steps 04 在贴图通道里为 Bump（凹凸）通道添加 Bitmap（位图）贴图，如图 13-37 所示。

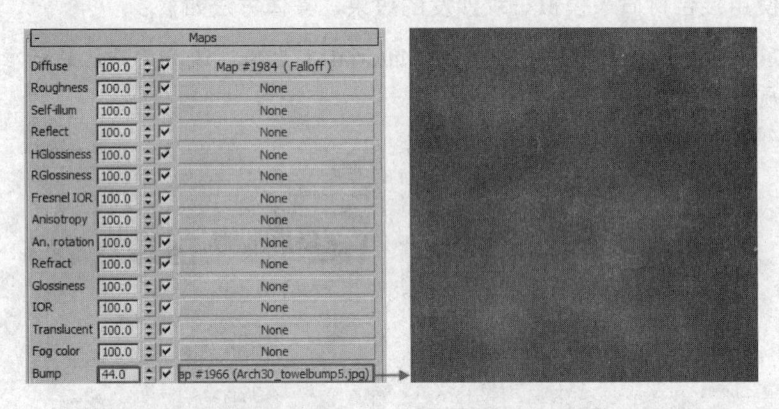

图 13-37 添加凹凸贴图

Steps 05 返回最上一层，单击 Material 2 右侧通道，将默认的标准材质切换为 VRayMtl 材质球类型，为 Diffuse（漫反射）添加一张 Falloff（衰减）贴图，如图 13-38 所示。

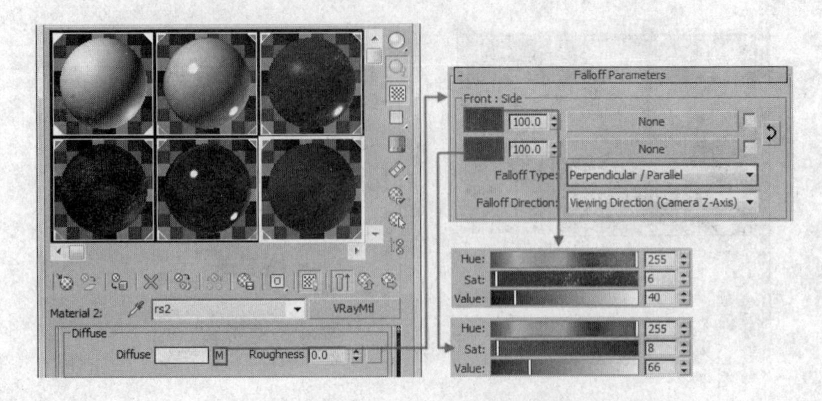

图 13-38 设置漫反射参数

Steps 06 设置 Reflect（反射）颜色，调节 Hilight glossiness（高光光泽度）值为 0.5，Refl.glossiness（反射光泽度）值为 0.65，勾选 Fresnel reflections（菲涅尔反射），设置 Fresnel IOR 值为 2.0，如图 13-39 所示。

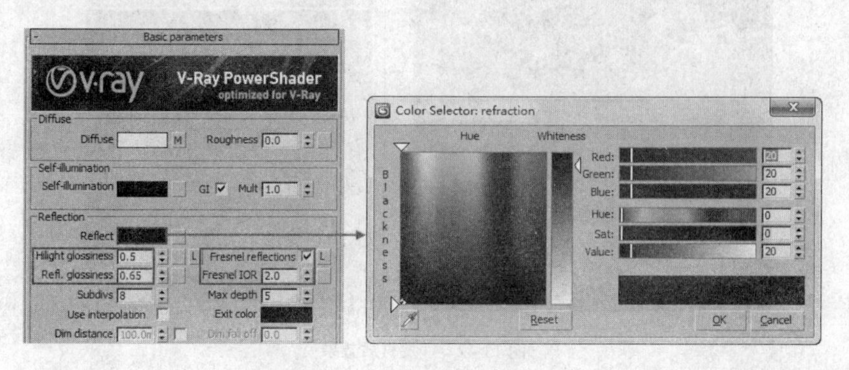

图 13-39　设置反射组参数

Steps 07 在贴图通道里为 Bump（凹凸）通道，添加 Bitmap（位图）贴图，如图 13-40 所示。

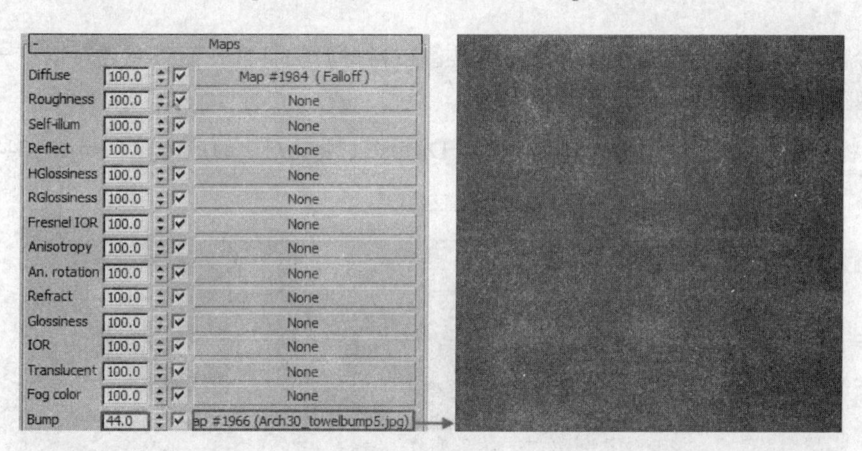

图 13-40　添加凹凸贴图

Steps 08 再次返回最上层的 Blend（混合）材质面板，单击 Mask（遮罩）右侧的贴图通道，添加位图来控制它们的混合量，如图 13-41 所示。

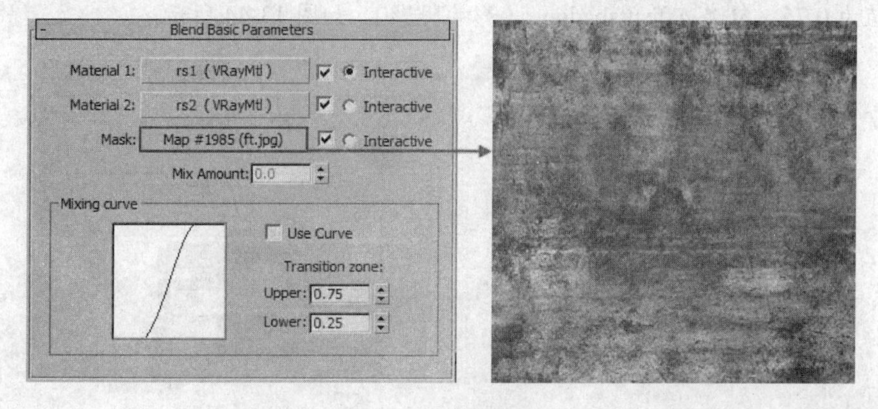

图 13-41　添加遮罩贴图

Steps 09 这样就完成了沙发材质的设置，材质效果如图 13-42 所示。

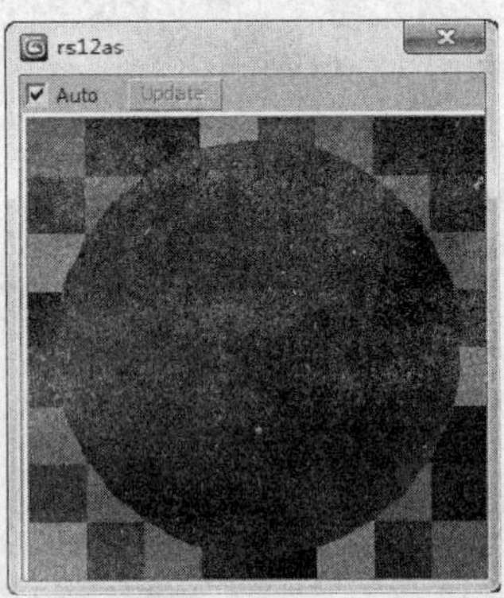

图 13-42 沙发材质效果

13.3.7 薄纱窗帘材质

薄纱窗帘材质是半透明效果，它同样具备布料材质的特性，而且它还可以在一定程度上为室内空间提供足够的自然光照效果。

Steps 01 将材质球切换为 “VRayMtl”，调节 Diffuse（漫反射）的颜色值，如图 13-43 所示。

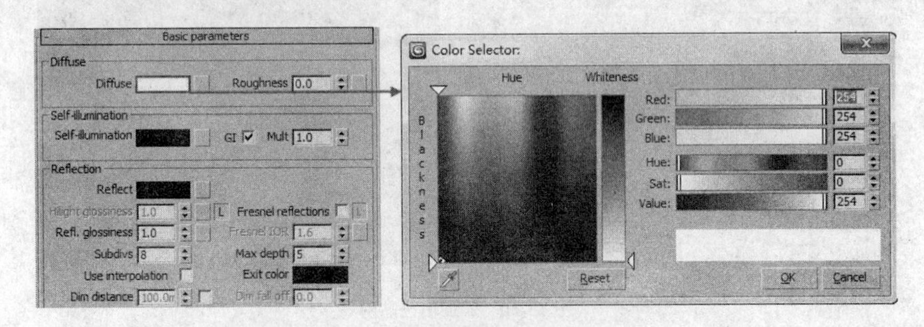

图 13-43 调节漫反射颜色

Steps 02 为 Refraction（折射）添加 Falloff（衰减）贴图，设置 IOR 值为 1.3，Glossiness（模糊度）值为 0.75，勾选 Affect shadows（影响阴影），如图 13-44 所示。

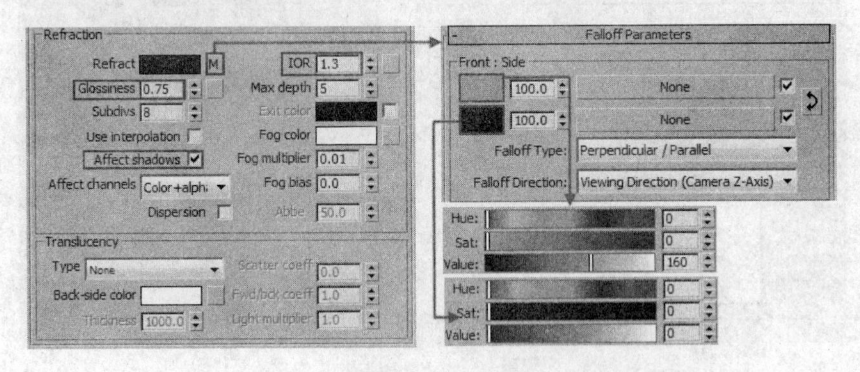

图 13-44 添加衰减贴图

Steps 03 完成设置后的薄纱窗帘材质效果如图 13-45 所示。

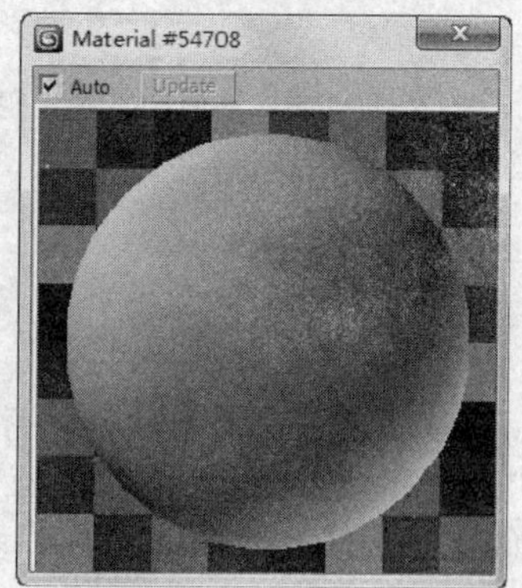

图 13-45 薄纱窗帘材质效果

这样场景中的主体材质就设置完成了，其他没有讲解的材质的设置读者可根据源文件进行学习，如图 13-46 所示为本例场景中所有材质。

13.4 灯光设置

13.4.1 灯光布置分析

别墅空间装饰使用大面积的玻璃，并采用玻璃与金属框架搭建的全明非传统建筑，以达到享受阳光、亲近自然的目的。该空间是整个别墅的中心点，它将厨房餐厅以及二层的书房和卧室紧密联系起来，如何表现它的灯光效果将是整个场景的关键。图 13-47 所示为场景顶面布置图。

图 13-46 场景中所有材质

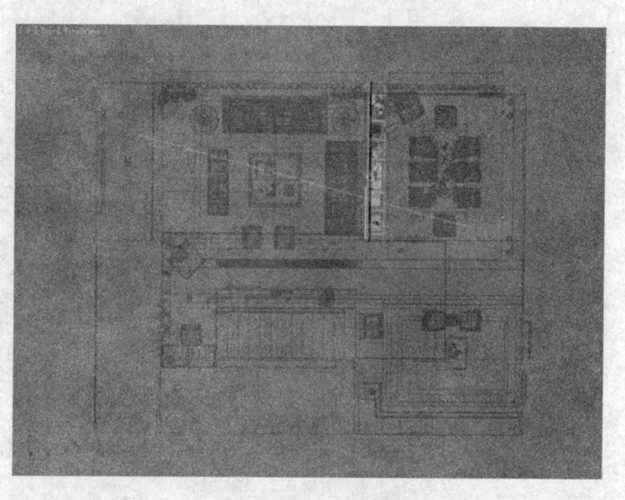

图 13-47 场景顶面布置图

根据前面的分析，场景主要照明是室外的自然光照，而室内光照则是次要照明。不过由于整个别墅空间太大，3ds max+Vray 提供的天光日照系统不能完全模拟出自然光照，所以需要我们自行为室内添加足够的灯光来弥补它的照明。下面笔者使用分割法来布置场景中的灯光。

提 示：分割法即将整个空间分割成不同的区块，如客厅、餐厅等，再以我们熟悉的方法来创建灯光，此方法适合任何大型空间。

13.4.2 布置自然光

1. 创建太阳光

Steps 01 在视图中创建一盏 Target Spot（目标聚光灯），灯光的位置如图 13-48 所示

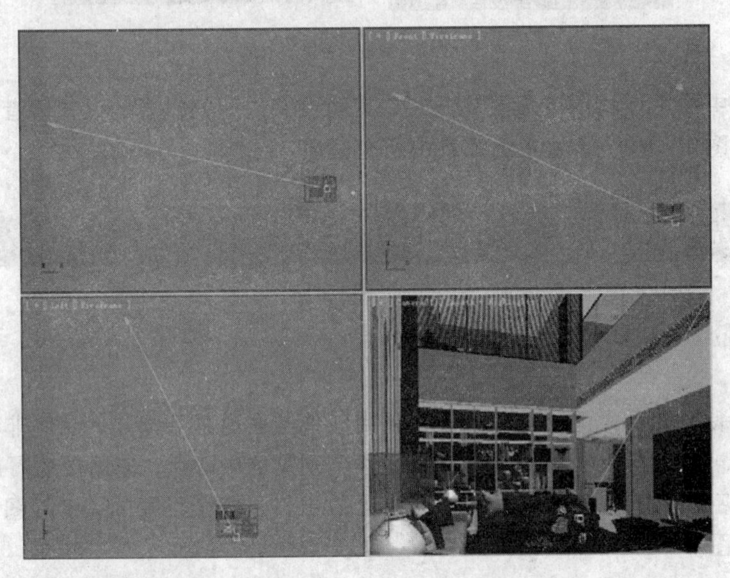

图 13-48 灯光位置

Steps 02 选择太阳光，在修改命令面板中对它的参数进行调整，如图 13-49 所示。

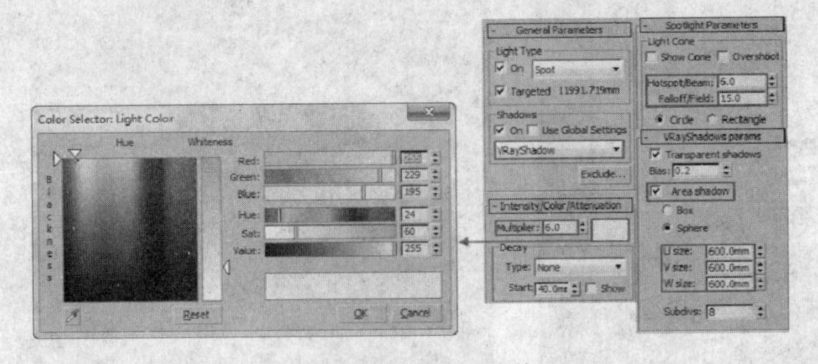

图 13-49 调整太阳光参数

2. 创建天光

Steps 01 在场景中的窗口处创建 VRay 平面光来模拟天光效果，如图 13-50 所示。

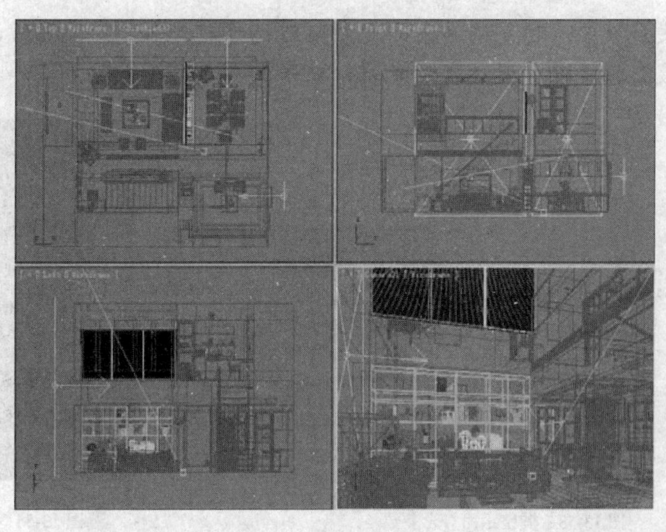

图 13-50　创建 VRay 平面光

Steps 02 调整平面光的参数，如图 13-51 所示。

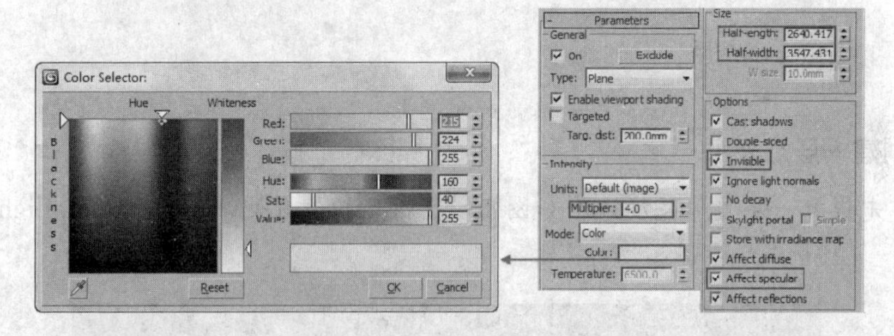

图 13-51　调整平面光参数

Steps 03 选择创建好的 VRay 平面光，以复制的方式复制出一盏平面光，如图 13-52 所示。

图 13-52　复制平面光

Steps 04 返回修改面板中，对复制的平面光参数进行调整，如图 13-53 所示。

Steps 05 切换回摄影机视图，观察自然光照，效果如图 13-54 所示。

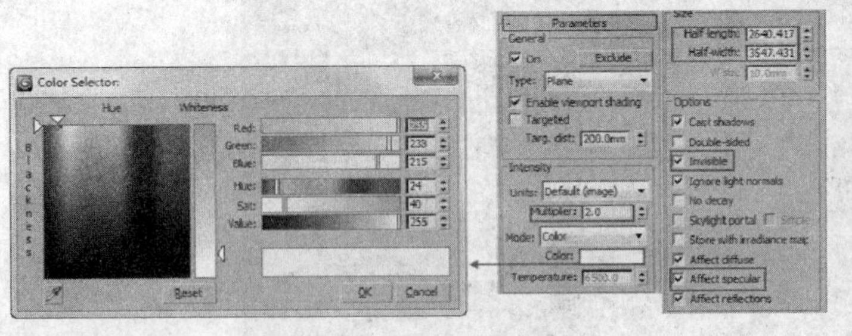

图 13-53 调整平面灯光参数

图 13-54 自然光照效果

从图 13-54 可以观察到，在添加了室外光源后场景的亮度有明显的提高，但是空间较深的内部仍比较暗，没有足够的光照。下面来添加室内光源。

13.4.3 布置室内光源

1. 创建一层灯光

Steps 01 首先提升一层整体亮度。在如图 13-55 所示的位置处，创建 Target Light（目标灯光）。

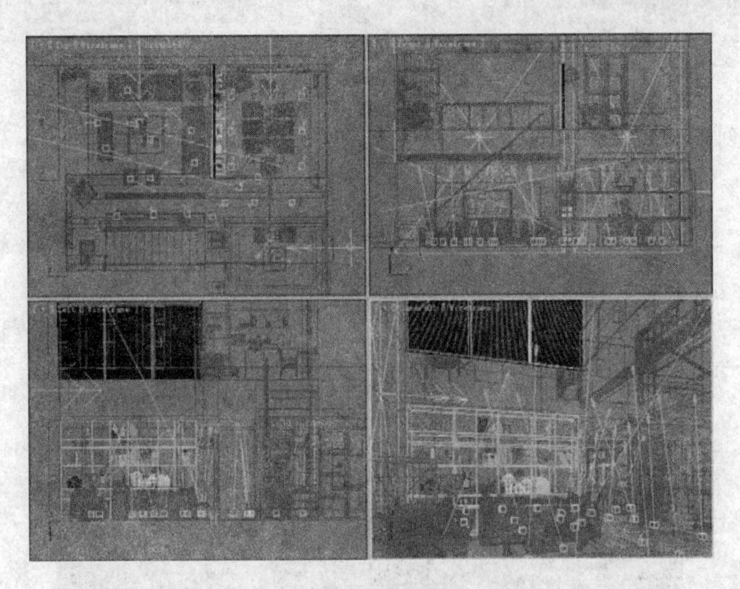

图 13-55 布置目标灯光

Steps 02 选择其中一个 Target Light（目标灯光），对它的参数进行调整，如图 13-56 所示。

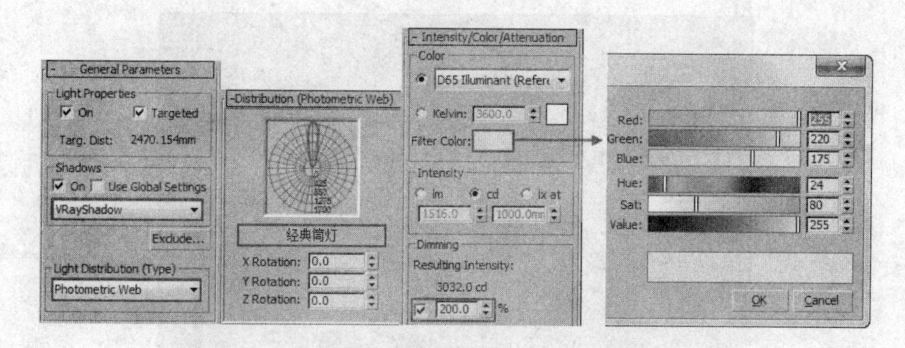

图 13-56　调整目标灯光参数

Steps 03 接着打开餐厅部分的吊灯和壁灯灯光。这个灯光效果使用 Omni（泛光灯）来模拟，在如图 13-57 所示的位置处创建灯光。

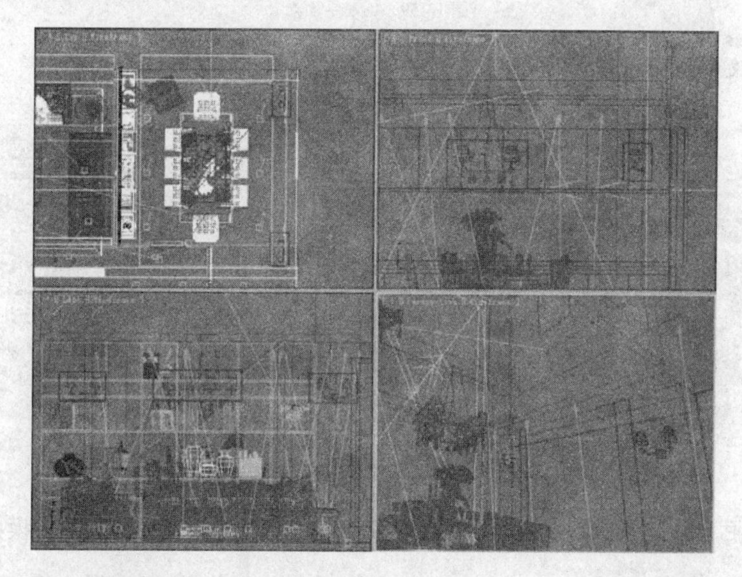

图 13-57　创建泛光灯

Steps 04 选择 Omni（泛光灯），在修改命令面板中对它的参数进行调整，如图 13-58 所示。

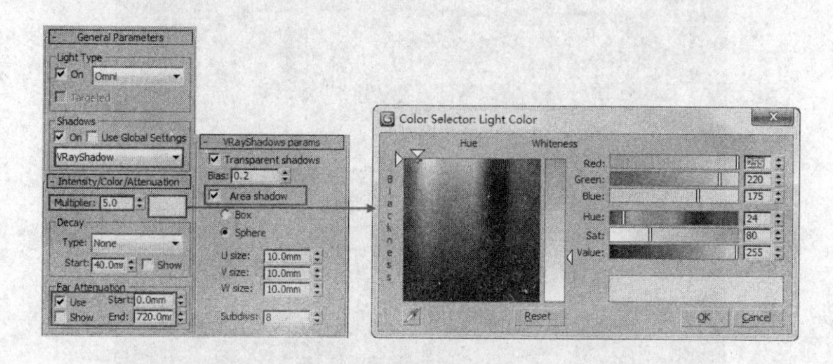

图 13-58　调整泛光灯参数

Steps 05 在厨房空间位置创建 VRay 平面光来模拟灯带灯光效果，如图 13-59 所示。

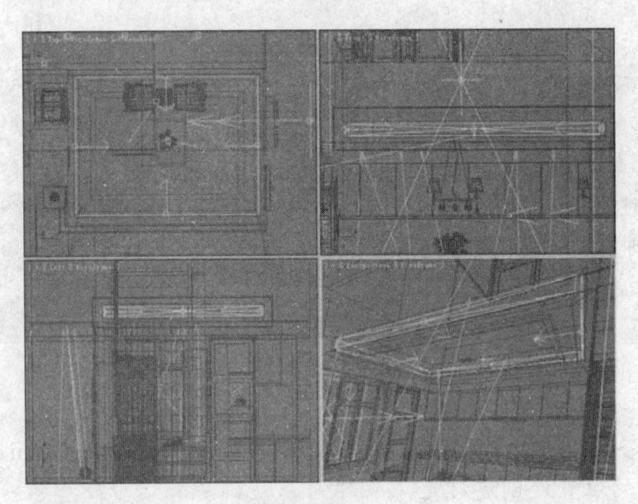

图 13-59　创建平面光

Steps 06 在修改命令面板中调整灯带灯光的参数，如图 13-60 所示。

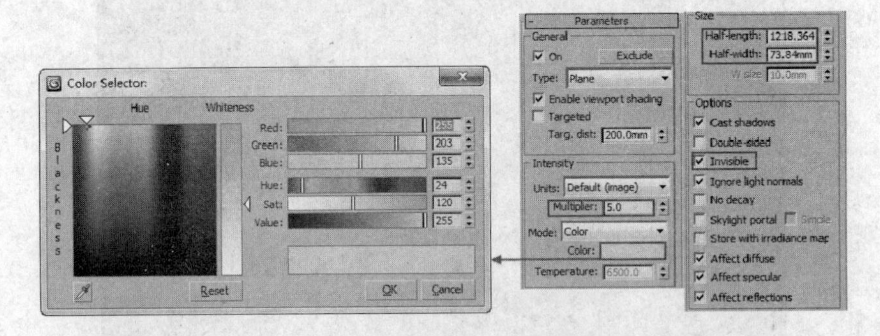

图 13-60　设置灯带灯光参数

Steps 07 最后把台灯打开，完成一层灯光的布置。这里使用 VRay 球灯来模拟，位置如图 13-61 所示。

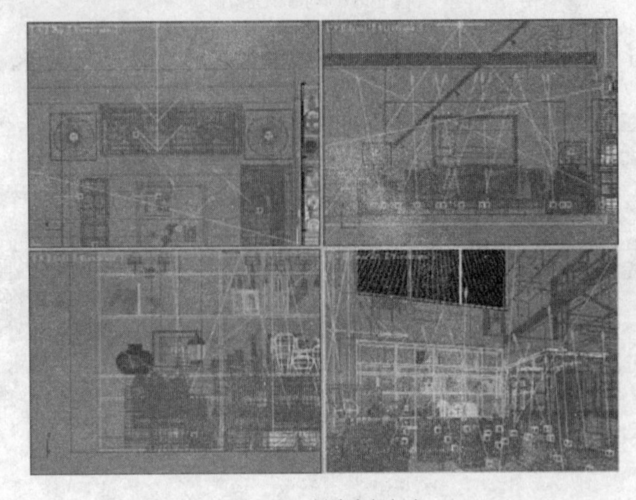

图 13-61　创建台灯灯光

Steps 08 调整 VRay 球灯参数，如图 13-62 所示。

Steps 09 一层灯光效果如图 13-63 所示。

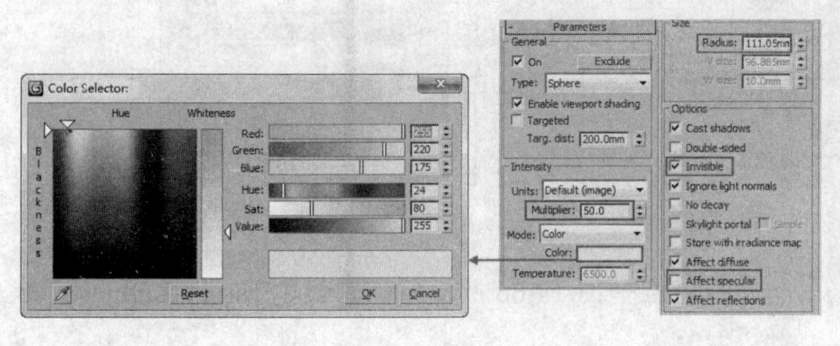

图 13-62　调整球灯参数

图 13-63　一层灯光效果

经过一层室内灯光布置后，可以观察到，整个一层区域已经符合我们的要求，下面来布置二层灯光。

提 示：由于场景是之前制作好的，故这里的灯光是一次性布置完成，但在布置这部分灯光时，笔者经过多次测试才确定灯光的强度、颜色等参数。

2. 创建二层灯光

Steps 01 首先来布置二层卧室的灯光。在如图 13-64 所示的位置创建 Target Light（目标灯光）。

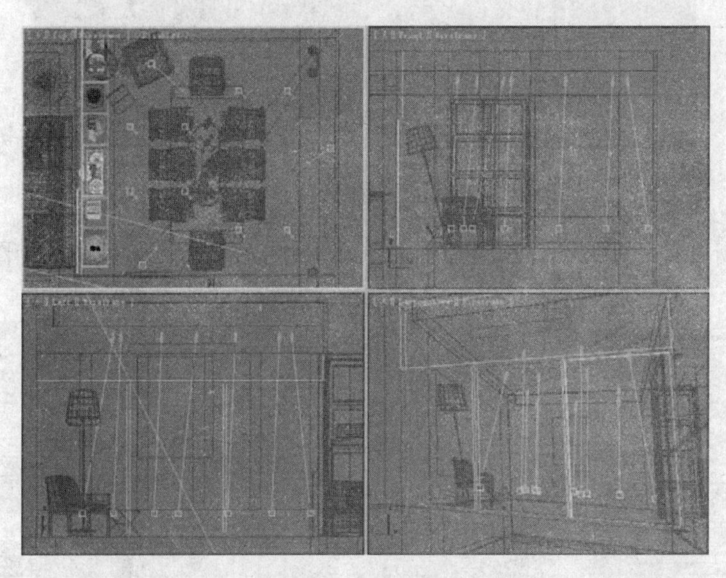

图 13-64　创建目标灯光

提 示：在布置二层灯光时，笔者把一层布置好的灯光进行了隐藏，以避免灯光重叠看不清楚。

Steps 02 选择其中一个 Target Light（目标灯光），对它的参数进行调整，如图 13-65 所示。

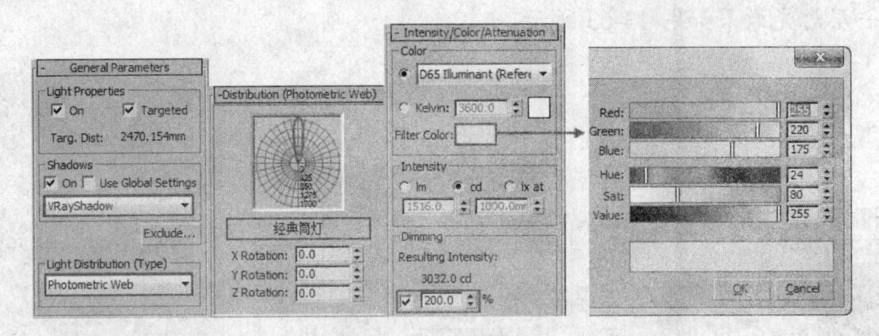

图 13-65 调整目标灯光参数

Steps 03 下面来布置走廊处的目标灯光。在如图 13-66 所示的位置创建 Target Light（目标灯光）。

图 13-66 创建走廊处灯光

Steps 04 选择新创建的 Target Light（目标灯光），对它的参数进行调整，如图 13-67 所示。

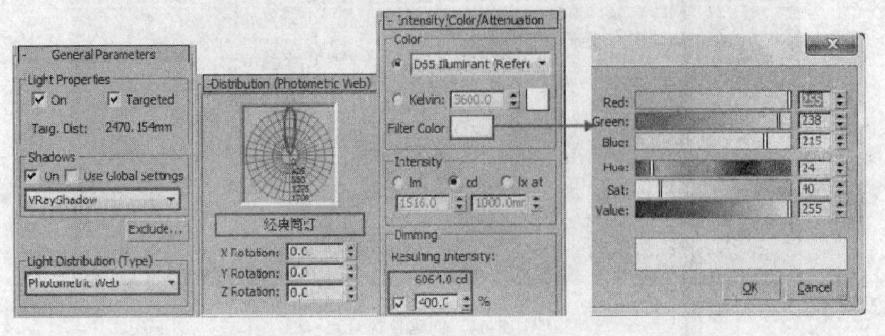

图 13-67 调整目标灯光参数

Steps 05 在房顶藏灯处创建 VRay 平面光来模拟灯带灯光效果，如图 13-68 所示。

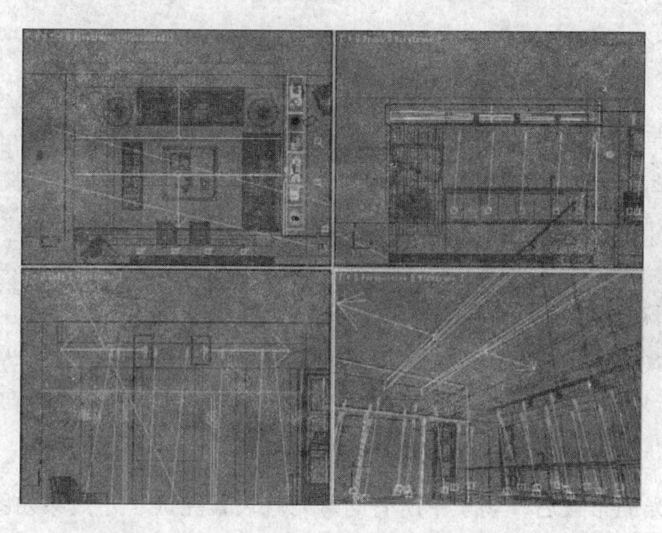

图 13-68　创建平面光

Steps 06 在修改命令面板中调整灯带灯光的参数，如图 13-69 所示。

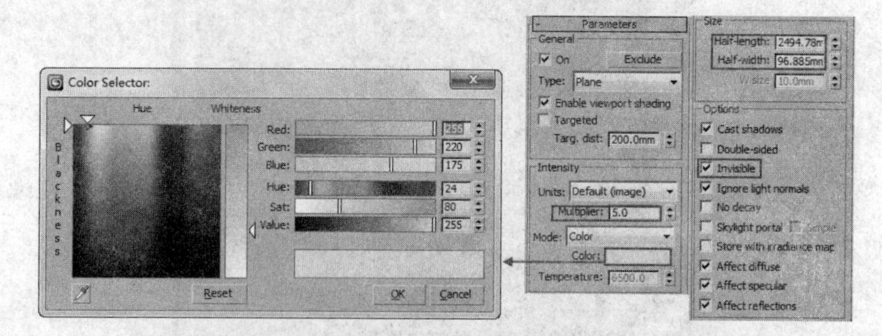

图 13-69　调整灯带灯光参数

Steps 07 最后为二层补充 VRay 平面光完成整个场景的灯光布置，如图 13-70 所示。

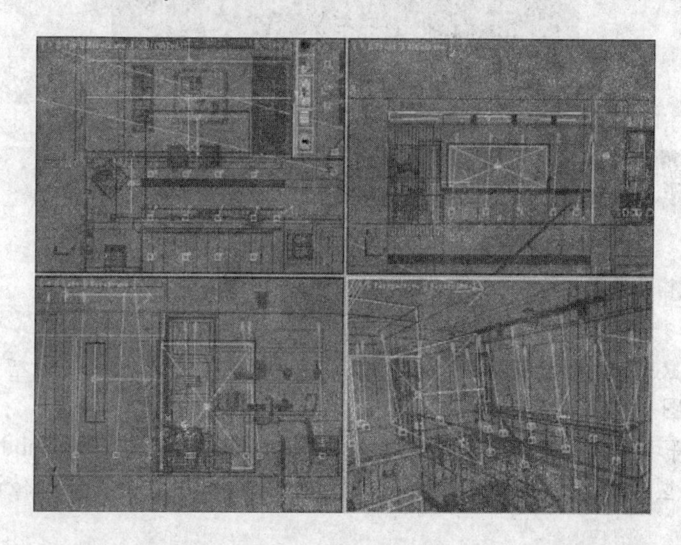

图 13-70　布置平面光

Steps 08 在修改命令面板中调整平面光的参数，如图 13-71 所示。

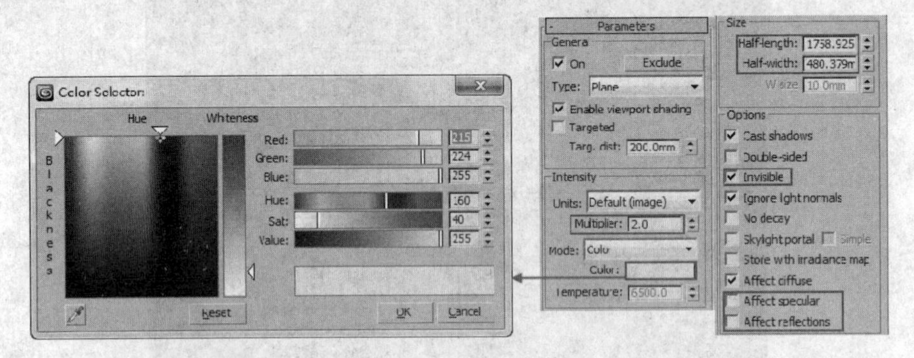

图 13-71　调整平面光参数

完成二层灯光的布置后，场景中所有的灯光就设置完成了，效果如图 13-72 所示。

图 13-72　灯光效果

13.5 最终输出渲染

13.5.1 提高细分值

Steps 01 将材质 Reflection（反射）选项组中的 Subdivs（细分）值进行增大，一般设置为 20~24 即可，如图 13-73 所示。

Steps 02 同样，将场景内所有 VRay 灯光类型中 Sampling 选项组中的 Subdivs（细分）的值以及其他灯光类型 VRayShadows params 选项组中的 Subdivs（细分）的值设置为 24，如图 13-74 所示。

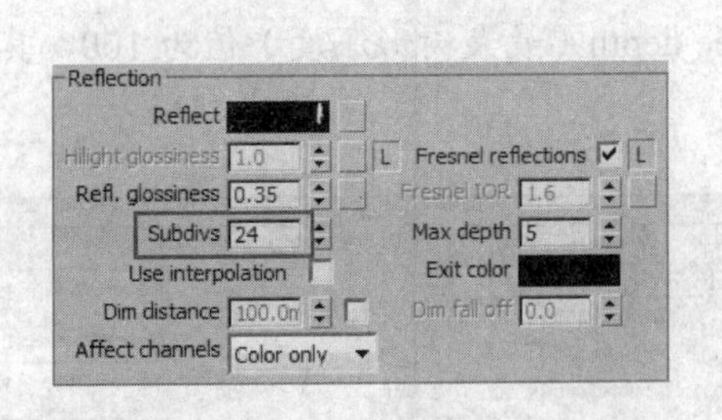

图 13-73　提高材质细分

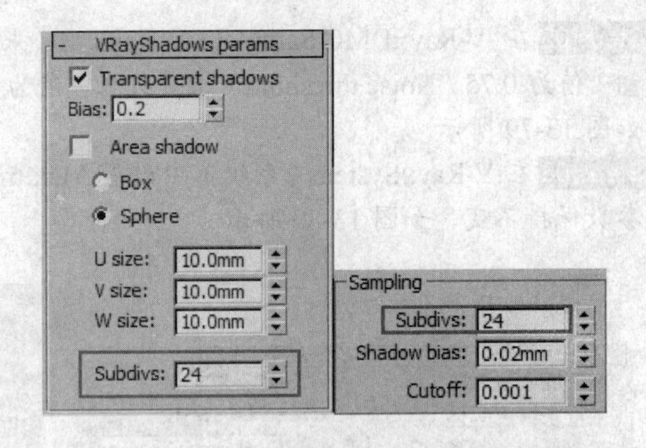

图 13-74　提高灯光细分

13.5.2 设置渲染参数

Steps 01 在“渲染设置”对话框中设置 Output Size（输出尺寸）为 1462×1600，如图 13-75 所示。

Steps 02 在 V-Ray::Image sampler(Antialiasing)(V-Ray 图像采样(抗锯齿))中选择 Adaptive DMC（自适应 DMC）方式，在 Antialiasing filter（抗锯齿过滤器）选项中选择 Mitchell-Netravali 过滤方式，如图 13-76 所示。

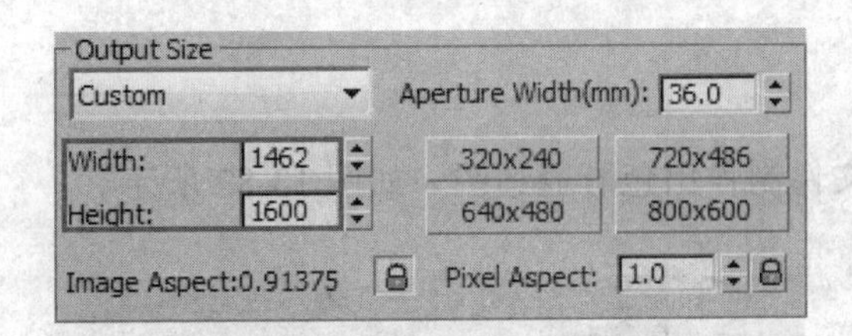

图 13-75　设置输出尺寸

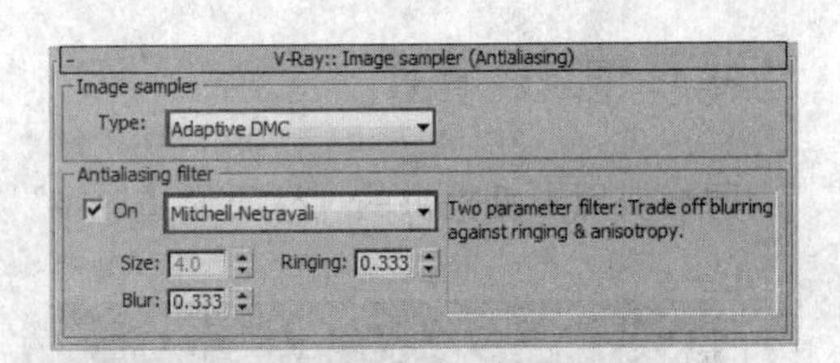

图 13-76　设置图像采样器

Steps 03 在 V-Ray::Irradiance map（发光贴图）里选择 Medium（中等），设置 HSph.subdivs（半球细分）为 60，如图 13-77 所示。

Steps 04 在 V-Ray::Light cache（灯光缓存）中设置 Subdivs（细分值）为 1200，取消勾选 Store direct light（保存直接光），如图 13-78 所示。

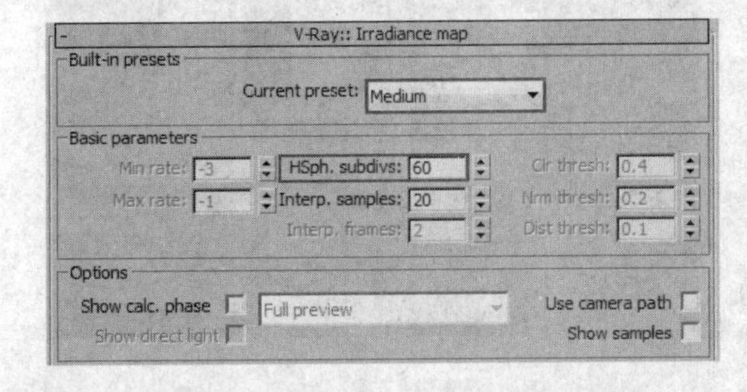

图 13-77　设置发光贴图预设值

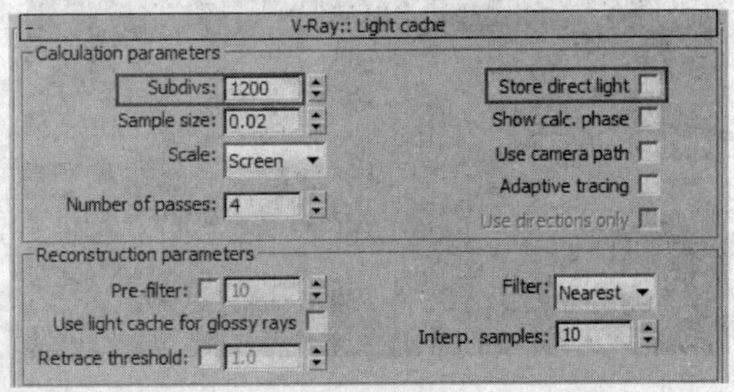

图 13-78　设置灯光缓存参数

Steps 05 在 V-Ray::DMC Sampler（V-RayDMC 采样器）中设置 Adaptive amount（自适应数量）值为 0.75，Noise threshold（噪波极限）值为 0.005，Min sampler（最小采样）值为 30，如图 13-79 所示。

Steps 06 在 V-Ray::System（系统）中设置 Max.tree depth（最大树形深度）值为 100，其他参数保持不变，如图 13-80 所示。

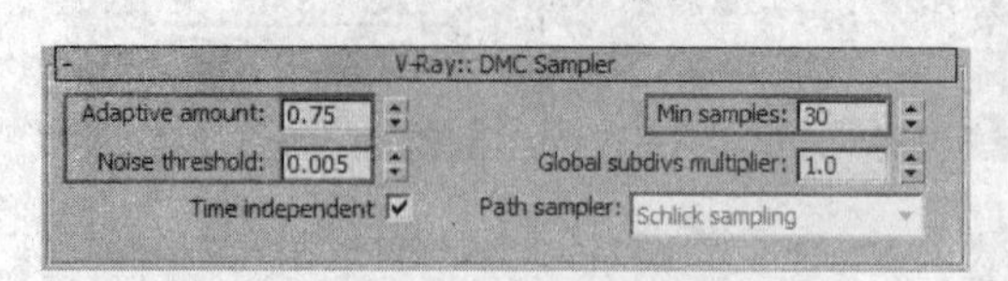

图 13-79　设置 DMC 采样参数

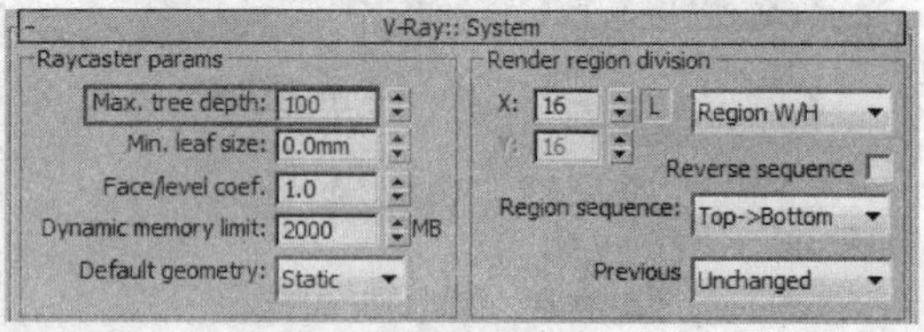

图 13-80　设置系统参数

最终渲染效果如图 13-81 所示。

13.6 Photoshop 后期处理

仔细观察最终渲染效果，发现其整体亮度不够，对比度也可以适当地提高。下面通过 Photoshop 来完成这些缺陷的改进。

13.6.1 色彩通道图

同样使用光盘提供的“材质通道.mse”文件制作出色彩通道图，如图 13-82 所示。

图 13-81　最终渲染效果

图 13-82　色彩通道图

13.6.2 Photoshop 后期处理

Steps 01 用 Photoshop 打开渲染后的色彩通道图和最终渲染图，并合并两张图像，如图 13-83 所示。

Steps 02 选择“背景”图层，按“Ctrl+J”组合键将其复制一份，并关闭“色彩通道”所在的图层 1，如图 13-84 所示。

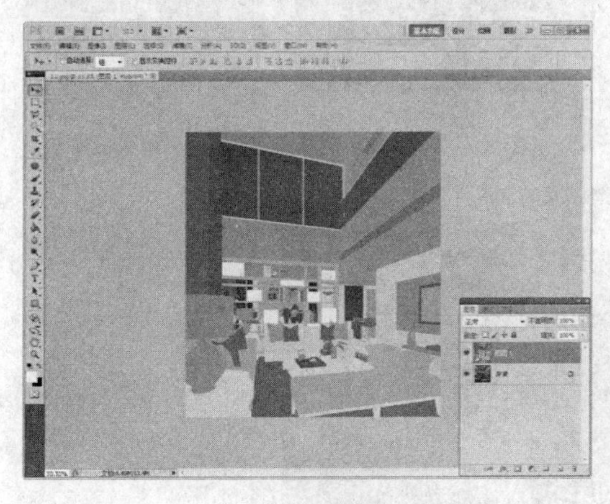

图 13-83　合并图像

图 13-84　复制图层

Steps 03 按“Ctrl+M”组合键，打开“曲线”对话框，调整整体的亮度，如图 13-85 所示。

Steps 04 执行“图像”→“调整”→“亮度/对比度”命令，在弹出来的对话框中设置对比度的值为 20，如图 13-86 所示。

图 13-85　调整整体亮度

图 13-86　设置对比度

Steps 05 在“图层 1”中用“魔棒”工具选择木纹部分，再返回“背景副本”图层，按“Ctrl+J”组合键复制到新图层，使用“曲线”提高木纹区域的亮度，如图 13-87 所示。

到这里，别墅的制作就完成了，最终效果如图 13-88 所示。

图 13-87　提高木纹区域亮度

图 13-88　最终效果